化学品风险与环境健康安全(EHS)管理丛书
化学法律法规系列

U0381205

化学品危害性分类与信息传递和危险货物安全法规

梅庆慧　王红松　丁晓阳　主编

华东理工大学出版社
EAST CHINA UNIVERSITY OF SCIENCE AND TECHNOLOGY PRESS

·上海·

图书在版编目(CIP)数据

化学品危害性分类与信息传递和危险货物安全法规/
梅庆慧,王红松,丁晓阳主编.—上海:华东理工大学
出版社,2018.12

(化学品风险与环境健康安全(EHS)管理丛书)

ISBN 978-7-5628-5609-2

Ⅰ.①化… Ⅱ.①梅… ②王… ③丁… Ⅲ.①化工产
品—危险品—分类—中国 ②化工产品—危险物品管理—法
规—中国 Ⅳ.①TQ086.5 ②D922.14

中国版本图书馆 CIP 数据核字(2018)第 232824 号

内容提要

本书是《化学法律法规丛书》系列的第一册,主要介绍危险货物法规起源、危险货物运输管理法规体系、化学品的危害性分类及信息传递要求、GHS 全球执行情况、工作场所化学品安全标识、危险品仓储,并对化学品危险性测试、危险货物包装性能测试、化学品测试实验室资质进行了介绍。现代化学品合规管理愈来愈呈现出基于大数据和自动化管理的趋势,本书也简单介绍了化学品合规管理的数据库系统和软件工具。

本书适合从事危险货物、危险化学品运营与合规管理的业界人士参考,也为关注危险货物运输监管、危险化学品分类和信息传递以及化学品合规管理的学者和政府官员提供概览,为其他对化学品法规体系有兴趣的人士提供结构化的知识铺垫,可以作为进一步深入学习、比较研究、系统研究的基础。

策划编辑 / 周　颖

责任编辑 / 李佳慧　李芳冰

装帧设计 / 吴佳斐

出版发行 / 华东理工大学出版社有限公司

　　　　　　地址:上海市梅陇路 130 号,200237

　　　　　　电话:021 - 64250306

　　　　　　网址:www.ecustpress.cn

　　　　　　邮箱:zongbianban@ecustpress.cn

印　　刷 / 上海盛通时代印刷有限公司

开　　本 / 710 mm×1000 mm　1/16

印　　张 / 28

字　　数 / 513 千字

版　　次 / 2018 年 12 月第 1 版

印　　次 / 2018 年 12 月第 1 次

定　　价 / 128.00 元

化学法律法规系列编委会

序　言

随着我国经济的快速增长,化学工业蓬勃发展,我国现已成为世界化学品生产第一大国,形成了门类齐全、品种配套、基本可以满足国内需要、产品出口旺盛的化学工业体系。根据国民经济行业分类国家标准(GB/T 4754—2017)划分,我国化学工业由化学矿、基础化学原料、肥料、农药、涂料,油墨和颜料、合成材料、专用化学产品、日用化学产品、橡胶和塑料制品以及化工专用设备制造等行业组成,其中,有 20 余种化学品的产量和消费量居世界前列,硫酸、化肥和染料的产量及合成纤维生产能力居世界第一,农药和涂料的产量分别居世界第二和第三,合成树脂和合成橡胶的生产能力居世界第四,我国未来化学品的生产和消费将对世界化学品生产和消费产生显著影响。

化学品在诸多日用消费品中应用广泛,上文已经列明数项,从消费者角度还有医药、纺织纤维、电子产品中的化学品、家庭装饰材料、肥皂和洗衣粉、化妆品、食品添加剂、容器和包装材料等,涉及国民经济各产业部门以及人民群众日常生活领域。

化学品安全是化工价值链的保障和前提,化学品制造业和物流业肩负着复杂多变的化学风险的管理职责,化学品下游行业使用者需要在安全卫生的环境中工作,消费者呼唤安全健康的日用品,我们所处的社区也期待着生态安全的产业邻居。化学品安全的内涵已经超越化工业,从生命周期初始,就要识别、评估化学品各个方面、生命周期各个阶段的价值与风险,从职业安全、生产过程安全,到运输安全、仓储安全、化学品下游产品应用安全、消费者使用安全,以及生态安全、废弃化学品安全处置。化学品从实验室引入市场,开始产业化、进入社会与生态环境时,及时进行风险分析和安全评估,为人类带来有价值而且安全的化学品,禁止或限制风险过高的化学品,对具有稀缺价值、急需价值的风险化学品实施必要的管控措施。这样通过价值链中各个利益相关方的共同努力,提升化学品安全信息品质和信息获取便利性,保护员工、社区和消费者的知情权、参与权,鼓励低风险高品质化学品的研究创新,并通过立法框架界定职责与责任,提高化学品安全技术能力和风险控制水平,促进完善的化学品管理。

通过多年的发展,我国已经建立了一系列基本法律、法规和规章,初步形成了较为完善的安全法规标准体系。20 世纪 50 年代国务院颁布安全卫生领域三大规程，其中《工厂安全卫生规程》就有专章规定了气体、粉尘和危险物品的安全卫生管理。同一时期，爆炸物品、易燃品的工厂、仓库、道路运输业安全管理，仓库防火安全距离规定，以及部分运输模式的危险货物运输规则等法规、标准相继制订。改革开放后，《化学危险物品安全管理条例》《易燃易爆化学物品消防安全监督管理办法》等新制订的法规进一步从总体框架上规定了符合当时经济和技术状况的安全要求，《GB6944—1986 危险货物分类和品名编号》和《GB12268—1990 危险货物品名表》等技术规程在操作层面提供了更加具体、适用的指南，为化学品安全管理提供了危险性分类的统一规则，为后续培训教育、信息传递、仓储运输、运营安全等多方面打下了良好的基础。2002 年我国成为联合国危险货物运输和全球化学品统一分类和标签制度（GHS）专家委员会下设 GHS 专家分委员会的正式成员，2008 年到 2009 年，基于 GHS 的化学品分类、危险性公示、化学品安全标签编写、化学品安全技术说明书内容和项目顺序等国家标准相继制订。同一时期，我国政府还成立了十二个部委组成的部际联席会议以及 GHS 专家咨询委员会，协调、领导 GHS 制度的实施，提供专业支持。时至 2011 年，国务院 591 号令《危险化学品安全管理条例》制订了危险化学品在生产、储存、使用、经营和运输各环节的安全规定、法律责任，其中对于分类、标签和安全技术说明书的规定是 GHS 实施的法律依据。与此同时，危险货物与危险化学品概念的区分与交叉也从立法、法律实施等各方面逐步厘清，危险货物运输和危险化学品储存法规、标准进一步完善，我国 GHS 相关标准也随着联合国 GHS 标准的推陈出新而适时修订、更新。这些法规和标准的发展与有效实施为化学品危害信息及时传递给运输、仓储、工业应用、日用消费、废弃化学品处置中的操作者、使用者，为化学品安全在各个环节的落实打下了坚实的基础。

化学品危害性分类与信息传递是化学品安全的逻辑起点，本册图书是化学法律法规丛书的第一册，首先介绍了曾经起着化学品安全法规作用、并仍然保持紧密联系的危险货物安全管理法规，然后以 GHS 分类和信息传递制度为中心，详述化学品分类、标签、包装、测试等技术标准和各国 GHS 实施进展，我阅读后深感内容接地气，紧跟法规发展，同时也赞赏编著者不回避法规中的疑点、难点，如日用消费品化学品安全标签、少量化学品在民用建筑的储存等问题，潜心整理法规，结合实务分析，精心著述，力求信、达，给宏观管理者提供了参考和建议。丛书第二册《化学物质管理法规》与第三册《化学产品应用安全法规与风险评估》前期已相继问世，第四册《化学品风险管理法律制度》即将出版。丛书提供了化学品安全法律法规全面的基础知识，在纷繁复杂的化学品法律、法规、标准海洋中，追根溯源，为读者探求发展脉络，用有机关联的体系呈现化学品法律法规要旨，讨论发展趋势。丛书已经出版的两册书籍在化工业、化学品下游应用行业深受好评,不少专业工作者将丛书用作日常工作的工具书,作为学习了解化学品法规各领域的指南,也利用丛书提高系统把握法规的统筹能力。丛书全面、独特的著述框架和专业内容,在欧洲和北美化学品法规事务工作者中也激起了反响和兴趣。

本书作者有积极参与政策咨询的大学知名教授,有富有立法和执法经验的安监、商检、交通运输部门技术业务骨干,有合规经验丰富的化工企业法规实务工作者。他们视野开阔,专业精深,写作态度认真,值得信赖。丛书部分编写者在欧美化工公司担任化学品法规事务全球职能负责人或者亚太区的法规事务负责人,可谓中国智力,服务和引导全球化学品法规专业工作发展。

在祝贺本书顺利出版的时候,我很高兴推荐本册图书及化学法律法规丛书给化学品价值链上的从业人员、专家和领导者,这一套全面、系统的化学品法规指南将帮助大家更好地学习法律法规知识、遵守法律法规、促进良好的业务发展。我期待着高校和研究机构对化学品安全工作进一步的关心、支持,与行业与企业界紧密联系,在化学化工、环境、安全工程、物流运输、法律等专业的教学与研究中把这套丛书作为教材和参考书,提高化学品相关工作者安全与守法的能力和意识,在整个生命周期实现化学品安全。化学品产业链上每家公司实体、行业协会和科研工作者及所有从业人员应互相支持,积极配合立法部门和执法部门,促进基于科学、理性和风险管理,先进又符合国情的化学品安全立法和法律实施,提升法治水平。让我们团结一致,致力于化学品安全,一起在和谐发展、建设人类命运共同体的伟大事业中积极贡献、创造价值!

中国化学品安全协会秘书长

2018 年 7 月

前　言

　　曾经在华东化工学院图书馆偶遇《寂静的春天》,泛黄的扉页上少许几行预警点出了对这本书曾经的评判;时至约 10 年前,老树新生,多个装帧精美的版本问世,在化学品管理、农学、技术伦理和环境法学等诸多领域被推荐阅读,以其为标杆的自然文学系列书籍翻译出版,大众媒体刊登学者和文化人士的解读与感怀,读者经历了一种化学品风险启蒙,并建构、铺衍了新的社会风险观念。这个场景已远,不能淡忘数十年来化学工业的转型自新与化学品法规如何踟蹰起步、又突飞猛进,促进了基于科学和风险的化学品管理,在不断的发展与变革中继续发挥着化学品在经济与生活中的重要功能。探索和发展常常是复杂的,实际上,该书内容不乏对农用化学品的生态主义评判与农业工人职业健康保护之间的矛盾与歧见,文本自身或许被忽略了,被激昂却单薄的解释遮蔽了。

　　4 年前"化学法律法规丛书"发起人振臂一呼,诸多化学法规事务同仁积极响应,这是化学品科技发展背景下化学品法规演进中一股总结反思、力求从自发到自觉的力量。面对快速增长、变化中的化学品法规,立法和执法对国际国内贸易的巨大影响,以及各国化学品法规尚未有效协调的现状,企业化学品法规人员从研发、安全环保、品质管理、供应链、市场、法律合规等不同部门中应运而生,演变整合,逐渐成为一个相对独立的专业群体,在化学品市场销售、进出口、物流等商业活动中保障符合来自安全监管、交通运输、生态环境、卫生健康、农业、海关商检等不同部门的化学品法规,并参与、组织工业化先发国家化学品法规在我国的交流。他们期待着多个政府部门负责的化学品监管有着更加协调的立法,专业群体的形成发展也需要知识的体系化,这些正是"化学法律法规丛书"的努力方向,历史提供了机遇,自觉者应有所担当。

　　本册书籍编者有来自交通运输部门、应急管理部门、海关商检部门的技术专家,有高校物流与安全学者,有来自跨国公司的化学品安全管理者和法规事务负责人。他们中有的是化学品相关法规、国家标准的起草成员,有的物流、安全和环保政策研究和咨询意见经常被政府采纳,有的肩负着企业在欧美亚太诸国的化学品合规管理职责。作者们从各行业、专业的视角,按照法规发展的历史脉络,介绍联合国危险货物运输建议书、国际海运和空运危规,同时重点阐释中国道路、铁路、内陆水运、管道等运输方式以及化学品快递的法规要求,随后详尽介绍了"全球化学品统一分类和标签制度"(GHS)和各主要经济体 GHS 执行情况、国内外工作场所化学品安全标志。考虑到联合国同一专家委员会下的 TDG 和 GHS 制度历史渊源和分类逻辑上的密切关联,本书对比了 TDG 与 GHS 在分类和标签要求上的异同,并介绍了危险化学品仓储法规和标准,以及涉及储存少量化学品、消费化学品、仓库防火距离、建筑防火等级等领域的热烈讨论。测试是危险货物和危险化学品危害性分类的重要基础,作者在多年经验基础上,介绍了危险化学品测试要求和危险货物包装性能测试要求,并对测试机构资质要求、化学品合规管理工具等进行了说明。

本书内容涵盖了危险货物运输和危险化学品全生命周期管理的众多国际国内法规制度,遵循危险货物法规到危险化学品管理的发展历程,章节之间层层递进,是从事危险货物和危险化学品监管、检验以及实验室人员了解专业知识、提升技能、拓展专业视野很有用的工具书之一;本书有助于化工、安全管理、物流、供应链、环境、法学等相关专业学生和化学品安全、合规人员掌握与熟悉危险货物法规和 GHS 标准知识,可以作为工程硕士教学参考用书,也为学术界及政府机构提供综合、跨部门的法规标准资料与发展思路参考。

本册绪论、第七、十九、二十、二十一章由梅庆慧编写;第一、八、十四章由丁晓阳编写;第二、三、六章由朱嵬编写;第四章由茅祖菊和刘霞共同编写;第五章由任春晓编写;第九章由赵来军编写;第十、十一、十二、十七、十八章由王红松编写;第十三章由陈军编写;第十五、十六章由胡训军编写。编写者分布在北京、青岛、常州、上海,他们在繁忙的工作之余,牺牲了休息和与家人共处的宝贵时光收集资料、进行研究、撰写书稿,甚至利用出差路上的碎片时间,组织电话会议和面对面研讨会,以理顺思路、协调内容、查漏补缺、精益求精。编者们在工作和学习中结识,在热烈讨论和携手同行中巩固了友谊。业内专家中国民航危险品运输管理中心程东浩博士在化学法律法规丛书第 2 册出版后反馈了热情洋溢的意见和建议,又为本册编写提供了素材并审阅了部分书稿;巴奥米特公司(Zimmer Biomet)戚敏和化学法规专家钱立忠也提供了撰写资料并审阅了部分书稿。郑州铁路局陈亮、江苏海事局郭彦飞、美国危险品管理学会(IHMM)郭陶然(Terry Guo)、中国仓储协会危险品分会林震宇、巴斯夫公司黄梅、阿克苏诺贝尔公司郁建、科思创公司贾祥臣、中铁铁龙李皓等专家审评了部分章节。他们丰富的知识帮助本书提高了内容的正确性和专业性,他们为化学法规专业建设无私奉献的赤子之心令人感动,也鞭策着编者勤奋工作,努力提供高品质的成果。戊戌新秋,书稿初成,我们诚挚感谢家人的理解与支持,也衷心感谢所有进行同行评审的专家,感谢华东理工大学资源与环境工程学院院长修光利教授和武汉大学环境法研究所所长秦天宝教授在本书策划与编写中提供的指导与帮助,感谢华东理工大学出版社周颖主任在选题、出版中的耐心细致和严格要求。

作者们认真研学,尽己所能,以期为读者整理、提炼系统化的危险货物安全和化学品分类与危害信息传递法律法规和标准知识,但由于时间紧张和学识所限,法律法规也常在更新,书中不足之处在所难免,作者文责自负。书籍内容也不代表作者所属单位的观点。

恳请各位读者、专家和领导在阅读、工作中视本书为您的工作助手和专业建设铺路石,积极参与反馈和交流,不吝向编者和编委会指出书籍的问题与不足,告知您的专业期许和建议,我们期待在再版中能修正、调整,一起促进化学法规学科的形成、系统化、成熟化并贡献于社会。

编者 谨致

2018 年 8 月

作 者 简 介

梅庆慧

梅庆慧,华东理工大学环境工程专业,硕士。毕业后先从事有机合成,循环水处理工作,2006 年起至今在欧美跨国公司从事化学品法规与产品安全监管工作,具有丰富的化学品产品安全监管与产品注册经验,涉及生态毒理,健康毒理,化学品分类与安全沟通,食品接触材料,涉水产品等领域。现任苏威(上海)有限公司法规事务与产品监管大中华及东南亚地区经理。

王红松

2007 年毕业于南京大学有机化学硕士专业,同年进入常州进出口工业及消费品安全检测中心工作,目前为国家化学品分类鉴别与评估重点实验室副主任,主要从事 UN TDG,UN GHS,EU REACH 以及我国进出口危险化学品法律法规等化学品法规的研究,先后完成了《进出口危险化学品信息化管理研究》等 4 项省部级科研项目,主持制定了《化学品分类和标签规范 第 7 部分:易燃液体》(GB 30000.7)等 10 余项国家和行业标准。曾受原国家质检总局委派参加联合国 GHS 委员会第 25 次会议。近年来致力于互联网+化学品安全管理的应用技术研究,参与开发了《化学品智能分类与 MSDS 快速编制软件》以及化学品 GHS 分类微信查询平台等多个应用技术。

丁晓阳

丁晓阳,毕业于华东理工大学环境系,武汉大学环境法研究所,法学硕士,安全生产专业高级工程师。曾任职于朗盛化学等公司从事化学品法规事务与产品安全监管、贸易合规、健康安全环境、能源管理、品质管理体系等工作。现任职于诺华公司,担任健康安全环境及业务持续管理负责人。

朱嵬

朱嵬,南京大学环境科学专业,硕士学位,多年从事国际及国内危险化学品安全和合规管理工作,曾任阿克苏诺贝尔特种化学品产品安全专家,亚马逊危险货物全球安全及合规经理等职位,是国际管制化学品、危险化学品安全管理、欧盟 REACH 法规、中国及亚太区化学品安全管理、联合国 GHS、联合国危险货物(TDG)等领域的技术专家,同时也是 SAP‑EHS 的技术顾问。

任春晓

任春晓,毕业于交通运输部公路科学研究所交通运输规划与管理专业,工学硕士,就职于公路所汽车运输研究中心,副研究员。主要从事危险货物道路运输安全相关政策及技术研究,主持或参与多项危险货物道路运输法规标准的起草,包括交通运输行业标准《危险货物道路运输规则》《危险货物道路运输营运车辆安全技术条件》等,参与《危险货物国际道路运输欧洲公约》(ADR)中文编译工作并负责第九部分。2018 年成为交通运输第一届危险货物道路运输专家组成员。

刘 霞

刘霞,毕业于华东理工大学化工学院,曾先后任职于汉高、阿克苏诺贝尔、格雷斯等大型欧美跨国企业,从事于化学品安全管理工作,并曾担任多家企业亚太区化学品安全法规顾问、经理等职务,对亚洲各国和国际相关的法律法规如 GHS、危险货物等有着多年的研究经验,并持有英国苏格兰资格监管局认证的危险品安全顾问证书。现任职于瑞士奇华顿公司,负责亚太区危险物料合规管理,包括危险品的法规跟踪分析、分类、仓储和运输安全管理。

陈 军

陈军,南开大学环境科学硕士学位,应急管理部化学品登记中心登记管理处高级工程师,拥有 14 年从事危险化学品安全管理和技术工作的经验。负责全国危险化学品登记工作,主持和参与起草了《危险化学品登记管理办法》《危险化学品目录(2015 版)》及《危险化学品目录(2015 版)实施指南》《化学品安全标签编写规定》《化学品安全技术说明书——内容和项目顺序》等危险化学品安全管理法律法规标准 10 余项,发表论文及专著 10 余篇,获省部级科技进步奖 3 项。

茅祖菊

茅祖菊,华东理工大学化学工程学士、高分子材料硕士毕业,具有十几年的化学品法规监管工作经历,曾分别在朗盛化学、阿克苏诺贝尔从事产品安全及法规工作,现任 PPG 航空材料事业部亚太区产品安全监管经理。

赵来军

赵来军,博士,博士后,上海交通大学中美物流研究院(安泰经济与管理学院)教授,博士生导师,校级学科带头人,长期在物流管理、安全管理、环境管理领域开展研究工作。主持完成科研课题 39 项,包括国家基金项目 5 项,省部级项目 11 项,在国内外重要学术期刊发表论文 100 多篇,其中 SCI/SSCI 国际论文 40 篇,出版专著 11 部,多份政策建议报告得到韩正、杨雄等领导批示,并被政府采纳实施,获得省部级及以上奖励 11 项。2009 年入选上海市教育委员会"曙光计划",2010 年入选教育部"新世纪优秀人才支持计划",2011 年入选上海市教育系统首届"科研新星",2011 年获王宽诚育才奖,2014 年入选上海市"浦江人才"计划,2016 年入选上海交通大学"SMC-晨星青年学者奖励计划"。

胡训军

胡训军,复旦大学公共卫生学院卫生毒理学专业硕士,上海市化工职业病防治院化学品登记注册办公室/化学品分类辨识中心主任,副主任医师。拥有六年的急性化学中毒应急救援与处置经验,曾参加了 2008 年奥运会上海分赛场安全保障、2010 年上海世博会化学中毒公共卫生保障等工作,负责现场侦检及现场流行病学调查工作。2011 年以后,开始从事危险化学品登记、化学品危险性鉴定、铁路货物运输鉴定,化学事故 24 小时应急咨询等工作,熟悉 GHS 法规体系,曾为国内外多家知名企业如宝钢化工、高桥石化,三井物产等企业提供相关技术咨询。目前专注于化学品分类和标签法规服务,危险化学品和危险货物技术性服务等。

为中华预防医学会化工系统分会第五届委员会委员、中华预防医学会劳动卫生与职业病分会第二届职业防护与工效学学组成员、中国职业安全健康协会个体防护专业委员会第五届委员、上海市中西医结合学会灾害医学专业委员会青年委员、《职业卫生与应急救援》杂志第三届编辑委员会委员,上海市医师协会公共卫生分会会员。发表各类论文 18 篇,共参加编写书籍 5 本。

词 条 对 照 表

ADR	危险货物国际道路运输欧洲公约
APLAC	亚太实验室认可合作组织
BOD	生化需氧量
CFR 或 cfr	美国联邦法典
CMA	中国计量认证体系
CNAS	中国国家实验室认可
COD	化学需氧量
DGR	危险货物规则
DOC	溶解有机碳
EC_{50}	引起 50% 最大反应的物质有效浓度
eChemPortal	化学物质信息全球查询数据库
EC_x	产生 x% 反应的浓度
EmS	船舶运载危险货物应急响应措施
ErC_{50}	用生长抑制率标识的 EC_{50}
GHS	全球化学品统一分类和标签制度
IATA	国际航空运输协会
ICAO	国际民用航空组织
ILAC	国际实验室认可合作组织
ILO	国际劳工组织
IMDG Code	国际海运危险货物规则
IMO	联合国际海事组织

续表

LC_{50}	半数致死浓度
LD_{50}	半数致死剂量
MAD	数据互认
MARPOL	防止船舶造成污染公约
MRA	多边承认协议
NOEC	无可观察效应浓度
OECD	经济合作与发展组织
SDS	安全数据单
SOLAS	国际海上人命安全公约
TDG	联合国关于危险货物运输建议书 规章范本
ThOD	理论消耗需氧量
TOXNET	美国国立医学图书馆毒理学数据网站综合查询数据库
UNCETDG	联合国危险货物运输问题专家小组委员会

目　　录

第三篇　化学品危害分类与信息传递

第四篇　危险性及包装性能检测

绪 论 第一篇

化学品在工业化时代的发明创新和在全世界的广泛应用,给现代社会带来了显著的便利,例如食品、医药、纺织品、汽车、电子等产品中多种材料和组分来自化学品,它不仅提高了人类的生活水平,也在贸易与就业方面为经济发展和社会安乐做出了重要的贡献。

然而化学品是人类社会的双刃剑。化学品在为人们提供巨大生活便利的同时,如果风险管理不当,也会危害人类健康,污染生态环境。如滴滴涕(有机氯类杀虫剂)在20世纪挽救了很多疟疾、痢疾患者的生命,因具有持久性杀虫效果还提高了农作物的产量,然而它在自然环境中非常难降解,可在动物脂肪内蓄积,并沿着生物链传递,甚至在南极企鹅的血液中也检测出滴滴涕。已有的医学研究还表明了它对人类的肝脏功能和形态也有影响,并有明显的致癌性;被广泛应用于纺织皮革制品中具有防水防污性能的PFOA是一种持久性、生物蓄积性和毒性物质,其残留人体时间短至4年,长达半生,对人类神经系统、免疫系统和生殖系统等都有不同程度的损害。虽然在人类获知了这些物质的危害后逐步采取了管控或者禁止措施,但是没有能在其大量使用前采取行动,从而造成不同程度的负面影响。时至今日,人们对进入自然环境的药物、个人护理品和内分泌干扰物(EDCs)等环境影响与控制的认识还不成熟,对诸多工业化学物质在环境与人体中的相互作用体系与影响所知有限,在自然科学认知基础上,如何在法规、经济发展和公众理性行为层面达成共识尚需时间。在化学品对人类健康和环境造成伤害前,有必要先了解其危害并充分评估其在使用中可能造成的风险,再上市流通,并根据化学品的危害程度,在化学品的生产、运输、存储、使用和处置时采取适当的防护和安全管理来降低风险,使人们享受化学品带来便利的同时防护健康和保护环境。

安全管理化学品风险的首要步骤是了解所涉及的化学品内在的物理化学特性、健康毒理特性、生态环境毒理学以及环境归趋特性。在对化学品内在特性了解的基础上,识别化学品的危害性,建立完备的化学品管理体系,其中包括化学品在生产、运输、存储、使用和处置环节中的安全管理。

本书依据法规演变的时间,第二篇先从化学品和危险货物在运输过程中的安全管理法规开始,简述了危险货物管理法规的发展历史,参考并引用《联合国关于危险货物运输的建议书 规章范本》(俗称"橘皮书"),依次介绍联合国危险货物框架、海运危险货物、空运危险货物、道路运输危险货物、内陆水运危险货物、铁路运输危险货物、管道运输危险货物和快递危险化学品的法规要求。第三篇介绍了化学品危害分类与信息传递要求,即 GHS 制度,先从《联合国全球化学品统一分类和标签制度》(俗称"紫皮书")的简介开始,依次介绍了化学品的危害性分类体系、SDS 和安全标签要求、GHS 在全球的执行情况、国内外工作场所化学品标签和安全警示标志法规要求,并将上一篇的联合国危险货物和这篇的危险化学品进行对比,最后介绍了国内危险化学品仓储法规要求。第四篇介绍了化学品危险性的检测方法和检测项目,同时也介绍了不同类别危险货物的包装性能检测方法。此外,第四篇还对目前化学品及危险货物测试的实验室资质要求进行了介绍,其中也包括实验室之间数据互认性介绍。第五篇介绍了化学品合规管理工具,包括化学品 SDS 和安全标签制作软件和未来化学品安全信息电子化、信息化的趋势,化学品物理化学、人体健康和生态毒理学信息检索数据库和法规名单合规检索系统,以及企业自动化贸易合规管理系统。其中的信息检索数据库是国际权威的免费资源,可供化学品合规工作者参考。

如果读者想了解化学物质目录与新化学物质注册、危险化学品、易制毒、易制爆、高毒物品等管理法规、毒理学基本知识与化学物质风险评估等内容,请关注本系列丛书第二册《化学物质管理法规》;如果读者想了解化学产品在食品添加剂、食品接触材料、化妆品、农药、涂料、药用辅料、饲料与饲料添加剂、生物杀灭剂、涉水产品、阻燃剂、电器电子产品、汽车材料、玩具、家具和服装类产品、环境标志、跨国企业物质管控要求和产品安全风险评估,请关注本系列丛书第三册《化学产品应用安全法规与风险评估》;如果读者想了解从国际化学品条约和管理战略、化学品出口管制和国际贸易合规、商业信息保护、化学品相关民事侵权诉讼和刑事诉讼等内容,请关注本系列丛书第四册《化学品风险管理法律制度》。

危险货物管理

第二篇

第一章
危险货物法规的产生与发展

第一节　危险货物的概念

"货物"在社会生活各个领域和场合有着不同的理解。"危险货物"或者"危险品"在商业运营和法律应用中也存在不同含义。与人类文明中的其他词语相似,法律词语反作用于容纳它的法律体系,其歧义、演变或者超出文本原意的约定俗成,有时甚至使法律规范与制度为之折变,令人迷惑。本节试图厘清辨析,或可为理解之匙,以期有助于阅读本书时豁然开朗。

交通运输部2016年《道路危险货物运输管理规定》称危险货物为"具有爆炸、易燃、毒害、感染、腐蚀等危险特性,在生产、经营、运输、储存、使用和处置中,容易造成人身伤亡、财产损毁或者环境污染而需要特别防护的物质和物品。危险货物以列入国家标准《危险货物品名表》(GB12268)的为准,未列入《危险货物品名表》的,以有关法律、行政法规的规定或者国务院有关部门公布的结果为准。"

2016年6月交通运输部关于《危险货物道路运输安全管理办法》征求意见稿提出,"危险货物"是指符合《危险货物分类和品名编号》(GB6944)分类标准并列入《危险货物品名表》(GB12268)的具有爆炸、易燃、毒害、感染、腐蚀、放射性等危险特性,需要满足一定的运输条件后方可运输的物质或者物品。与《道路危险货物运输管理规定》(2016年)相比,增加了"放射性"的危险特性,但只针对有"运输"特别条件者,仅限于GB12268《危险货物品名表》,没有进一步增加的开口。该征求意见稿也规定了"危险化学品"的道路运输管理要求,并指出在其含义是列入"危险化学品目录"者,与符合《危险货物分类和品名编号》分类标准、又列入《危险货物品名表》的危险货物的交集。与前节相比,两种"危险货物"概念的些许不同导致对其外延的差异,从文本上可以理解为法规适用不同范围。

物流从业者则常认为,经由运输部门或仓储部门承接运输、仓储的一切原料、材料、工农业产品、商品以及其他产品,称为"货物"。也有人从经济活动对象的角度认为"货物"应指包括电力、热力、气体在内供出售的各类非不动产物品。前者的立足点在"运输、仓储",后者则在于"可供出售"。英文"Dangerous Goods(DG)"常翻译为"危险货物"。多个英文法律辞典则把"goods"定义为"供出售的物品";而运输的商品是"cargo",不包括旅客私人行李。如果"货物"不限于供运输,指更广范围的"供出售的商品",那"危险货物"适用于商超、装卸等环节,不影响法律体系和语言的稳定性。但"危险货物"的监管是否仅限运输或仓储,是否应包括装卸环节等问题有不同见解。私人物品是非供出售的商品,并非货物,通常危险货物监管并不适用于旅客携带的行李和私人车辆中非商业出售目的的物品。

"危险品"一词含义更为广泛,不仅限于为商业利益供出售的货物,也包括私人行李、各类托运物品,甚至旅行携带和交通运输环节之外各类具有危险特性的物品。2014年起实施的《中国民用航空危险品运输管理规定》(CCAR-276-R1)指出,"危险品"是指列在《技术细则》危险品清单中或者根据该细则归类的能对健康、安全、财产或者环境构成危险的物品或者物质,该定义来自下文将介绍的"橘皮书"。《技术细则》指根据国际民航组织理事会制定的程序而定期批准和公布的《危险物品安全航空运输技术细则》(Doc9284号文件);"危险品"是"危险物品"的同义简称。不过,《技术细则》中英文也称为"Dangerous Goods",中文译为"危险物品"或"危险品",与"危险货物"相比可回避歧义,更加反映将个人物品和商业性货物同时列入航空运输安全管理范围的风险控制要求。这个翻译的由来不知是无意插花,还是译者体会到词语间微妙又深远的差异,而在民航安全法规领域做出的精妙之举。

1992年《中华人民共和国海商法》中"危险货物"与"危险品"也是两个不可混用的专业名词,指向行政监管不同对象。该法第68、第135条在规定商业运营领域托运人、承运人、船舶出租人职责时,使用为商业目的的"危险货物"一词;而第113条在规定旅客携带物品时,用非商业目的的"危险品"一词。相应两个不同适用对象安全管理有明显区别,条理清晰,词语和法律结构更为稳定、严谨。商业性货物运输和个人物品运输安全规定有所区别的法源可以追溯至联合国《关于危险货物运输的建议书 规章范本》(俗称"橘皮书""规章范本",或者 UN TDG),2011年规章范本第17版第1.1.1.2条指出,该法规不适用于零售包装又是个人携带自用者。

2002年和2014年《中华人民共和国安全生产法》均使用"危险物品"一词,规定了运输用包装、容器及运输工具安全要求。2013年《危险化学品安全管理条例》则主要针对危险化学品的安全管理进行规定,但在涉及道路运输、水路运输和船舶适装时使用"危险货物"一词;从该法其他条文来看,似乎"危险货物"与"危险化学品"两词可以互换使用,如第八十五条规定,"未依法取得危险货物道路运输许可、危险货物水路运输许可,从事危险化学品道路运输、水路运输的,分别依照有关道路运输、水路运输的法律、行政法规的规定处罚",这是安全领域两个概念混淆的结果还是原因之一呢?

美国"Hazardous Materials Transportation Act"指出,法案适用于"商业中HAZMAT 的运输"。美国运输部颁布的"49 CFR Parts 100 to 185 Hazardous Materials Regulations(HMR)"中指出 HAZMAT 包括危害性物质、危险废物、海洋污染物等,不存在危险废物运输是否应执行危货安全要求或者参照实施的问题,危险废物本就是"HAZMAT"中的一种。DOT 下属的管道与危害性材料安全管理局(PHMSA)称 HAZMAT 为"商业中运输时对健康、安全或财产具有不合理风险的物质或材料",同时称 HAZMAT 在国际法规中的对应词为Dangerous Goods。加拿大运输部、美国运输部与墨西哥交通运输部联合编写的"运输事故初期应急指导手册(ERG)"把 DG 和 HAZMAT 两个概念等同视之。美国职业安全健康署(OSHA)29 CFR 1910. 1200 规定了"Hazardous Chemical 危害性化学品"的危害沟通,美国国会制订的《综合性环境反应、赔偿与责任法案》(CERCLA)则从场地治理和环境应急角度定义了"Hazardous Substance 危害性物质",均不直接界定 HAZMAT 的监管。如果 HAZMAT 和 Dangerous Goods 一样,在国内较多译为"危险货物","货物"在具有可出售、有商业价值之意,包括无价值废弃物在内的"危险废物"是否能被"危险货物"一词容纳值得探讨。如果回归 Material 一词"材料、物资"的本意,HAZMAT 翻译为"危险品",也推动了国内对 Dangerous Goods 一词的重新翻译,更得其妙。

与美国 OSHA 不同,加拿大把工作场所的危险品也称为"Hazardous Material",其实施多年的分类和标签体系 WHMIS,在 2015 年版本中直接吸收了化学品分类和标签的 GHS 标准。澳大利亚 DG 与规章范本和中国"危险货物"的适用范围一致,HAZMAT 则指各种"危险品",包括在运输仓储环节之外,如社区内使用者。英语国家法规和监管部门在不同的意义上使用Hazardous Substance 一词,接近于 Hazardous Chemical。澳大利亚安全监管部门官网辨析了"Dangerous Goods"与"Hazardous Substance"的异同,可作为参考。有时 Hazardous Goods、Hazardous Cargo 也可指"危险货物"。从安全管理和风险控制、化学品分类等角度,Hazards 指"危害",是物质本来可能造成人员或物体物理损害、健康损害或环境损害的内在因素;Danger 指"危险",是可能导致事故或者事故的状态、征兆。"危险"需要考虑"危害"和其他更多因素。

危险货物分类和监管法规发源数十年,相对于化学品危害性分类规范更早成熟,原意旨在规范运输领域,对物品进行危险性分类的实用价值和逐步完善的体系性使得其应用范围超过运输领域,成为很多国家在实施"全球化学品统一分类和标签制度"(Globally Harmonized System of Classification and

Labeling of Chemicals，GHS，俗称"紫皮书"）之前对化学品仓储、装卸甚至生产、废物处理等环节危险性分类上的依据，方便安全和环境风险监管，甚至可以说，彼时化学品危害性分类多依附于危险货物法规。"化学品"不一定都是"货物"，是否"危险"，各标准也有不同之处；"危险货物"中很多不是"化学品"，应在立法中厘清与"危险化学品"的关系、在供应链的不同环节适当区分，可使各自安全管理要求适得其所。伴随欧盟和诸多国际组织对国内的化学品法规体系的影响，GHS被广为接受，并制订为国内标准逐步深入实施。"危险货物"与"危险化学品"的区别已成为法规事务和化学品安全工作人员必须掌握的知识，本册后文有专章从技术法规角度论述其异同，以及对仓储等法规的影响。

第二节　危险货物国际法规起源与发展

随着工业革命与化学合成的兴起，危险货物运输业迅猛发展，同时也发生了一些事故。譬如硝化甘油19世纪上半叶在意大利发明后，相继被采石、矿山等行业使用。但硝化甘油对震动敏感，搬运、储存很不安全，很快在欧洲不少地方被禁止运输。1866年，美国旧金山Wells Fargo公司硝化甘油仓库发生爆炸事故后，当地铁路公司发布运输禁令。这些因素以及家人的死伤，促使诺贝尔在1867年发明了运输安全性高于前者的黄色炸药，即便如此，各类事故仍常有发生。如1917年，加拿大哈利法克斯港口一艘满载弹药和炸药的法国船只被撞击后燃烧爆炸，2 000余人当场死亡。1947年美国得克萨斯一艘装载硝酸铵化肥的船只发生大火，造成570多人死亡。近年来因为危险品引起的民航飞机污染报废乃至坠机、车辆毒气泄露、道路火灾和仓储火灾爆炸事故也多次发生，事故原因包括危险化学品、放射性物质、锂电池等各种危险货物。

为了防止危险货物事故的发生，减少损失，同时区分各相关方的义务和责任，各方逐步意识到危险货物立法的紧迫性。1893年，第一个国际铁路运输规则在欧洲应运而生，这是今天《国际铁路运输危险货物技术规则》（RID）的雏形。1894年《英国商船法》"危险货物与家畜运输"一章中规定海运危险货物安全要求。《国际海上人命安全公约》（SOLAS公约）推动了危险货物国际法规的诞生与发展，1914年该公约禁止危险货物海运，各国政府各自决定何谓危险及如何管理；公约同时约定，如果适当分隔、积载，有危险的货物允许海运。1948年SOLAS公约修订时提出了货物危险分类及危险性标签制度。1953年联合国经济和社会理事会（ECOSOC）采纳了创建联合国危险货物运输专家委员会（UN CETDG）的决议，1956年UN CETDG提出适用于各种运输模式的《关于危险货物运输的建议书》。

国际海事组织（IMO）在1959年成立后积极起草危险货物规则，1965年颁布首个《国际海运危险货物规则》(IMDG Code)。海运货物在贸易运输中大量增加,危险货物分类、标志、名称、包装、术语、标牌等规定随着道路、内河、铁路和港口等物流产业链被该规则引导,化学制造、包装、仓储业和使用者也受到影响,对各环节安全管理进行规范。IMDG Code 采纳《关于危险货物运输的建议书》作为一般基础,但存在着广泛的不同。其间在联合国欧洲经济委员会组织下,欧洲危险货物道路国际运输公约(ADR)于 1957 年开始签署、1968 年生效,内容主要来自 RID。发源于 1815 年的"莱茵河中央委员会"制订内河运输规则,覆盖莱茵河及相连接河道,1971 年制订了简称为 ANDR 的危险货物运输规定,后经多瑙河委员会适用于东欧。1973 年硝酸导致波士顿空难后,国际民用航空组织(ICAO)开始重视危险货物运输风险,采纳联合国《关于危险货物运输的建议书》在 1981 年颁布的第一套强制性《危险物品安全航空运输技术细则》(ICAO TI),对《国际民用航空公约》"危险物品安全航空运输"规定具体拓展。同期,美国《危险货物运输法》于 1974 年生效,涉及危险货物定义、标记、运输容器等内容,1990 年通过《危险货物运输规则》规定管道外的各种运输方式的危险货物具体操作。

联合国危险货物运输专家委员会 1996 年首次通过了《危险货物运输规章范本》,作为《关于危险货物运输的建议书》附件,旨在促进各种运输模式和各国法规协调统一,在危险货物运输中确保人身、财产和环境的安全,同时减少国际贸易障碍。《规章范本》内容有危险货物一览表中列出的具有商业重要性的危险货物联合国编号、危险类别、包装类别、运输特殊规定等信息,标志标签和标牌,以及按 9 类危险货物展开的运输包装、罐体使用、托运程序等内容。此外还有与特定类别的货物要求。《规章范本》一般每两年更新一次,截至 2017 年 7 月已更新至第 20 修订版。为对危险货物做适当的分类,联合国危险货物运输专家委员会在 1984 年最初提出《关于危险货物运输的建议书:试验和标准手册》(俗称"小橘皮书"),介绍了危险货物分类方法、试验方法和程序,各主管当局具有权限可以免除、改变或增加某些实验,"小橘皮书"应与"橘皮书"一起使用。自 2001 年以来至今共 6 版的"小橘皮书"由联合国危险货物运输与全球化学品统一分类和标签制度专家委员会负责,同时为危险货物分类和 GHS 提供指南。

1996 年,国际海事组织海洋安全委员会(MSC)同意修订 IMDG Code,与《规章范本》保持一致。2002 年,MSC 通过 SOLAS 公约修正案,使得 IMDG Code 具有正式国际法效力。IMDG Code 38-16 版自 2018 年 1 月起强制执行。航空方面,ICAO TI 仍然是民航危险货物运输唯一具有国际法律效力的技术规范,同时颁布了"Emergency Response Guidance for Aircraft Incidents Involving Dangerous Goods"等具体指南。由各国航空公司组成的非政府间组织国际航空运输协会（IATA）50多年前即开始制订危险货物法规（IATA DGR），现在 IATA DGR 遵照 ICAO TI 规定，可操作性更强，便于航空公司与托运人使用，且允许国家和航空公司更严格差异规则的实践。目前最新 ICAO TI 为 2017—2018 版，IATA DGR 为第 59 版。

欧洲空运和海运完全遵守 ICAO 规则和 IMDG 规则。其他方面，联合国欧洲经济委员会 2000 年提出《国际内河运输危险货物协定》（ADN），于 2008 年生效，最初包括 8 个欧洲大陆国家作为成员国，其附规则基于联合国《规章范本》和 ADR、RID，于 2009 年生效。ADR 包括欧洲大部分国家在内的 40 多个缔约国，一些东南亚及南美国家对其修改后用于本国公路运输管理。RID 有 40 多个缔约国，包括西部和中部欧洲所有国家，以及中东、北非一些国家。ADR、RID 在发展中与联合国《规章范本》协调一致，存在少量差异。欧洲地少国多，工业起步早，经济联系的紧密使得各种跨国运输模式成为常态，国家主权的存在使任何跨区域规范的建立与实施需要协调，漫长的立法过程导致规则相对较为成熟，从而许多发源于欧洲的危险货物和危险化学品规则被国际社会广泛采纳。美国是整合式运输规则的代表，运输部 PHMSA 修订《危险货物运输规则》，对规章范本和 IMDG Code 等国际规则有条件接受，譬如美国可能禁止运输某些允许国际运输的物品，并较早在混合物分类中对危险性强弱排序做出规定，适用于航空、铁路、水运和公路运输等方式；虽然放射性、爆炸性、有毒物质、危险废物等也存在于其他部门监管和法规中，但运输时《危险货物运输规则》优先适用。

特殊运输对象方面，国际原子能机构（IAEA）专门制订了《放射性物质安全运输条例》，目前为 2012 年版，被代表各种运输模式的国际组织和成员国普遍接受，《规章范本》中也反映了相关内容。条例依据 IAEA 参与制定的针对放射性的《基本安全法则》《基本安全原则》和《安全丛书》，就运输而言，遵守本条例即被认为符合放射性"基本安全标准"。世界卫生组织（WHO）基于《规章范本》制订了《感染性物质运输条例指南》，目前为 2017—2018 年版，提供识别、分类、标志、标签、包装、文件和冷冻等要求以确保感染性物质运输安全，适用于各种运输模式。IATA 定期发布《感染性物质运输指南》。IATA 也制订了专门的《活体动物条例》，与《濒危野生动植物种国际贸易公约》（CITES）制订的《野生动植物非空运指南》一起，规定了安全、人道运输活体动物的要求。《控制危险废料越境转移及其处置巴塞尔公约》的目的是控制危险废物非法越境转移，并非针对运输，但运输是转移的方式。按联合国《关于危险货物运输的建议书》第 9 条的规定，危险废物首先按照其性质识别归属于哪一类危险废物，再按照对应要求运输；如果性质不属于危险废物，但属于《巴塞尔公约》规定范围的危险废物，则按第 9 类危险货物运输。万国邮政联盟（UPU）本身不是运输业的国际组织,而是运输品的重要来源、中转与地方处理机构,故 ICAO 等运输组织一向重视与 UPU 的合作,常一起制订计划、指南、培训,防止危险货物进入邮件,促进各种运输模式的安保与安全。

安全(safety)与安保(security)分别注重非故意与人为、故意的不同动机与起因。危险货物安保事故会带来安全风险,安全威胁也会被作为危害安保的手段;危险货物安全管理在特定环节、场合需要有安保观念和控制以达到安全目的。危险货物安全法规与安保法规在不同运输模式中有多种广泛的联系。SOLAS 公约、2002 年《国际船舶和港口设施保安规则》(ISPS 规则)针对船舶、港口及港口国政府提出最低安保要求,规定政府、船东、船上人员以及港口设施人员的安保责任。2010 年《制止与国际民用航空有关的非法行为的公约》又称《北京公约》对传统国际航空安保公约修订,规定使用航空器非法运输危险物质为犯罪行为。美国于 2002 年通过《海运安保法》将 ISPS 转化为国内法,2009年颁布新版《海事安全指南》成为采取安保护卫的法定依据。DOT"研究与特别项目局"与联邦机动车安全局(FMCSA)共同强化危险货物安保措施,在2003 年制订《危险货物发货人和运输人安保要求》,针对特定类别危险货物和美国疾病预防控制中心(CDC)规定的毒素等提出了运输安保计划等管理要求,作为对 HMR 的补充。DOT 承认美国国土安全部下属运输安保局(TSA)有权制订更严格的危险货物安保规定。TSA2008 年制订《铁路运输安保最终规则》,并未对危险货物道路运输安保制订具体规定。美国国会 2007 年通过"化学设施反恐标准"项目(CFATS)并在 2014 年经总统签字立法,有效期至 2018年底,适用于安保高风险的化工制造、仓储和分销设施。

第三节　我国危险货物法规的发展

中华人民共和国成立初期,危险物品中的爆炸物品和易燃品被列入公安消防管理的一项重要内容,包括工厂、仓库、道路运输业的安全管理。铁路、水路运输主管部门相继制定危险货物运输规则。道路运输行业早期管理体制分散。以苏联标准为蓝本的《工业企业和居住区建筑设计暂行防火标准》于 1957 年起试行,关系到仓库防火安全距离等规定。20 世纪 60 年代初,交通部制定下发了《水上、道路放射性物品运输执行办法》。同期,国务院批转国家经济委员会、化学工业部、铁道部、公安部《关于全国化工产品安全管理问题座谈会的报告的通知》中讨论提出的六个办法,包括了《化学危险物品储存管理暂行办法》《铁路危险货物运输规则》等。20 世纪 70 年代初,交通部和铁道部合并期间制定了《危险货物运输规则》。

"文化大革命"结束之后经济生活全面发展,法治体系百废待兴。国务院相继颁布 1984 年《民用爆炸物品管理条例》和 1987 年《化学危险物品安全管理条例》，危险货物领域技术标准相继出炉，如 GB6944—1986《危险货物分类和品名编号》、GB12268—1990《危险货物品名表》等。1990 年，商业部等六部委颁布《化学危险物品经营许可证发放办法》。1994 年，公安部颁布《易燃易爆化学物品消防安全监督管理办法》，从易燃易爆物品角度规定了储存、运输等消防安全管理办法，是此后危险品仓库安全资质的开端。GB12268 于 2005 年更新，取消旧标准中危险货物 CN 编号方法，统一采用联合国 UN 编号，2012 年再次更新；GB6944 在 2005 年、2012 年相继更新。2002 年《危险化学品安全管理条例》在 2011 年、2013 年修订，提纲挈领规定了"储存""运输安全"。GB 28644.1《危险货物例外数量及包装要求》和 GB 28644.2《危险货物有限数量及包装要求》于 2012 年颁布，是否已有效执行，执法部门、危货业界和法规工作者各有解释。2017 年《中华人民共和国标准化法》第 2 条规定"强制性标准必须执行"，与《中华人民共和国立法法》以及基本法理如何相容，还需要在实践中检验。

道路运输方面，JT3130—1988《汽车危险货物运输规则》、JT3145—1991《汽车危险货物运输、装卸作业规程》、GB13392—1992《道路运输危险货物车辆标志》等相继颁布。1993 年交通部发布《道路危险货物运输管理规定》。1999 年发布《汽车货物运输规则》，涉及民事合同权利与义务，因与《中华人民共和国立法法》规定的立法权限相冲突，在 2016 年被废止。随着危险货物运输的发展和对安全的关注以及国际交流的影响与需要，交通部 2005 年修订发布了《道路危险货物运输管理规定》，同期修订了相关技术标准，如 JT617—2004 取代 JT3130，其中根据《化学品安全标签编写规定》，提出运输危险货物应随车携带"道路运输危险货物安全卡"；JT618—2004 取代 JT3145。2018 年 8 月，整合 JT617、JT618 和 GB21668《危险货物运输车辆结构要求》、对标 ADR2015 版的《JT/T617 危险货物道路运输规则》颁布。2016 年《道路危险货物运输管理规定》更新，民用爆炸物品、烟花爆竹、放射性物品等另有规定的，从其规定。2011 年《中华人民共和国道路交通安全法》涉及危险货物管理要求。《道路运输车辆技术管理规定》于 2016 年更新。2011 年全国人大修正刑法设立"危险驾驶罪"，2015 年刑法修正案（九）将该罪名扩大到"在道路上驾驶机动车……违反危险化学品安全管理规定运输危险化学品，危及公共安全的"行为。

包装方面，1985 年，国家经济贸易委员会、经贸部、交通部和国家进出口商品检验局联合发布《海运出口危险货物包装检验管理办法》。GB190《危险货物包装标志》、GB 12463《危险货物运输包装通用技术条件》均在 1990 年实施，并于 2009 年修订。1997 年，国家进出口商品检验局颁布《出口危险货物包装质量许可证管理办法》。2002 年《危险化学品安全管理条例》曾要求对危险化学品包装物、容器（包括运输槽罐）专业生产企业审查和定点，由安监部门实施；

2011 年时删除，仅保留工业产品生产许可证和质监部门认定机构检验合格制度。其间，危险货物包装类别划分、检验、安全要求等规章和标准颁布实施。

铁路方面，铁道部于 1995 年制订、2008 年修订《铁路危险货物运输管理规则》，2017 年中国铁路总公司印发新版，技术规章编号 TG/HY105。其中危险货物分类采用《铁路危险货物品名表》，包装采用《铁路危险货物包装表》《铁路危险货物运输包装性能实验规定》等行业规定。危险货物标志、标签和标牌采用国家标准同时遵循铁路专用规定。2013 年《铁路运输安全保护条例》、交通运输部 2015 年发布的《铁路危险货物运输安全监督管理规定》规定了管理性要求。

仓储方面，1980 年公安部颁布《仓库防火安全管理规则》并在 1990 年根据《中华人民共和国消防条例》修改。GB 15603—1995《常用化学危险品贮存通则》、GB 17914—1999《易燃、易爆性商品储藏养护技术条件》、GB17915—1999《腐蚀性商品储藏养护技术条件》、GB 17916—1999《毒害性商品储藏养护技术条件》相继颁布，后三者在 2013 年修订。2017 年底新的 GB15603《常用危险化学品贮存通则》对前述四个标准合并、修订、重新起草，征求业内意见。规定建筑耐火等级、防火间距等要求的《建筑设计防火规范》于 1988 年修改定名，并经多次修订成为今天的 GB50016—2014。2014 年国家安监总局颁布《危险化学品生产、储存装置个人可接受风险标准和社会可接受风险标准》，仓储装置定量风险评估（QRA）呼之欲出，安全距离将有基于风险的、量化的评估标准。至 2018 年，《危险化学品生产、储存装置风险基准》《危险化学品生产、储存装置（设施）外部安全防护距离》以及修订的《危险化学品经营企业安全生产经营条件》《危险化学品重大危险源辨识标准》将相继颁布，安全距离规定更多基于风险、基于量化评估。

水运方面，交通部于 1987 年制定了新的《国内水路货物运输规则》（系统内简称《货规》）；《港口货物作业规则》于 1995 年从其中独立并于 2000 年更新，但两者均在 2016 年被废止。针对危险货物，1996 年交通部颁布实施《水路包装危险货物运输规则》（简称《水路危规》，也有人将之与 IMDG Code 对应，称为"国内危规"），基本具备危险货物包装和标志、分类、托运、危货运输声明等安全规定框架，与 IMDG Code 主要内容一致，但部分细节条文存在差异，且无两年更新的机制；水路散装化学品和液化气运输规则未见立法。2003 年发布《船舶载运危险货物安全监督管理规定》并于 2012、2018 年修订，2014 年发布《国内水路运输管理规定》。2014 年起草《水路危险货物运输管理规定》征求意见。交通运输部会同其他部委颁布《内河禁运危险化学品目录（2015 版）》（试行），2017 年对《内河禁运危险化学品目录管理办法》《内河禁运危险化学品目录遴选标准》及新版《内河禁运危险化学品目录》征求意见。海运方面，中国于 1982

年开始在国际航线上执行 IMDG Code，目前 IMO 每两年更新后，中国海事局均组织进行翻译出版。现行《中华人民共和国海上交通安全法》也规定了危险货物运输管理。

港口方面，2003 年颁布、2015 年修订的《中华人民共和国港口法》规定交通部门为港口安全主管部门。交通部 2009 年发布《港口经营管理规定》，2012 年发布《港口危险货物安全管理规定》，参照 GB18218《危险化学品重大危险源辨识》和国家安监总局 2011 年《危险化学品重大危险源监督管理暂行规定》于 2013 年制订《港口危险货物重大危险源监督管理办法（试行）》。根据 ISPS 规则于 2007 年制订的《港口设施保安规则》于 2016 年修订。

民航主管当局初期制定了《危险品载运暂行规定》和《放射性物质运输的规定》，1961 年后为确保航空运输安全，民航客货班机一律不载运化工危险品和放射性同位素。1974 年开始，经中国民航主管当局批准，可在国际航线上和国际到港危险品货物国内联运航段运输危险品货物，运输标准则参照 IATA 规定。1976 年恢复国内航班放射性同位素运输，并制定《航空运输放射性同位素的规定》。1979 年民航局施行《化学物品运输规定》。上述规定建立了危险品航空运输基本制度和技术标准体系。现行《中国民用航空危险品运输管理规定》（CCAR－276）2014 年起正式施行，该规定符合《中华人民共和国民用航空法》，也满足国际民航公约附件十八的要求，并以 ICAO TI 作为技术支持文件。

特殊危险货物中，GB11806—1989《放射性物质安全运输规定》规定达到安全运输目的应满足的基本技术和管理要求。2004 年，原国家环保总局起草《放射性物质安全运输管理条例》，从 2010 年起适用于民用放射性物品运输和放射性物品运输容器，现由生态环境部国家核安全局实施监督管理。2016 年原环保部制订具体的《放射性物品运输安全监督管理办法》。军用放射性物品运输安全的监督管理依照《中华人民共和国放射性污染防治法》第六十条规定执行。与此一致，由工信部管理的国防科技工业局依据《国防科技工业军用核设施安全监督管理规定》在 2015 年制订具体的《军工放射性物质运输核安全监督管理办法》，地方企（事）业单位采用非军事运输方式运输军队放射性物质的，其核安全监督管理参照执行。2006 年《民用爆炸物品安全管理条例》施行，2014 年修订，其中第四章专门规定运输管理要求。2006 年《烟花爆竹安全管理条例》亦专章规定运输安全。2005 年公安部颁布《剧毒化学品购买和公路运输许可证件管理办法》，2013 年《危险化学品安全管理条例》第五章运输安全中对剧毒化学品道路运输的公安要求、内河禁运等做出规定。2016 年《易制毒化学品管理条例》专章规定了易制毒化学品的运输管理。关于农药，2009 年交通部、农业部、公安部、安监总局联合颁发《关于农药运输的通知》，部分列入《危险货物品名表》，但危险性较低的农药符合包装要求，注明"有限数量"后，按普通货物管理。针对感染性物质安全运输,中国民航总局于 2009 年根据 ICAO TI、IATA DGR、GB6944、原卫生部《人间传染的病原微生物名录》提出了 GB23240《感染性物质航空运输规范》。SARS 事件后,包含感染性物质运输和包装要求的《病原微生物实验室生物安全管理条例》于 2004 年施行并于 2016 年修订。原卫生部于 2005 年通过《可感染人类的高致病性病原微生物菌(毒)种或样本运输管理规定》做出具体规定,适用于各种运输模式。

本篇各章将依不同运输模式为主线,结合实务介绍危险货物法规,在此历史发展基础上,后续各篇和本丛书其他各册介绍和讨论化学品法规及法律事务。

参考文献

[1] 美国运输部管线与危害性材料安全管理局. How to use the hazardous materials regulations,2017 - 6 - 18. https://hazmatonline. phmsa. dot. gov/services/publication_documents/HowToUse0507. pdf.

[2] 澳大利亚国家运输委员会. Australian Dangerous Goods Code,2017 - 7 - 15. http://www. ntc. gov. au/heavy-vehicles/safety/australian-dangerous-goods-code/.

[3] 澳大利亚西澳州消防与应急服务署. Hazardous Materials,2017 - 7 - 15. https://www. dfes. wa. gov. au/safetyinformation/hazardousmaterials/Pages/default. aspx.

[4] 澳大利亚安全工作监管局. Hazardous Chemicals,2017 - 4 - 2. http://www. safeworkaustralia. gov. au/sites/swa/whs-information/hazardous-chemicals/dangerous-goods/pages/hazardous-substances.

[5] Adriaan Roest Crollius, Menno Langeveld. Regulation on the Transport of Dangerous Goods along the TRACECA Corridor, Azerbaijan, Georgia, Kazakhstan, Turkmenistan and Ukraine,2017 - 12 - 17. http://www. traceca-org. org/fileadmin/fm-dam/TAREP/45jramh/45jramh9. pdf.

[6] 徐大雅. 海上危险货物托运人严格责任研究. 长沙:湖南师范大学,2011.

[7] 国际海事组织. Focus on IMO — IMO and dangerous goods at sea,2017 - 12 - 17. http://www. imo. org/en/KnowledgeCentre/ReferencesAndArchives/FocusOnIMO(Archives)/Documents/Focus％20on％20IMO％20-％20IMO％20and％20dangerous％20goods％20at％20sea％20(May％201996). pdf.

[8] 江苏省地方志编纂委员会. 江苏省志:公安志. 北京:群众出版社,2000.

[9] 沈小燕,刘浩学,晏远春. 我国道路危险货物运输发展历程回顾与前景展望. 山东济南危险品运输国际论坛论文集,2008.

[10] 李茜. 中国民航危险品运输发展史及管理现状. 中国民用航空,2012,3(135):25 - 26.

第二章

联合国关于危险货物运输的法规框架

第一节 前 言

危险货物，是指具有爆炸、易燃、毒害、感染、腐蚀等危险特性，在生产、经营、运输、储存、使用和处置过程中，容易造成人身伤亡、财产损毁或者环境污染而需要特别防护的物质和物品[①]。危险货物的分类、标签、包装和运输条件都决定了危险货物的安全运输和风险控制。第二次世界大战后，全球经济一体化，越来越多的跨境运输也增加了危险货物运输的复杂性，全球亟需统一的危险货物安全运输条件指导以便于危险货物跨境运输。

在此背景下，联合国经济及社会理事会成立了危险货物专家委员会（以下称"委员会"），于1956年第一次出版《关于危险货物运输的建议书》（以下称《建议书》，俗称"橘皮书"），《建议书》为各国政府和危险货物运输安全问题有关的国际组织提供了危险货物安全运输的指导，联合国各成员国的运输主管机构、各国跨境海洋运输和航空运输主管机构在制定本国以及国际危险货物运输条约时须参考《建议书》。为了适应经济和技术发展，和使用者不断变化的需要，《建议书》定期进行修订。

委员会第十九届会议（1996年12月2日至10日）通过了《危险货物运输规章范本》（以下称《规章范本》）第一版，并将其作为附件收于《建议书》第十修订版，至此全球范围内对于危险货物运输的联合国框架搭建完成，为以后各国运输主管机构、各国跨境海洋运输和航空运输主管机构在制定本国以及国际危险货物运输指明了方向。《规章范本》也从此直接纳入了所有危险货物运输方式的国家内部和国际规章，更加强调了协调统一，也便利所有有关法律文书的定期修订，为各成员国政府、联合国、各专门机构和其他国际组织节约资源。目前最新版的《规章范本》为第20版修订版，于2017年发布。

本章将依照《规章范本》的编排顺序进行介绍，帮助读者理解《规章范本》。《规章范本》内容的第四、六章皆为危险货物包装要求，它们将被结合介绍。各个

[①] 《道路危险货物运输管理规定》第三条定义。

运输模式将在本丛书的后续章节分别详细阐述,本章不作细述。本书并非对《规章范本》原文的复制,而是对其结构、内容的归纳、总结和分析,读者如有需要可自行去联合国欧洲经济委员会的官方网站参阅各个版本的《建议书》和《规章范本》。

第二节 《建议书》《规章范本》结构

《建议书》主体分为九个部分。

1. 建议书的性质、目的和意义

此部分给出了《建议书》及其附件《规章范本》的目的和对象。在此章节指明了对象是各个成员国政府和国际运输的主管机构,并且说明此《建议书》和《规章范本》不适用于海洋或者内陆散装货船或者油轮的散装危险货物运输。

作为《建议书》的附件,《规章范本》给出了危险货物运输的建议,其包括了危险货物的分类原则和类别的定义、主要危险货物一览表、一般包装要求、试验程序、标签标记、揭示牌和运输单据等。

2. 制定危险货物运输规章的原则

制定《规章范本》的目的是为了防止危险货物运输过程中对人或财产造成事故,防止环境或者运输工具受到危险货物的污染或损害。制定《规章范本》的初衷是为了更好地促进危险货物的运输,而不是阻碍其在全球范围内的自由运输。当然《规章范本》也提出了对于"过于危险的货物""运输过程中不稳定的货物"禁止运输,或者对于特定危险性的货物禁止以特定的运输方式进行运输。这些规定能将危险货物的运输风险控制在可接受的范围内。

3. 危险货物的分类以及危险货物的定义

危险货物在《规章范本》的定义、分类标准有相当程度的标准化,同时也保持一定的灵活性,可以给各国政府和跨国运输规则制定部门一定的自由裁量。

此外,除了《建议书》和《规章范本》,委员会专家们还制定了《关于危险货物运输的建议书,试验和标准手册》(以下称《手册》),《手册》给定了专家委员会认为最为有效的试验方法和程序用以确定危险货物的正确分类。

为了更好地配合危险废弃物国际公约《巴塞尔公约》,《建议书》在此章节指出,危险废弃物在运输时,应根据其危险性和《规章范本》的标准进行分类,并根据分类结果参考《规章范本》的要求进行运输。不受《规章范本》制约的但是属于《巴塞尔公约》范围的危险废料,可按"9 类"进行运输。

4. 托运程序

危险货物托运时,《建议书》要求托运人已采用《规章范本》中要求的必要措施保证运输过程中不会造成危害,或者风险控制在可接受的范围内。同时,保证将所托运货物的潜在危险性充分地传达给运输过程中可能接触该货物的所有人员。通常被要求的做法是根据《规章范本》第五章的要求,对所托运货物的包件正确的粘贴/印刷相应的标签/标记。在某些情况下,根据《规章范本》特殊规定可以豁免的或者有限数量包装时,这些危险性较低的货物可以免除一些标签/标记的要求,但在某些运输模式下,可能要求包件上需要标记该包件属于的危险性类别、项别以及包装等级。

《规章范本》中规定了运输单证的基本要求,这是传达所提交运输危险货物危险性的基本资料,因此必须在托运危险货物时提交《规章范本》所要求的托运文件或声明,除非《规章范本》另有豁免。当然某些国家主管机构或者某些运输模式的国际组织还可能要求有必要的其他资料。但是《规章范本》对于每一类危险货物所要求提交的单证是最基本的要求。

5. 应急响应

《建议书》允许有关的国家主管机构或国际组织制定运输危险货物期间发生事故或者意外时必须采取的应急措施,以保护人员、财产和环境。对于放射性物质相关的准则须遵守国际原子能机构(IAEA)的安全指导丛书 No. TS - G - 1. 2 (ST - 3):《放射性材料运输事故应急反应的计划和准备》,维也纳(2002 年)。

6. 遵章保证

《建议书》要求联合国成员国主管机构和国际组织在制定其危险货物运输法规时保证《规章范本》得到遵守。各国和国际组织的危险货物运输法规需要涵盖一套有效的方案,包括监督容器的设计、制造、试验、检查和保养、危险货物的分类,以及发货人和承运人的责任、包件的制备、包装的要求、运输单证的要求以及装卸和堆放等证明《规章范本》的各项规定都有效的落实和遵守。

7. 放射物质的运输

《建议书》要求各国主管部门和国际组织确保放射性物质在托运和运输时遵守了《规章范本》中规定的辐射防护方案。主管部门应定期检查从事放射性物质运输人员所受的辐射剂量,并保证防护和安全系统符合《国际电离辐射防护与辐射源安全的基本安全标准》[安全丛书 No. 115,原子能机构,维也纳(1996)]。

8. 意外和事故报告

《建议书》要求各国主管部门和国际组织须对涉及危险货物运输的意外和事故进行通报,《规章范本》7. 1. 9 节给出了相关建议。

9. 新的或修订的物质分类应向联合国提出的数据单

《建议书》给出了各国认为有必要需要修改《规章范本》中物质的危害分类,或者新加入物质时须提交给专家委员会的测试数据单模板。

《规章范本》分为Ⅰ、Ⅱ两卷,总共 7 个部分。第Ⅰ卷中为第 1 到第 3 部分,分别为:① 一般规定、定义、培训和安全;② 分类;③ 危险货物一览表、特殊规定和例外。

第Ⅱ卷中为第 4 到第 7 部分,分别为:④ 包装规定和罐体规定;⑤ 托运程序;⑥ 容器、中型散货箱、大型容器、便携式罐体(移动罐柜)、多元气体容器和散货集装箱的制造和测试要求;⑦ 有关运输作业的规定。

第三节 《规章范本》第一部分

《规章范本》第一部分中的一般规定主要是对规章范本的范围和适用、例外、邮递等特殊情况进行了说明。

此部分首先指出了规章范本中提到的"试验和标准的建议"为专家委员会制定并另行发行的《关于危险货物运输的建议书——试验和标准手册》,此手册俗称"小橘皮书",目前最新版本为第六版,详细介绍了每个类别/项别的危险货物的测试方法和结果判定原则。

近年来,由于国内对于危险货物和危险化学品愈发重视,法规趋于严格,国内的专家、学者以及主管机构也在积极促进危险货物和危险化学品测试鉴定方法的建立,安监总局发布的《化学品物理危险性测试导则》(以下称"导则"),该导则以《试验与标准手册》第五版为基础编写,其为安监总局 2013 年 60 号令《化学品物理危险性鉴定与分类管理办法》的配套文件,供国内理化鉴定实验室使用。对于《试验与标准手册》给出多个可选试验的,《导则》结合中国国情,都给出了推荐的方法。虽然中国近些年来在危险化学品/危险货物鉴定技术方面取得巨大进步,但我们也应该看到与发达国家还是存在差距。《试验与标准手册》的附录四提供了目前所有联合国推荐的各成员国相关的测试实验室。这些实验室大多是试验与标准手册中方法和判定方法的实际制定者,如美国 DOT、荷兰 TNO、德国 BAM 等,因此在委员会中的危险货物运输专家很多也是来自这些官方推荐实验室,他们掌握了国际危险货物运输规则制定的权杖。截至第六版,这些联合国推荐的实验室中尚无中国的测试机构。我国在危险货物运输方面的人才培养还落后于这些欧美的发达国家,笔者借此机会也呼吁国家能够重视危险货物技术人才的培养,今后能够在国际危险货物运输的法规制定中占据一席之地。

《规章范本》同时说明了其适用的范围,及危险货物所有运输模式的"黄金法则",即"禁止运输在正常运输条件下可能发生爆炸,起危险反应,产生火焰,危险发热,反应放出毒性、腐蚀性或易燃气体/蒸汽的危险物质/物品"。根据此"黄金法则",可以进行运输的危险货物在特定的运输条件下必须是稳定的。当然运输条件是可以根据货物性质进行限定的,比如,某些危险货物严格禁止空运,但可以海运和陆运。再如,可以设计更加安全的包装来保证危险货物在运输过程中可能造成的危害被限定在包装以内,不会造成包装外的人员和财产损失,不会造成泄漏危害环境。

《规章范本》严格规定危险货物只有在按照要求进行正确的分类、包装、标记/标签、挂揭示牌、提供与危险货物相符的运输文件的条件下,方可安排托运和承运。《规章范本》也同时说明对于运输工具中必需的燃料或制冷设备中必需的制冷剂不适用此《规章范本》。个人携带的供自用的零售包装的危险货物也不受《规章范本》的约束。

《规章范本》在第一部分中还界定了危险货物国际运输和邮政之间的关系,《规章范本》遵照了万国邮政联盟的《万国邮政公约》的相关要求,阐明了按照《规章范本》可以运输的危险货物一般不允许以邮政的方式进行运输,仅有 B类感染性物质(UN3373)和用作其制冷剂的固态二氧化碳;以及某些放射性活度极低的 7 类危险货物可以国际邮寄运输。在一般国家,快递只是货运的一种经营方式。快递的运输方式最后都可归为各种运输模式,因此一般也只是需要遵守各运输模式下以及各国内陆的危险货物运输相关法规即可。但快递在中国属于国家邮政局所管辖,快递经营单位在中国需要邮政主管部门的行政许可才可以经营。由于快递在中国属于邮政系统的特殊性,遵照《万国邮政公约》,国家邮政局、公安部和国家安全部发布《禁止寄递物品管理规定》和《禁止寄递物品指导目录》,同时国务院发布了《快递条例》。根据《快递条例》所有《禁止寄递物品指导目录》中的物质/物品都不允许通过快递进行寄递。因此,严格意义上说,所有的危险货物在中国都不允许通过快递进行寄递。

为了方便使用,《规章范本》在第一部分中给出了整本法规中出现的概念和相关的单位制的换算。

在第一部分中,《规章范本》对于从事危险货物运输的相关人员有强制的培训要求,培训的课程要求和对象由各国或各运输模式的主管机构制定。对于危险货物,特别是危险性大,可造成严重后果的危险货物,《规章范本》在第一部分的安保要求中也进行了详细规定。

第四节　《规章范本》第二部分——分类

一、危险货物的分类/分项

托运危险货物之前,托运人须自行或根据当地法规要求委托相关机构对所托运的危险货物进行正确的分类、分项。

受《规章范本》约束的危险货物,按照其本身属性会被划为九个类别中的一类,有的类别再具体划分成项别。对于多种危害属性的危险货物,有可能会被划为一个主危险性,一个或若干个次要危险性。

二、危险程度的划分方式

对于某个危险性分类类别,其危险程度须用标准化的方式进行进一步划分。在危险货物法规中一般是使用包装类别来表征其危险程度,需要注意的是,这里的包装类别是危害程度的划分方式,并非指包装选用时的标准。包装的选用方式会在本章第六节中详细介绍。

除了第1类、第2类(不含气溶胶)、第7类、5.2项、6.2项以及4.1项自反应物质和某些物品以外的危险货物,根据危险程度划分为三个包装类别。

Ⅰ类包装:高度危险性的危险货物;

Ⅱ类包装:中等程度危险的危险货物;

Ⅲ类包装:轻度危险的危险货物。

第1类爆炸品的危险程度按照爆炸品的特性纳入1.1~1.6项,其项别即显示了危险的程度。第2类的气体中其项别2.1、2.2和2.3也充分表征了其危险特性。4.1项自反应物质和5.2类有机过氧化物的危险程度的表征是通过测试其爆炸和燃烧的敏感性程度来划分为A类~G类进行表征的,其中A类为极易爆炸的自反应物质或有机过氧化物,一般禁止运输。G类敏感性极低,危险性最小的自反应物质和有机过氧化物,完全豁免危险货物的运输条件。第7类的放射性物质的危险性表征参照国际原子能机构的要求。第6.2类感染性物质的危险性表征以该物质的可致病情况进行划分。

三、联合国编号和正式的运输名称

对于危险性分类明确并可以运输的危险货物,根据其危险性类别和其组成划分联合国编号和正式运输名称。联合国编号(UN编号)和正式运输名称的划定须根据其分类/分项以及危险性程度(包装类别,若适用)在《规章范本》的3.2章节危险货物一览表中进行划定。

四、危险性的先后顺序的确定

当一种物质、混合物有一种以上的危险性,其名称又没有列明在危险货物一览表中,需要使用以下原则确定主/次要危险性。

当危险货物拥有以下分类时,以下分类始终为主危险性:

(1)第1类的物质或者物品;

(2)第2类气体;

(3)第3类中的液态退敏爆炸品;

(4)4.1项中的自反应物质和固态退敏爆炸品;

(5)4.2项自燃物质;

（6）具有Ⅰ类包装吸入毒性 6.1 项物质[①]；

（7）5.2 项有机过氧化物；

（8）6.2 类感染性物质；

（9）第 7 类放射性物质。

一般情况下，7 类放射性物质不论其还有任何的危险性类别，7 类始终为主危险性。唯一的例外为"UN3507，六氟化铀，放射性物质，例外包件"，其若有其他危险性，则其他危险性为主要危险性。

对于其他危险性分类的主次划分参考《规章范本》2.0.3.3。

五、第 1 类　爆炸品

（一）定义

爆炸作用一般可分为物理爆炸、化学爆炸和核爆炸；对于运输法规定义的第 1 类爆炸品指的是能发生化学爆炸的物质或者物品，其在外界作用下（热、撞击），能发生剧烈的化学反应，瞬间产生大量的气体和热量，发生爆炸，并对周围环境造成破坏。第 1 类爆炸品也包括没有整体爆炸危险性，但有燃烧、抛射等较小的危险性或产生声、光、烟雾等一种或几种作用的烟火制品。

第 1 类爆炸品是受限的一类，一般只有在《规章范本》第 3.2 章的危险货物一览表中的爆炸性物质或者物品才能够运输，但主管机构可以根据实际情况批准特殊条件下的爆炸品进行运输，因此《规章范本》仍然在危险货物一览表中列入了"爆炸性物质，未另作规定的"和"爆炸性物品，未另作规定的"的条目，这两个条目就是预留给这些通过主管机构特殊批准进行运输的爆炸品使用的。

需要指出的是，第 1 类爆炸品其包装或容器往往对于危险性有决定影响，因此对于爆炸品的分类以及测试通常是需要对整个包件进行判断。

（二）分类

第 1 类爆炸品按照危险程度分为 6 项。

1.1 项　有整体爆炸危险的物质和物品。

1.2 项　有迸射危险，但无整体爆炸危险的物质和物品。

1.3 项　有燃烧危险并有局部爆炸危险或局部迸射危险或者两种危险都有，但无整体爆炸危险的物质和物品。

包括：（1）产生相当的热辐射的物质或者物品；（2）相继燃烧，产生局部爆

---

① 当同时拥有 8 类腐蚀性包装类别Ⅰ的危险货物，同时经口和经皮毒性只在Ⅲ类或者更低的物质，主危险性应为 8 类。

炸或者迸射效应或者两者都有的物质或者物品。

1.4项　不呈现重大危险的物质或物品。本项包含的物质或物品,在运输过程中一旦点燃,只造成非常有限的危险,危险效应主要限于包件本身,并且无较大的碎片射出,射程也很有限,外部的火烧不会造成整个包件的爆炸。

1.5项　有整体爆炸危险但非常不敏感的物质。

1.6项　无整体爆炸危险的极端不敏感物品。

特定的为了产生爆炸和烟火效果的已知类型的烟花制品,其分类可直接参考《规章范本》2.1.3.5.2进行分类,其余的爆炸品的分类和分项需要通过分类程序进行。

步骤"排除,爆炸品但是太危险不能运输","认可为第1类爆炸品"均需要参照《试验和标准手册》第一部分具体测试程序进行划定。"排除不是第1类"的初步方法通常为专家判断,如通过物质结构来初步判断是否为爆炸品(如含有某些爆炸危险的基团,或结构与某些已知爆炸品类似),只有在专家判断无法确定排除爆炸品,或者专家判断为可疑爆炸品时才需要进行后续试验。测试的具体方法、顺序和判定逻辑须参考《试验和标准手册》第一部分,同时也可以辅助参考安监总局发布的《化学品物理危险性测试导则》,后者是根据第五版的《试验与标准手册》进行修订的。

需要指出的是对于过于敏感的爆炸品,特别是无法通过实验系列3或4的爆炸物质或者爆炸物品,不允许进行运输,但由于爆炸品的特性和包装以及配方的关系很大,制造商可以通过使用更安全的包装或添加合适的爆炸品退敏剂来重新测试。更换包装或者通过添加退敏剂后若能通过测试,可进一步安排其他的分类测试以确定运输条件。

六、第2类　气体

(一) 定义

在危险货物运输的法规体系内,气体是指状态符合以下定义的化学物质或产品:

(1) 50℃时,蒸气压大于300 kPa;

(2) 20℃时,在101.3 kPa的标准大气压下,完全呈气态。

第2类的气体包括压缩气体、液化气体、溶解气体、冷冻液化气体、吸附气体,一种或多种气体与其他种类的一种或多种蒸气的混合物,以及充注了气体的气雾剂/烟雾剂。

气体在日常运输过程中都是以气体以及其外部容器(罐体)进行的,根据气体在运输中的具体状态,又可分为以下几种。

（1）压缩气体：气体在压力容器中运输时，当温度于－50℃时，容器中仍然完全呈气态，换句话说，指临界温度低于或等于－50℃的所有气体，在压力容器中进行运输。

（2）液化气体：气体在压力容器中运输时，当温度高于－50℃时，容器中部分呈气态。根据其特性可分为高压液化气体和低压液化气体。其中高压液化气体指临界温度在－50～65℃的气体，低压液化气体指临界温度在65℃以上的气体。

（3）冷冻液化气体：对于临界温度较低的气体（低于或等于－50℃）由于特殊需要，通过保持运输过程中的较低温度，使运输过程中的气体部分液化（即保持温度低于或等于临界温度）；对于这种主要依靠降低温度而实现的部分液态或全部液态的气体，即为冷冻液化气体。

（4）溶解气体：气体在压力容器中进行运输时，溶解在液相溶剂中的气体。

（5）吸附气体：在运输容器中，气体吸附在固体多孔材料中，产生压力容器内部压力在20℃时小于101.3 kPa，50℃小于300 kPa（第19版《规章范本》新增类别）。

（二）项别

2类气体共分为三项。

1）2.1项：易燃气体

易燃气体指在20℃，101.3 kPa下，在空气中的燃烧（爆炸）下限体积分数为13%或者更低时；或者与空气混合后不论其在空气中的燃烧（爆炸）下限如何，其燃烧范围跨度大于等于12%。气体的易燃性可通过测试燃烧（爆炸）极限和范围来确定。对于已知燃烧极限或者燃烧范围的一系列气体的混合物可通过国际标准化组织的标准计算方法（ISO10156：2010）计算混合气体等效的燃烧下限和燃烧范围来确定混合气体的易燃性。

2）2.2项：非易燃无毒气体

此类别中的气体不满足2.1项的易燃性，同时也不符合2.3项有毒气体的标准。2.2项的气体可能有以下危害。

（1）窒息性气体，通常指在一定区域内可以取代或者稀释空气中的氧气，可能造成人类或者动物窒息危害的气体，如二氧化碳。

（2）氧化性气体，此类气体本身不能燃烧，但能够比空气更能促进其他材料燃烧。气体的助燃（氧化）能力通常按照ISO10156：2010的方法进行确定。此类气体除了2.2类的主要危险性外，由于有氧化性，同时有5.1类的次要危险性。

（3）其他气体。

3）2.3项：有毒气体

有毒气体在运输过程中特指的是具有较强急性吸入毒性或者腐蚀性的气

体。长期毒性并不在运输危险性分类的考量范围。它包含以下两种情况。

（1）已知对于人类具有急性毒性或者腐蚀性强的气体；

（2）哺乳动物急性吸入毒性测试发现对于大鼠，一小时气体的半数致死浓度 LC_{50} 值等于或小于 5 000 mL/m^3。

哺乳动物急性吸入毒性的测试方法可按照经济合作与发展组织（OECD）的测试方法导则 403 或 436 进行；也可以采用各个国家自己的等效方法进行测试确定。值得注意的是，目前 OECD 的急性吸入毒性测试的半数致死浓度 LC_{50} 是 4 小时暴露的测试条件得出的，运输法规中提到的吸入半数致死浓度为暴露时间为 1 小时。若已知某种气体的 4 小时半数致死浓度，可以乘以 2（经验常数）来得出暴露时间为 1 小时的同种动物的吸入半数致死浓度，再与分类限值 5 000 mL/m^3 进行比较。

混合气体的半数致死浓度可以按照式 2-1 进行计算：

$$LC_{50} \text{毒性（混合物）} = \frac{1}{\sum\limits_{i=1}^{n} \dfrac{f_i}{T_i}} \qquad (2-1)$$

式中　f_i＝混合物的第 i 种成分物质的克分子分数；
　　　T_i＝混合物的第 i 种成分物质的毒性指数（当 LC_{50} 值已知时，T_i 等于 LC_{50} 值）。

（三）气体分项优先级、不允许运输的危险气体及豁免情况

对于气体的优先级，2.3 项优于 2.1 项与 2.2 项；2.1 项优于 2.2 项。

第 2.2 项气体，无其他次要危险性，未经液化或者冷冻液化，并且在温度 20℃压力不超过 200 kPa 条件下运输不受规章范本约束。

下列含 2.2 气体的物品也不受规章范本所约束：

（1）食品，包括碳酸充气饮料；

（2）体育用球；

（3）轮胎（航空除外）。

禁止任何不稳定的气体进行运输，除非经过主管机构的特殊许可。

七、第 3 类　易燃液体

（一）定义

广义上的第 3 类危险货物包括液态退敏爆炸品和易燃液体。

1. 液态退敏爆炸品

液态退敏爆炸品是指爆炸品溶解或者悬浮在水中或者其他溶剂（分散剂）

中,形成一种均匀的液态混合物,而使原有的爆炸性质得到抑制。在危险货物一览表中,液态退敏爆炸品有以下 UN 编号:UN1204、UN2059、UN3064、UN3343、UN3357、UN3379。

2. 易燃液体

《规章范本》中的易燃液体一般指的是指闭杯闪点不高于 60℃,或者开杯闪点不高于 65.6℃ 的液体,同时也包括在温度等于或高于闪点条件下进行运输的液体,即使其闪点已经高于分类限值。我们需要了解的是日常生活中燃烧的液体其实不是液体本身,而是液体表面挥发形成的蒸气。闪点的定义即为在特定的温度下,在液体表面可以点燃该液体表面蒸气的温度。理论上的闪点是一临界温度,即为在标准大气压下,某个最低温度可以使液体表面挥发的气体在空气中的浓度达到该气体燃烧(爆炸)下限。

（二）包装类别（危险程度）的划分

易燃液体包装类别划分见表 2-1。

表 2-1 易燃液体包装类别的划分

包装类别	闪点（闭杯）	初沸点
Ⅰ	<23℃	≤35℃
Ⅱ	<23℃	>35℃
Ⅲ	≥23℃,≤60℃	>35℃

注意:对于易燃液体的划分还有一些例外情况,如闪点在 35～60℃ 但不可持续燃烧,以及黏性液体的易燃液体划分还需要兼顾黏度,这些特殊情况可参照《规章范本》2.3.2 章节。

八、第 4 类 易燃固体(包括自反应物质和易于聚合的物质)、易于自燃的物质、遇水放出易燃气体的物质

（一）定义

第 4 类具体分为三个项别:4.1 易燃固体、4.2 易于自燃的物质、4.3 遇水反应放出易燃气体的物质。

1）4.1 易燃固体

在运输条件下容易燃烧或者摩擦可能引燃或者助燃的固体;可能发生强烈放热反应的自反应物质和容易聚合的物质;以及固态退敏爆炸品。可见"易燃固体"的称谓只是"约定俗称",此项中并非只有固体。事实上"易燃固

体""固体退敏爆炸品""自反应物质"以及"易聚合物质"四种物质/物品之间虽然危险性有共通点（放热），但其各自性质、测试方法以及分类标准则完全不同。

2）4.2 易于自燃的物质

在正常的运输条件下易于自发加热或与空气接触即被氧化升温，从而自发燃烧或者易于燃烧的物质。此项包括危险性非常高的自燃性物质（固体/液体）以及危险性中等和较小的自热固体。

3）4.3 遇水反应放出易燃气体的物质

与水相互作用易于放出易燃气体的物质。

（二）分项和危险等级划分

1. 易燃固体

首先，固体在危险货物运输法规体系中是有严格定义的，指不是气体和液体状态的物质即为固体。除了摩擦或遇到火源容易起火的固体，如火柴，以及根据人类经验非常容易燃烧的固体，直接划入 4.1 项易燃固体之外，大多的易燃固体是限定在固体为粉末、颗粒以及糊状，仅当这些形态的固体与火焰接触时可以点燃并且火焰蔓延超过一定速度时才被分为易燃固体。

粉末、颗粒以及糊状的固体物质，须根据《试验与标准手册》第三部分 33.2.1 小节的方法进行燃烧速率测试，对于以上固体物质中非金属的粉末，若经过其中初步的筛选测试发现整个燃烧时间小于 45 s 或者燃烧速率大于 2.2 mm/s，则其属于 4.1 项易燃固体的范畴，并且需要根据进一步的测试来确定包装等级（危害程度）。对于金属粉末的筛选标准是，可以点燃并且在 10 分钟内燃烧蔓延到整个长度。

易燃固体的危险性等级（包装类别）的划分是按照《试验与标准手册》33.2.1 的方法或者国内《化学品物理危险性测试导则（征求意见稿）》第 5 部分的测试方法进行划分。具体的测试方法和参数设定，可参照原文，在此不再赘述。最终的划分标准如下：

（1）易于燃烧的固体（金属粉除外），如燃烧时间小于 45 秒并且火焰通过湿润段，应划入包装类别Ⅱ。金属或金属合金粉末，如反应段在 5 分钟以内蔓延到试样的全部长度，应划入包装类别Ⅱ。

易于燃烧的固体（金属粉除外），如燃烧时间小于 45 秒并且湿润段阻止火焰传播至少 4 分钟，应划入包装类别Ⅲ。金属粉如反应在大于 5 分钟但小于 10 分钟内蔓延到试样的全部长度，应划入包装类别Ⅲ。

（2）对于易燃固体，最危险的包装类别（危险等级）为Ⅱ，并无危险性为包装类别Ⅰ的易燃固体，对于前文所述的容易摩擦起火的物质或物品，如火柴，在无测试的条件下,直接划入 4.1 类易燃固体,一般给予包装类别Ⅲ。

2. 固体退敏爆炸品

对应于第三类的液态退敏爆炸品,固态退敏爆炸品指的是水或酒精湿润或者用其他的物质稀释形成一种均匀的固态混合物,从而原先的爆炸性被抑制的物质。固态退敏爆炸品的 UN 编号有:UN 1310、UN 1320、UN 1321、UN 1322、UN 1336、UN 1337、UN 1344、UN 1347、UN 1348、UN 1349、UN 1354、UN 1355、UN 1356、UN 1357、UN 1517、UN 1571、UN 2555、UN 2556、UN 2557、UN 2852、UN 2907、UN 3317、UN 3319、UN 3344、UN 3364、UN 3365、UN 3366、UN 3367、UN 3368、UN 3369、UN 3370、UN 3376、UN 3380 以及 UN 3474。

对于那些在爆炸品测试方法中,通过了第 1 系列测试被认可为爆炸品,但最终通过第 6 系列测试被认为足够稳定,可豁免爆炸品的包装运输要求的物质或物品;并且确定其并非自反应物质或氧化/过氧化物,则其应被划入 4.1 类退敏爆炸品的范畴,并根据物质/物品的性质和特点划分如上述的 UN 号中。

还有些物质在《试验与标准手册》第一部分的爆炸品测试程序测试系列 1 和 2 进入了爆炸品的分类程序但根据测试系列 6 被排除在 1 类以外,同时又可以排除该物质不是 4.1 类自反应物质也不是 5.2 类有机过氧化物,这种物质须划进 4.1 类。4.1 类还包括 UN2956、UN3241、UN3242 和 UN3252。

3. 自反应物质

自反应物质是 4.1 类中非常特殊的一类物质。自反应物质是一类对温度敏感的,在高于某个温度下能发生放热自分解反应,即使没有氧气的参与。自反应物质的这种危害特性与 5.2 类有机过氧化物完全一致,因此对于自反应物质的分类逻辑,包装方法,测试原则基本一致,只是有机过氧化物的结构非常有特点,因此在危险货物法规中对于有机过氧化物分类的优先级高于自反应物质,也就是说首先须判断物质是否符合有机过氧化物的定义,当不符合有机过氧化物定义时,仍须判断是否符合自反应物质的定义。

对于自反应物质和有机过氧化物的分类测试程序会在讨论第 5.2 类有机过氧化时进行阐述。这里重点阐述《规章范本》中对于自反应物质的判断方法和已知类型的自反应物质分类方法。

自反应物质含有某些活性基团,在摩擦、热或者与某些催化性杂质(如酸、碱、重金属离子)接触时能自发反应并分解,分解过程中放出热量从而进一步促进其分解。分解反应的激烈程度和自反应物质的化学结构、稀释剂的类型和浓度以及包装类型相关,有些可以造成激烈的燃烧甚至爆炸,有些反应却相当温和。《规章范本》给出了一般常见的自反应基团的例子。

（1）脂族偶氮化合物（—C—N＝N—C—）；

（2）有机叠氮化合物（—C—N₃）；

（3）重氮的盐类（—CN₂⁺Z⁻）；

（4）亚硝基化合物（—N—N＝O）；

（5）芳香族硫代酰肼（—SO₂—NH—NH₂）。

自反应物质根据其危险程度划分为七个类型，A 型～G 型，其中 A 型由于极度不稳定，一般不允许运输，G 型极度温和，不受《规章范本》所约束。我们通常所说的运输条件下自反应物质的危险货物指的是 B 型～F 型这五个类型。这五个类型结合物质的物理形态（液、固），以及温控条件（温控/非温控）衍生出了 20 个 UN 编号，UN3221 至 UN3240，其中奇数结尾的为液态自反应物质，偶数结尾的为固态自反应物质。前十个 UN 编号 UN3221～UN3230 分别对应 B～F 型非温控的自反应物质，后十个 UN 编号 UN3231～UN3240 分别对应 B～F 型温控的自反应物质。

对于具体的自反应物质，其类型（UN 编号）的划分是按照《规章范本》2.4.2.3.3.2 的原则进行划分的，划分标准是按照《试验与标准手册》第二部分的测试程序进行的。

目前商用的自反应物质为工业级纯品或者含有退敏剂（稀释剂）的配方，液体自反应物质的退敏剂一般为与自反应物质相溶，闪点和沸点都较高的有机溶剂。某些与水相溶的自反应物质也可以用水退敏；固体自反应物质的退敏一般使用惰性固体，如二氧化硅、碳酸钙等。对于需要温控的自反应物质，液体退敏剂要求为沸点至少为 60℃，闪点不低于 5℃，同时保证液态退敏剂的沸点至少比自反应物质的控制温度高 50℃。

根据目前已经掌握的自反应物质及其稀释剂配方，《规章范本》在 2.4.2.3.2.3 章节给出了"现已划定可用容器装载运输的自反应物质一览表"，实际生产使用中，若某产品的配方满足表中要求，则可直接按照表格划分 UN 编号，同时类型也被确定。一般情况下，只有被列入表中的自反应物质被自动允许进行运输，包装方式为表中指向的 OP X（OP1～OP8），具体 OP X 的包装要求（包装类型和最大许可量）会在 P520 的包装说明中进行说明。

对于温控的自反应物质（一般指 SADT 在 55℃ 及以下的自反应物质配方）配方，该表同时给出了"控制温度"和"应急温度"。运输过程中，对于这些温度控制的自反应物质，其运输温度应该在"控制温度"之下，当发现运输中环境温度超过"控制温度"还未达到"应急温度"之前，应尽快降温使运输温度重新被控制在"控制温度"之下，如尽快检修制冷设备，或开启备用制冷设备。当温度无法被控制，升高至"应急温度"时，须立刻开始应急响应程序。对于危险的 B 型和 C 型温控自反应物质，应急程序可能考虑直接尽快撤离，疏散周围群众，通知应急响应主管部门等必要措施。

没有列入表内的自反应物质或新型的配方，以及更换稀释剂时，则需要严格按照《试验与标准手册》第二部分的测试程序测试后根据测试结果划分 UN 编号和类型，重新确定 SADT、控制温度和应急温度，并确定包装方式，并且在各种运输模式下须通过测试报告向主管机构申请许可，通过许可进行运输。当然新型的自反应物质若满足以下分解热或 SADT 的要求可以自动豁免 4.1 类自反应物质，直接考虑其他危险性分类。

（1）"分解热"是自反应物质和有机过氧化物的重要指标，表征物质在自分解时放出的热量，以 J/g 计。当测试或者推算某物质的分解热低于 300 J/g 时，其将不会被分类为自反应物质。

（2）自加速分解温度（SADT）

自加速分解温度（SADT）是指运输过程中包装内的物质发生自加速分解的最低温度。自反应物质和有机过氧化物在某个临界温度时会发生分解，分解放出的热量又再次加速分解，这种正反馈的自加速分解的临界温度即为自加速分解温度（SADT）。自加速分解温度除了与物质本身固有性质有关，同时也与包件内含有的物质的量有关，因此危险货物法规中提到的自加速分解温度（SADT）都是要指定包装大小的。包装越大，所含物质的量越多，则 SADT 越低。对于自反应物质若其 50 kg 包件的自加速分解温度高于 75℃时，则认为其自反应性的危险程度非常低，可以不受《规章范本》的约束。

根据法规要求，只有 F 型的自反应物质，可以考虑使用 IBC 或满足 T23 要求的移动罐柜进行运输。注意只是考虑，具体还要取得相关运输模式或国家主管机构的许可才可以运输，同理只有列入 T23 中的自反应物质配方才可以使用移动罐柜。

4. 易于聚合的物质或混合物

此类的物质为第 19 版《规章范本》4.1 类中新增的类型，指的是某些单体在运输条件下可能发生强烈的聚合反应放出热量。此类物质有自加速聚合温度（SAPT），符合下列条件要求的物质应被划为此类：

（1）在添加或未添加化学稳定剂交运的情况下，在普通包装、IBC 或可移动罐柜中，SAPT 为 75℃或以下；

（2）同时反应热为 300 J/g 及以上；

（3）不符合已有的 1～8 类危害。

易于聚合的物质的自加速聚合温度 SAPT 符合下列要求时，需要对其运输温度进行控制：

（1）在普通包装或者中型散装容器（IBC）中 SAPT 为 50℃或以下；

（2）在移动罐柜中 SAPT 为 45℃或以下。

九、第 5 类　氧化剂和有机过氧化物

第 5 类含有 5.1 氧化剂和 5.2 有机过氧化物两个项别的危险货物,这两类危险货物的危险特性和判别方法完全不同,但是由于危险货物运输的国际制度,在很长时期内认为氧化剂和有机过氧化物特性相近(例如,以前这两者的危险性标签图示完全一致,火焰和代表氧化能力的 O 结合),所以约定俗成地将这两项危险货物放在了 5 类危险货物下。从 20 世纪 90 年代开始,危险货物运输主管机构逐渐意识到这两个项别的危险货物的危险特性完全不同,5.1 项氧化剂的主要危险性是氧化性,助燃;而大多的有机过氧化物并无明显的氧化性,主要的危险性和 4.1 项中的自反应物质一样,在一定温度条件下能产生放热的自加速分解,从而导致某些有机过氧化物产生剧烈的燃烧和爆炸。本书的一大目的就是要纠正读者、广大危险货物从业人员和国家主管机构的误解,将 5.2 项有机过氧化物与 5.1 项氧化剂区分开来。本书后续章节中还会探讨危险货物的标签标记,目前 5.2 项有机过氧化物的标签图示已经和 5.1 项氧化剂完全不同,5.1 项氧化剂的危险性标签仍然保持整体黄色,图示为火焰和代表氧化能力的 O 结合;而 5.2 项改为上红下黄,仅仅强调燃烧性的火焰图示。这里需要指出的是,5.1、5.2 这两类危险货物是唯一需要在危险性标签最下角注明到项别的标签,其他类别仅仅标注到类别,这也是为了强调 5.1 项和 5.2 项完全不同。

(1) 5.1 项　氧化性物质

此类物质本身未必燃烧,但比某些参比物质更可以促进其他物质燃烧,氧化性物质可以是固体、液体和气体(指比空气更能促进其他物质燃烧的气体;2 类主危险性、5.1 类次要危险性)。

(2) 5.2 项　有机过氧化物

一种有机物质,它含有过氧键"—O—O—"的结构,可看作是过氧化氢的衍生物,其中一个氢原子或两个氢原子被有机基团取代。有机过氧化物和 4.1 类自反应物质一样是热不稳定的物质,可能发生放热的自加速分解,此外还可能有其他的次要危险性:① 可能反应过于剧烈而产生爆炸;② 剧烈燃烧;③ 对碰撞或摩擦敏感;④ 与其他物质易发生反应;⑤ 毒性、腐蚀和损害眼睛及其他危害性。

1. 氧化性物质的分类方法和标准

(1) 固体氧化性物质

氧化性固体物质的测试方法和分类准则是按照《试验与标准手册》第三部分 34.4.1 小节(试验 O.1)或 34.4.3 小节(试验 O.3)来测试的。简单来说,试验会分成测试组和对照组,测试组是纤维素(棉花)和测试物质按照一定比例的

混合物;对照组是参比物质(溴酸钾或过氧化钙)和相同的纤维素(棉花)按照一定比例的混合物。实验测试测试组和对照组的燃烧速率,若测试组的燃烧速率高于对照组的测试物质,则分为氧化性固体,并划入相应的包装类别。若测试组的燃烧速率低于最低参比物质与纤维素比率的对照组,则被认为非 5.1 项。具体方法可参照《试验与标准手册》。

(2) 液体氧化性物质

氧化性液体物质的测试方法和分类准则是按照《试验与标准手册》第三部分 34.4.2 小节来测试的。液体氧化性物质的判断是根据液体和纤维素(棉花)等比例混合后是否自燃(发火),或压力上升速度(690~2 070 kPa)是否比参比对照组[参比物质(50%高氯酸水溶液、40%氯酸钠水溶液和 65%硝酸的水溶液)和纤维素等比例混合]更快,并划入相应的包装类别。具体方法可参照《试验与标准手册》。

(3) 氧化性气体

由于气体的 2 类属性总是比 5.1 类优先考虑,这里说的氧化性气体实际上是 2 类气体拥有 5.1 类的次要危险性。气体的氧化性评判标准总体来说是与空气(23.5%的氧气氮气混合物)相比,是否更能促进其他物质燃烧。判定方法可参照 ISO 10156 及其他等效转化的国家标准,判断特定气体或气体混合物的氧化性能和空气比较的强弱,以决定是否需要 5.1 类的次要危险性。

2. 有机过氧化物

前文已经给出了有机过氧化物的结构特点,并阐述了有机过氧化物的危险特性和测试、判别方法与 4.1 类自反应物质一致。这里需要说明的是有机过氧化物由于有其自身的结构特点,判断有机过氧化物属性的首要原则如下。

任何满足有机过氧化物定义的物质/混合物都要考虑是否应该划入 5.2 类,除非有机过氧化物的混合物:

(1) 有机过氧化物的活性氧不超过 1.0%,并且过氧化氢的含量不超过 1.0%;

(2) 有机过氧化物的活性氧不超过 0.5%,并且过氧化氢的含量超过 1.0%但不超过 7.0%。

有机过氧化物配置品的有效氧含量(%)用式(2-2)计算。

$$16 \times \sum (n_i \times c_i / m_i) \qquad (2-2)$$

式中　n_i——有机过氧化物 i 每个分子的过氧基数目;

　　　c_i——有机过氧化物 i 的浓度(重量百分比);

　　　m_i——有机过氧化物 i 的分子量。

有机过氧化物根据其危险程度划分为七个类型,A 型~G 型,其中 A 型由于极度不稳定,一般不允许运输,G 型极度温和,不受《规章范本》所约束。我们通常所说的运输条件下有机过氧化物的危险货物指的是 B 型～F 型这五个类型。这五个类型结合物质的物理形态(液、固),以及温控条件(温控/非温控)衍生出了 20 个 UN 编号,UN3101 至 UN3120,其中奇数结尾的为液态有机过氧化物,偶数结尾的为固态有机过氧化物。前十个 UN 编号 UN3101～UN3110分别对应 B～F 型非温控的有机过氧化物,后十个 UN 编号 UN3231～UN3240 分别对应 B～F 型温控的有机过氧化物。

对于具体的有机过氧化物,其类型(UN 编号)的划分是按照《规章范本》2.5.3.3 的原则进行划分的,划分标准是按照《试验与标准手册》第二部分的测试程序进行的。

目前商用的有机过氧化物为工业级纯品或者含有退敏剂(稀释剂)的配方,液体有机过氧化物的退敏剂分为 A 型和 B 型,A 型液体退敏剂指的是与所退敏的有机过氧化物相容的沸点不低于 150℃的有机溶剂,B 型液体退敏剂要求为沸点低于 150℃但至少为 60℃,闪点不低于 5℃,同时保证液态退敏剂的沸点至少比 50 kg 包件的 SADT 高 60℃。某些与水相溶的有机过氧化物也可以用水退敏,固体有机过氧化物的退敏一般使用惰性固体,如二氧化硅、碳酸钙等。根据目前已经掌握的有机过氧化物及其稀释剂配方,《规章范本》在2.5.3.2.4 章节给出了"现已划定可用包装运输的有机过氧化物一览表",实际生产使用中,若某产品的配方满足表中要求,则可直接按照表格划分 UN 编号,同时类型也被确定。一般情况下只有被列入表中的有机过氧化物被自动允许进行运输,包装方式为表中指向的 OP X(OP1～OP8),具体 OP X 的包装要求(包装类型和最大许可量)会在 P520 的包装说明中进行说明。

对于温控的有机过氧化物(SADT 在 50℃及以下的 B 型 C 型和 D 型有机过氧化物;SADT 在 45℃及以下 E 型和 F 型有机过氧化物)配方该表同时给出了"控制温度"和"应急温度",运输过程中,对于这些温度控制的有机过氧化物,其运输温度应该被严格控制在"控制温度"之下,当发现温度超过"控制温度"还未达到"应急温度"之前,应尽快降温使运输温度重新被控制在"控制温度"之下,如尽快检修制冷设备,或开启备用制冷设备。当温度无法被控制升高至"应急温度"时,须离开开始应急响应程序,对于危险的 B 型和 C 型温控的有机过氧化物,应急程序可能考虑直接尽快撤离,疏散周围群众,通知应急响应主管部门等必要措施。

没有列入《规章范本》表 2.5.3.2.4 内的有机过氧化物或新型的配方,以及更换稀释剂时,则需要严格按照《试验与标准手册》第二部分的测试程序测试后根据测试结果划分 UN 编号和类型,重新确定 SADT、控制温度和应急温度,并确定包装方式,并且在各种运输模式下须通过测试报告向主管机构申请许可,通过许可进行运输。当然,新型的有机过氧化物若满足活性氧豁免条件,直接考虑其他危险性分类。

十、第6类 毒性物质和感染性物质

第6类毒性物质和感染性物质分为6.1项毒性物质和6.2项感染性物质。

（一）定义

6.1项毒性物质,根据《规章范本》的定义为"在吞食、吸入或与皮肤接触后可造成死亡或严重受伤或损害人类健康",这里需要指出的是,6.1项毒性物质指的是可造成严重急性毒性的物质。同时可以接受运输的毒性物质必须是在运输条件下稳定的,不稳定的毒性物质一般是不允许运输的。

急性毒性是表征动物或人一次染毒或24小时内多次染毒可造成死亡效应的强弱。因此划入6.1项的危险货物仅仅是可造成严重急性毒性的这些物质;对于那些长期反复染毒可以对人或动物可能造成的严重危害的物质(比如具有致癌、致畸、致突变的物质)并不属于6.1项的范畴。《规章范本》和根据其制定的各运输模式危险货物运输法规其规范对象是在运输过程中"危险货物",关注的是包装完整的货物在较短时间被运输交付的过程。运输过程中工人一般接触的都是包装完整没有泄漏的货物,因此运输过程中的工人不可能长期反复接触同一物质。危险货物运输法规所关注的危险性因此除了易燃易爆氧化性之外,对于人体健康仅仅关注泄漏后短时间内接触所造成的危害。

6.2项感染性物质,是指可以导致人类或动物染病的病原体(包括细菌、病毒、支原体、衣原体、立克次氏体、寄生虫、真菌)以及其他媒介如病毒蛋白等。

与前文各类危险货物大多为"化学物质或混合物"不同,该项危险货物一般为致病生物体或生物制剂,因此读者一定要有基本概念,危险货物法规是规范各运输模式下危险货物的,并非是"危险化学品",我们不能把"危险货物"同"危险化学品"等同起来。

符合6.2项感染性物质定义的通常有以下种类。

(1)人类和动物的病原微生物或生物活性成分,包括细菌、病毒、支原体、衣原体、立克次氏体、寄生虫、真菌以及其他媒介如病毒蛋白等。

(2)生物制品,指从生物体取得的产品,其生产销售运输等环节须按照国家主管部门的要求,可能需要特殊的许可,一般用于预防、治疗或诊断人类和动物疾病,或用于与此类活动有关的科学研究。生物制品包括但不限于疫苗等最终或非最终产品。

（3）培养物，指有意人工培养的病原微生物或其提取的活性成分，但不包括下述（4）类人类或动物的试样。

（4）病患者试样，直接从人体或动物采集的生物样本。

（5）医学或临床废物。

（二）类别/分项和危险等级划分

1. 6.1 项毒性物质

物质急性毒性是由毒理学基本数据，半数致死剂量（浓度）LD_{50}/LC_{50} 来表征的。与之前所讨论的理化危险性不同，急性毒性（6.1 项）、皮肤腐蚀性（8 类）以及 9 类杂项中的水生生态毒性通常只对纯物质（工业级）进行测试。由于毒理学和生态毒理学测试结果一般波动较大，只有在对测试方法和实验室质量上从严要求才能保证测试结果的可靠性，因此这些测试的测试方法一般要求是经济合作与发展组织（OECD）被不同的可靠实验室交叉验证过的试验方法，即经合组织测试指南（OECD Testing Guideline，TG）；或各国公布的等效方法。同时一般认为最可靠的毒理学、生态毒理学的测试过程、结果、报告应出自符合 OECD 良好实验室规范（OECD GLP）的实验室，或符合各国要求的等效实验室。

对于经口（吞食）的急性毒性通常是通过大鼠急性毒性测试，一次染毒后，14 天内大鼠的 LD_{50} 值来确定的。测试方法为 OECD TG 401、TG 420、TG 423、TG 425。

对于经皮急性毒性通常是通过对于具有与人类相似皮肤结构动物（如兔、豚鼠）进行 24 小时经皮染毒，通过测试其 14 天内相应动物的 LD_{50} 值来确定的。测试方法为 OECD TG 402 和 TG 404。

对于吸入急性毒性通常是通过大鼠急性吸入毒性测试来确定物质的吸入毒性，在运输法规里对于危险性程度的分类所取的动物吸入暴露时间为 1 小时，但在标准方法 OECD TG 403 和 OECD TG 436 中测试时对于测试动物的暴露时间设定为 4 小时。因此在对某物质进行吸入急性毒性评估和危险货物 6.1 项危险性判断时，需要特别注意 LC_{50} 值所对应的暴露时间。对于 $4\,h-LC_{50}$ 可以使用 Harber's rule[①] 转换为 $1\,h-LC_{50}$，即对于蒸气和气体，$2 \times 4\,h - LC_{50} = 1\,h - LC_{50}$；对于气溶胶（悬浮颗粒），$4 \times 4\,h - LC_{50} = 1\,h - LC_{50}$。

测试结果和包装类别的划分见表 2-2。

---

① 20 世纪初德国化学家 Fritz Haber 提出，毒性气体遵循 $C \times t = k$，C 指暴露浓度；t 指吸入气体所需时间；k 为常数。

表 2-2　除蒸气吸入外,各暴露途径的急性毒性包装类别划分标准

包装类别	经口毒性	经皮毒性	吸入毒性	
			气溶胶(粉尘/烟雾)	气体(2.3项)
I	≤5.0 mg/kg b. w.	≤50 mg/kg b. w.	≤0.2 mg/L	见4.6.2章节
II	>5.0 且≤50 mg/kg b. w.	>50 且≤200 mg/kg b. w.	>0.2 且≤2.0 mg/L	
III	>50 且≤300 mg/kg b. w.	>200~1 000 mg/kg b. w.	>2.0 且≤4.0 mg/L	

对于有毒性蒸气的液体其危险等级(包装类别)的划分和上述几种介质的毒性划分有较大区别,须同时考虑暴露吸入的可能性,这种可能性是通过该液体危险货物在20℃和标准大气压下可以达到的饱和蒸气浓度"V"来表征的,单位为 mL/m³。根据理想气体状态方程,20℃,标准大气压下饱和蒸气浓度即为该液体的饱和蒸气压/标准大气压。因此,当得知该液体在20℃和标准大气压下的饱和蒸气压,则可得到该饱和蒸气浓度 V。

危险程度(包装类别)是按照下列标准进行划分的。

I 类包装:$V \geqslant 10LC_{50}$ 同时 $LC_{50} \leqslant 1\,000$ mL/m³;

II 类包装:$V \geqslant LC_{50}$ 同时 $LC_{50} \leqslant 3\,000$ mL/m³,且不满足(1);

III 类包装:$V \geqslant 1/5LC_{50}$ 同时 $LC_{50} \leqslant 5\,000$ mL/m³,且不满足(1)、(2)。

《规章范本》中同时给出了快速确定蒸气吸入毒性危险性及包装类别的辅助曲线。当某种液体的蒸气毒性和挥发性交叉点处于黑线附近时,需要使用上述文字标准进行判别。

对于急性毒性的 LD_{50}/LC_{50} 的测试方法都基于纯物质的,在文献的检索中一般也只能检索到纯物质的 LD_{50}/LC_{50},对于混合物的急性毒性的判断需要通过各个成分的 LD_{50}/LC_{50} 及各成分在混合物中的浓度进行估算,估算公式参见式(2-3)。

(1)

$$LC_{50}(混合物) = \frac{1}{\sum_{i=1}^{n}\left(\dfrac{f_i}{LC_{50i}}\right)} \qquad (2-3)$$

式中　f_i——混合物的第 i 种成分物质的克分子分数;

　　LC_{50i}——第 i 种成分物质的平均半数致死浓度(mL/m³)。

(2)液体混合物的挥发性,即饱和蒸汽浓度按式(2-4)进行估算:

$$V_i = \left(\frac{P_i \times 10^6}{101.3}\right) \text{ mL/m}^3 \qquad (2-4)$$

（3）各组分的挥发性和 LC_{50} 比率求和参见式（2-5）：

$$R = \sum_{i=1}^{n} \left(\frac{V_i}{LC_{50i}} \right) \tag{2-5}$$

（4）混合液体最后的包装类别判断同理按照以下标准。

① Ⅰ类包装：$R \geqslant 10$ 同时 $LC_{50}(mix) \leqslant 1\ 000\ mL/m^3$；

② Ⅱ类包装：$R \geqslant 1$ 同时 $LC_{50}(mix) \leqslant 3\ 000\ mL/m^3$，且不满足①；

③ Ⅲ类包装：$R \geqslant 1/5$ 同时 $LC_{50}(mix) \leqslant 5\ 000\ mL/m^3$，且不满足①②。

对于混合物经口和经皮的 LD_{50} 的估算方法参见式（2-6）：

$$\frac{C_A}{T_A} + \frac{C_B}{T_B} + \cdots + \frac{C_Z}{T_Z} = \frac{100}{T_M} \tag{2-6}$$

式中　C——成分 A，B，…，Z 在混合物中的％浓度；

　　　T——成分 A，B，…，Z 的 LD_{50} 值；

　　　T_M——混合物的 LD_{50} 值。

2. 6.2 项感染性物质

感染性物质应该划入 6.2 项，并按照物质的本身属性定为 UN 2814、UN 2900、UN 3291 或 UN 3373。根据《规章范本》6.2 项可分为 A 类和 B 类。

A 类指的是确定能够使人类或动物致病的病原体，可以参考《规章范本》的表 2.6.3.2.2.1，分别将特定的病原体划分为 UN 2814 感染性物质，对人感染，以及 UN 2900 感染性物质，只对动物感染。

B 类指的是不符合 A 类的感染性物质，一般指疑似能让人类或动物致病的病原体；划分为 UN3373，B 类生物物质。

中国卫生主管机构发布了《人间传染的病原微生物名录》，并对于每个微生物都给出了 UN 编号，可以直接参考。该目录涵盖的范围要比《规章范本》的表 2.6.3.2.2.1 更广。同时中国农业主管部门发布的《动物病原微生物分类名录》可作为补充参考材料，对于同时列入《人间传染的病原微生物名录》和《动物病原微生物分类名录》的病原微生物可直接参考《人间传染的病原微生物名录》给出的 UN 编号，对于仅列入《动物病原微生物分类名录》的病原体可以划分为 UN 2900。

需要指出的是，对于 6.2 类其本质属性是感染性，对于某些生物样品若不会或不太可能感染人类或动物即不受危险货物法规所管束，包括已经灭活的致病微生物。

为了输血或移植而采集的血液和生物样本不受危险货物法规所管束。

对于 6.2 类物质的包装一般要求三层容器（包装）：

（1）一个或多个防漏的主容器；

（2）一个防漏的辅助（中间）容器；

（3）一个足够坚固的外容器并且其中一面的大小至少为 100 mm×100 mm。

若盛装对象为液体，主容器和辅助（中间）容器之间要有足够吸附所有内装液体的吸附材料，以保证在运输过程中即使发生了泄漏也不会最终泄漏出外包装。如果多个易碎的主容器置于一个辅助容器（中间容器）中，应该将其分开包扎或隔开，防止相互接触。

在中国，感染性物质的包装需要得到主管机构的许可，方可使用。

经过基因修改的微生物若不属于感染性物质则应考虑划入 9 类相应的UN 编号。

含有 A 类 UN 2814 或 UN 2900 感染性物质废弃后应划为相同类别，UN 2814 或 UN 2900。含有 B 类感染性物质废弃后应划为 UN 3291，对应的运输名称应酌情赋予"临床废弃物，未另作规定的"，或"（生物）医学废弃物，未另作规定的"，或"管制医学废弃物，未另作规定的"。

除非感染性物质本身无法托运，不得采用对活体动物感染的方式进行运输。故意感染动物以运输病原体的必须得到所在国主管机构的许可方可运输。

十一、第 7 类　放射性物质

正如前文所述，《规章范本》中对于放射性物质的分类、包装、标签和运输安全的要求来自国际原子能机构（IAEA）的指导丛书。对于放射性物质的分类，需要注意的是包装会起决定性作用。

由于本书为化学品法规系列丛书，对于放射性物质的分类方法在此不做过多介绍，读者可参考《规章范本》第 2.7 章节和 IAEA 安全丛书相关内容。

十二、第 8 类　腐蚀性物质

（一）定义

第 8 类腐蚀性物质是指通过化学作用在接触生物学组织时会造成严重损伤、或在渗漏时会严重毁坏其他货物或运输工具的物质，对生物学组织造成严重损伤，就是我们通常所说的皮肤腐蚀性，对于其他货物或运输工具的损坏即为我们通常所说的金属腐蚀性。

（二）危险性程度/包装类别的划分

1. 皮肤腐蚀性

皮肤腐蚀性实际上是物质对于皮肤不可逆的损害，皮肤接触这类物质后，会造成损伤，但无法恢复接触前的状态即为腐蚀，这里的无法恢复原先状态并非指不可痊愈,皮肤可以痊愈但会留下疤痕也为不可逆损伤。若皮肤发生了损伤,如发红、皮炎等但 14 天内能够恢复,并无任何痕迹为可逆性损伤,生物学上称为皮肤刺激,对于这类物质不符合 8 类腐蚀性的定义。对于皮肤腐蚀性强弱,即其包装类别的划分首先是根据人类经验来划分的,若无人类经验则一般是根据哺乳动物皮肤体内/体外腐蚀性测试,OECD TG 404 或 OECD TG 435 来进行的。近些年由于动物/人体皮肤体外测试/模型的发展,《规章范本》鼓励先进行体外筛选测试,测试方法为 OECD TG 430 或 431。筛选试验中若结果发现无腐蚀性,则无须继续测试,直接划为无皮肤腐蚀性,当然还应继续评估金属腐蚀性。对于筛选测试中发现有腐蚀性的,腐蚀性的强弱及包装类别的划分需要采用 OECD TG 404 或 OECD TG 435 来确定。

2. 金属腐蚀性

对于金属的腐蚀性,由于运输中所使用的包装,金属材质只允许两种,钢或铝,因此对于金属的腐蚀性也是对于钢和铝这两种材质而言的,指的是在 55℃条件下,钢或铝表面的腐蚀率超过 6.25 毫米/年。

具体的包装类别划分见表 2-3。

表 2-3　腐蚀性物质包装类别的划分

包装类别	接触时间	观察时间	结果
Ⅰ	≤3 分钟	≤60 分钟	完好皮肤不可逆损伤
Ⅱ	>3 分钟且≤1 小时	≤14 天	完好皮肤不可逆损伤
Ⅲ	>1 分钟且≤4 小时	≤14 天	完好皮肤不可逆损伤
Ⅲ			在 55℃条件下,对钢铝同做实验,钢或铝表面腐蚀率超过每年 6.25 mm

《规章范本》中第 3.2 章节的危险货物一览表中已经给出了目前就人类经验已经掌握的腐蚀性物质,并赋予了 UN 编号和包装类别,需要说明的是这些物质的危险性划分很大程度上是基于人类已经掌握的经验或者物质的其他危险性会继而导致的腐蚀性,如遇水反应性的物质(4.3 类),pH 值大于 12.5 或小于 2 的强碱和强酸,由于这些物质的这些特性从人类常识来判断就已经足够给予腐蚀性的分类,并赋予包装类别,因而无须进行具体的动物测试。从动物福利的角度,具有这些危险性的物质,国际上也是不允许再做动物测试的。

十三、第 9 类　杂项危险货物

第 9 类物质和物品(杂项危险货物)是指被认为在运输过程中有危险性,但无法划定入前八类的危险货物。第 9 类中的环境危害性物质比较特殊,《规章范本》中允许各运输模式和各国的运输主管机构在制定危险货物法规时考量其他环境公约和各国/运输模式的实际情况以定具体的管理方法。比如有些国家陆运和国际空运法规将环境危害性归为第 9 类,仅当该物质/物品无法归入前八类,并符合环境危害的定义时才划入环境危害性类,UN 编号为 UN 3077 或 UN 3082;UN 3077 或 UN 3082 编号的货物运输时需要额外的环境危害类标签(参见附录三 危险货物运输标签/标记)。环境危害性标签只和 9 类杂项标签一起出现。而国际海运危规 IMDG Code 以及另外一些国家陆运法规(比如 EU ADR 和美国 49CFR)则将环境危害性(海运称海洋污染物)当作其他危险性的重要补充来看待,也就是说物质即使划分为其他危险性并赋予了 UN 3077 和 UN 3082 之外的 UN 编号,如果其符合环境危害性分类的定义仍需要加贴环境危害性(海洋污染物)的标签。

此外第 9 类的危险物质和物品有很多我们日常生活中常见的物品。

1. 锂电池组

单独的锂电池、锂电池组、装在设备中的锂电池、电池组以及任何和设备包装在一起的锂电池、电池组都需要酌情划入 UN 3480、UN 3481、UN 3090 或 UN 3091 中。对于锂电池的运输,《规章范本》规定,所有的锂电池和电池组在出厂时都必须通过《试验和标准手册》第三部分 38.3 章节的各项测试。同时对于锂电池的设计要求每个电池和电池组都要有安全排气装置,在紧急情况下能够应急排气防止电池/电池组爆裂。另外,要求锂电池/电池组有足够的有效的设计防止外部短路和内部反向电流。对于电池/电池组的制造商,要求有高质量的管理规范,保证锂电池产品符合质量要求。

2. 电容器

双电层电容器(储能容量大于 0.3 W·h)和不对称的电容器酌情划入 UN 3499 和 UN 3508。还有一些 UN 编号对应的 9 类危险货物,请参考《规章范本》2.9.2 章节。

第五节 危险货物一览表、特殊规定及例外情况

本节主要介绍《规章范本》的第三章节,危险货物一览表及特殊规定的框架结构,以及《规章范本》的第 3.4 章对于有限数量包装的危险货物的具体要求和豁免,以及第 3.5 章节对于例外数量包装的危险货物的具体要求和豁免。

一、危险货物一览表

根据测试或者已有数据对待运输的货物(物质或物品)进行分类,掌握物

质/物品名称、危险货物类别、包装等级后就需要综合这些信息,在危险货物一览表里选择最合适的栏目。"一览表"可以理解为工具书的总目录,找到了某个危险货物所对应的栏目便可以根据该栏目给出的"UN 编号""运输名称""特殊规定""标签""包装""中型散装容器(IBC)""压力容器""移动罐柜"等要求,对应找到该危险货物的特定的包装及标签要求,以及在特定包装要求下更加详细的运输要求。

需要说明的是,《规章范本》给出的一览表只是联合国下给出的框架,各个运输模式以及各国自己的法规会根据《规章范本》中给出的一览表,结合各运输模式/各国具体的要求,增加或修订一览表以满足特定运输模式和特定国家自己的需要。比如海运时,须参考国际海运危险货物规定(IMDG code)的第 3.2章,海运危险货物一览表;国际空运时需要参考国际民航组织技术文件(ICAO TD)或国际航空运输协会危险货物法规(IATA DGR)中的一览表。具体这些介绍会在本书的相关章节进行展开。但考虑到其他一切危险货物运输法规的一览表都源自《规章范本》,甚至很多发展中国家的内陆运输法规直接使用《规章范本》,因此这里还是有必要给读者就联合国框架下的一览表进行介绍,方便读者了解一览表和一览表所规定的具体"运输名称""标签""特殊规定""包装说明"等有基本的概念,以继续学习在各个具体的运输模式和国家法规体系下的其他要求。

《规章范本》中的一览表分为 11 栏,见表 2-4。

表 2-4 《规章范本》3.2 章节一览表样例

联合国编号	名称和说明	类别或项别	次要危险性	联合国包装类别	特殊规定	有限数量和例外数量		一般包装和中型散装容器(IBC)		移动罐柜和散装货箱	
								包装说明	特殊规定(包装)	说明	特殊规定(移动罐柜和散货箱)
(1)	(2)	(3)	(4)	(5)	(6)	(7a)	(7b)	(8)	(9)	(10)	(11)

本书不对每个栏目的定义做详细阐述,这些定义都可以从《规章范本》3.2.1章节中得到。为了从实用性的角度阐述如何使用一览表,本书会以举例的方式阐述如何使用规章范本的一览表。

例一:硫酸,质量分数 80%。

通过历史文献数据和权威数据库检索(如 ECHA 已注册物质领头注册文档查询)其 GHS 分类为皮肤腐蚀 1A 类,根据本书第 4 章介绍,《规章范本》第二章的分类标准,其危险货物的分类应为 8 类,包装类别为Ⅰ类。通过掌握的这些信息,我们可以去一览表中进行检索,"硫酸"可以得到表2-5几个列入栏目。

表 2-5 《规章范本》3.2 章节节选

联合国编号	名称和说明	类别或项别	次要危险性	联合国包装类别	特殊规定	有限数量和例外数量		一般包装和中型散装容器(IBC)		移动罐柜和散装货箱	
								包装说明	特殊规定(包装)	说明	特殊规定(移动罐柜和散货箱)
(1)	(2)	(3)	(4)	(5)	(6)	(7a)	(7b)	(8)	(9)	(10)	(11)
1830	硫酸,含酸质量分数大于51%	8		II		1 L	E2	P001 IBC02		T8	TP2
1831	发烟硫酸	8	6.1	I		0	E0	P602		T20	TP2 TP13
1832	硫酸废液	8		II	113	1 L	E0	P001 IBC02		T8	TP2
2796	硫酸,含酸质量分数不超过51%,或酸性电解液	8		II		1L	E2	P001 IBC02		T8	TP2

可以看到,名称和说明最符合例一中的货物为 UN1830,危险性类别为 8 类,包装等级表中为 II。其他的三种栏目和我们货物的描述不符。根据危险货物一览表的选择要求,首先应选择"名称和说明"匹配的栏目。但对于这个例子,我们由目前掌握的数据根据《规章范本》第二章的分类程序,发现质量分数80%的硫酸溶液的包装等级应为 I 类,而一览表中 UN1830 只有 II 类的包装等级。特意在此举此例是为了特地说明,我们对于危险货物的分类,一览表的信息应优先于其他数据,因此直接根据 UN1830 在一览表里的信息给予 II 类包装类别,无须采用数据重新定义包装类别。当然货主在实际操作中,参考实际运输模式/国家法规之后,可以选择更严格的包装来保障运输安全,前提是不能和法规相冲突。比如此例中,货主需要海运一般包装下的质量分数80%的硫酸溶液,在查阅 IMDG code 中的包装类别和橘皮书相同,是 II 类,也无特殊规定妨碍选择更加严格的包装,货主可以自行选择满足 I 类包装性能的包装,包装质量分数80%的硫酸溶液进行运输。但需要说明的是货主的任何技术性文件(如 SDS 或托运单),需要和对应运输模式/国家法规的一览表保持一致,

对于此例,文件上的包装类别栏目仍然是Ⅱ,即使货主选择了满足Ⅰ类包装性能的包装。当然特殊情况下,比如货主认为法规有误,Ⅱ类的包装类别在一览表中不合适,货主可以通过向相关运输模式/国家的主管机构申请特殊许可的方式更改自己技术文件中信息,也只有此类情形,货主的技术文件所提供的信息可能和法规已列明的信息相冲突,此类特殊许可需要始终和货物一起,以备查验。

在确定了一览表的栏目之后,就可以进一步找到"运输名称",在"名称和说明"栏中黑体的部分,为"硫酸",一般包装的包装说明(P001),若采用IBC进行包装的话,IBC包装说明为IBC02;若采用移动罐柜或大型散货箱的话,罐柜或散货箱需要满足T8要求。再到《规章范本》相关章节检索具体要求即可。由于《规章范本》只是联合国的规章框架,具体的要求要看具体的运输模式和国家,在本章节就不再对具体的包装说明,罐柜说明等进行具体阐述,相关具体要求可参考本书对于各运输模式介绍的其他章节。

例二:2,5-二甲基-2,5-二(叔丁基过氧)己炔-3(CAS号码为1068-27-5)85%的浓度(质量分数),溶剂为矿物油(CAS号码6945-33-5)。

我们在现有的数据库中查得2,5-二甲基-2,5-二(叔丁基过氧)己炔-3为有机过氧化物质,因此我们需要参考《规章范本》的已知分类的有机过氧化物配方表,即表2.5.3.2.4。

我们发现在已有配方表中,2,5-二甲基-2,5-二(叔丁基过氧)己炔-3有两种已知配方,第一种是52%~86%的浓度的2,5-二甲基-2,5-二(叔丁基过氧)己炔-3使用A型稀释剂(退敏剂)的液体溶液,UN3103(见4.9章节对有机过氧化物UN号的规律阐述,奇数结尾为液体);第二种是不超过52%浓度的2,5-二甲基-2,5-二(叔丁基过氧)己炔-3使用惰性固体进行退敏,UN3106。此例中的矿物油,我们经过现有数据库查询,或者实测得到其闪点和沸点是满足A类稀释剂的要求的。因此此例中"2,5-二甲基-2,5-二(叔丁基过氧)己炔-3,85%溶解在矿物油中"是满足表2.5.3.2.4中"2,5-二甲基-2,5-二(叔丁基过氧)己炔-3>52%~86%,A型稀释剂≥14"的要求的,在此表中得到UN号为3103,包装方法为OP5,但看到表中对于此分类有备注26(在表2.5.3.2.4后的备注中,"26 含过氧化氢<0.5%"),我们此例给出的配方假设为理想的85% 2,5-二甲基-2,5-二(叔丁基过氧)己炔-3,15%的矿物油,是满足此备注的。我们再回到《规章范本》3.2章节,在"一览表"中找到UN3103。

根据"一览表"中以上信息,我们可以得知此例中的配方的运输名称为"液态C型有机过氧化物",同时根据特殊说明274,运输名称还须补充技术名称,因此此例的完整的运输名称为"液态C型有机过氧化物[2,5-二甲基-2,5-二

（叔丁基过氧)己炔- 3]"。据此,进一步可以得到以下信息。

（1）有机过氧化物分类为 C 型,并且为非温控型的(GHS 有机过氧化物分类同此规则)。

（2）在满足单个内包装不超过 25 mL 时,可以考虑使用有限数量包装要求。

（3）不可使用例外数量进行运输。

（4）包装要求参考包装说明 P520(实际根据表 2.5.3.2.4,为 P520 的 OP5)。

（5）表第 8 栏中没有 IBC 说明①,因此没有主管机构特殊批准的情况下不允许使用中型散装容器(IBC)。

（6）表第 10 栏中没有 T 说明②,因此没有主管机关特殊批准的条件下不允许使用可移动罐柜。

例三：三甲基铝 7%～13% 的庚烷溶液,已知如下条件：

（1）三甲基铝属于烷基铝化合物(有机金属化合物),可以自燃,在庚烷中的最大不可自燃浓度为 14%;

（2）该溶液可与水反应,并放出气体自燃;

（3）溶液沸点为 98℃;

（4）闪点为—4℃。

根据上述条件,可得出以下结论。

（1）由于该溶液中三甲基铝的浓度低于满足类别 4.2 自燃物质的标准,不是自燃物质;

（2）溶液为液体,不满足自热物质的要求;

（3）根据闪点和沸点满足 3 类包装类别 Ⅱ 的要求;

（4）该溶液满足类别 4.3 与水反应放出可燃气体的分类,包装类别 Ⅰ 的要求。

根据《规章范本》2.0.3.3,可以确定该有机金属溶液(液体)主危险性为 4.3,次要危险性为 3,包装类别为 Ⅰ 类。

根据《规章范本》2.4.5 及图 2.4.2 可知 UN 号为 UN3399。

从一览表中可检索 UN3399 的其他要求。

根据特殊说明 274,运输名称须补充技术名词,为"液态有机金属物质,遇水反应,易燃(三甲基铝,庚烷)";不可以按照有限数量和例外数量进行运输(见

---

① 《规章范本》第3.2章节,危险货物品名表第 8 栏中的 IBC 说明(IBC 代码,IBCxxx),指向《规章范本》第 4.1.4.2 章节,每个 IBC 说明对应着一种 IBC 的具体要求。

② 《规章范本》第3.2章节,危险货物品名表第 10 栏中的可移动罐柜 T 说明(T 代码,Txx),指向《规章范本》第 4.2.5.2.6 章节,每个 T 说明对应着该说明下可移动罐柜的要求。

本节后续介绍)。

从上述各例中,我们可以了解对于危险货物分类,并使用"一览表"查询相关要求的方法。"一览表"相当于整个《规章范本》的总目录,在确定了某个危险货物分类(包括主次要危险性)之后可以确定其 UN 编号,包装等级(若有),从而确定其在"一览表"中的行位,根据一览表给出的其他信息,就可以确定《规章范本》下所要求的标签、包装、文件以及装载/隔离等具体的运输要求。需要在此强调的是,一览表中第 6 栏中的特殊说明是非常重要的,特殊说明中会给出该行所列的危险品的一些特殊情况,在某些情况下甚至可以特殊豁免。读者在使用"一览表"时,需要对"特殊说明"特别留意。各国以及各运输模式下的法规框架来源于《规章范本》,因此其他各危险货物法规的使用方法和上述例子基本相同。具体运输模式下的法规介绍参考本书相关章节。

二、有限数量包装的危险货物

《规章范本》在第 3.4 章节给出了危险货物一种特殊的包装形式,即"有限数量包装的危险货物",在运输时可以比一般危险货物降低某些要求。"有限数量危险货物"是指可以通过容量、数量限制及包装、标记等特别要求,消除或者降低其运输危险性,从而豁免《规章范本》所规定的一些要求。"有限数量"的豁免主要是便于日常消费品、样品、试剂中的危险货物的贸易。从风险控制的角度,这些小包装的危险货物在运输中风险性较低,可以降低一些要求,以提高货物物流和运输效率。

并非所有的危险货物都可以采用有限数量方式运输,适用于有限数量运输的危险货物多为危险程度较小的危险货物,包装类别为Ⅰ的不允许使用有限数量进行运输。在"一览表"的 7a 列中,所有为"0"的均不可以使用有限数量包装的方法进行运输,从而也就无法享受有限数量的相关豁免。除了一些 2 类的气雾剂和某些"装有气体的小型储器"外,对于适用有限数量的危险货物,"组合包装"是允许其享受有限数量相关豁免的前提要求。"一览表"中 7a 列明的容量为该危险货物满足有限数量时,单个内包装允许的最大限量。在单个内包装不高于 7a 列所列明的量时,可以考虑使用有限数量;当单个内包装中所含危险货物高于 7a 列中的含量时,不再适用有限数量。

需要说明的是空运法规对于有限数量的限量、包装方法、包装性能要求以及标签要求与《规章范本》差异较大,请参考本册空运的相关章节。各国陆运以及海运对于有限数量的要求,基本与《规章范本》保持一致。

在使用有限数量时,除了上述对于单个内包装限量外,还须遵守以下要求。

(1)需要使用坚固的外包装。

(2)一般情况下单个组合包装毛重不超过 30 kg。

（3）当使用玻璃、陶瓷等易碎材料为内包装时，则需要使用中间包装固定内包装；当内容物是第8类包装类别Ⅱ的腐蚀品时还要求使用坚固的中间包装，这两种情况下整个包件的毛重不得超过20 kg。

当使用收缩包装或拉伸包装托盘时，整个包件毛重也不能超过20 kg。

对于有限数量的危险货物，在外包装上需要按要求粘贴/印刷"有限数量"标签/标记（除空运外）。标签/标记样式参考"附录三　危险货物运输标签/标记"。

空运时则根据国际民航组织（ICAO）技术细则的要求，样式参考"附录三　危险货物运输标签/标记"。

目前由于多联运输模式的发展，国际民航组织也开始接受其他运输模式下的"有限数量"标签/标志。

有限数量包装的危险货物运输时并未豁免《规章范本》对于包件方向标签/标志（箭头标签），以及在使用集合包装时，"overpack"标签/标志要求。因此当有限数量包装件需要方向标签/标志（箭头标签）或"overpack"标签/标志时，仍须粘贴。箭头标签样式参考"附录三　危险货物运输标签/标记"。

当符合上述要求的有限数量包装危险货物在运输时，可以豁免规章范本所规定的其他要求。一般陆运时，不需要准备运输文件。当然可能在某些国家运输时，还须遵守该国主管机构所规定的其他要求（比如）澳大利亚和中国内陆运输时均被主管机构额外要求运输文件。

海运时，根据IMDG code有限数量包装的危险货物仍需要准备运输文件，该部分内容会在本册海运法规中进行介绍。

如前所述，空运对于有限数量危险货物运输的要求比《规章范本》更加严格，并自成体系，该部分的介绍会在本书空运危险货物的相关章节进行介绍。

三、例外数量包装的危险货物

现有的危险货物运输框架下，除了有限数量包装的危险货物外，还有一类特殊包装形式的危险货物，即《规章范本》3.5章节下所规定的"例外数量"包装的危险货物。与"有限数量"不同，可以使用"例外数量"豁免进行运输的危险货物种类更为广泛，甚至某些包装等级Ⅰ的危险货物也可以使用"例外数量"，从而降低法规要求进行运输。"例外数量"设计的初衷是为了便于某些试剂、香精、香料的航空运输设立的。这些货物的特点是价格高、单个包装非常小，通常单个内包装不超过30 mL或30 g。

在《规章范本》第3.5章节对于例外数量的要求，对于单个小包装容量不超过"一览表"7b栏中"例外数量代码"所规定的限量时，可以考虑使用例外数量这一特殊形式进行运输。若7b栏中为"E0"，则其是不允许使用例外数量的形式进行运输的。

《规章范本》表 3.5.1.2 规定了每件内外容器的最大净装载量,见表 2-6。

表 2-6 《规章范本》表 3.5.1.2

编码	每件内容器的最大净装载量 (固体为克,液体和气体为毫升)	每件外容器的最大净装载量 (固体为克,液体和气体为毫升,在 混装的情况下为克和毫升之总和)
E0	不允许例外数量运输	
E1	30	1 000
E2	30	500
E3	30	300
E4	1	500
E5	1	300

表 2-6 给出了 E0~E5 每一个"例外数量代码"所规定的每个内包装以及整个包件(外容器)具体限量。在使用"例外数量"形式时,除了容量满足上述限量要求外,还需要满足下列条件方可使用例外数量进行运输。

(1)必须使用组合包装盛装例外数量的危险货物,内包装的材质可以选择塑料、玻璃、瓷器、陶器或金属,当使用塑料作为内包装时,其厚度不得小于0.2 mm,每个内包装的封口应使用二次安全封口(如金属丝、胶带等),任何使用螺纹瓶盖的内包装,必须保证其瓶盖防漏。且所有封口、二次安全封口、防漏措施(如垫圈)都必须能抵御内容物的腐蚀。

(2)对于例外数量的危险货物,须使用带有衬垫材料的中间包装,确保内包装在运输过程中不会损坏。当货物是液体时,还要求中间包装和外包装之间有足够的吸附材料,以保证意外泄露的情况下能完全吸附内容物。

(3)与有限数量一样,例外数量危险货物的外包装也必须是坚固的外包装,但例外数量更严格的要求整个包装件的性能,整个包装件需要能够通过1.8 米跌落测试和 24 小时 3 米堆垛测试的要求。

除了符合以上限量和包装要求以外,对于拟使用例外数量方式进行运输的货物,包件外需要按照《规章范本》3.5.4 的要求正确粘贴/印刷"例外数量"的标签/标记,标签样式参考"附录三 危险货物运输标签/标记"。

当使用集合包装时,上述标记需要使用在集合包装上,同时集合包装须使用"overpack"标签/标记。

在运输"例外数量"包件时,《规章范本》要求单个车辆、铁路车辆、货运集装箱内不得超过 1 000 个例外数量的包件。使用例外数量进行运输时,运输文件和单证并不可以豁免,单证上还须注明例外数量包件的数量。

第六节　《规章范本》第四、六部分——包装要求及罐体要求

一、包装要求

（一）总体要求

《规章范本》的第四章节主要是介绍危险货物包装（包括压力容器、MEGC、IBC、可移动罐柜）的定义、种类、代码以及"一览表"中 8、9、10 和 11 栏中出现的各种包装代码的说明（包装说明、IBC 说明、大包装说明、可移动罐柜说明）及各特殊说明。《规章范本》的第六章节主要介绍各种类型的包装及运输装置的性能测试方法和要求。本章在此主要介绍《规章范本》第四章节和第六章节的一般要求。由于各运输模式及各国主管当局对于包装的要求会有所不同，各运输模式下具体包装要求的介绍请参照本书其他对应章节。

包装是在物流中为保护商品、方便储运而采用的容器、材料和辅助物的总称。包装的首要功能是保护内装物。危险货物由于其危险的固有属性，在运输过程中若保护不当易产生事故危及人身、财产和环境安全，所以对危险货物进行严格有效的包装极为重要。《规章范本》对于危险货物的包装总体上要求以下两点。

（1）包装应与所盛装的危险货物相适应（相容），包装能对其内容物在运输过程中起到保护作用，一定程度上降低危险货物运输过程中的危险性。

（2）包装方式和最后完成的包装件性能能满足特定运输方式的要求，在运输中保护内容物，不造成泄露和任何危险。

对于此总体要求，《规章范本》通过细化对于不同类型的危险货物的具体包装要求，同时针对不同类型的包装，必须进行性能测试，以保证危险货物的包装满足运输的要求。

就危险货物包装而言，《规章范本》中对于除了第 1 类、第 2 类、第 5.2 类、第 6.2 类、第 7 类、第 4.1 类自反应物质以及某些物品以外的其他所有危险货物为以下包装类别：

Ⅰ类包装——用于包装危险性程度包装类别Ⅰ的危险货物；

Ⅱ类包装——用于包装危险性程度包装类别Ⅱ的危险货物；

Ⅲ类包装——用于包装危险性程度包装类别Ⅲ的危险货物。

（二）危险货物包装的种类

危险货物的包装按照其使用方法，包装形式可划分为常规包装（单一包装/

组合包装）、中型散装容器（IBC）、大型包装、可移动罐柜以及各种货物运输装置等大类，具体的定义已在本章6.1部分给出。

对于以上各大类，《规章范本》尽可能地通过具体包装的形状、容积大小及所用材质这三个不同维度继续细化包装类型。按照包装形状，危险货物的常规包装可分为桶（罐）、袋、箱三大类，桶和罐是根据容量不同进行划分的，例如Ⅲ类金属罐的最大包装量为120 kg，而Ⅲ类金属桶的最大包装量为400 kg。危险货物所用的包装材质为金属、木、纸板（纤维板和多层纸）、塑料、织品这几大类。按照包装形状和所用材质的不同组合，最终确定了危险货物常规包装的各种类型。

（三）危险货物包装的一般要求

1. 常规包装、IBC和大型包装的一般要求

除了第2类、6.2项以及第7类以外，危险货物的包装需要满足下列要求。

（1）包装应该质量良好，强度足够承受运输过程中可能遇到的振动和压力。包装的构造和封闭能够经受运输条件下的振动、温湿度和压力的变化，保证内装物不受损失。

（2）危险货物包装材料（包括包装中的吸附和缓冲材料）应与内装物相容，不发生任何危险反应。

（3）根据危险货物的特性选择合适的封口材料和封口方式，封口分为牢固封口、有效封口和气密封口。牢固封口是指所装的固体危险货物正常装卸和运输，在运输过程中不会发生洒漏的封口形式，这是危险货物包装封口的最低要求。有效封口是指不透液体的封口。气密封口是指不透蒸气的封口。盛装某些特性的危险货物时，应使用气密封口（除非在"一览表"中另有规定）：① 产生可燃气体或蒸气；② 产生有毒的气体或蒸气；③ 可能与空气发生危险性反应。

（4）不同分类的危险货物可以装载在同一外包装内，如果它们是相容的，并且保证不发生以下后果：① 混合后发生燃烧或放热反应；② 混合可产生易燃、有毒或窒息性气体；③ 混合可产生腐蚀性物质；④ 混合会形成不稳定物质。

（5）除空运外，包装中的内容物在由于运输过程中环境发生变化，如压力、温度湿度，可能使内包装产生压力时，应在包装或IBC上设置排气孔。排气孔应能起到释放包装内的压力作用，使包装内外压力平衡，同时排气孔的设计应兼顾安全。在内部压力未升高到其设计的释放压力的正常运输条件下，排气孔不应被开启，同时排气孔的设计应防止内装液体洒漏以及外部异物的进入。

（6）装有保湿或稀释剂（退敏剂）的危险货物，包装及其封闭装置应该保证运输过程中所要求内容物的水、稀释剂或退敏剂的含量不应降低到所要求的安全标准以下。

（7）对于组合包装，其包装的组合形式必须保证正常的运输条件下，不会由于内包装的破裂、戳穿、渗漏而使内装物进入外包装。装有液体的内包装须封口朝上的置于外包装中；易破损或被戳穿的内包装，如玻璃、陶瓷、陶器等内包装须使用合格的衬垫材料紧固在外包装内。内包装的泄露不应削弱衬垫材料及外包装的保护性能。

（8）对于盛装液体危险货物的容器，必须预留足够的膨胀余位（预留容积），防止在装卸和运输过程中造成渗漏或变形。在《规章范本》所预设的一般运输最高温度55℃下不能装满常规容器。对于 IBC 要求在 50℃下充装量不得超过 IBC 容积的 98%。

（9）用于装运液体的常规容器及 IBC，须能够承受由于运输环境发生变化（温度和压力）而产生的额外压力。盛装低沸点、高蒸气压的液体的容器需要有足够的强度和安全系数能承受由于温度和压差的变化所造成的内部压力的变化。

（10）装载可能变成液体的固体危险货物的容器应能够同时装载液体，保证液体不会渗漏。用于运载固体颗粒或者粉末的包装和 IBC 需要防洒漏或者有衬里。

（11）新制造、再生的、重复使用的和任何日常维修过的包装、IBC 以及大型包装都需要经过相应的检验，合格方可使用。

（12）曾经盛装过危险货物的空包装、包括 IBC 和大型包装须按照原危险货物的处理要求进行处理，除非已采用足够的措施保证无危险。

2. 散装容器（散货箱）的一般要求

（1）可以使用散装货箱装载的危险货物，在《规章范本》的"一览表"第 10 栏中都已经给出了 BK 代码：① BK1 允许使用帘布式散装货箱；② BK2 允许使用封闭式的散装货箱；③ BK3 允许使用软体的散装货箱。

（2）对于"一览表"中第 10 栏中未给出 BK 号码的危险货物，一般情况下不允许使用散装货箱，但主管当局可以以特殊许可的方式准许特定的危险货物满足特定运输条件下使用散装货箱。

（3）散装货箱是便于固体运输的包装形式，不允许使用散装货箱运载液体，或可能在运输中变成液体的货物。

（4）对于散装货箱，要求在运输过程中不得撒漏内装货物。在运输过程中可能遇到的震动，温度湿度变化以及压力变化的条件下能够安全承载所装货物。

（5）装载时,应确保固体危险货物在散装货箱中均匀分布,最大程度上减少在运输过程中由于货物移动而造成货箱损坏或洒漏的风险。

（6）与所有包装形式一样,确保所装载的货物与散装货箱材质不发生能造成削弱包装性能的反应。

（7）在装载货物之前应严格检查,确保货箱外部无与内装货物可能发生危险反应的任何污染。

（8）若散装货箱拥有多个封闭系统,须确保与所装载货物最近的封闭系统首先封闭。

（9）空的散装货箱应保证对其先前装载的危险货物进行了充分的清理,方可重新装载其他的危险货物。

（10）若拟用散装货箱装载可能造成粉尘爆炸或产生易燃蒸气的危险货物,则应采取措施,排除点货源,并防止在装卸和运输过程中产生静电。

（11）与其他包装形式一样,对于可能互相产生以下危险反应的危险货物不得在同一散装货箱中进行装载运输：① 燃烧和/或形成较高温度；② 释放易燃和/或有毒气体；③ 形成腐蚀性液体；④ 形成不稳定的物质。

（12）散装货箱在装载危险货物前,须严格检查确保散装货箱的任何部分无裂缝、损坏和缺陷。

（13）对于软体散装货箱,从其制造日期起计算允许使用时限为两年。

（14）如果气体可能在软体散货箱中聚集,可以使用排气/通风装置。排气/通风装置须保证在正常运输过程中阻止异物和水的进入。

3. 可移动罐体的一般要求

（1）可移动罐体是被设计制造可装载除 2 类气体外的危险货物的。可移动罐柜的设计、制造、检查和试验须符合《规章范本》6.7.2 的详细要求。

（2）可移动罐体的必须足够坚固或得到充分保护能承受运输过程中横向和纵向的冲击甚至颠覆,并保证在此极端情况下罐体仍然足够坚固保护内装物。

（3）对于化学不稳定物质,如发生危险性分解、变态或聚合的危险货物只有在采取特殊措施确保运输过程中不发生此类危险反应的情况下方可使用移动罐体进行运输,同时应确保罐体本身也不与内装物发生反应。

（4）壳体（不包括开口及封闭装置）或隔热层外表面温度,在运输过程中不得超过 70℃,必要时可以采用隔热措施。

（5）与其他包装形式一样,对于可能互相产生以下危险反应的危险货物不得在同一罐体或罐体隔间中进行装载运输：① 燃烧和/或形成较高温度；② 释放易燃和/或有毒或窒息性气体；③ 形成腐蚀性物质；④ 形成不稳定的物质；⑤ 危险的压力上升。

(6) 每个移动式罐体须取得主管机构或其授权机构签发的批准证书。罐体出厂后须经主管机构或其授权的实验室进行首次检查和试验,通过检查和试验,且所有人取得合格的检验证书后方可投入使用。所有人在主管机构要求时必须能够提供这些文件。

(7) 为了保证运输中环境条件的变化,而造成移动罐体内部盛装液体的压力增大而带来危险,可移动罐体的装载率须严格按照《规章范本》4.2.1.9 装载度的规定。

(8) 移动式罐体在下列情况下不允许进行运输:① 在运输的最高温度下,装载液体的黏度低于 2 680 mm^2/s,装载度大于 20% 但小于 80%,除非可移动罐体内部是若干容量不超过 7 500 L 的独立仓;② 罐壳外部或辅助设备上有之前运载危险货物的残留物;③ 可移动罐柜有任何的损坏,强度减弱;④ 除非对其辅助设备进行检查并确定结构和功能良好。

(9) 对于配备叉车插口的可移动罐柜,叉车插口在装货时要确保关闭。

(四) 特殊包装规定

1. 第 1 类爆炸品包装的特殊规定

(1) 爆炸品的包装须满足包装类别Ⅱ的要求。

(2) 爆炸品的包装应对爆炸品起保护作用,能防止爆炸品的渗漏,在正常的运输条件下,包括事先预见的温度、湿度及压力的改变,不会增加爆炸品燃烧和爆炸的危险性。包装性能能够足够抵抗运输过程中由于装卸货和包装堆码而产生的压力,从而不会增加爆炸品的危险性。

(3) 装有爆炸品的包装应有双重防渗漏的保护。

(4) 金属桶的封闭装置应该有合适的垫圈,如果密封装置带有螺纹,设计须阻止爆炸品进入螺纹,同时也应该阻止爆炸品进入金属包装接缝处。

(5) 用于装载可溶于水或吸潮物质的包装应有防水措施;装有含退敏剂爆炸品的包装须密封,并能够防止运输过程中浓度的改变。

(6) 若内包装或涂层不能保证内装爆炸品不与金属接触,则不得使用金属的外包装。包装上的金属组件(如钉子)不得进入容器内部与爆炸品接触。

(7) 爆炸品需要被内包装、填充物及衬垫材料紧固在外包装内,运输过程中保证其在包装内不会松动。

(8) 对于大型的军用爆炸品,如果有两种或两种以上的保护装置可以免去包装。

(9) 禁止使用易于积累静电的塑料包装,防止静电引燃(引爆)内装爆炸物质,造成危险。

(10) 无论包装是否符合危险货物所对应的包装说明,如果包装物质已经获得主管部门的批准,则 P101 适用于任何一种爆炸性物质或物品。

2. 第 2 类气体包装的特殊规定

盛装气体的包装就是我们通常所说的压力容器。压力容器的一般规定如下所列,对于压力容器的设计测试要求参见本册书关于包装测试部分。

3. 第 4.1 项自反应物质和 5.2 项有机过氧化物的特殊包装规定

(1) 第 4.1 项自反应物质和 5.2 项有机过氧化物的包装应满足包装类别Ⅱ类包装的性能要求。

(2) 一般要求有机过氧化物/自反应物质的包装封口应为有效封口,但有些有机过氧化物和自反应物质会产生气体,且使得包装内的压力增大,这种情况下允许包装配有排气装置保持包装内压,空运除外。配有排气装置的包装应保证正常运输时(包件直立),内装物不会泄漏。

(3)《规章范本》中允许运输的自反应物质和有机过氧化物的包装说明为 P520,根据划定的自反应物质和有机过氧化物,P520 中给出了对应的 OP1～OP8 不同的包装要求,其中每个包装要求中规定了单个包件的最大包装量。

4. 对于 6.2 项包装的特殊规定

由于本套丛书主要是介绍化学品管理相关法规,对于感染性物质的运输包装要求不是本书介绍的重点。读者有兴趣可参考《规章范本》相关内容。

5. 对于第 7 类放射性物质的包装特殊规定

同 6.2 项,由于本套丛书是主要介绍化学品相关法规,对于放射性物质本书不做详细介绍。读者有兴趣可参考《规章范本》相关内容。

6. 可移动罐体的特殊要求

(1) 装载第 3 类易燃液体的可移动罐体一般要求是封闭的,需要有按照《规章范本》6.7.2.8～6.7.2.15 所要求的降压装置。对于仅用于陆运的可移动式罐柜,有些国家的陆运法规可能允许使用开口的排气系统。

(2) 装载 5.2 项物质和 4.1 项中的自反应物质的特殊要求

① 5.2 项有机过氧化物和 4.1 项中的自反应物质只有 F 类才可能允许使用 IBC 和可移动罐体,对于预使用罐体运输的有机过氧化物或自反应物质,每种都需要额外试验和始发国主管机构许可,方可使用可移动罐体进行运输。始发国主管机构批准后须向目的国的主管机构寄送该物质的通知书,通知书中须包含含有以下测试结果的测试报告:

(a) 证明内装物与罐体材料和任何可能接触的附件是相容的;

(b) 提供安全降压和紧急降压装置的设计数据,证明设计是合理的;

(c) 安全运输罐内物质的任何附加规定都应清楚地写在报告里。

② 对于装运 SADT 为 55℃或更高的 F 型有机过氧化物或 F 型自反应物质,还需要考虑《规章范本》6.7.2 的要求。

③ 若要使用移动罐柜装运 SADT 55℃以下的有机过氧化物或自反应物质,须遵守各个国家主管机构发布的附加规定。在始发国签发的批准和寄送目的国主管机构的通告书中须阐述相关要求已经满足。

④ 可移动罐体必须可以承受至少 0.4 MPa(4 bar)的压力。

⑤ 可移动罐柜必须有实时的温度检测装置。

⑥ 对于装运有机过氧化物和自反应物质的罐体必须有紧急泄压装置。紧急泄压装置的设计必须根据特定盛装的有机过氧化物/自反应物质以及罐体的构造特性来确定。紧急泄压装置不可以使用易熔塞。

⑦ 紧急泄压装置须使用弹簧的阀门装置,防止 50℃分解物和蒸气聚集,紧急泄压阀的释放能力和起始释放压力必须根据本条上述第(2)款所述的测试来确定。但达到起始释放压力时,紧急泄压阀的开启应能防止内容物的外泄,包括颠覆的紧急状态下。

⑧ 紧急泄压阀的设计可以是弹簧式的或者是易碎式(一次性的),或者是两者结合的形式,设计要求紧急泄压阀能够排尽罐体被火焰完全吞至少一小时内产生的分解物和蒸气。具体计算方法参考《规章范本》4.2.1.13.8;紧急泄压装置的尺寸设计应确保罐体内的最大压力绝不超过其试验压力。

⑨ 为了保证安全余量,对于隔热型罐体,在设计紧急泄压阀时,必须假设罐体表面 1%隔热材料脱落。

⑩ 紧急泄压阀门必须配有防火罩,设计之初就要考虑防火罩可能降低泄压阀的泄压能力。

⑪ 可移动罐柜必要时可以采用隔热措施和遮阳罩保护,特别是对于内装的有机过氧化物/自反应物质的 SADT 为 55℃或更低时。当罐体材料为铝时,其设计必须完全隔热,外表面必须涂有白色涂料或者发亮金属。

⑫ 对于有机过氧化物/自反应物质的移动罐体除了必须满足一般的充装度的要求外,还须保证 15℃时装载度不超过 90%。

⑬ 除须按照《规章范本》6.7.2.20.2 的要求进行标记外,对于有机过氧化物/自反应物质还须额外标记联合国编号、按照特殊规定 274 要求加注的技术名称以及核准有关物质的浓度。

(3) 使用可移动罐柜装运 7 类物质的特殊要求:

① 装运放射性物质的罐体需要专用,不得再使用该罐体装运其他物质。

② 装载度不得超过 90%,除非主管机构有另行规定。

(4) 运输 8 类腐蚀品的移动罐柜的安全降压装置必须定期检查,间隔期不得超过一年。

(5) 即使在"一览表"的第 10 栏的移动罐柜说明没有包含该固体危险货物在熔融状态下的移动罐柜说明,该固体在熔融状态下(熔点之上)或许也可以使用满足提交的移动罐体。这些危险货物必须是 4.1(不包括自反应物质)、4.2、4.3、5.1、6.1、8 或 9 类,包装等级为 Ⅱ 或者 Ⅲ,并且不含除 6.1 或 8 类之外其他的次要危险性。对于在熔点之上使用可移动罐体运输的固体危险货物,包装等级为 Ⅲ 时,须满足可移动罐柜包装说明 T4 的规定;包装等级为 Ⅱ 类的时,须满足 T7 的规定。

(6)当使用可移动罐体装运非冷冻液化气体或者加压化学品时,需要满足移动罐柜包装说明 T50,并且满足相应的罐柜特殊规定 TPxx。

(7)对于化学性质不稳定的非冷冻液化气体,只有再采取一定措施并确保该措施下运输过程中不发生危险的反应时方可运输。

(8)所装运的气体名称需要注明在可移动罐体的金属标牌上或者发货人、承运人和代理商必须随时根据主管机关的要求能够提供主管机构的批准证书。

(9)未经清洗的罐体运输时须按照原先所装非冷冻液化气体一样办理运输的相关程序。

(10)罐体每升容积所装的非冷冻液化气体(kg/L)不得超过非冷冻液化气体在 50℃时的密度乘以 0.95,并保证 60℃时不会装满。

(11)可移动罐柜的装载量不得超过最大允许总重和对于每一种待运气体的最大允许载重。

(12)在交运前须对罐体认真检查,确保无任何损坏,罐体完整可靠,否则不得交运。

(13)当使用可移动罐体装运冷冻液化气体,估计初始的装载度时必须考虑到预计行程,包括任何延误所需要的保留时间。罐体的初始装载度必须使内装物(氢除外)在温度上升到蒸气压力等于罐体最大允许工作压力时,液体所占罐体的体积不超过 98%。

(14)拟用于运输液氢的罐体可装载至但不超过紧急泄压阀的入口。

(15)在运输时间远远短于保留时间的情况下,并且运输途中无非常规的高温出现的情况下,经主管部门批准,可采用较高的装载度。

(16)每次行程都必须计算实际保留时间,实际保留时间的计算方式按主管机构承认的程序进行,同时考虑以下几点:① 待运冷冻液化气体的实际保留时间;② 实际装载密度;③ 实际装载压力;④ 限压装置的最低设定压力。

(17)实际的保留时间必须按照《规章范本》6.7.4.15.2 的要求标注在可移动罐柜的金属铭牌上。

7. 使用多元式气体容器(MEGC)运输气体的要求

(1)MEGC 的设计和制造须按照《规章范本》6.7.5 所规定的要求进行。

MEGC 的各组成单元须按照包装规范 P200 和《规章范本》6.2.1.6 所列的规定详细检查。

（2）MEGC 必须满足定期检查的要求，MEGC 及其各单元在定期检查时限到期未进行重新检查的，禁止充装，但在到期之前已经充装的和待运回清理的空 MEGC 仍可以按照要求进行运输。

（3）MEGC 的装载量不得超过最大允许总重。

（4）隔离阀门必须在装货后封闭，并在运输过程中保持封闭。2.3 项有毒气体只能在每个单元都配备隔离式阀门的 MEGC 中进行运输。

（5）发货人在发货前须检查 MEGC 的密封性。

8. 散装货箱的特殊要求

（1）4.2 项散装货物　只有自发火温度高于 55℃ 的 4.2 项危险货物才允许使用，且仅允许使用封闭型的散装货箱（BK2）。

（2）4.3 项散装货物　只能使用防水型的封闭式散装货箱（BK2）以及防水型的软体散装货箱（BK3）。

（3）第 5.1 项散装货物　散装货箱的制造或改造，应保证货物不与木材和其他不相容的材料发生接触。

（4）第 6.2 项动物材料的散装货物　对于此类散装货箱的特殊要求参见《规章范本》4.3.2.4。

（5）第 7 类无包装的放射性物质　对于此类散装货箱的特殊要求参见《规章范本》4.1.9.3.2。

（6）第 8 类散装货物　只能使用防水型的封闭式散装货箱（BK2）。

（五）危险货物包装代码及标记

1. 包装类型代码

（1）危险货物包装的类型代码是由数字和字母组成的，具体包括：① 从左至右，第一位为阿拉伯数字表示包装的种类（如圆桶、箱）；② 后接一位或多位的大写英文字母表示所用材质（如钢、纤维板）；③ 若需要，最后再接一位表示类型的数字。

（2）对于复合包装，代码从左至右的第二位第三位为两位大写的英文字母，分别表示内外材质。

（3）组合包装仅对其外包装进行编码。

（4）包装代码后接字母"T""V""W"分别表示其为符合规定的"救助包装""特殊包装"和"等效包装"。

（5）第一位阿拉伯数字代表的包装种类和包装的材质代码参见表 2-7 常用包装类型和代码一览表。

表 2-7 常用包装类型和代码一览表

包装种类	包装材质	类型	包装代码
圆桶	A 钢	闭口钢桶	1A1
		开口钢桶	1A2
	B 铝	闭口铝桶	1B1
		开口铝桶	1B2
	D 胶合板	胶合板桶	1D
	G 纤维板	纤维板桶	1G
	H 塑料	闭口塑料桶	1H1
		开口塑料桶	1H2
	N 金属 （除了钢和铝）	闭口金属桶	N1
		开口金属桶	N2
（保留）			
罐	A 钢	闭口钢罐	3A1
		开口钢罐	3A2
	B 铝	闭口铝罐	3B1
		开口铝罐	3B2
	H 塑料	闭口塑料罐	3H1
		开口塑料罐	3H2
箱	A 钢	钢箱	4A
	B 铝	铝箱	4B
	C 天然木	普通的天然木箱	4C1
		箱壁防渗漏的天然木箱	4C2
	D 胶合板	胶合板箱	4D
	F 再生木	再生木箱	4F
	G 纤维板	纤维板箱	4G
	H 塑料	泡沫塑料箱	4H1
		硬质塑料箱	4H2
袋	H 塑料	无内衬或涂层的塑料编织袋	5H1
		防渗漏涂层的塑料编织袋	5H2
		防水的塑料编织袋	5H3
		塑料薄膜袋	5H4

续表

包装种类	包装材质	类　型	包装代码
袋	L 织品	无内衬或涂层的织物袋	5L1
		防渗漏涂层织物袋	5L2
		防水的织物袋	5L3
	M 纸	多层纸袋	5M1
		多层防水纸袋	5M2
复合包装	H(内)塑料；A(外)钢	塑料内贮器,外钢桶	6HA1
		塑料内贮器,外钢箱	6HA2
	H(内)塑料；B(外)铝	塑料内贮器,外铝桶	6HB1
		塑料内贮器,外铝箱	6HB2
	H(内)塑料；C(外)木	塑料内贮器,外木箱	6HC
	H(内)塑料；D(外)胶合板	塑料内贮器,外胶合板桶	6HD1
		塑料内贮器,外胶合板箱	6HD2
	H(内)塑料；G(外)纤维板	塑料内贮器,外纤维板桶	6HG1
		塑料内贮器,外胶合板箱	6HG2
	H(内)塑料；H(外)塑料	塑料内贮器,外塑料桶	6HH1
		塑料内贮器,外塑料箱	6HH2
	P(内)玻璃、陶瓷、粗陶瓷容器;A(外)钢	内玻璃/陶瓷贮器外钢桶	6PA1
		内玻璃/陶瓷贮器外钢箱	6PA2
	P(内)玻璃、陶瓷、粗陶瓷容器;B(外)铝	内玻璃/陶瓷贮器外铝桶	6PB1
		内玻璃/陶瓷贮器外铝箱	6PB2
	P(内)玻璃、陶瓷、粗陶瓷容器;C(外)木	内玻璃/陶瓷贮器外木箱	6PC
	P(内)玻璃、陶瓷、粗陶瓷容器;D(外)胶合板	内玻璃/陶瓷贮器外胶合板桶	6PD1
		内玻璃/陶瓷贮器外胶合板箱	6PD2
	P(内)玻璃、陶瓷、粗陶瓷容器;G(外)纤维板	内玻璃/陶瓷贮器外纤维板桶	6PG1
		内玻璃/陶瓷贮器外胶合板箱	6PG2
	P(内)玻璃、陶瓷、粗陶瓷容器;H(外)塑料	内玻璃/陶瓷贮器外泡沫塑料箱	6PH1
		内玻璃/陶瓷贮器外硬塑料箱	6PH2

2. IBC 指示性代码及标记,参见表 2－8。IBC 的材质类型及其代码参见表 2－9。

表 2－8　IBC 的形式及数字代码

类型	拟装固体、装卸货方式		拟装液体
	依靠重力	依靠施加 10 KPa (0.1 bar)以上的压力	
硬质	11	21	31
软体	13	不允许	不允许

表 2－9　IBC 的材质类型及其代码

材　质	类　　型	编　码
金属		
A 钢	拟装固体,依靠重力装卸	11A
	拟装固体,依靠压力装卸	21A
	拟装液体	31A
B 铝	拟装固体,依靠重力装卸	11B
	拟装固体,依靠压力装卸	21B
	拟装液体	31B
N 其他金属	拟装固体,依靠重力装卸	11N
	拟装固体,依靠压力装卸	21N
	拟装液体	31N
软体		
H 塑料	软塑料,拟装固体,无涂层或衬里	13H1
	软塑料,拟装固体,有涂层	13H2
	软塑料,拟装固体,有衬里	13H3
	软塑料,拟装固体,有涂层和衬里	13H4
	塑料薄膜,拟装固体	13H5
L 纺织品	拟装固体,无涂层或衬里	13L1
	拟装固体,有涂层	13L2
	拟装固体,有衬里	13L3
	拟装固体,有涂层和衬里	13L4

续表

材　质	类　　型	编　码
M 纸	拟装固体,多层	13M1
	拟装固体,多层防水	13M2
H 塑料	硬塑料,拟装固体,依靠重力装卸,配备结构装置	11H1
	硬塑料,拟装固体,依靠重力装卸,独立式	11H2
	硬塑料,拟装固体,依靠压力装卸,配备结构装置	21H1
	硬塑料,拟装固体,依靠压力装卸,独立式	21H2
	硬塑料,拟装液体,配备结构装置	31H1
	硬塑料,拟装液体,独立式	31H2
HZ 内壁为塑料,外壁为其他材质的复合 IBC	拟装固体,靠重力装卸,内壁为硬塑料	11HZ1
	拟装固体,靠重力装卸,内壁为软塑料	11HZ2
	拟装固体,靠压力装卸,内壁为硬塑料	21HZ1
	拟装固体,靠压力装卸,内壁为软塑料	21HZ2
	拟装液体,内壁为硬塑料	31HZ1
	拟装液体,内壁为软塑料	31HZ2
G 纤维板	拟装固体,靠重力装卸	11G
木制		
C 天然木	拟装固体,靠重力装卸,带内衬	11C
D 胶合板	拟装固体,靠重力装卸,带内衬	11D
F 再生木	拟装固体,靠重力装卸,带内衬	11F

3. 大型包装

用于大型包装的编码包括以下两种。

(1) 以 5 开头的两位阿拉伯数字。50 表示硬质的大型包装;51 表示软体的大型包装。

(2) 与常规包装相同的字母编码系统表示所用材质。若适用,材质代码后可以使用补充代码"T"和"W",分别表示救助包装和新设计的大型包装,但经主管机构审查测试后批准使用,并且其性能与已经批准类型的大型包装等效。

(六) 危险货物包装说明

1.《规章范本》中包装说明及代码

(1)《规章范本》中的常规包装说明代码由包括字母"P"和三位数字代码组

成,同时使用字母"PP"和数字代码表示常规包装的特殊说明。

(2)《规章范本》中对于 IBC 的包装说明代码由"IBC"和数字编码组成,同时使用字母"B"和数字代码表示使用 IBC 应遵守的特殊规定。

(3)针对大型包装,包装说明代码由"LP"及数字编码组成,同时使用字母"L"和数字代码表示使用大型包装时应遵守的特殊规定。

(4)对于散装容器,散装容器的代码由"BK"及数字编码组成。

(5)对于可移动罐柜,《规章范本》使用字母"T"及数字编码形成可移动罐柜说明代码,同时使用字母"TP"表示使用可移动罐柜时应遵守的特殊说明。当某一危险货物按照"一览表"第 10 栏的规定找到具体的移动罐柜说明 Txx 及 11 栏所规定的罐柜特殊说明 TPxx 后,即可分别在"规章范本"4.2.5.2.6、4.2.5.3 部分索引对应的罐柜说明代码 Txx 和特殊说明代码 TPxx 下所有的相应要求。

前文中,已经介绍了如何查阅"一览表",以及如何从"一览表"中索引相关的包装要求,简而言之,"一览表"相当于《规章范本》的总目录。当一个危险货物的 UN 编号包装等级敲定之后,使用"一览表"就可以索引得知可以采用什么类型的包装,以及各种包装应满足什么样的要求。

如 UN2213 仲甲醛,4.1 类易燃固体,包装类别Ⅲ。对于此种危险货物,当包装容量大小和规格不可以使用"有限数量"和"例外数量"时,我们可以选用常规包装,常规包装须满足 P002 的要求:

选择允许的包装形式(单一包装、组合包装还是复合包装)和允许的(内、外)包装材料,对于仲甲醛,为固体粉末,包装等级为Ⅲ。在 P002 中可以选择组合包装,也可以选择单一包装。选择组合包装时,内包装的材质可为玻璃、塑料、金属、纸或纤维纸的任何一种。如果选用玻璃材质的内包装,则单个内包装不得超过 10 kg,其他材质的内包装不得超过 50 kg。外包装的选择可以是表内要求的各种材质的桶、箱、罐。不同外包装材质和类型决定了整个(外)包装件的最大装载净重。如对于此物质,Ⅲ类包装,采用所规定材质的桶作为外包装时,整个包件允许装载的最大质量为 400 kg。使用金属(钢、铝)箱为外包装时,整个包件最大规定净重也为 400 kg,但使用泡沫塑料箱(4H1)为外包装时,整个包件允许的装载净重仅为 60 kg。当使用允许材质的罐作为外包装时仅允许盛装 120 kg 净重的物质。同时从表中我们还可以看到,在 P002 中,Ⅰ类的危险货物是不允许使用"箱"作为单个包装的。对于仲甲醛,由于其包装等级为Ⅲ,我们还是可以使用表中所规定材质、形式和包装大小的各种单个包装(桶、罐、箱、袋),其中袋的最大净含量不得超过 50 kg,罐为 120 kg,桶和箱都为 400 kg。供应商还可以考虑使用符合表中要求的复合包装,同样最大的包装量须符合表中各项要求。特别需要注意各包装说明中最后给出的特殊说明部分 PP 非常重要,对于特定的 UN 编号需要在此查询包装的特殊要求。对于仲甲醛在"一览表"中有特殊包装说明 PP12 的要求,P002 最后的 PP12 规定对于 UN2213 仲甲醛,在封闭的运输装置如集装箱中进行运输时,允许使用 5H1、5L1 和 5M1 的袋子进行运输。

对于仲甲醛,除了上述的常规包装外,根据"一览表",由 IBC08 作为指导选择合适的 IBC 类型。

即 IBC08 中的这些材质和类型的 IBC 可以使用装运仲甲醛,同时注意到在"一览表"对于仲甲醛需要满足 B3 的 IBC 特殊规定,当使用软体 IBC 时,必须是防筛漏和防水的,其实现方式可以是使用防筛漏和防水的涂层。

由于仲甲醛在"一览表"中的包装等级为Ⅲ,从《规章范本》的"一览表"上可以看到,苯甲醛适用 LP02。

在 LP02 中,可以索引得到大型包装的材质和最大包装量的要求。对于 UN2213 仲甲醛,从"一览表"中还可以得知,其可以使用 BK1、BK2 和 BK3 的散装货箱进行运输。

同样,对于仲甲醛,"一览表"的第 10 栏和第 11 栏分别给出了其移动罐体的包装说明和特殊说明,"T1"和"TP33"。

接下来按图索骥地在《规章范本》中查询"T1"的各项要求:最低试验压力、罐体的最小厚度、安全泄压要求,开口是否可以设置在底部等。"规章范本"规定可移动罐柜的选择可以选择标号更高,即试验压力更高、罐壳更厚、底开装置和安全泄压装置更加严格的移动罐体。对于"仲甲醛",我们除了可以选用"T1"要求的罐体外,根据"规章范本"表 4.2.5.2.5,可以选用"T2~T22"的罐体,但仍需要符合 TP33 的要求。TP33 中要求为仲甲醛所划定的罐体规范是适合其作为固体运输的,对于运输温度高于其熔点,以熔融态进行运输的可移动罐体须按照《规章范本》4.2.1.19[本书 6.2.4 第 6 条第(5)款]的要求进行。

2. 包装的 UN 标记规则

《规章范本》对于危险货物(除豁免以及有限数量/例外数量下的特殊要求)包装的设计、规格、材质、材料厚度、包装方式以及包装性能都有着严格的要求。包装生产厂商在设计危险货物包装之始就需要严格按照主管机构的要求对所生产的危险货物包装进行试验。对于某些具有性能测试时效的包装以及可重复使用的包装应按照主管部门要求的时间间隔对包装样品重复试验。常规包装的设计、性能要求及测试、UN 标记参照《规章范本》6.1。IBC 的制造和测试要求参照《规章范本》第 6.5 章节。本章将对常规包装和 IBC 和大型包装的 UN 标记规则进行介绍,本册第四篇将介绍常规包装的性能和测试要求。

对于盛装第 2 类气体的压力容器、喷雾罐、小型气瓶和气瓶捆包的设计制造和测试参照《规章范本》6.2 章节;对于 6.2 项感染性物质包装的制造和测试要求参照《规章范本》6.3 章节;对于放射性物质包件的设计制造、试验和批准要求参照《规章范本》的 6.4 章节;对于可移动罐柜和 MEGC 的设计、制造、检查和试验要求参照《规章范本》6.7 部分。对于这些特种包装设备和运输工具,本书不做介绍,具体可参照《规章范本》上述章节和其他对于这些特定包装和工具的专业参考书籍。

1) 常规包装的 UN 标记规则

对于包装满足性能要求并通过相应测试,主管机构会根据《规章范本》的要求提供一串以圆圈 UN 开头的串号,该串号需要按照要求标记在包装上。使用该标记是为了帮助制造商、修理厂、包装使用客户、运输部门和主管部门方便简单地识别包装符合相应测试要求。标记并不包含所有测试细节,相关细节需要在原始的测试报告、主管机构出具的符合性证书或包装登记册中进一步说明。

按照《规章范本》的要求,每一提供运输的常规危险货物包装(LQ、EQ 及组合包装的内包装不需要使用 UN 标记)必须带有耐久、易辨认与容器相比位置大小合适的明显标记,对于大于 30 kg 的包件必须标记在包装的顶部或侧面。字母数字符号必须至少 12 mm 高;对于容量小于 30 L 或 30 kg 的包装,必须至少 6 mm 高;对于更小包装容量在 5 L 或 5 kg 以下的包装,无定性要求标记大小,但应选用合适大小的标记,保证清晰易辨认。

标记组成:

(1) 联合国包装特有符号:

该标记特定表示包装性能满足联合国《规章范本》的相应要求,不得用于其他用途。

对于模压金属包装,图形符号较难压制时,可以使用大写字母 UN 代替。

(2) 根据表 2-7 定义的包装类型代码。

(3) 一个两部分组成的编号:

a. 一个字母表示设计型号已通过特定包装类别的测试

X 表示 Ⅰ、Ⅱ、Ⅲ 类包装;

Y 表示 Ⅱ、Ⅲ 类包装;

Z 表示 Ⅲ 类包装。

b. 相对密度,四舍五入取第一位小数;表示可以装载液体的包装(无内包装),其已盛装该相对密度的模拟液体通过了规定测试;若相对密度不超过

1.2,此项可以省略。对于拟装固体的单个包装或拟装内包装的外包装,这里是允许的以千克计的包件总质量。

① 拟装固体的单一包装或者拟装内包装的外包装,该处使用"S"表明;拟装液体的单一包装或复合包装,该处表示可承受的液压试验的压力,以 KPa 计(四舍五入得到最近的 10 KPa)。

② 包装制造年份的最后两位数字。型号为 1H 和 3H 的包装还应该以适当方式标明生产的月份。

③ 批准标记的国家的双字代码。

④ 包装制造商的名称/代码/标记或主管机构规定的其他标识。

⑤ 如果是经过修复的包装,标注修复之后的批准国和修复厂,并标出修复包装的年份和"R";如经过了气密性测试还应加上字母"L"。

对于容量大于 100 L 的金属桶,必须在底部永久地标记(如钢印)相关内容,并永久地标记(如钢印)金属桶的厚度(精确到 0.1 mm)。若制桶的桶壁厚度不一致(桶两端和中部不同),则以三段式表示,如"1.0-1.2-1.0""0.9-1.0-1.0"。桶壁的厚度必须按照 ISO 标准进行测定,如钢用 ISO3574 进行测定。

按《规章范本》的要求,采用回收塑料制造的包装应作"REC"标记,该标记应在离上述 UN 标记不远的地方。

新包装标记例子:

4G/Y145/S/02
NL/VL823

4G——纤维板(纸板俗称瓦楞)箱;

Y——通过了包装等级 Ⅱ 的相关测试,对于纸箱指通过了 1.2 m 的跌落和至少 3 m 的 24 小时堆码测试;

145——使用该纸箱,最多可达到 145 kg 的毛重;

S——该包装用以装载固体或内包装;

02——包装生产于 2002 年;

NL——批准国为荷兰;

VL823——厂商代码,或荷兰主管机关规定的特殊代码。

1A1/Y1.4/150/98
NL/VL824

1A1——闭口钢桶；

Y——通过了包装等级Ⅱ的相关测试,对于预装相对密度1.4的包装等级Ⅱ的钢桶指通过了1.4 m跌落、至少3 m的堆码、液压测试,相对应的防漏测试；

1.4——钢桶按照相对密度1.4的拟装物质通过了性能测试；

150——使用150 KPa通过了内压测试；

98——包装生产于1998年；

NL——批准国为荷兰；

VL824——厂商代码,或荷兰主管机关规定的特殊代码。

修复后的包装举例：

1A1/Y1.4/150/97
CN/RB/01 RL

1A1——闭口钢桶；

Y——通过了包装等级Ⅱ的相关测试,对于预装相对密度1.4的包装等级Ⅱ的钢桶指通过了1.4 m跌落、至少3 m的堆码、液压测试,相对应的防漏测试；

1.4——钢桶按照相对密度1.4的拟装物质通过了性能测试；

150——使用150 KPa通过了内压测试；

97——包装生产于1997年；

CN——修复后批准国家为中国；

RB——修复厂商代码；

01——修复时间是2001年；

RL——经过修复的包装并重新经过了气密性测试。

1A2/X150/S/99
USA/RB/00 R

1A2——开口钢桶；

X——通过了包装等级Ⅰ的相关测试；

1.4——钢桶按照相对密度1.4的拟装物质通过了性能测试；

150——使用该纸箱,最多可达到150 kg的毛重；

S——该钢桶用于装载固体或内包装；

99——包装生产于1999年；

USA——修复后批准国家为美国；

RB——修复厂商代码；

01——修复时间是 2000 年；

R——经过修复的包装。

救助包装例子：

1A2T/Y300/S/01
USA/abc

T——救助包装。

2）中型散装容器（IBC）及大型包装设计的 UN 标记规则

中型散装容器（IBC）的具体定义可见《规章范本》第 6.1 章节。IBC 的 UN 标记编码规则如下。

（1）UN 包装记号

（2）设计型号已被批准的包装类别代码：

X 代表Ⅰ、Ⅱ、Ⅲ类包装；

Y 代表Ⅱ、Ⅲ类包装；

Z 代表Ⅲ类包装。

（3）制造的月份和年份（最后两位）；

（4）颁发标志的批准国家代码；

（5）以 kg 计的堆码试验负荷。对于设计上不能堆叠的 IBC,必须以"0"标明；

（6）以 kg 计的最大许可总重。

根据上述标记要求,标记举例：

11A/Y/02 99
NL/Mulder 007
5500/1500

盛装固体的全钢 IBC,重力装卸,包装等级为Ⅱ,1999 年 2 月制造,批准国为荷兰,Mulder(007)制造,最高堆码负荷为5 500 kg,最大许可总重为1 500 kg。

 ②　13H3/Z/03 01
　　F/Meunier 1713
　　0/1500

盛装固体的软体塑料 IBC,重力装卸,包装等级为Ⅲ,2001 年 3 月制造,批准国为法国,由 Meunier(1713)制造,不可堆码,最大许可总重为 1 500 kg。

 ③　31H1/Y/04 99
　　GB/9099
　　10800/1200

盛装液体的硬塑料材质 IBC,包装等级为Ⅱ,1999 年 4 月制造,批准国为英国,生产厂商代码为 9099,最高堆码负荷为 10 800 kg,最大许可总重为 1 200 kg。

除常规标记外,每个 IBC 还有附加标记:

① 每个 IBC 还可以在一块永久的防腐蚀的固定标牌上标明各种材质的容量、皮重、试验压力、最大的装货/卸货压力、箱体材料的最小厚度、最近一次气密性测试的日期、出厂序列号和允许的最大堆垛负荷等信息。

② 用指定图示表示的 IBC 允许的最大堆垛重量。

③ 若为塑料材质,可以使用和常规塑料包装一样类型的额外标志表示生产的年份和月份。

④ 改制的 IBC 标记时需要将先前的标记完全去除,或者无法辨认后打上新的标记信息。

第七节　《规章范本》第五部分——托运程序

本节主要介绍《规章范本》中对于托运程序中各方,主要是托运人相关责任的要求,包括危险货物的标记标签、揭示牌以及运输文件。托运危险货物托运人必须先保证按照《规章范本》的要求对货物妥善包装,按照不同运输模式具体法规要求进行标记标签,并按照要求准备了托运文件。

一、一般要求

(1) 集合包装的标记

当托运人使用集合包装时,除非内部所有危险货物包装的标签标记从外部可见(如透明缠绕膜),否则集合包装上必须包含内部货物所要求的所有危险性标签/标记,同时有集合包装标签"OVERPACK"的字样。"OVERPACK"的标签要求字体高度不得小于 12 mm。

当集合包件里含有"向上标记"(箭头)的包装件时,保证这些包件按照该标记的方向指示妥善放置。对于非透明的(从集合包装外部无法看到内部的方向标记)集合包装时,集合包件上相对的两面也需要按照要求标记"方向标记"(箭头),除非集合包件的形式在操作过程中很容易辨别正确的向上方向,如整个托盘的货物。

(2)空包装

危险货物法规要求除了第 7 类放射性物质的废弃包装有特殊要求外,对于其他危险货物废弃的包装在采取必要的清洗程序(清洗、蒸汽等)消除原有的一切危害之前,必须按原来盛装的危险货物的要求做标志、标记、贴标签和挂揭示牌。

(3)混合包装

对于同一外包装内装载不同类别/相别的危险货物时,外包装上必须含有所有内装危险货物需要的危险性标签,包括次要危险性标签。

(4)对第 7 类物质托运程序的要求

对于第 7 类物质的运输,除例外包件外,大多需要装运的多方批准。具体信息可参考《规章范本》5.1.5.1.2 章节。

由于第 7 类的物质托运和运输过程需要满足国际原子能机构(IAEA)的安全手册和各国在国际原子能机构相关框架下的法规要求,因此对于上述取得多方批准的包件在安排运输前托运方和承运方应将多方批准的副本以通知单的方式通知途径各国和目的地的主管机构。通知单具体的信息要求可参考《规章范本》5.1.5.1.4 章节。

此外对于《规章范本》5.1.5.2.1 章节阐述的特殊情况,这些第 7 类的货物需要在安排托运前取得主管部门的批准证书,一般为始发国相关主管机构颁发的批准证书,方可安排运输。

二、标记标签

在 UN《规章范本》以及各运输模式和各国具体的危险货物运输法规中,都要求托运人对其托运货物准确的标记、粘贴标签。标记标签目的是方便后续运输过程中相关人员准确的识别危险货物,并可证明所托运的危险货物符合法律法规的要求。标记是指直接印刷或镌刻在包装、容器及运输装置上的;标签通常是打印好之后粘贴在货物包装表面。标签标记在《规章范本》中很多情况是可以没有明显区分,既可以使用标签进行粘贴,也可以使用标记直接印刷。危险货物运输标签的样式参见"附录三 危险货物运输标签/标记"。

《规章范本》对于危险货物包件的标签、标记给出了要求,本章节仅基于《规章范本》框架下的标签标记要求进行介绍,具体的各运输模式和各国的特殊标签标记要求会在本书相关章节介绍。

（一）危险货物包件的标记

1. 联合国(UN)危险货物编号和正确的运输名称

根据《规章范本》第 2 章分类程序以及通过第 3 章"一览表"确认待运货物的"正确的运输名称"（PSN）和 UN 编号后,PSN 和 UN 编号需要标记在包件上。UN 编号必须完整（冠以 UN）。对于此标记要求"UN"及编号至少 12 mm 高,但对于包件容量（净含量）为 30 L（kg）或以下,以及气瓶水容积为 60 L 及以下,"UN"和"编号"高度可以调整为不小于 6 mm。对于 5 kg（L）及以下的小包装件,可以根据实际情况按比例缩小"UN"和"编号"的大小,但应保证清晰可见。

上述标记必须清晰、明显、易读。同时标记质量必须能够承受在运输过程中的日晒雨淋而不显著降低标记效果。对于该标记的字体颜色无强制要求,但应和包件底色呈鲜明反差。

对于不超过 450 L 或 400 kg 的常规包装件,仅在非底面的一面做此标记即可;对于超过 450 L 或 400 kg 的包装,如 IBC 或大型包装,应在相对应的两面做此标记。

救助包装/容器还须另外标注"救助"或英文"SALVAGE"。字体高度至少为 12 mm。

2. 第 7 类放射性物质的特殊要求

具体请参见《规章范本》相关章节。此处不做详述。

3. 危害环境类物质的特殊标记

《规章范本》仅要求对于归类为 UN 3077 和 UN 3082 的包件,额外的需要耐久的标记环境危害标记/标签。此标签/标记必须临近上述款 1 所要求的"UN 编号"和"PSN"标记。标记/标签须满足《规章范本》图 5.2.2 的要求,标签样式参见"附录三 危险货物运输标签/标记"。环境危害物质额外标记的边长不小于 100 mm,黑色边框宽度不得小于 2 mm。在本书中对于"环境危害"标记称为"危害标记/标签"乃有意为之,目的是方便读者理解标签和标记的原意,且以此举例说明书中前文所述的标签标记的不同和某些情况下可以互换。对于"环境危害"的标记/标签就是其中一例。法规要求"环境危害"标记应与包件底色形成鲜明对照,实际操作中可以使用标记的方式直接印刷在包件的表面,也可以用白色为底色的预打印标签粘贴在包件表面。

4. 方向箭头

危险货物法规要求对于下列三种情况的常规包装件(容积不大于 450 L 或者净含量不大于 400 kg)：

(1) 内包装装有液态危险货物的组合包装件；

(2) 配有通风孔或泄压装置的单一包装件；

(3) 拟装运冷冻液化气体的贮器。

须按照 ISO 780 或各国的等效标准(如中国 GBT191)的要求，在包装对应的两面上，用红色或黑色，或与包装底色成鲜明反差的颜色标记代表方向的"双箭头"，标记样式参见"附录三　危险货物运输标签/标记"。

对于以下例外情况，不需要标注"方向箭头"：

(1) 内装压力容器的外包装，不包括低温贮器；

(2) 组合包装的每个内包装所装液体不超过 120 mL，并且内包装和外包装之间有充足的吸附材料，其吸附能力能够保证吸附所有包件内的液体；

(3) 对于 6.2 项感染性物质装在主贮器的外包装，每个主贮器的容量小于 50 mL 的；

(4) 对于已经划定为第 7 类 IP‐2 型包件、IP‐3 型包件的设计、B(U)型、B(M)型、C 型包件及 A 型包件；

(5) 对于物品中含有液体危险货物，但从任何方向都不会泄漏(如水银温度计)；

(6) 组合包装中装有完全气密封口的内包装，单个内包装不超过 500 mL。

5. 例外数量标记/标签

对于符合例外数量容量和包装要求的货物，当使用例外数量包装形式并意图享受例外数量包件相关豁免时，必须按照本篇 5.3 章节或《规章范本》3.5.4 章节进行标签/标记。同理，《规章范本》中给出的定义为标记，其可以直接印刷在包装上，背景色允许使用文字颜色的反差色。

6. 锂电池标记

在 19 版《规章范本》之前的法规体系中，对于满足特殊规定 188 的锂电池，豁免了很多运输要求。为了从外包装上就可以识别内装锂电池是符合特殊规定 188 的，同时提供其他必要警示提醒，之前的《规章范本》要求在外包装上需要标记"锂离子电池"或"锂金属电池"；提示运输中可能接触的人员有着火风险，小心操作；包装破损后重新包装的注意事项；以及应急响应的电话。同时要求托运人须提供一份详细阐述电池种类、破损易燃烧、特殊的应急相应程序以及应急电话的运输文件。第 19 版的《规章范本》对于满足特殊说明 188 的锂电池标签格式进行了要求，标签样式参见"附录三　危险货物运输标签/标记"。

上述新标签/标记投入使用后，从 19 版《规章范本》开始豁免原先规定的运输文件。为了更好地衔接航空法规中规定的"锂电池操作标签"和新法规要求的上述标签,《规章范本》中允许老的锂电池操作标签使用至 2018 年 12 月 31 日。从 2019 年 1 月 1 日起,所有运输模式法规必须要求使用新的锂电池标签/标记。

(二)危险货物包件的危险性标签

危险货物的危险性标签是特殊设计底色和警示色,在危险货物运输相关法规中一般规定名称为"标签",而非"标记"。然而,对于直接预印刷在包装表面的"标签",称为"标记"。本章在介绍《规章范本》时,采用"标签"说法特指危险货物的危险性标签。标签样式参见"附录三 危险货物运输标签/标记"。

托运人在按照《规章范本》第二章,准确对危险货物进行分类、分项,包括主次要危险性划定,继而在《规章范本》第 3.2 章节的"一览表"准确给定待运危险货物的"UN 编号""主类别/项别""次要危险性"以及"包装等级"之后,就可以知道该危险货物外包装上需要粘贴/悬挂/印刷哪些类别的危险性标签。按照《规章范本》的要求,需要在外包装上粘贴"一览表"中第 3 栏所示的危险性类别标签,以及第 4 栏次要危险性类别标签。须注意,某些危险货物的次要危险性需要标注与否,是在第 6 栏的特殊说明中给出的。

对于第 8 类物质,腐蚀性严重时可以导致动物或人体急性危害,甚至危及生命,但这种毒性是由于腐蚀性的组织破坏造成的。对于这些物质,即使符合 6.1 项的定义,也不需要粘贴 6.1 项次要危险性。

1. 标签的粘贴要求

除了放射性物质标签有特殊要求外,每个标签必须:

(1)在包装尺寸足够大的情况下,需要与包件的正式运输名称在同一表面或与之靠近的地方;

(2)粘贴在不会被包装的任一部分或其他标签标记覆盖的地方;

(3)当有主要危险性标签和次要危险性标签时,彼此紧挨着。

当包件不规则或者太小无法令人满意的粘贴标签时,标签可用外挂在包件上,前提是外挂牢固,不会在运输过程中松脱。

对于不超过 450 L 或 400 kg 的常规包装件,仅在非底面的一面粘贴标签即可;对于超过 450 L 或 400 kg 的包装,如 IBC 或大型包装,应在相对应的两面粘贴标签。标签必须和包装面色彩形成鲜明反差。

2. 自反应物质和有机过氧化物特殊标签要求

(1)B 型自反应物质和 B 型有机过氧化物需要加贴"爆炸品"的次要危险性;

(2)当有机过氧化物显示其符合 8 类包装类别Ⅰ、Ⅱ的标准时,须加贴 8

类次要危险性标签。

此外 6.2 类感染性物质除了需要粘贴 6.2 类的感染性物质危险性标签外，若有其他的危险性，其他的危险性也应该粘贴。7 类放射性物质的危险性标签需要满足《规章范本》5.2.2.1.12 章节的相关要求。

3. 危险性标签的格式要求

1～9 类各类别以及 5.1 和 5.2 两个项别的危险性标签式样可直接参考《规章范本》5.2.2.2.2。

标签的构图要求须满足《规章范本》图 5.2.6 的要求，形状尺寸说明参见"附录三　危险货物运输标签/标记"。

对于第 2 类气体的标签可以根据气瓶的形状、大小、放置方向和运输固定位置，粘贴《规章范本》所要求的标签。该标签很多情况下是粘贴在气瓶的肩部。

危险货物的危险性标签除第 1 类 1.4、1.5、1.6 项标签以外，标签上半部分为图形，下半部分为类别号或项别号（仅 5.1 和 5.2 标注到项别）。需要说明的是，标签中除了《规章范本》给定的样式中的信息是强制的，其他添加文字，如在 4.1 标签中央添加"易燃固体"这些都是可选的，是非强制要求。

对于第 1 类爆炸品，1.1 项、1.2 项和 1.3 项的爆炸品危险性标签，上半部分为爆炸危险性图案，下半部分从上至下为项别、配装组和"1"（类别）。对于 1.4、1.5、1.6 项标签，上半部分为较大字体的项别号，下部为配装组和"1"（类别）。一般情况下 1.4 项 S 配装组的不需要标签。

一般危险性标签上的文字、数字、字母都为黑色字体，但第 8 类危险性标签的下半部分本身为黑色，这时要求文字和类别号可以使用白色；此外，标签的底色全部为绿色、红色或蓝色时，符号、文字和号码可以选择白色。对于液化石油气气瓶上的 2.1 类危险性标签，可以使用气瓶涂色为底色，但要和文字、符号颜色有足够的反差。

4. 标签质量

标签质量必须能够承受在运输过程中的日晒雨淋而不显著降低标记效果。

三、揭示牌

揭示牌又被称为"标志牌""大标签"，在危险货物法规体系中英文为"Placard"。通俗可理解为包装的危险性标签和 UN 编号的放大标签。揭示牌是悬挂或固定在货物运输装置表面，在运输过程中时刻警示运输工具中有相应危险性的危险货物。揭示牌的要求如下。

（1）要求在运输装置上悬挂（或其他固定方法，如粘贴、喷涂等）所有内装危险货物相关的危险性揭示牌，包括次要危险性；对于同一运输装置内装不同

类别危险货物时,要求所有危险性的揭示牌都按照要求悬挂在运输装置上。除非:

① 1.4 项,配装组 S 的危险货物的运输装置一般不要求悬挂 1.4S 的揭示牌;

② 装运第 1 类爆炸品的货物运输装置,如果有不同项别,只须悬挂最危险的项别的揭示牌。

(2)揭示牌要求醒目,一般要求与装置底色呈鲜明对比,或虚线、实线标出外缘。

(3)揭示牌无须重复,如装有多种类别危险货物的运输装置,所有危险性分类的揭示牌只须悬挂一次。

(4)对于货物运输装置中有多个隔舱,每个隔舱所装运的危险货物类别不同时,代表每个隔舱内货物危险性的揭示牌需要对应地悬挂在相应的隔舱上。

(5)揭示牌要求至少悬挂在运输装置对应的两个侧面,并且要求能使所有参与装卸的人员看到,因此各国以及特定运输模式的法规可能要求运输装置的尾部也需要悬挂,样式参见"附录三　危险货物运输标签/标记"。

(6)对于第 7 类放射性物质的揭示牌还须满足《规章范本》5.3.1.1.5 章节的要求,样式参见"附录三　危险货物运输标签/标记"。

(7)对于载有环境危害类物质(UN3077 和 UN3082)的运输装置,必须在运输装置的至少两个侧面,以及便于装卸人员识别的位置上悬挂揭示牌。危害环境的危险性揭示牌的规格要求和一般危险性揭示牌的规格要求一致,只是对于可能较小的罐体,容量不超过 3 000 L 的可移动罐柜,揭示牌的面积可以缩小到 100 mm×100 mm。

(8)除了第 1 类爆炸品外,当货物运输装置中装有一种危险货物或者每个隔舱中装有一种危险货物时,运输装置至少在两个侧面按照《规章范本》的要求悬挂对应的 UN 编号揭示牌,样式参见"附录三　危险货物运输标签/标记"。

(9)当装运温度等于或高于 100℃的液体物质,或等于或高于 240℃的固体物质时,必须在运输装置的所有面悬挂如《规章范本》图 5.3.4 的揭示牌,样式参见"附录三　危险货物运输标签/标记"。

四、危险货物的运输文件

联合国《规章范本》对于危险货物托运时,要求托运人需要准备的运输文件。对于运输文件的格式,《规章范本》并没有强制要求,但要求《规章范本》中要求的信息必须涵盖。

目前在国际运输端,空运、海运均要求使用英文准备运输文件。空运由于有国际航空运输协会(IATA)的统一协调,IATA 在其危险品法规 DGR 中规定了空运危险品文件的格式和具体要求,本书会在空运危险货物部分详细介绍。国际海洋组织(IMO)对于海运危险货物的文件要求几乎与规章范本完全一致,对于格式也无强制要求。

《规章范本》要求托运人应保留本书 7.4 章节所述的危险货物运输文件至少 3 个月;若是使用 EDP/EDI 向承运人传递电子文件的,托运人在接受检查时可以随时打印出来。

(一)运输文件的一般要求

(1)当使用纸质文件时,文件可以使用多联单/副本的方式,第一副本需要转交给承运人。

(2)要求托运人将文件填写完整,字迹清晰易辨认,按照《规章范本》5.4 章节的要求填写完整并签章。

(3)当使用电子数据处理(EDP)和电子数据交换(EDI)与承运人系统对接,并通过电子方式传递运输文件时,托运人应保证数据完整,并涵盖纸质文件的所有信息。

(4)当危险货物和非危险货物在一份运输文件上时,应先列出危险货物。

(二)运输文件的内容要求

1. 危险货物的托运人及收货人名称和地址。
2. 运输文件的填写日期或交给第一承运人的日期。
3. 每一项危险货物的下列资料。

(1)完整的 UN 编号,必须包含 UN 开头。

(2)正式的运输名称,对于有特殊说明 274 和 318 的情况,需要以括号的方式加注技术名称。

(3)危险货物的类别或项别,第 1 类货物包括其配装组字母。

(4)若有次要危险性,次要危险性需要标注在主要危险性的类别或项别后并以括号区分。

(5)危险货物的包装类别(若适用),可在前加 PG 表示(如 PGⅠ)。

按照上述(1)~(5)的顺序,《规章范本》无其他要求时,中间不夹杂任何其他信息。如:

UN2870 氢硼化铝 4.2(4.3)Ⅰ 或者 UN2870 氢硼化铝 4.2 项(4.3 项)PGⅠ;

英文表述为:UN2870 Aluminum borohydride 4.2 (4.3) Ⅰ

在具体运输模式法规或各国运输的相关法规下,此部分可能有额外要求,如海运对于易燃液体需要添加闪点等,具体本书会在各运输模式的相关章节进行介绍。

4. 对于正式的运输名称的补充

（1）如前文所述对于"一览表"第（6）栏标注了 274 和 318 特殊说明的，在正式的运输名称后需要以括号的方式加注"技术名称"。需要说明的是，"技术名称"在危险货物相关法规中是指化学物质的化学名，包括按照国际纯粹与应用化学联合会（IUPAC）命名规则的名称、美国化学文摘（CAS）名称、化学俗名等，但不包括商品名、商标名等商业名称。法规要求通过技术名称能够准确判断所装危险货物的化学属性。

（2）对于未彻底清洁的空包装、容器、罐体、IBC、大型包装以及运输装置，必须在正式运输名称后加上"空的未清洗"（"Empty Uncleaned"）或"最后所装货物残余物"（"Residue Last Contained"），第 7 类放射性物质的残留物按照 7 类相关要求，无须遵守本条。

（3）废物，如果运输的危险货物是待处理的废物（第 7 类放射性废料除外），则在正式运输名称后须加注"废物"（"Waste"），除非"废物"（"Waste"）已经是正式运输名称的一部分。

（4）高温物质，当装运温度等于或高于 100℃ 的液体物质，或等于或高于 240℃ 的固体物质，当给定的正式运输名称不能表达这种危险性时，在正式运输名称后须加注"熔融"（"Molten"）或者"升温"（"Elevated Temperature"）。

5. 其他信息

（1）危险货物的量和包装形式

除了"未清洗的空包装"，对于每一项载入运输文件的危险货物，需要载明其危险货物的总量（体积或质量）。对于第 1 类爆炸品，数量是爆炸品的净质量。对于使用了"救助包装"，可以使用估计的总量。此外还需要注明每种危险货物使用的包装形式（如桶、箱等）和包装个数。包装形式必须以文字的形式阐述清楚，UN 包装编码只能作为辅助信息给出〔如 4 fiberbox（4G）〕。

（2）有限数量（Limited Quantity）

当危险货物按照有限数量的包装形式（"一览表"第 7a 栏和《规章范本》第 3.4 章相关规定）进行运输时，文件中必须标注"有限数量"（"Limited Quantity"）或者"限量"（"LTD QTY"）。

（3）当使用"救助包装"或"救助压力容器"进行运输时需要在运输文件上阐明需要进行温控稳定的物质（包括特殊稳定化的物质、温度控制的 4.1 项自反应物质和温度控制的 5.2 项有机过氧化物）。

（4）必须在运输文件上加注控制温度（Control Temperature，Tc）和危急温度（Emergency Temperature，Te）："Control Temperature（Tc）：...℃ Emergency Temperature（Te）：...℃"。

（5）对于 B 型自反应物质或 B 型有机过氧化物，由于主管机构准许外包装上免贴"爆炸品"的次要危险性标签，需要在运输文件上说明。

（6）对于持有特殊批准进行运输的自反应物质和有机过氧化物，必须在运输文件中说明。对于未列明在《规章范本》表 2.4.2.3.2.3 的自反应物质配方，或未列入《规章范本》表 2.5.2.3.4 的有机过氧化物配方，运输模式下主管机构出具的分类批准和运输条件副本必须随附在运输文件中交给托运方，并随货运输。

（7）按照 IBC99 说明，对于持有运输模式下主管机构出具特殊许可使用 IBC 进行运输的 F 型自反应物质、未列入 IBC520 中，但持有运输模式下主管机构出具特殊许可使用 IBC 进行运输的 F 型有机过氧化物，或取得运输模式下主管机构出具特殊许可更改 IBC520 中的规定条件（如 IBC520 中要求 31A 全钢 IBC 的，但经过安全性测试并得到主管机关许可改用 31HA1 符合 IBC）的，以及未列入 T23 中，但持有运输模式下主管机构出具特殊许可使用可移动罐柜进行运输的 F 型自反应物质和 F 型有机过氧化物的（或虽列入 T23，但经过安全性测试并得到主管机关许可更改 T23 给定的罐体设计条件），运输模式下主管机构出具的分类批准和运输条件副本必须随附在运输文件中交给托运方，并随货运输。

（8）如果按照《规章范本》2.5.3.2.5.1 暂时归为 C 型有机过氧化物的样品或《规章范本》2.4.2.3.2.4(b)暂时归为 C 型自反应物质的样品进行运输去测试的，需要在文件上写明此事。

（9）感染性物质的运输文件上必须写明收货人的详细地址以及一个负责人的姓名和电话号码。

（10）放射性物质的运输文件需要满足《规章范本》5.4.1.5.7 的要求。

（11）当使用散装货箱进行运输时，需要在运输文件上说明："Bulk container BK1（or BK2）approved by the competent authority of ..."。

运送 UN 0333、0334、0335、0336 和 0337 的烟花，危险货物运输文件上应包含主管部门签发的分类认定材料，如测试报告或分类鉴定报告。主管部门应为该类报告设定报告编号，编号规则须遵守《规章范本》包含所在国的国别代号，如 GB/HSE252154、DE/BAM5214 等。

（12）对于符合《规章范本》2.0.0.2 章节，按照重新测试的数据进行分类，并得到主管机构许可，但新分类和"一览表"有出入时，文件上须注明："Classified in accordance with 2.0.0.2"。

6. 托运人的自我声明

运输文件上需要托运人的自我声明"I hereby that the contents of this consignment are fully and accurately described in this document by proper shipping name, and are classified, packed, marked and labelled/placarded, and are in all respects in proper condition for transport according to applicable international and national governmental regulations"("本人谨在此声明,本批托运的货物的货载以在本运输文件中使用'正式的运输名称'做了完全、准确的说明,所做分类、包装、标记、标签/揭示牌完全符合国际规章和本国政府的规定,各方面状态良好,适宜运输。")声明必须附有托运人的签名和日期。当使用EDP 或 EDI 向承运人传递电子文件时,可使用电子签名。

运输文件的样本可参考《规章范本》图 5.4.1。

（三）集装箱/车辆装箱检查及证明

危险货物装入多式联运集装箱（不包括罐体），负责集装箱装箱或将货物装入汽车的作业人员必须按照以下程序检查：

（1）集装箱或车辆内部条件是适合装运这些待运的危险货物的（箱体材料与货物相容、内部干净整洁等）；

（2）装箱或装运时已经按照待运货物的隔离要求对货物做了相应的隔离；

（3）所有包件的完整性已经经过了检查,保证装入的所有包件都是完好的；

（4）所有货物都按未来的运输路径和方式适当地装载,箱体或汽车内部都对货物做了有效的固定；

（5）若是散装货物,保证散装货物已经在箱体或汽车箱体内均匀分布；

（6）集装箱或车辆按照《规章范本》7.1.3.2.1 的规定,结构坚固；

（7）集装箱/车辆和内部包件已经适当地标记、标签和悬挂揭示牌；

（8）使用可能造成窒息性的危险物质［如干冰（UN 1845）］、冷冻用液态氮（UN 1977）或冷冻用液态氩（UN 1951）作为制冷剂或空气调节剂的时候,集装箱和车辆外部需要按照《规章范本》5.5.3.6 的要求标记,标记样式参考"附录三 危险货物运输标签/标记"。

（9）对于集装箱/车辆所装载的每一个危险货物,须确认已经收到托运人提供的符合要求的运输文件。

在检查上述各项后,托运人会同装箱人确认后,签署注明日期的声明,声明须涵盖内容"兹声明货物装入集装箱/车辆是按照规定进行的"英文"It is declared that the packing of the goods into container/vehicle has been carried out in accordance with the applicable provisions."该声明必须注明日期并含有声明人的签章。在特定运输模式法规或当地法规允许的条件下,可使用传真签名。声明可与托运文件合成一组文件一并交给承运人。

（10）托运人若使用 EDP 或 EDI 向承运人传递电子文件和电子声明时,签名可以使用电子签名。

(四) 应急资料

对于所托运的危险货物,托运人必须向承运人提供紧急情况下的应对资料。这些资料的形式必须能保证运输过程中出现紧急状况时,托运人或运输工具上的应急人员立即取得。《规章范本》给出的建议为:

(1) 直接将应急响应资料记入运输文件;

(2) 另附文件,如化学品安全技术说明书(Safety Data Sheet,SDS);

(3) 提供另外文件,如国际民航组织的《涉及危险货物飞机失事应急指南》;国际海事组织的《运载危险货物船舶应急程序》和《发生涉及危险货物的事故时医疗急救指南》,连同运输文件一起使用。

五、对于运输装置熏蒸(消毒)和制冷剂的特殊规定

(一) 对于熏蒸过的货物运输装置(UN 3359)的特殊规定

1. 概述

对于未装载其他危险货物的熏蒸过的货物运输装置(UN 3359),除了需要满足《规章范本》第5.5章节的要求外,无须满足其他要求。

当货物运输装置中含有危险货物和熏蒸剂一起时,熏蒸剂的安全运输须满足《规章范本》第5.5章节的要求外,所有与所装载危险货物有关的规定同样需要遵守。

熏蒸货物的运输只允许使用封闭装置以使泄漏降到最低。

2. 培训

从事操作熏蒸货物的运输装置的人员,必须接受与其相符的培训。

3. 标记和揭示牌

在熏蒸装置已经完全通风,排出了有害的熏蒸剂气体以及熏蒸过的货物完全卸载前,货物运输装置必须按照《规章范本》5.5.2.3.2的要求加贴了警示标记,标记应该在每一个装置入口处,能够使任何试图打开或进入运输装置的人看到。标记样式参考"附录三　危险货物运输标签/标记"。在熏蒸完成后,运输装置门已经打开开始通风,或开始开动机械通风装置强制通风;在彻底通风,熏蒸剂气体完全排空前,开始通风的日期应标注在警示标记上。在完全卸载了熏蒸货物,运输装置完全通风,排空熏蒸气体后,清除警示标记。

对于熏蒸而言无须悬挂第9类的揭示牌,除非内装货物为9类,并有此要求。

4. 文件

经过熏蒸但未经彻底通风排空熏蒸剂气体的货物运输装置,托运人准备的

运输文件上需要以下信息：

（1）UN3359，熏蒸过的货物运输装置，9（UN3359，fumigated cargo transport unit，9）；

（2）熏蒸的日期和时间；

（3）使用熏蒸剂的类型和数量。

运输文件可以采用任何的形式，要求涵盖上述内容。此外必须提供处置内部残留熏蒸剂的方法及熏蒸工具的相关说明。若运输装置已经完全通风，排空熏蒸气体，则对于熏蒸过的货物运输装置无须运输文件。

（二）能造成窒息性的危险物质[如干冰（UN 1845)]、冷冻用液态氮（UN 1977)或冷冻用液态氩（UN 1951)作为制冷剂或空气调节剂的特殊规定

此部分的特殊要求适用于对于包件或运输装置内部进行制冷控制温度的制冷剂，不包括作为货物本身的制冷剂进行运输的要求，也不包括制冷循环装置、多元气体容器使用的空调装置中的制冷剂。

1. 概述

对于运输过程中使用的制冷剂或空气调节剂须满足《规章范本》5.5.3 章节中的相关要求，不受《规章范本》其他章节的约束，本书于此进行阐述。空运时，托运人与承运人之间须做必要安排，确保通风的航空安全，具体程序本书航空运输危险货物的相关章节会做详细介绍。

对于从事装卸带有制冷剂或空气调节剂的货物的相关人员须接受与其职责相对应的培训。

2. 含有制冷剂或空气调节剂的包件

对适用 P203、P620、P650、P800、P901 或 P904 的危险货物包件，须满足这些包装说明的要求；对于涉及制冷剂/空气调节剂控制温度的其他包件，包件本身必须能够耐受极低温度，不会因为制冷剂而造成包装性能的降低。包件的设计能够释放气体，防止压力上升造成包装损坏。包件的设计应该防止排气而造成的移位。

3. 标记

使用危险货物作为制冷剂或空气调节剂的包件，须在包件外部标记危险货物的正式运输名称并加上"制冷剂"，英文"AS COOLANT"或"空气调节剂"英文"AS CONDITIONER"。标记必须耐久、清晰、易辨认。

4. 含有无包装干冰的货物运输装置

未包装的干冰不得直接接触货物运输装置的金属部件，防止部件性能受损。应保证干冰与货物运输装置充分隔绝，至少 30 mm 的间隔，可使用木板、塑料板或泡沫等低导热材料进行隔离。

若干冰放在包件周围,应采取措施保证干冰消散后,包件不会明显移位。

5. 货物运输装置的标记

标记样式参考"附录三 危险货物运输标签/标记"中的可能造成窒息性的危险物质标记。

6. 运输文件

装有或曾经装有制冷剂或空气调节剂的货物运输装置,若未经完全通风,托运人准备的运输文件上需要以下信息:

(1) 以 UN 开头的 UN 编号;

(2) 正式运输名称,后面根据实际情况加注"制冷剂"("AS COOLANT")或"空气调节剂"("AS CONDITIONER")。

例如:"UN1845 二氧化碳,固体,用作制冷剂"或者英文"UN1845 CARBON DIOXIDE, SOLID, AS COOLANT"。

运输文件可以采用任何的形式,要求涵盖上述内容,并且清晰、醒目。

第三章

海洋运输危险货物规章要求

第一节　前　言

一、概述

国际海洋运输经过几千年的发展,特别是 15 世纪末以来,随着大航海时代的来临,海上运输促进了全球贸易的快速发展。进入 20 世纪特别是第二次世界大战后,海上运输成为世界贸易中最重要的一种运输方式,世界贸易的总运输量中 2/3 是通过海运完成的。人们也越来越重视随着海洋运输的飞速发展而带来的海洋运输安全以及海洋环境保护的世界性课题,对此国际先后形成了《国际海上人命安全公约》(SOLAS)和《国际防止船舶造成污染公约》(MARPOL 73/78 公约)。在这两个公约的要求下,国际海事组织(IMO)的下属机构海上安全委员会(MSC)发布了一系列国际规章来规范国际间海洋运输危险货物。

对于常规包装、IBC、大型包装、集装箱体或罐体这些的危险货物运输,世界上的海运是按照 MSC 定期更新的《国际海运危险货物规则》(IMDG Code,简称《国际危规》)的要求进行操作的,本书本章着重介绍《国际危规》。对于放射性材料的安全海运,MSC 和国际原子能机构(IAEA)一起制定了《国际船舶安全运输包装的辐射核燃料、钚和高放射性废弃物规则》(INF Code)。该规则于 1999 年通过,并于 2001 年 1 月 1 日生效,成为 SOLAS 下强制性的规则之一。在海上运输可用作核燃料的高放射性材料(铀、钚)及其废料必须遵守 INF Code。INF Code 被纳入了《国际危规》的补充本中。

海洋运输对于大宗化学品的国际贸易至关重要。除了常规包装、IBC、大型包装、散装货箱及运输装置(CTU)等,对于大宗货物,如原油、矿石、液化天然气等,使用部分船舱或整船直接运输的方式是海运中特有的模式。为了保障散装货船的安全运输,MSC 从 20 世纪 80 年代开始陆续发布了一系列国际规章,规范散装货船的运输安全,这些规章有:《国际海运固体散装货物规则》(IMSBC Code)、《国际散装运输危险化学品船舶构造和设备规则》(IBC Code)

和《国际散装液化气体船舶构造和设备规则》(IGC code)。

除了对于一般危险货物海上运输的《国际危规》外,MSC 还根据 SOLAS 74 公约的第 7 章发布了《国际散装运输危险化学品船舶构造和设备规则》(IBC Code),规定从 1986 年 7 月 1 日之后的制造的用于装载散装危险化学品的船舶必须遵守 IBC Code,之前的旧的《散装运输危险化学品船舶构造和设备规则》(BCH Code)仅仅作为参考,并慢慢地退出历史舞台。从 1987 年 4 月起,MARPOL 73/78 附则 Ⅱ 正式生效,规定 1986 年 7 月 1 日前建造的运载危险化学品的船舶至少需要遵守 BCH Code,1986 年 7 月 1 日之后的船舶,必须按照 IBC Code 相关要求进行。IBC Code 对于船舶船型、船舶的残存能力、船上液体货舱的位置、温控系统、管道系统、机械通风系统、环境控制系统、电器设备系统、消防系统、人员保护系统等都做了具体的要求。对于散装危险货物本身,IBC code 在第 17 章列出了 500 多种散装化学品对船舶船型、舱型和相关设备的最低要求。

此外,MSC 根据 SOLAS 74 第 7 章 C 部分要求,发布了《国际散装液化气体船舶构造和设备规则》(IGC code),这本技术细则适用于 1986 年 7 月 1 日之后建造和改造的所有液化气散装船。

由于本书篇幅所限,将着重介绍《国际危规》[①],对于上述其他国际规则,读者可参考相关网站。

二、《国际海运危险货物规则》沿革

危险货物是货物的重要组成部分,危险货物海上运输的管理是保障海上运输安全和保护海洋环境中至关重要的一环。多年来,各个国家在对海运危险货物、载运船舶和海上具体操作提出了许多规章制度和要求,但由于各国国情、体制、法规体系的不同,造成了危险货物海上运输要求千差万别,特别是分类标准、识别、标记/标签、术语都不相同,因此给从事国际海上运输危险货物的相关从业人员造成了困难。为此,1948 年国际海上人命安全会议就通过了危险货物海运分类和船舶运输危险货物的一般规定,此为国际海上运输危险货物统一标准的开端。继而在 1960 年召开的海上人命安全会议建议(第 56 号建议案)联合国际海事组织(IMO)研究以制定全球统一的规则以规范全球内的海上危险货物运输,即后来的《国际海运危险货物规则》(IMDG Code,简称《国际危规》)。IMO 为了执行第 56 号建议案,其海上安全委员会(MSC)与有丰富海运

[①] 《国际危规》的各章节设置,甚至章节号都和《规章范本》一致,本章对于《国际危规》仅仅介绍其与《规章范本》不同的地方。对于完全一致的地方,如 1～9 类的分类和分项、有限数量、例外数量、包装要求和包装说明、标签/标记、运输装置揭示牌、运输文件这些可直接参照《规章范本》相关章节。

经验的成员国一起成立了工作组，整理工作组中所有国家当时已有的惯例和规定。会同联合国危险货物专家委员会对当时所有已经知道可能具有危险性的货物逐条研究审议，最终形成了最初的《国际危规》，在1965年的国际海事组织大会上推荐给各国政府。

《国际危规》的基础是《国际海上人命安全公约》（SOLAS）和《防止船舶造成污染公约》（MARPOL 73/78公约）。SOLAS公约是处理海上船舶安全的重要公约之一，其中对于包装危险货物的强制性规定通过《国际危规》实施；MARPOL 73/78公约是防止船舶及有意排放造成海洋污染的重要公约，其中的附则Ⅲ对于防止运输货物造成海洋污染也是通过《国际危规》实施的。中国自1982年10月2日起正式在国际海洋运输航线及相关涉外航线的港口使用《国际危规》，与世界接轨。

1996年，第一版的《联合国规章范本》作为《建议书》的附件颁布。MSC将《国际危规》的内容参考《规章范本》进行调整，并且将《国际危规》的整书章节结构调整和《规章范本》保持一致，目的是方便全球各国用户使用，更好地遵守危险货物安全运输的规定。

2002年MSC在第75次大会上，发布了第31套修正案，使《国际危规》成为强制性的。会议决定改版后强制实施的第2版从2004年1月1日开始，全球范围内强制实施，并且没有过渡期，但2003年1月1日起缔约国可以自愿地开始提前实施。自此之后《国际危规》保持着每两年更新一次，修订后的第二年（1月1日～12月31日）为新版本的自愿实施期，仍为老版本的强制期。缔约国可以选择提前自愿实施更新版本。比如2016年12月发布的第38-16版《国际危规》，在2017年各缔约国可以选择自愿实施，但2017年本身还是37-14版的强制期内。到2018年1月1日，38-16版开始有强制效力，至2019年12月31日终（2019年又为39-18版的自愿实施期）。这样两年一次的更新频率和《规章范本》保持一致，这样可以及时将联合国危险货物专家委员会在《规章范本》中最新的技术更新纳入《国际危规》。

三、《国际危规》结构

《国际危规》目前最新版本为38-16版，2018年1月开始正式强制实施。《国际危规》出版物分为三册，主书为第一册和第二册，第三册为补充本。

主书的章节设置和《规章范本》保持基本一致，《国际危规》在分册时将第3章一览表、特殊规定和有限数量/例外数量的豁免单独拿出来作为第二册。

《国际危规》第一册基本结构如下。

第1章：总则、定义和培训；

第2章：分类；

第 4 章：包装和罐柜规定；

第 5 章：托运程序；

第 6 章：包装、IBC、大型包装、可移动罐柜、多元气体容器及公路罐车的构造和试验；

第 7 章：运输作业的有关规定。

《国际危规》第二册基本结构如下。

第 3 章：危险货物一览表、特殊规定和特殊免除（有限数量和例外数量）

附录 A："通用的"和"未列名的"正式运输名称列表；

附录 B：术语汇编、危险货物按英文按字母索引。

补充本基本结构如下。

EmS 指南：船舶运载危险货物应急响应措施；

危险货物事故医疗急救指南（MFAG）；

报告程序；

船舱熏蒸应用船舶安全使用杀虫剂建议；

《国际船舶安全运输包装的辐射核燃料、钚和高放射性废弃物规则》（INF Code）。

第二节　总则、定义和培训

一、总则

《国际危规》在 1.1.1 章节中，给出了其适用的范围，简言之对于 SOLAS 74 公约第 7 章 A 部分第一款所规定的所有装载危险货物的船舶都使用《国际危规》。对于 2002 年之后建造的船舶，装在危险货物时，《国际危规》中的相关要求必须满足。

虽然《国际危规》为强制性的，但《国际危规》仍有部分条款为推荐性或者是提供信息仅供参考的，这些条款在《国际危规》1.1.1.5 中进行了说明：

（1）1.1.1.8 章节，违反条款通知主管机构的要求；

（2）1.3.1.4～1.3.1.7 章节，培训的相关要求；

（3）除了 1.4.1.1 章节外的整个 1.4 章节关于安保的要求；

（4）第 2.1 章的 2.1.0 节（第 1 类爆炸品，引言说明）；

（5）第 2.3 章的 2.3.3 章节（闪点的测试）；

（6）第 3.2 章"一览表"中第 15 栏 EmS 和第 17 栏性质与注意事项；

（7）第 7.2 章的附录部分，隔离的流程图和例子；

（8）第 5.4 章中的 5.4.5 节，多式联运的文件样例；

（9）第7.8章预防危险货物火灾和事故的特殊要求；

（10）第7.9.3章节各国主管机构的联系方式；

（11）附录B。

在总则中，《国际危规》阐述了海运中的制冷剂/空气调节剂的要求和《规章范本》保持一致，即当用作装载货物的制冷剂时，仅需要遵守5.5.3的相关要求（可参照本书《规章范本》中的介绍），船体和船上装置的制冷剂并不受《国际违规》约束。

在总则的1.1.1.8中，《国际危规》向各国主管机构给出了推荐性条款，用以帮助解决违反《国际危规》国与国之间的沟通。它指出任何一国的主管机构（一般指始发国、途径国和目的国）发现有严重的多次违反《国际危规》并对安全运输构成威胁的行为，该主管机构可以将这些违反行为通知违反者总部所在国的主管机构。

《国际危规》在总则的1.1.1.9部分介绍了民用灯泡和废弃民用灯泡的豁免条件。当这些灯泡不含有放射性物质，并且汞含量不超过特殊规定336所规定的限值时，同时满足下列条件，在海运中不做危险货物处理。

（1）家庭源的废弃灯泡运输至处理商的过程中。

（2）灯泡产自拥有良好质量管理体系的厂家（如ISO 9001）；单个灯泡所含危险货物的量不超过1g，整个包件所含危险货物的量不超过30g；包件中的每个灯泡都有单独的内包装，或者每个被放置在专门为灯泡设计的带分割和中间缓冲材料的外包装中。并且整个外包装足够的坚固，符合《国际危规》4.1.1.1的要求，能通过1.2m跌落测试。

（3）对于破损或废弃的民用灯泡准备运送去回收利用或废弃处置的，当这些灯泡装载在足够坚固的外包装，符合《国际危规》4.1.1.1的要求，且包装性能满足1.2m跌落测试的。

（4）灯泡中仅含2.2类气体时，当能保证包装性能足够使灯泡在内部破损所造成的破坏力仅限在包装内部时。

总则的1.1.2章节给出了《国际危规》的立法基础，引用了SOLAS 74和MARPOL中对于危险货物的相关要求。SOLAS 74第7章A部分的条款清楚说明危险货物的海运必须满足《国际危规》的要求；MARPOL附录三的条款规定了"海洋污染物"必须满足《国际危规》的相关要求才能海洋运输，这在国际公约层面为《国际危规》定调。需要说明的MARPOL附录三给出了海洋污染物的定义，清楚指出了海洋污染物是《国际危规》已经清楚给定的海洋污染物，以及《国际危规》虽没有清楚给定，但性质上满足MARPOL附录三的附录中标准的化学物质或混合物。实际上MARPOL附录三的附录中给出的性质判定标准和前文《规章范本》中所属的"环境危害类物质"（UN3077

和 UN3082)判定标准相同,同时也是 GHS 环境污染短期危害类别 1 和长期危害类别 1、2 的判定标准。我们可以看到海洋污染物或者其他法规体系下的环境危害类物质的判定标准实际上源自 MARPOL。同时在本章节,《国际危规》指出规章范本中对于货运集装箱的相关要求源自《国际集装箱安全公约》(International Convention for Safe Containers CSC 1972),要求国际海运中使用的集装箱的设计须按照 CSC 的相关要求,并取得所在国主管机构的批准,要求标注的参数、批准、批准日期以及再次检查日期需要标注在集装箱的铭牌上。

总则的 1.1.3 章节和《规章范本》的 1.1.2 章节一样,给出了禁止进行运输的危险货物的黄金准则:任何交运的货物,在正常的运输条件下可能发生爆炸、危险反应、产生火焰、危险发热或放出有毒、腐蚀性或易燃气体/蒸气的不得进行运输。《国际危规》总结了对于"一览表"第 6 栏中有特殊规定 349～353 以及《国际危规》特有的特殊规定 900 的这些货物属于禁止海运物质,其中特殊规定 900 是《国际危规》为海运禁止运输货物的总结。

二、定义、计量单位以及缩写解释

章节 1.2.1 给出了《国际危规》中所有用到的专有名词的解释,基本上与《规章范本》1.2 章节一致,只是《国际危规》增加了对于海运特有的名词解释,如满足 IMO 定义的集装罐(IMO type X tank);滚装船(Ro-ro Ship);滚装船上货物空间(Ro-ro Space)等。在 1.2.2 的度量和单位章节,与《规章范本》相比,《国际危规》增加了章节 1.2.2.6,在此章节给出了各种美式单位和国际单位制的换算表,方便读者使用。《国际危规》比《规章范本》还额外增加了 1.2.3 章节用以列表所有缩写和其全称。

三、培训要求

与《规章范本》1.3 章节中的培训要求相比,《国际危规》给出了更多海运危险货物培训要求。《国际危规》要求与危险货物相关的岸上人员(shore-side personnel),须根据其工作范围进行有针对性的培训。并且应根据《国际危规》法规更新的频率,定期给予复训。《国际危规》在 1.3.1.2 章节给出了与危险货物相关人员的类型:对货物进行危险性分类,给定 UN 号码、包装类别以及正式运输名称的人员;包装危险货物的相关人员;对危险货物包件进行标记、粘贴标签和准备揭示牌的相关人员;运输装置中进行装卸货操作的人员;准备运输文件的相关人员;交运危险货物的相关人员;操作危险货物的相关人员;装船或从船上卸下危险货物的相关人员;与运输危险货物相关的其他人员;危险货物海运合规的稽查或检查人员;主管机构确定的需要接受危险货物海运培训的其他人员。所有以上人员需要进行涵盖《国际危规》以下内容的总体培训：分类、标记、标签、揭示牌、包装要求、积载和隔离、运输文件的目的和内容(可以以《规章范本》/《国际危规》给出的多联运输运单和集装箱装箱证明为样例进行培训)。除此之外，以上相关人员还要后续接受与其工作范围相关的专题培训：在《国际危规》非强制的章节1.3.1.5、1.3.1.6和1.3.1.7，其给出了相关人员需要接受的专题培训的建议。雇主需要对员工接受培训的培训记录予以存档，主管机构检查时能够出示。各国主管机构可以自行设定培训记录的存档时间。

为了应对运输中的危险货物意外泄漏所带来的风险，《国际危规》同时要求对相关人员需要进行安全培训，包括：事故预防程序，如使用机械进行操作，减少人工操作；可以借鉴的应急响应程序以及具体方法；对于不同类别的危险货物暴露所带来的危害，以及如何最大程度上避免这种暴露的可能，如，介绍如何选择合适的个人防护用品和设备；对于特定危险货物意外泄漏时，需要立刻采取的应急措施。

四、安保条款

《国际危规》按照《规章范本》1.4章节的要求，在其1.4章节同样设置了安保条款。《国际危规》对于安保的要求，以及对于安保责任的界定还来自SOLAS的要求。在此章节，《国际危规》要求岸上人员的培训里必须涵盖安保条款的内容。除培训外《国际危规》和《规章范本》在1.4.3章节提示性的给予了高风险的危险货物清单，供运输相关人员参考。对于7类放射性物质以外的危险货物，其中高危的有以下类别(原书表1.4.1)。

高风险危险货物清单(参考)

(1) 类别1爆炸品，子项别1.1；

(2) 类别1爆炸品，子项别1.2；

(3) 类别1爆炸品，子项别1.3，配装组C；

(4) 类别1爆炸品，子项别1.4：UN Nos. 0104,0237,0255,0267,0289,0361,0365,0366,0440,0441,0455,0456和0500；

(5) 类别1爆炸品，子项别1.5；

(6) 项别2.1含有超过3 000 L的易燃气体的公路罐车、移动罐柜、铁路罐车等运输装置；

(7) 项别2.3有毒气体；

(8) 类别3含有超过3 000 L的包装类别为Ⅰ或者Ⅱ的易燃液体的公路罐车、移动罐柜、铁路罐车等运输装置；

(9) 类别3液态退敏爆炸品；

（10）项别 4.1 固态退敏爆炸品；

（11）项别 4.2 含有超过 3 000 L 或者 3 000 kg 的包装类别为 I 自燃性物质的公路罐车、移动罐柜、铁路罐车等运输装置；

（12）项别 4.3 含有超过 3 000 L 或者 3 000 kg 的包装类别为 I 的遇水反应并放出可燃气体的公路罐车、移动罐柜、铁路罐车等运输装置；

（13）项别 5.1 含有超过 3 000 L 的包装类别为 I 的氧化性液体的公路罐车、移动罐柜、铁路罐车等运输装置；

（14）项别 5.1 含有超过 3 000 L 或者 3 000 kg 的高氯酸盐、硝酸铵、硝酸铵化肥、硝酸铵乳胶、悬浮剂或凝胶的公路罐车、移动罐柜、铁路罐车等运输装置；

（15）项别 6.1 包装类别为 I 的有毒物质；

（16）项别 6.2A 类感染性物质（UN Nos. 2814 and 2900）；

（17）类别 8 含有超过 3 000 L 或者 3 000 kg 的包装类别为 I 的腐蚀性物质的公路罐车、移动罐柜、铁路罐车等运输装置。

必须指出的是，以上只是参考，运输的各参与方应关注所有高风险的危险货物，防止其自身或被盗而造成人员和财产损失，环境破坏。

对于第 7 类放射性物质，高风险的物质一般是指单一包件放射性活度安全运输阈值大于 $3\,000 \times A2$（2.7.2.2.1）；但对于 1.4.3.1.3 章节中表 1.4.2 给出的安全阈值，高风险的判断须参考表内规定。若是多种放射性核素的混合物，则需要对混合物内每一种核素的活度值除以上表中的阈值，不在上表中的，除以（$3\,000 \times A2$）（2.7.2.2.1）；再求和，若小于 1 则不属于高风险的放射性物质，若大于等于 1 则判断为高风险的 7 类物质。对于高风险的危险货物，各运输参与方需要按照《国际危规》1.4.3.2.2 章节的要求制定安保计划。此外《国际危规》的 1.5 章节是参照《规章范本》1.5 章节制定的放射性物质一般条款，其也是参考国际原子能机构的安全丛书[①]，在此不做更多介绍，读者可以参阅《规章范本》及 IAEA 安全丛书。

第三节　海洋污染物的分类要求

《国际危规》对于危险货物的分类责任划定、分类要求、分类标准都是源于《规章范本》，本书前文已经对《规章范本》的分类做过详细介绍，本章节仅对《国际危规》特别规定的地方做相应介绍。

---

① IAEA Regulations for the Safe Transport of Radioactive Material，IAEA Safety Standards Series No. SSR - 6，Vienna：IAEA，2012.

一、海洋污染物的分类要求

由于 MARPOL 为《国际危规》的法规基础,《国际危规》在其第 2 章分类中单独增加了一个章节 2.10 来阐述海洋污染物的分类要求。简而言之符合 MARPOL 附录三要求的物质或混合物在《国际危规》中属于海洋污染物。

(一)"一览表"列明的海洋污染物

在 MARPOL 附录三的表中,MP 栏下标注"P"的这些物质为目前人们已经确定的海洋污染物。这些海洋污染物对应的都在《国际危规》的 3.2 章节"一览表"的第四栏"次要危险性"中同样的以"P"作为标记。

因此如在前文所述,与《规章范本》不同,海洋污染物的危害属性在《国际危规》中实际上已经作为一种"次要危险性"。对于有其他主危险性的海洋污染物(如图 3 - 1 UN3020 PG I 的主危险性为 6.1),仍需要被识别为海洋污染物并后续满足《国际危规》中对于海洋污染物的其他要求(如海洋污染物标签标记,文件中说明"海洋污染物"的属性),方可海运。

图 3 - 1 "一览表"截图,海洋污染物危害指示

(二)"一览表"未列明的海洋污染物

根据 MARPOL 的要求,对于目前未被识别的物质/混合物,同样需要评估其是否满足 MARPOL 附录三所规定的"海洋污染物"标准,对于满足标准的,也同样属于"海洋污染物"。据此,《国际危规》规定,除第 7 类放射性物质外,在"一览表"第四栏"次要危险性"中未被识别为海洋污染物的,但满足 2.9 章节环境危害性分类标准的,也需要划分为"海洋污染物",继而在海运中也需要按照"海洋污染物"的相关要求进行运输。对于无其他危险性类别的"海洋污染物",需要归入第 9 类 UN 3077 或 UN 3082 进行运输。

(三)小包装海洋污染物义务豁免

《国际危规》规定,对于单个包装或组合包装时每个内包装的净含量小于 5 kg(固体)或 5 L(液体)的海洋污染物(唯一危害性)时,仅需要确保包装符合章节 4.1.1.1、4.1.1.2 以及 4.1.1.4~4.1.1.8 章节的要求,《国际危规》中的其他要求(如:"海洋污染物"标签、运输文件、包装性能测试、主管机构包装批准)均可豁免。当然对于有其他危险性分类的海洋污染物,仍须满足《国际危规》对于这些分类的要求。

第四节 "一览表""特殊规定""有限数量"和"例外数量"

《国际危规》的第 3 章的结构设置与《规章范本》几乎一致，3.1 章节的一般介绍、正式运输名称的选择方法以及对于"类属"型和"未另作规定"型的正式运输名称的额外要求完全一致，具体可参考本书对于《规章范本》介绍的相关章节。

与《规章范本》相比，《国际危规》单独增加 3.1.4"隔离组（segregation groups)"，目前《国际危规》在此章节根据危险货物化学性质的相容性设置了 18 个不同的隔离组：① 酸类；② 铝化合物类；③ 溴酸盐类；④ 氯酸盐类；⑤ 亚氯酸盐类；⑥ 氰化物类；⑦ 重金属及其盐类（包括其有机金属化合物)；⑧ 次氯酸盐类；⑨ 铅及其化合物类；⑩ 液体卤代烃类；⑪ 汞及其化合物类；⑫ 亚硝酸盐及其混合物类；⑬ 高氯酸盐类；⑭ 高锰酸盐类；⑮ 金属粉末类；⑯ 无机过氧化物类（注意：不包括有机过氧化物)；⑰ 叠氮化物类；⑱ 碱类。

这些类别的划分是为了满足《国际危规》后续第 7 章中隔离的要求设置的。具体每个类别涵盖的 UN 号码，可直接索引《国际危规》的 3.1.4 章节，当然目前每个类别中涵盖的 UN 号码是基于目前掌握的信息，托运人可以根据自己托运物质的性质，特别是归于"类属"和"未另做规定"类的这些物质，自行划分进入上述 18 个类别。目前 3.1.4 章节仅仅给出了划分进这 18 类的 UN 号码，但是，很多普通货物（无 UN 号码）都有上述 18 类别的属性，可以自行划分进入上述 18 类，以方便后续隔离操作。

一、危险货物一览表

《国际危规》的 3.2 章节"一览表"总共有 18 栏，印刷版跨越竖版 16 开排版两页，其截图如图 3-2 所示。《国际危规》"一览表"的第 1 栏至第 7 栏（包括 7a 和 7b）的设置和《规章范本》一致。《国际危规》将《规章范本》第 8 栏（包装说明）、第 9 栏（包装特别规定）中的 IBC 说明（IBC xx）和 IBC 特别规定（Bx）进行拆分，形成了《国际危规》"一览表"的第 8 栏（常规包装说明 Pxxx)，第 9 栏（常规包装的特别规定 PPxx)，第 10 栏（IBC 说明，IBCxxx)、第 11 栏（IBC 特别规定 Bx)。《国际危规》的第 12 栏目为隔页空缺栏；第 13 栏（移动罐柜说明）和第 14 栏（移动罐柜特别规定）分别与《规章范本》中第 10 栏、第 11 栏一致。

第 15 栏、16 栏（16a、16b)、17 栏为《国际危规》对于海运危险货物特有栏位，本章节将着重介绍。第 18 栏和第 1 栏一致，都是 UN 号码，这是方便印刷

UN No.	Proper shipping name (PSN)	Class or division	Subsidiary risk(s)	Packing group	Special provisions	Limited and excepted quantity provisions		Packing		IBC	
						Limited quantities	Excepted quantities	Instructions	Provisions	Instructions	Provisions
(1)	(2) 3.1.2	(3) 2.0	(4) 2.0	(5) 2.0.1.3	(6) 3.3	(7a) 3.4	(7b) 3.5	(8) 4.1.4	(9) 4.1.4	(10) 4.1.4	(11) 4.1.4
△ 1268	PETROLEUM DISTILLATES, N.O.S. or PETROLEUM PRODUCTS, N.O.S.	3	–	II	–	1 L	E2	P001	–	IBC02	

Portable tanks and bulk containers		EmS	Stowage and handling	Segregation	Properties and observations	UN No.
Tank instructions	Provisions					
(12)	(13) 4.2.5 4.3	(14) 4.2.5	(15) 5.4.3.2 7.8	(16a) 7.1 7.3–7.7	(16b) 7.2–7.7	(17)	(18)
–	T7	TP1 TP8 TP28	F-E, S-E	Category B	–	Immiscible with water.	1268

图 3 - 2 《国际危规》一览表截图

版翻页查询的。

　　第 15 栏,EmS:在此栏位《国际危规》建议性的给出了对于特定危险货物船上的应急响应程序代码。F - X(F 代表 fire,意为着火时的应急代码),S - X(S 代表 spill,意为泄漏时的应急代码)。这些代码所指代的具体的建议措施可以在《国际危规》的补充版里进行查询。

　　第 16a 栏,船上积载和操作类型代码,具体要求指向《国际危规》7.1.5 和7.1.6 章节。

　　第 16b 栏,隔离代码,具体要求指向《国际危规》7.2.8 章节。

　　第 17 栏,性质和其他说明,本栏位给出该危险货物更多的参考信息,如气体与空气相比孰重,方便具体操作人员了解泄漏时气体的具体分布以安排应急措施;再如此栏会给出某些危险货物在水中的溶解度,以及气体或易挥发液体的蒸气在空气中的燃烧(爆炸)极限。

二、危险货物的特殊规定

　　与《规章范本》一样,这些特殊规定的索引是以 3 位以内的数字显示在第 6栏中的。截至 38 - 16 版《国际危规》,16～386 的特殊规定基本和《规章范本》第 19 版保持一致,其中会有一些特殊规定海运并不采纳,比如特殊规定 146,对于高于 70°酒精度(体积分数)的饮料,在《规章范本》中对于单瓶 5 L 以下的不认为是危险货物。《国际危规》并未采纳特殊规定 146,因而海运中对于单瓶5 L 以下,酒精度高于 70°的饮料仍然需要按照 UN3065,Ⅱ类包装等级的危险货物进行操作。2017 年 6 月第 20 版《规章范本》发布,特殊规定增加了 6 个(至 392),并删除了某些特殊规定,这些变化会在下一版(39 - 18 版)的《国际危规》中体现。《国际危规》在 386 的特殊规定之后,会有 900～972,73 个特殊规定,这些特殊规定是《国际危规》特有的。对于"一览表"第6栏中有这些特殊规定海运中必须遵守。

特别和《规章范本》不同之处举例:UN 1403《规章范本》的一览表如图3-3所示。

1403	氰氨化钙,含碳化钙大于0.1%	4.3		Ⅲ	38	1 kg	E1	P410 IBC08	B4		T1	TP33

图 3-3 《规章范本》UN1403 截图

《国际危规》的一览表:

图 3-4 《国际危规》UN1403 截图

其中 38 的特殊规定都是说碳化钙若不超过 0.1%,不受法规约束。若海运,参照《国际危规》,934 的特殊规定需要额外遵守。

934:需要在运输文件上加注碳化钙的含量或含量范围。

因此根据此要求,海运托运人在准备运输文件时要注意加注该信息。

另外须注意《规章范本》和《国际危规》的特殊规定"117",拥有此特殊说明的货物,仅在海运中被认为是危险货物,其他运输模式中一般都不受管辖。

三、有限数量海运要求

总体来说《国际危规》对于有限数量危险货物的要求(限量、标签标记、包装等)、豁免内容和豁免的前置条件和《规章范本》保持一致,读者可以参考本书对于《规章范本》有限数量章节中的介绍。

《国际危规》对于海运中有限数量的特殊要求有:

(1)托运人需要准备运输文件,文件中对于货物的表述要有"limited quantity"或者"LTD QTY"。

(2)《国际危规》的3.4.3章节对于有限数量危险货物的船上积载做了规定,满足有限数量各项要求的危险货物,可以全部按照积载类型 A(章节7.1.3.2 中对于各种积载类型 A~E 有相关描述,本书会在以下相关章节进行介绍),这种情况下可以不参照"一览表"的第 16a 栏给定的积载类型。

(3)对于满足有限数量各项要求的危险货物,隔离要求仅须满足"黄金法则",即章节 7.2.6.1 中所述的,互相不发生危险反应就不需要隔离操作。对于有限数量的危险货物,"一览表"的 16b 栏中的各项规定仅供参考,无须强制适用有限数量危险货物。对于包装等级Ⅲ的有限数量危险货物,同一类别的可以包装在一个包件中。这种情况下仅须在运输文件上加注:"根据《国际危规》3.4.4.1.2 章节进行运输。"英文"Transport in accordance with 3.4.4.1.2 of the IMDG Code."

（4）对于仅装有有限数量危险货物，或有限数量危险货物和不受《国际危规》管制的危险货物混装的海洋运输装置（多指集装箱），需要在其四面悬挂/粘贴有限数量揭示牌。揭示牌图案设计参考"附录三　危险货物运输标签/标记"，大小为 250 mm×250 mm。

四、例外数量海运要求

总体来说，《国际危规》对于例外数量危险货物的要求（例外限量、标签标记、包装等）、豁免内容和豁免的前置条件和《规章范本》保持一致，读者可以参考本书对于《规章范本》例外数量章节中的相关章节。需要再次强调满足例外数量要求的包件需要按照本书介绍《规章范本》的相关章节，5.3 部分，第 3）款要求在外包装上粘贴标签或制作标记。对于海运例外数量危险货物，托运人需要在运输文件上加注"例外数量"英文"excepted quantity"。

《国际危规》额外增加 3.5.7 和 3.5.8 章节，分别介绍对于例外数量危险货物海运特有的积载和隔离的要求。

（1）《国际危规》的 3.4.3 章节对于例外数量危险货物的船上积载做了规定，满足例外数量各项要求的危险货物，可以全部按照积载类型 A（《国际危规》章节 7.1.3.2 中对于各种积载类型 A～E 有相关描述，本书会在第 7 节进行介绍），这种情况下可以不参照"一览表"的第 16a 栏给定的积载类型。

（2）对于满足例外数量各项要求的危险货物，隔离要求仅须满足"黄金法则"，即章节 7.2.6.1 中所述的，互相不发生危险反应就不需要隔离操作，并可以装载在一个包件中。这种情况下，"一览表"第 16b 栏给出的隔离代码不再适用。

第五节　包装要求及罐体要求

本部分海运《国际危规》的要求基本参照联合国《规章范本》，读者可参考本书对于《规章范本》相关章节，这里仅对《国际危规》额外要求的部分做相关说明。与《规章范本》相比，在《国际危规》的 4.3 章节对于散装货箱的要求中，另增加 4.3.3 及 4.1.4 章节，阐述帘布散货箱 BK1 危险货物海运中一般不允许使用，除非是某些 UN3077 且不满足《国际危规》2.9.3 中环境危害的标准时，并且在短距离的国际海运中允许使用；装有危险货物的软体散装货箱 BK3 仅允许使用货船直接运输，不允许再装入运输装置（如集装箱）进行海运。

《国际危规》6.1～6.7 章节分别对应于《规章范本》的相应章节，但在《国际危规》6.8 章节其阐述公路罐车整体国际海运的要求。在 6.8.1 章节下，《国际危规》给出了对于可以海洋运输的公路罐车的总体要求,要求这些罐车在设计之初就要考虑到可能海洋运输,满足海运的相关要求。要求这些罐车需要有额外的船上紧系固件,保证在船上运输时能够被固定在甲板上。6.8.2 章节《国际危规》给出了长距离海运中对于罐车和罐体的要求,要求罐体对于内装危险货物的适装性,罐体本身的设计、性能以及主管机构的许可应符合《国际危规》及《规章范本》中的 4.2 章节和 6.7 章节可移动罐体的要求。6.8.3 章节《国际危规》对于短距离海运公路罐车给出了基本要求。由于历史的原因,以前在 IMO《国际危规》定义下的 IMO 型罐体目前还有很多国家在罐车上使用。虽然根据《规章范本》海运的《国际危规》目前也已经要求 UN 罐体,但仍然有必要对 IMO 型的罐体给出要求,保障这些仍在服役的这些罐体和罐车在运输过程中符合安全要求。《国际危规》的 6.9 章节实际上和《规章范本》的 6.8 章节一致,为散装货箱的设计、测试、批准及箱体标记的要求。

第六节　托运程序(标签、标记、文件)

与《规章范本》一致,《国际危规》的第 5 章节为托运人在托运危险货物时需要满足的义务。其包括对其所托运的危险货物选择合适的包装,粘贴对应的标签,正确地做相应标记,并准备运输文件。

大体上《国际危规》和联合国《规章范本》的要求一致,除了以下额外要求。

(1) 5.1.5.5 中《国际危规》对于易裂变的物质海洋运输时有限量的要求。

(2) 加入 5.1.6 章节强调装入运输装置(CTU,如集装箱)中的危险货物,除了运输装置需要按照要求悬挂揭示牌外,装入的危险货物包件本身需要按照要求进行标签标记。

(3) 对于包件上的标签标记牢固性和质量要求,《规章范本》只是大体要求耐久、易辨识。《国际危规》从海洋运输的特点考虑,具体要求海洋运输的危险货物标签标记必须能够在海水中浸泡 3 个月依然能够辨认。

(4) 单个包装或者单个内包装超过 5 kg 或 5 L 的海洋污染物,不仅仅对于 UN3077 和 UN3082,在海运中对于所有的已经被识别为海洋污染物的危险货物,就算在其他的 UN 号码已分类,如果符合 2.9.3 环境危害的标准,仍然需要加贴海洋污染物标签(即《规章范本》中环境危害类物质标签)。在这种情况下,运输文件上对于海洋污染物,还需要在正确的运输名称后加注"Marine Pollutants"。

(5) 对于易燃液体(闪点 60℃ 或更低)需要在运输文件上表明最低闪点。

(6) 对于 LQ 按照《国际危规》3.4.4.1.2 的要求,PGⅢ的相同分类的有限数量危险货物可以包装在一起进行运输,但在运输文件上需要阐明"Transport in accordance with 3.4.4.1.2 of the IMDG Code"。

（7）《国际危规》对于船上相关文件有更具体的要求，装载在危险货物或海洋污染物的船上需要准备特别清单、或船上位置规划牌、或可供随时查询的装载计划，这些文件上需要涵盖运输文件上的危险货物信息，另外需要注明每种危险货物的船上位置或未来装载位置计划。这份计划或规划牌需要按照出发港主管机构要求递交给主管机构。

（8）《国际危规》和《规章范本》都要求托运人需要提供所托运的危险货物的应急响应措施，以便运输过程中发生意外情况的紧急应对。这些应急响应措施并没有指定格式和工具，对于化学品，通常供应商的化学品安全技术说明书其中的信息就可以用于紧急应对。对于如何编制这些应急响应信息，《国际危规》推荐参考其补充本中的"EmS"指导信息以及"MFAG"的急救信息。

第七节　船上运输操作

《国际危规》在第 7.1 章节介绍所有船只在运载危险货物时的积载总体要求。对于特定船只的特定积载要求在规章范本 7.4～7.7 章节进行说明，7.4～7.7 章节分别对集装箱船、滚装船、一般货船以及载驳船的积载和隔离的特殊要求进行详细规定。7.8 章节是对危险货物海上事故的预防和防火的特别规定；7.9 章节是对于《国际危规》框架下的豁免、许可和批准的程序及各国主管机构的联系方式。

一、积载一般要求

对于已经确定的危险货物，即 UN 号码、正确的运输名称、包装等级（若适用）都已经确定后，在《国际危规》3.2 章节的一览表的 16a 栏即可找到该危险货物所对应的积载类别（Stowage Category）、积载代码（Stowage Code）、以及操作代码（Handling Code）。

《国际危规》对第 1 类爆炸品（1.4 项，配装组 S 的除外）给出了 5 个积载类别代号：Stowage Category 01～Stowage Category 05，爆炸危险性越高，积载类别越高。对于 1.4 项，配装组 S，2 - 9 类危险货物以及符合有限数量包装要求的危险货物的积载代码为 A～E 共 5 种，规定了货船、客船是否允许甲板下积载或者禁止的规定。对于使用完的、但未经清洁的空包装，2.3 项有毒气体的空包装，废弃喷雾罐、海洋污染物、需要温度控制的物质等，规定了特别要求。

对于有限数量包装和例外数量包装的危险货物，船上积载类型为 A 类（Stowage category A）。对于第 7 类放射性物质的积载，首先需要参照其在一览表第 16a 栏对应的隔离类别，同时还须满足《国际危规》7.1.4.5 的相关要求。

二、隔离总体要求

《国际危规》的 7.2 章节给出了海运中,互不相容危险货物的隔离的一般要求。具体集装箱和船型中隔离的要求见《国际危规》7.3~7.7 章节。"隔离"在危险货物运输中是指运输中采取措施使不相容的两种或多种危险货物之间有一定安全距离或物理阻隔,防止泄漏时发生危险反应,以保障运输安全。总体来说,具体的隔离方法和措施须根据特定的互不相容的危险货物互相反应的危险程度进行制定。黄金准则(《国际危规》7.2.6.1 的要求)为"根据经验或测试结果,两种或两种以上的危险货物若互相不发生危险性反应,或互相发生反应的危险性程度不会造成任何危害运输安全的结果,则无须隔离。"若《国际危规》中出现上述术语但对象是某一类,比如"远离某类"("away from Class"),则说明需要远离所有有相关类别的货物(包括主要危险性和次要危险性)。

对于同一货主的两种货物是否可以混合包装、混合装载,以及船上积载的隔离方式和安全距离,总体来说是根据货主提供的说明进行操作的。原则上,法规认为货主最了解自己的货物特性,货主应该最能判断其货物之间的相容性和隔离要求。《国际危规》对于货物的隔离要求给出了很多指导。货主和承运人以及主管机构可以使用《国际危规》7.2 章节作为隔离操作的参考。

《国际危规》3.2 章节一览表的第 16b 栏中的隔离要求和隔离代码应首先考量。当对于特定的危险货物表中无特殊要求和建议时,需要考虑《国际危规》7.2.4 章节所载的类别/项别的隔离推荐表。"一览表"在 16b 栏中对于大多的危险货物给出了隔离代码,具体代码的要求在《国际危规》7.2.8 章节给出。当特定危险货物在"一览表"的第 16b 栏并无特别说明时,可参考《国际危规》总7.2.4 类别隔离表。

《国际危规》在 7.2.6 章节给出了隔离要求的"黄金法则"外,考虑到化学品分类的复杂性,给出了一些实际操作中可能遇到的特别情况,对于这些特别情况给出了说明。隔离时需要考虑危险货物所有的危险性,对于有一个主要危险性和一个次要危险性,且次要危险性的隔离要求比主要危险性高时,需要从其次要危险性的隔离要求;当有一个主要危险性和多个次要危险性时,通常一览表的 16b 栏会给出该危险货物需要具体按照哪个危险性进行隔离操作;一般来说,同样主危险性的危险货物是相容的,在这种特殊的情况下,产品专家若认为没有隔离必要,或者通过测试证明相容性,则同样主要危险性的货物无须隔离。例如很多有机过氧化物除了 5.2 类的主要危险性之外又有 8 类的腐蚀性。一般认为 5.2 类和 8 类的货物需要隔离[2----"与 xxx 隔离"("separated from xxx")],但当这种 8 类是 5.2 类货物的次要危险性时,一般是不需要考虑的。也就是说 5.2 类的有机过氧化物和拥有 5.2 类主要危险性同时有 8 类腐蚀性的危险货物是不需要隔离操作的。同样的主成分,仅由于其中水或者其他无危险性分类的溶剂的含量不同而造成最终的危险货物分类不同的,无须隔离。比如,硫化钠、无水(或结晶水含量低于30%)为4.2类;当结晶水含量高于30%时为8类;若放射性同位素的硫化钠,则可能是第7类危险货物,对于这些都是硫化钠的货物,显然是相容的,不会互相发生危险性反应,因此无须隔离操作。

当危险货物从属于《国际危规》3.1.4章节不同的隔离组别(本书第四节),但根据常识、人类经验或者科学证据认为符合"黄金法则"无须隔离的,则不需要进行隔离操作。《国际危规》在表7.2.6.3.1~7.2.6.3.2中给出了目前常见的同类的相容货物。尽管有复杂的次要危险性,但无须隔离。

一般认为酸和碱是不相容的,因此对于第8类物质,通常会根据其酸碱性在"一览表"的16b栏里会有"远离碱(酸)""与碱(酸)隔离"等。但是对于包装等级Ⅱ类和Ⅲ类的第8类物质,在经专家判断后或许可以在一个运输装置(集装箱)中进行运输,但应该满足《国际危规》7.2.6.4中的规定:需要满足"黄金法则",即在正常运输条件下,泄漏互相不发生造成危险的反应(国际危规7.2.6.1);单个包件盛装液体时不超过30 L,盛装固体时净重不超过30 kg;运输文件上注明按照《国际危规》7.2.6.4进行运输;在主管机构的要求下,需要提供两者不发生危险的互相反应的测试报告。

对于爆炸品的混合装载和隔离要求,《国际危规》在7.2.7中进行了进一步阐述。除了在《国际危规》表7.2.7.1.4中注明的相容配装组可能进行混合装载之外,爆炸品应该分间或分集装箱进行运输。当根据《国际危规》表7.2.7.1.4的指导,对这些相容的爆炸品在一间或者一个集装箱中进行运输时,船上积载的要求应根据这些混载的爆炸品中最危险的那一类进行确定。爆炸品的各项以危险性降序排列依次为:1.1、1.5、1.2、1.3、1.6、1.4。对按《国际危规》可以混载的爆炸品装入集装箱后,则集装箱之间无须隔离。当装有爆炸品的集装箱之间按照下表不可以混合装载的,则需要隔离操作("separated from")。硝酸铵(UN1942)、硝酸铵肥料(UN2067)、碱性金属的硝酸盐(如UN1486硝酸钾)和碱土金属的硝酸盐(如UN1454硝酸钙)可以和爆破炸药一起混载(除C型爆破炸药,UN0083),前提是整体都按照特定的爆破炸药(1类)进行运输。

三、装箱要求

(一) 集装箱总体要求

对于用于危险货物海运的集装箱,总体要求结构足够坚固,能够承受运输中对于所装危险货物的冲击,并对货物提供保护。集装箱需要日常维护以保证运输时性能不会削弱。对于国际间的海洋运输,集装箱需要符合《集装箱国际安全公约》(CSC)的要求。"近海集装箱(offshore container)"无须满足《集装箱国际安全公约》(CSC)的要求,但由于近海集装箱一般频繁使用在国家临近海域的固定或浮动设施与船舶之间的吊装,其操作环境是真正的海洋环境,所以对于其性能的要求更加严苛。一般要求其能具备在 6 m 浪高环境的作业能力,且必须按照所属国的主管机构的要求进行测试并取得许可;各国对于"近海集装箱"的测试要求需按照 MSC/Circ. 860《近海集装箱批准程序导则》进行制定。危险货物的集装箱,装船前需严格检查集装箱的结构和性能的完整性,揭示牌和安全指示牌是否符合要求。严禁任何结构或性能损坏的集装箱或者未按法规要求标签、标记及配备揭示牌的集装箱装船。

(二)装箱的注意事项

集装箱在使用之前需要对其外观、内部及各附件和紧固件进行严格检查。严禁将危险货物装入有缺陷的集装箱。对于装入集装箱的包件和物品,需要检查包装是否完好。不可将包装受损的包件装入集装箱。特别注意包装上的残留物,须将这些残留物清理干净后方可装箱。对于"一览表"16a 栏有"H1"操作代码的货物,需要按照其要求尽量保持干燥。特别注意包件上的警示标志,并严格按照其操作。如向上的"箭头"标志、堆码极限标志、保持干燥标识、以及温度控制指导。可能的条件下,液体货物放置在固态货物之下。集装箱内的货物需要采用足够的紧固、缓冲和保护措施防止在运输中移动、撞击、损坏。这些措施包括:对货物支撑的木块、支架;对货物紧固的捆扎带;填充货物之间空隙的气袋/气柱等。必要时这些措施可以组合使用,最大程度地固定、支撑、保护所装货物。对于这些措施和工具的使用一般需要有经验的人员进行操作。所装载的货物尺寸应和所用集装箱相适应,一般不应抵触集装箱的所有内面或伸出集装箱。在运输尺寸过大且不可分割的含有危险货物的物品或机械装置,且运输过程中不可能泄漏时,可以酌情伸出集装箱的形式进行运输。装卸危险货物时,务必小心操作,防止装卸导致危险货物包装破损。包装破损的危险货物严禁继续装运。应按照事先拟定的程序对包装破损的危险货物进行收集,如使用救助包装,并联系托运人,协调重新包装等事务。危险货物装箱时和普通货物混装时,一般要求普通货物优先装载,使危险货物位置靠近集装箱门;并且保证危险货物的标签、标志向集装箱门方向展示,以便操作人员开门时即可识别。集装箱门运输时可以上锁,但对于装载危险货物的集装箱,上锁方式需要满足紧急状况下立即解锁的要求。当对于特定危险货物有通风要求时,集装箱需要配备满足需要的通风装置。集装箱内部货物的分布需要按照国际海事组织/国际劳工组织/联合国欧洲经济委员会共同发布的《货物运输单元装载规则》

［IMO/ILO/UNECE Code of Practice for Packing of Cargo Transport Units (CTU Code)］集装箱的装箱人员需要提供最后的"装箱证明"。散装货箱严禁使用集装箱装载。按照《规章范本》和《国际危规》的要求在装有危险货物的集装箱外部悬挂揭示牌。

(三) 集装箱内隔离要求

对于有隔离要求的危险货物,一般情况下不得装入一个集装箱。当有海运主管机构批准的条件下,或许能够使用同一集装箱装载隔离条件为"远离 xxx"("away from xxx")的两种或多种危险货物。即使如此,也须保证集装箱中这些货物有一定的安全距离或物理分隔,保证安全条件不受任何妥协。

一般要求食品不与有毒(2.3、6.1、6.2 项)、放射性(第 7 类,除 UN 2908、2909、2910 以及 2911 之外)和腐蚀性(第 8 类)的货物同柜运输。但当能保证柜内与食品类货物安全距离至少 3 m 时,这些较低风险的以上类别的危险货物或许可以和食品同柜装运:6.1 项和第 8 类包装等级为Ⅲ的;第 8 类包装等级为Ⅱ的;其他主危险性的货物,拥有次要危险性为 6.1 或第 8 类的,包装等级为Ⅲ的;危险货物一览表第 16b 栏指明按照《国际危规》7.3.4.2.2 的要求,即本段 a～c。

此外,对于集装箱中需要在运输过程中开启工作的用电装置,如安全监测装置、报警装置等,需要安全地配置在集装箱内。对于防燃烧和防爆要求的装置,还应通过国际电工委员会的认证(IEC 60079)。

(四) 温度控制

正如前文所述,对于某些类别的危险货物对于温度敏感。在高于某特定温度的条件下可以自加速分解或自加速聚合。有些反应剧烈的自加速分解可以引起猛烈的燃烧甚至具有爆炸的风险。对于有自加速分解温度的物质,运输过程中需要控制其温度不会接近自加速分解温度(SADT)或者自加速聚合温度(SAPT)。

从国际运输法规层面,为了便于操作,法规规定默认的运输环境温度为 55℃。这个温度的设置是充分考虑了低纬度地区运输时以及密闭在运输装置中可能达到的环境温度。因此一般来说,若危险货物包件内的物质的 SADT 或 SAPT 低于或接近 55℃,则需要进行温度控制。需要注意的是,对于需要温度控制的有机过氧化物,《规章范本》有更为精确的定义:SADT 在 50℃ 及以下的 B 型 C 型和 D 型有机过氧化物;SADT 在 45℃ 及以下 E 型和 F 型有机过氧化物。

一般海运的温度控制指导可参考《国际危规》7.3.7.2.1 章节,如表 3-1 所示。

表 3-1 SADT、控制温度和应急温度的关系表

包件类型	SADT	控制温度	应急温度
常规包件和IBC	≤20℃	比SADT低20℃	比SADT低10℃
	20℃～35℃	比SADT低15℃	比SADT低10℃
	35℃～55℃	比SADT低10℃	比SADT低5℃
可移动罐体	<50℃	比SADT低10℃	比SADT低5℃

对于已经给定 SADT、控制温度和应急温度的自反应物质和有机过氧化物配方(见《规章范本》或《国际危规》2.4.2.3.2.3 及 2.5.3.2.4)。运输时对于这些货物需要严格控制其温度在控制温度及以下,但对于液体货物需要特别注意温度不可过低而导致其凝固或与退敏剂分层。同时还须注意以下几点。

(1)当非温控的危险货物与温度控制的货物混载时,温度控制的货物需要靠近集装箱门装载,以方便这些温度控制的货物可以及时被检查或卸载。当不同控制温度的货物在一个集装箱混载时,较低控制温度的货物需要靠近集装箱门方便处置。

(2)集装箱门在紧急状况下可以立刻开启。

(3)承运人和船上人员需要被及时告知所装货物在集装箱中的位置和分布。

(4)集装箱内的包件在集装箱内装载时需要有足够的空间保持通风,包件本身需要被紧固,防止开门时滑落。

(5)当对于特殊的温控货物,不能按照《国际危规》给定的一般要求进行操作时,需要将特殊操作程序递交给该国的主管机构,取得批准后方可操作运输。

(6)根据所装货物的特点、控制温度、集装箱本身隔热性和航程特点选择合适的稳控措施。《国际危规》在 7.3.7.3 章节有详细指导。

(7)使用制冷装置进行温控的,制冷装置应方便人员操作,同时电路电气设计能抵御海上恶劣的天气条件。需要连续监测集装箱内的温度,要求使用两套独立的温度监测装置,并能够监测温度的变化。

(8)对于控制温度低于 25℃ 的货物,要求有温度报警装置,当温度高于控制温度时立刻声光报警。报警系统的电源需要和制冷系统的电源相独立。

(9)此外对于电器电源的插头插座,《国际危规》要求甲板下货舱内的,需要达到国际电工委员会 60529 指导文件中所规定的 IP 55 的防护等级;对于甲板上积载的,需要达到国际电工委员会 60529 指导文件中所规定的 IP 55 的防护等级。

（10）对于温度控制的自反应物质和有机过氧化物，根据《国际危规》，一般需要使用机械控温①和物理降温②并用；或者使用两套独立的机械温控系统。当确保运输中的环境温度最高时仍低于控制温度10℃时，可以仅使用一套机械温控系统进行温度控制。对于除B型以外的温控自反应物质及除B型以外的有机过氧化物，在能保证运输环境温度低于控制温度10℃以上的短距离国际运输时，可以有条件地使用隔热措施及物理降温的手段进行控温。

（11）除自反应物质和有机过氧化物外，对于一览表2栏"正式的运输名称"中有"稳定的"（"STABILIZED"）一词，或者添加稳定剂后按照《国际危规》的规定，在"正式的运输名称"之后加上"稳定的"（"STABILIZED"）一词的，当运输时环境温度可能超过55℃时，也需要进行温度控制。

（12）装载闪点低于23℃液体的集装箱，所有的电器设备和电路必须是防爆的。除非控制温度在低于其闪点10℃及以上，在这种情况下可以使用不防爆的电器设备和电路，但并不推荐，因为需要保证当环境温度升高至低于闪点10℃以内时，需要立刻断电。

（13）各国主管机构可以根据实际的运输条件和货物性质出具批准文件以降低温控设施的要求，比如短距离的国际海运，或者仅在高纬度海域特定的海运路线。

四、各类货船的积载和隔离要求

对于包括"一般货船""集装箱船""滚装船"以及"子驳船"在内的各类货船上具体的积载和隔离要求，《国际危规》7.2至7.7章节中分章进行了具体说明。本书由于篇幅原因不具体介绍。读者在遇到具体问题时可以借助于本书，同时根据目的船型参考《国际危规》7.3～7.7对应章节的相关内容。

五、事故的应急响应和防火措施

《国际危规》在其7.8章节推荐了对于危险货物事故应急响应措施的要求，以及介绍了对于危险货物防火的注意事项。总体上《国际危规》推荐海运时，应参照其补充本中的应急响应指导"EmS Guide"采取相应措施。对于事故中暴露于危险货物的相关人员，《国际危规》推荐参照其补充本中的医疗急救指导"Medical First Aid Guide for Use in Accidents Involving Dangerous Goods（MFAG）"采取急救措施。

事故应急响应措施，应考虑所装载的危险货物的特性，以及其在船上所装

---

① 机械温控手段指使用制冷剂和空气压缩机进行循环制冷的方法，通俗说即使用空调控温。

② 物理降温这里是指直接在包件内或包件周围使用一次性制冷剂进行降温，如液氮、干冰等。

载的位置。总体上对于易燃气体和固体,应急措施应远离火源和热源。在船上发生事故时,人员安全永远是第一位考虑的,因此紧急情况下,应当机立断地采取抛货措施。在确保人员安全的条件下,需要考虑海洋环境安全,这时可以使用必要的收集措施,或采用合适的吸附收集材料收集泄漏物用于后续处理。事故应急响应还应对于可以产生有毒、可燃和腐蚀性蒸气的货物积载在甲板下货舱中的,紧急措施需要在充分消除船舱中积聚的蒸气后方可开展;当采用机械通风时,通风装置需要采用防爆措施。发生危险货物可能泄漏时,相关区域应立刻采取紧急措施限制无关人员接近,仅有限的、经过充分培训的事故应急人员可进入事故区域。当冷冻液体或腐蚀性物质泄漏,事故处理完毕后应仔细检查船体结构有无潜在损害。对于感染性物质包装损坏或发生泄漏的,应采取更为严格的措施。对于装载过感染性物质的运载装置或船体,需要检查是否受到所装载的感染性物质泄漏污染。若发现运载装置或船体的确受到其污染,则要充分清楚污染物并充分消毒后方可再次使用。对于放射性物质泄漏的应急响应应严格遵守相关主管机构制定的规则,同时参考国际组织相关的指南文件进行,如按照国际原子能机构的《对于放射性物质运输中的应急响应程序》[①]制定应急程序。放射性物质泄漏,还须考虑其与环境物质/货物发生化学反应的可能。

对于危险货物海运中的防火总体要求包括将可燃性物质远离火源;包装材料和形式应充分考虑危险货物防火要求;拒载包装不符合要求或破损的货物;包件的船上积载条件能防止包件的意外损坏;对包件与可释放火焰/火花的物质进行隔离;可能的条件下,积载危险货物应有可接近性,保证发生火灾时,能第一时间处理这些危险货物;严格执行"严禁吸烟";充分考虑电气安全,可能产生电火花的电器、线路、开关等应合理布局避开危险货物积载区域。若必须分布在可燃货物区域,必须合理布局,充分保护,尽量采用防爆电器电路设计。对于第 2 类气体额外防火要求包括一般对于装载第 2 类气体的舱体,需要配备足够性能的通风装置。通风装置的设计要充分考虑到气体的性质,比如某些气体比空气密度大,这些气体会分布在舱体较下的位置,若通风不足,其会在舱体下部积聚而发生危险。装载气体的船舱设计时就应考虑气体泄漏、积聚的情形,保证泄漏气体不会继续进入其他舱体。对于可燃气体,装载之前,船上安全和应急人员就应了解气体的燃烧特性和燃烧(爆炸)极限,船舱内应有气体浓度监测装置,保证其船舱内空气中的浓度不会超过燃烧/爆炸极限。对于第 3 类易燃液体的防火要求:易燃液体的蒸气会挥发进入空气,如前文所述,易燃液体

---

① Planning and Preparing for Emergency Response to Transport Accidents involving Radioactive Material, Safety Standard Series No. TS - G - 1. 2 (ST - 3), Vienna: IAEA, 2002.

的闪点实际即为能使其挥发进入空气,并达到其空气中燃烧下限的最低温度。当运输温度高于闪点时,其环境中的可燃液体蒸气浓度会达到甚至超过其燃烧下限,比较危险。因此对于第 3 类易燃液体海上运输时,货舱内需要配备必要的通风装置,保证货舱内的易燃蒸气浓度处于较低水平。对于第 1 类爆炸品、第 7 类放射性物质等也有额外防火要求。

六、特殊豁免、主管机构批准和各国主管机构的联系方式

特殊豁免是指由于特殊情况,各国海运主管机构可以以特殊豁免的方式免除某些特殊的危险货物在特定运输条件下在《国际危规》下的约束。此章节提及的豁免是《国际危规》规定之外的,凡《国际危规》正文中提及的豁免不在此章节说明的范畴。第 7 类放射性物质的相关豁免也不在此讨论的范畴。各国海运主管机构在受理此类豁免申请,并根据 SOLAS 和 MARPOL 公约的要求,认为豁免可以达到同样的安全要求时,可以授予豁免。豁免授予文件需要该主管机构事先通知 IMO。授予人在运输前也应该通知利益相关方的海运主管机构(始发国、途径国、目的国等)。这些主管机构,特别是授予豁免的主管机构理应考虑提交《国际危规》更新提案,未来正式纳入《国际危规》。

对于《国际危规》所提及的主管机构的批准,各国的海运主管机构可以根据实际情况出具双边的或者多边的批准文件。《国际危规》在正本最后给出了世界主要国家可出具豁免、批准的主管机构的联系方式。图 3 - 5 中给出了国家海事局的联系方式:

中国	中华人民共和国 海事局 北京市建国门 内大街11号, 100736 电话: +86 10 6529 2588 +86 10 6529 2218 传真: +86 10 6529 2245 电传: 222258 CMSAR CN

图 3 - 5 《国际危规》中中国海运主管机构联系方式

第八节 《国际危规》补充本

一、船舶运载危险货物应急响应措施(EmS 指南)

EmS 指南旨在为处理《国际危规》中所列的危险货物发生火灾或泄漏事故时的应急响应提供指导,但不适用于散装货船或者无包装的危险货物的火灾和泄漏事故。EmS 指南只是推荐性的要求,船上安全人员可以使用 EmS 指南制

定应急响应程序，也可以参考其他指南和文件制定应急响应程序。EmS 指南部分分为应急措施简介、总体建议以及具体的应急措施。对于船上的安全和应急响应人员应该熟悉"应急措施简介"部分的内容，该部分内容也应该是船上人员培训课程的内容之一。需要在此强调的是，应急措施简介中还对各类危险货物特别注意事项进行了分类说明，此部分应该给予特别的重视。

发生危险货物事故时，应首先参考对应的建议表中"总体建议"部分，然后再去参照"具体应急措施"采取相应的行动。例如对于"UN3112，温度控制的 B 型固体有机过氧化物"，可以从《国际危规》第 3.2 章一览表中的第 15 栏中发现"F-F,S-R"的对应代码，继而从补充本 EmS 指南中查阅相应代码。

二、危险事故医疗急救指南(MFAG)

该部分是由"国际海事组织（IMO）""世界卫生组织（WHO）"和"国际劳工组织（ILO）"共同编制。该部分旨在利用船上所配备的设施，对危险货物泄漏所造成的人体伤害提供对症急救提供指导。这些指导和建议特别针对《国际危规》中所包含的危险货物，以及《固体散货安全操作规则》附录 B 中的物质。MFAG 包括的内容为：指南操作指导；与船舶装运化学品危险有关的医疗急救建议；人体伤害的诊断、急救；毒害及并发症；应急处理；化学品急救表；所需药品目录等。

三、《国际危规》补充本其他内容

《国际危规》补充本中还对于船舶上防止虫害、安全使用杀虫剂给出了建议，同时也给出了船舱、运输装置的熏蒸的相关建议，并阐述了如何安全使用熏蒸剂。读者可参考《国际危规》补充本的相关章节，本书这里由于篇幅所限不做深入介绍。《国际危规》补充本根据 MARPOL 公约的要求，对涉及危险货物/有害物质及海洋污染事件的报告给出了指导。《国际危规》补充本此外还提供了国际船舶安全运输包装辐射核燃料、钚和高度放射性废弃物的"INF 规则"，以及以附录的方式加入了 IMO 及其下属委员会对有关《国际危规》及其补充本的决议和通函。

参考文献

［1］联合国欧洲经济委员会.关于危险货物运输的建议书 规章范本.20 版.联合国,2017.
［2］联合国欧洲经济委员会.关于危险货物运输的建议书 试验和标准手册.6 版.联合国,2017.
［3］周晶洁,周在青.危险货物运输与管理.上海：上海浦江教育出版社,2013.
［4］周艳,白燕.危险品运输与管理.北京：清华大学出版社,2016.

［5］钱大琳,罗江浩,姜秀山,等.国内外危险货物运输安全管理.北京:人民交通出版社,2011.

［6］国际海事组织.国际海运危险货物规则.37－16版.联合国,2016.

［7］国际海事组织.国际海运固体散装货物规则.联合国,2009.

［8］国际海事组织.国际散装运输危险化学品船舶构造和设备规则(2004修订版).联合国,2004.

［9］国际海事组织.国际散装运输液化气体船舶构造和设备规则.联合国,1993.

［10］刘敏文,范贵根,等.危险货物运输管理教程.北京:人民交通出版社,2008.

［11］刘敏文,范贵根,等.危险货物运输包装防护.北京:人民交通出版社,2008.

［12］刘敏文,缴威.危险货物运输相关法律法规汇编.北京:人民交通出版社,2008.

［13］李政禹.国际危险化学品安全管理战略.北京:化学工业出版社,2006.

第四章
国内外空运危险品法规

第一节　危险品国际航空运输法规及手册

随着社会经济的不断发展,国际交流和贸易越来越频繁,地球村的概念将区域的距离越缩越小。在商品的贸易过程中,运输是至为重要的环节。而时间对于运输的重要性则显得越来越突出。社会经济发展了,多数人的时间价值也在提高,因此他们对运输能否给他们带来更多的时间节省就越来越重视。在这样的大环境之下,尽管一般来说航空运输相对于其他的运输模式,如海洋运输、陆地运输、铁路运输等,存在成本较高、运量有限等缺点,但是其在时间上的快捷性,仍然使其在运输中具有不可替代的优势,也因此发展得越来越迅速。

在享受高效快捷的同时,如何保证货物在运输中的安全,避免因为货物运输带来的对社会、经济和生命安全的影响,就显得至为重要。因此,在这一章节中,我们将对危险品国际航空运输法规,以及如何按照法规要求正确操作危险品做介绍。

需要特别指出的一点是,看过本书其他章节的,会发现本章节与其他章节有所不同的是,我们使用了"危险品"而非"危险货物"的概念,其原因主要是由于空运中危险品除包括货物运输中的危险品,即常说的"危险货物"之外,还包括旅客携带的物品中的危险品。由于国内大部分航空法规对航空涉及的"dangerous goods"的常用翻译为"危险品"(部分法规中翻译为"危险物品"或"危险货物",一般认为"危险品"的说法是源于"危险物品"的简称),因此本章节也主要采用"危险品"的说法。本章节主要讨论空运货物运输中的危险品,旅客携带的物品中的危险品不在本章节讨论范围。

要了解危险品国际航空运输法规的发展和框架,需要先了解两个组织机构:国际民用航空组织(International Civil Aviation Organization,ICAO),以下简称为国际民航组织,以及国际航空运输协会(International Air Transportation Association,IATA),以下简称为国际航协。

第二次世界大战对航空领域的发展起到了巨大的推动作用,使得世界范围内形成了一个包括客机运输和货机运输在内的航线网络,但随之也引起了一系列急需国际社会协商解决的政治上和技术上的问题。美国在开展多项研究并与其主要盟友进行各种磋商后,邀请了 55 个国家出席 1944 年在芝加哥召开的国际民用航空会议。最终,所邀请的 55 个国家中有 54 个国家出席了芝加哥会议,而这其中的 52 个国家,于 1944 年 12 月 7 日在会议结束时,签署了新的《国际民用航空公约》,也就是在当时及现在被更普遍称为的《芝加哥公约》。《芝加哥公约》这一重大协定,为全球和平开展空中航行的标准和程序奠定了基础。它确立了开展国际航空运输的核心原则,并促成了自那时起对其进行监督的专门机构——国际民航组织的成立。由于预计对公约的批准通常会出现延误,芝加哥会议预见性地签署了一项临时协定,其中预见到将建立一个临时国际民航组织(PICAO)。直到 1947 年 4 月 4 日,在《芝加哥公约》得到足数批准后,临时国际民航组织才正式更名为国际民航组织,并于同年五月在蒙特利尔举行了第一届正式大会。由此可见,国际民航组织是联合国的一个专门机构,其核心使命就是帮助各国实现民用航空规章、标准、程序和组织方面的最高可能程度的统一。

《芝加哥公约》的附件十八,即《危险物品的安全航空运输》(ICAO Annex 18,Safe Transport of Dangerous Goods by Air) 为全球航空运输危险品制定了法规基础,其"技术说明"即《危险物品安全航空运输技术细则》(Technical Instructions For The Safe Transport of Dangerous Goods by Air,ICAO TI),细化了附件十八的基本规定,并对危险物品安全的国际运输所需的技术要求做出了详细说明。各缔约国在遵守《国际民用航空公约》的基础上,也可根据本国的情况制定更为严格的法规要求。

附件十八被认为是危险品在国际航空运输方面的唯一公认的法规来源。附件十八及 ICAO TI 中的标准对于缔约国来说是法律文件,需要强制执行。各缔约国在制定本国危险品航空运输法规时,通过援引或转化附件十八及 ICAO TI 中的内容,落实各自义务。

通过不同政府之间和组织之间的协作,现在 ICAO TI 与联合国《关于危险货物运输的建议书》以及国际原子能机构(IAEA)的《放射性物质安全运输条例》已尽可能保持一致,并且每两年更新一次。

国际航协是非营利的、非政府的、全球航空公司的行业组织,成立于 1945 年 4 月,创始会员为来自 31 个国家的 57 家航空公司。截至 2017 年 3 月,国际航协有 271 家会员,代表了国际航空运输总量的 83% 左右。中国国际航空公司、中国东方航空公司和中国南方航空公司于 1993 年同时加入国际航协,目前已有 27 家中国会员,是全世界拥有会员最多的国家。

和监管航空安全和航行规则的国际民航组织相比,国际航协具体管理在民航运输中出现的诸如票价、危险品运输等问题,主要作用是通过航空运输企业来协调和沟通政府间的政策,并解决实际运作的问题。

1953 年,国际航协的航空公司会员们发现具有危险特性的货物的运输需求越来越高,如果不加以管控将对包括乘客、机组人员和飞机的安全造成极大的影响。根据其他运输模式的经验来看,大多数的货物如果采取正确的包装以及对包装内数量合理管控,是可以安全进行运输的。通过借鉴这些经验以及结合行业对航空运输特性的了解,国际航协制定了第一部空运危险品的规则。IATA 危险品运输规则(IATA Dangerous Goods Regulations,IATA DGR)第一版发布于 1956 年。

IATA DGR 是 ICAO TI 的"行业手册"版本,由航空公司的危险品专家编制,将航空运输危险品的要求以一种便于操作、简单易懂的方式呈现出来,同时也包含了可以帮助托运人符合要求且使其货物能方便快速地被航空公司接受的一些补充信息。IATA DGR 与 ICAO TI 不同,是非强制性法规,仅仅是供危险品操作者参考的手册。

由于航空公司在某种程度某些方面上的要求要高于 ICAO TI 的要求,因此可以理解为 IATA DGR 是基于 ICAO TI,又高于 ICAO TI 要求的非常实用的行业操作手册。因此在本章节中操作部分我们将重点放在了符合 IATA DGR 上。

ICAO TI 每两年更新一次,IATA DGR 每年更新一次。除了定期更新以外,ICAO 和 IATA 也会对 TI 和 DGR 不定期发布增补和勘误。例如:2016 年 2 月 22 日 ICAO 宣布禁止客机运输锂离子电池货物,该临时禁令从 2016 年 4 月 1 日生效。IATA 随即在 2016 年 2 月 23 日对 ICAO 的该条款做出了详细解释和规定,与 TI 要求保持一致。

危险品国际航空运输适用法律的最高层是国际公约,如《芝加哥公约》附件十八、ICAO TI。其次是本国的法律,如:德国的《危险物品运输法案》《德国航空法案》《航空执照法令》;美国的 Code of Federal Regulations — Transportation 49(CFR 49);加拿大的《危险物品法案》(The Dangerous Goods Act)等。一些欧洲国家还遵守欧洲联合航空管理局制定的《联合航空管理规定》(Joint Aviation Regulations-Operations,JAR - OPS)。第三是由民航主管机构制定的危险物品运输的行业规章。

以美国为例,CFR49 是美国运输法规,规定美国国内危险货物运输。其中 49 CFR 中 172 部分,对于危险货物的分类、包装,引用了联合国《关于危险货物运输的建议书》,而 49 CFR 175 部分具体规定了危险货物空运的要求,并列出了美国的特别要求(IATA DGR 上列为"国家差异")。美国有 18 项"国家差异",意味着以美国作为始发国、目的国和中转国的飞机都须遵守这些特别要求,如运输含易燃气体的点火器需要先由政府批准的专业人士或机构检查、测试。所有在美国禁止运输而 IATA DGR 没有禁止的，在美国的运输必须符合美国法规，禁止运输。

第二节 中国空运危险品运输法规

中国的危险品航空运输由民航局主管，民航局的运输司负责危险航空运输的规章和标准的制定、监督管理。各地区管理局负责危险品航空运输的许可、资质的审批及备案，各监管局负责危险品空运的日常监管。中国民航危险品运输管理中心和中国航空运输协会为民航局主管的两个机构，中国民航危险品运输管理中心负责提供危险品运输技术支持，草拟政策、规章、标准，事故调查、政策宣贯、组织培训等工作。中国航空运输协会由民航局主管、企业自愿参加、非营利性社团法人，为会员公司提供交流平台，履行民航局委托的任务。

我国也适用《芝加哥公约》附件十八和 ICAO TI。1996 年颁布的《中华人民共和国民用航空法》（下文简称《航空法》）是中国民用航空业的根本大法，于 2009 年、2015 年进行了两次修正。《航空法》未详细规定危险品运输的具体操作要求，一直以红头文件形式发布相关要求，直到民航局在 2004 年 9 月 1 日颁布了《中国民用航空危险品运输管理规定》（CCAR-276 部），国内危险品空运才有了明确的指导。到目前为止，《中国民用航空危险品运输管理规定》经历了两次修订，最新有效的版本是《民用航空危险品运输管理规定》（交通运输部第42 号令），于 2016 年 5 月 14 日施行。经过近 20 年的发展，危险品航空运输法规标准体系不断完善，现有的规章、标准示例如表 4-1 所示。

表 4-1 部分法规文件及标准示例

AC-276-TR-2016-05 危险品航空运输事件判定和报告管理办法

民用航空危险品运输管理规定（交通运输部令 2016 年第 42 号）

MD-TR-2016-02 中国民航危险品监察员培训管理办法

AP-276-TR-2016-02 危险品航空运输违规行为举报管理办法

AP-276-TR-2016-01 公共航空运输经营人危险品航空运输许可管理程序

AC-276-TR-2016-04 地面服务代理人危险品航空运输备案管理办法

AC-276-TR-2016-03 货物航空运输条件鉴定机构管理办法

AC-276-TR-2016-02 危险品航空运输培训管理办法

AC-276-TR-2016-01-R1 危险品航空运输数据报送管理办法

MD-TR-2016-01 危险品航空运输安全管理体系建设指南

锂电池邮件航空运输管理办法
AC-276-01 危险品训练机构管理办法
AC-276-02 货物航空运输条件鉴定机构管理办法
MH/T 1062—2015 例外数量危险品包装要求及包装件测试规范
MH/T 1057—2014 限制数量危险品组合包装及包装件试验规范
MH/T 1052—2013 航空运输锂电池测试规范
MT/H 1020—2018 锂电池航空运输规范
MH/T 1027.2—2010 运输文件和电报中使用的装载信息代码第 2 部分：危险品及其他须特殊照料的装载物信息代码
MH/T 1030—2018 旅客和机组携带危险品的航空运输规范
MH/T 1024—2008 危险品类运营人物资包装运输规范
MH/T 1017—2005 车辆的航空运输
MH/T 1019—2005 民用航空危险品运输文件

中国的危险品空运法规适用于(1) 国内注册航空公司；(2) 在国内运营的国内航空公司、港澳台航空公司和外国航空公司。危险品航空的运输，应遵守《民用航空危险品运输管理规定》(现行为 2016 修订版)，该《规定》是目前我国危险品航空运输活动的主要规范，是指导危险品航空运输安全管理工作的重要依据。

我国从事危险品航空运输的企业除了需要遵守危险品航空运输的相关法规外，还要同时遵守《安全生产法》《危险化学品安全管理条例》《中华人民共和国核安全法》等法律法规要求。在实际操作中，需要特别注意以下的规定。

禁止通过航空邮件邮寄危险品或者在航空邮件内夹带危险品，ICAO TI 中另有规定的除外。禁止将危险品匿报或者谎报为普通物品作为航空邮件邮寄。《中华人民共和国邮政法》列出禁止收寄的危险品，邮政和快递企业须遵守。危险品货物运输条件鉴定报告，一般由航空公司指定的机构进行测试鉴定，并提供危险品货物分类鉴定结果。

根据商检要求，对于法检目录的危险品，须经过商检评定。非法检目录的危险品，商检局将抽取货物样品或现场评定，做出审核结论。随着 GHS 在中国的实施，2012 年《出入境检验检疫机构实施检验检疫的进出境商品目录》增加了 160 个危险化学品作为检验检疫产品，产品进出口时商检会检查这些化学品的 GHS 标签和 SDS，其他危险化学品为抽查，各港口检查方式会有所不同，有些地方商检对托运人的 SDS 有疑问时，会要求托运人去做危险性鉴定报告。

同时,商检要求危险品的出口都要出具危险品的包装使用鉴定结果单(俗称"危包证"),相关标准为《GB19433 空运危险货物包装检验安全规范》。

在 CCAR-276-R1 中规定,作为"经营人"的航空公司,出于对安全的保障,他们可以指定鉴定机构来进行危险品的鉴定。"第七十一条经营人根据本规定第五十一条要求托运人提供货物符合航空运输条件的鉴定书的,应当告知托运人其认可的鉴定机构,并确保其所认可的鉴定机构满足民航局关于货物航空运输条件鉴定机构的相关规定,同时将认可的鉴定机构报民航局备案。"

在实际操作尤其是出口时,对于危险品,企业需要按照航空公司的要求到航空公司指定机构进行危险品货物运输条件鉴定并出具鉴定结果,而在按照商检要求申请危包证时,还须到商检的指定机构进行危险特性分类鉴别报告。因此导致了托运人须为同一个危险品在不同的机构出多份鉴定报告的情况,增加了不少时间和成本。

危险品空运过程涉及化工公司、货运代理公司、航空公司、监管部门等相关人员,本文主要针对的是危险品空运具体操作的读者,因此下文技术部分引用 IATA DGR 的具体内容,以便于危险品操作者参考。

第三节　限　　制

由于航空运输的特殊性,危险品的空运有很多限制,主要分以下几种类别。

(1) 在符合危险品运输的条件下,可以客机或货机运输。这类危险品在 IATA 品名表或《目录》中没有特别标明"forbidden"或"禁止"。只要符合危险品运输条件,都可以运输。

(2) 仅限货机。品名表的"Passenger and Cargo Aircraft"下显示为 forbidden。

(3) 一般情况下禁止空运,除非有当局批准,分别为以下 6 类:放射性材料、《品名表》上"禁止"的、受感染的活动物、吸入有毒并且包装等级Ⅰ类的、运输时液体要求保持 100℃ 以上或固体要求保持 240℃ 以上的危险品、被本国禁止运输的。

(4) 任何情况下禁止空运的,在品名表中已经被标记"forbidden",品名表上无 UN 号,在《航空运输危险品目录》的"类别或项别"栏、"次要危险性"栏以及"包装等级"栏均标有"禁运"字样。正常运输条件下,易爆炸、易发生危险性反应、易起火或产生导致危险的热量、易散发导致危险的毒性、腐蚀性或易燃性气体或蒸气的任何物质,《航空运输危险品目录(2017 版)》图示见图 4-1, IATA DGR 品名表图示见图 4-2。

联合国编号(UN/ID)	中文名称	英文名称	类别或项别	次要危险性	包装等级
		temperature controlled			
-	偶氮四唑（干的）	Azotetrazole (dry)	禁运		
-	氯化重氮苯（干的）	Benzene diazonium chloride (dry)	禁运		

图 4-1 《航空运输危险品目录(2017 版)》图示

1717	Acetyl chloride	3 (8)	Flamm. liquid & Corrosive	II	E2	Y340	0.5 L	362	1 L	363	5 L		3C
	Acetyl cyclohexanesulphonyl peroxide, more than 82%, wetted with less than 12% water					Forbidden		Forbidden		Forbidden			
	Acetylene dichloride, see 1,2-Dichloroethylene (UN 1150)												
1001	Acetylene, dissolved	2.1	Flamm. gas		E0	Forbidden		Forbidden		200	15 kg	A1	10L
	Acetylene (liquefied)					Forbidden		Forbidden		Forbidden			
	Acetylene silver nitrate					Forbidden		Forbidden		Forbidden			
3374	Acetylene, solvent free	2.1	Flamm. gas		E0	Forbidden		Forbidden		200	15 kg	A1	10L
	Acetylene tetrabromide, see Tetrabromoethane (UN 2504)												

图 4-2 IATA DGR 品名表图示

隐含的危险品：根据物品申报名称看不出是否危险品，需要被进一步的识别。如果含有危险物质或物品，那就是危险品；如果不含有危险物质或物品，那就是普通货物。以下情况很有可能有隐含危险品：汽车零部件、须电池供电的设备、电器设备、医疗器械、磁性物质、带 GHS 分类标签的产品等。

邮件寄送危险品：ICAO TI 中另有规定的除外，根据《万国邮政联盟公约》，禁止通过航空邮件邮寄危险品或者在航空邮件内夹带危险品。

例外数量和有限数量危险品：某些类别的低危险性危险品，当数量相对较少时，可以采用例外数量或有限数量规定的包装方式或包装大小，以便免除危险品运输的大部分要求。例外数量和有限数量在 IMDG(《国际海运危险货物规则》)和 IATA 中都可以使用，具体包装方式不同，IATA 品名表 F 列为例外数量的编号，G 列和 H 列为有限数量包装的方式和最大包装尺寸。

有限数量和例外数量运输时，对包装和单据都有特别要求，且用指定的标记作为有限数量和例外数量，指定标签/标记样本参见“附录三　危险货物运输标签/标记”。

每个国家对空运提出的特别要求，会在 IATA 的书中列出，在危险品运输中，一定要先搞清始发国、中转国和目的国的不同要求，甚至飞越国的要求，都需要满足。国家以 3 个字母代表，例如美国为 USG—序号。

第四节 分 类

航空运输的危险品分为 9 大类,与联合国《关于危险货物运输的建议书——规章范本》(橙皮书)保持一致,参见前文,此处不再举例。

危险品分类是托运人的责任,分类方法与《关于危险货物运输建议书——试验和标准手册》相同。对于已知危险性的化学品,托运人可参考化学品的 SDS、产品规格说明书以及对产品的了解,进行分类。例如:闪点为≤60℃,初沸点>35℃的液体,根据分类标准可以归类为易燃液体,包装等级Ⅲ级。经口、吸入和经皮的 LD_{50} 和 LC_{50} 数据可以判断是否属于毒性物质。一般的分类流程如图 4-3 所示。

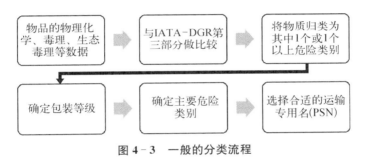

图 4-3 一般的分类流程

当现有数据无法进行分类时,依据《关于危险货物运输建议书——试验和标准手册》进行测试。

包装等级是根据产品的危险分类等级确定的,共分为 3 个等级。包装等级Ⅰ:高危;包装等级Ⅱ:中危;包装等级Ⅲ:低危。第 3 类、第 4 类、5.1 项、6.1项和第 8 类包装等级有明确的技术标准,包装必须满足相关等级的测试标准。不是所有危险类别都有对应的包装等级,6.2 项感染性物质的包装虽没有包装等级,但有其特殊的包装测试要求。

在空运中,第 9 类危险品有一些区别于海运与陆运的特殊危险品,以下列出几项详细介绍。比如:磁性物质,空运前要做磁检,再用隔磁包装。大量含磁铁的物质,即使不符合磁性物质定义的产品,也可能影响飞机罗盘,比如:汽车零件、管道和金属建筑材料。

与其他危险品不同,表中列出的"日用消费品"由国际民航组织赋予了8000 的临时识别号码,采用"ID"前缀。日用消费品指的是普通消费者或家用产品,比如香水、指甲油、家用气雾罐、食品香料和一些医药用品。IATA 对日用消费品的定义:日用消费品是指零售包装的个人护理用或家用的产品。特别规定:日用消费品仅包括第 2 类(非毒性气雾罐),第 3 类(Ⅱ类、Ⅲ类包装),

第6.1项（Ⅱ类包装），UN 3077，UN 3082，UN 3175，并且这些产品没有次危险性。禁运危险品不能分为 ID8000。把产品归类为 ID8000 日用消费品的有利之处是，不需要使用 UN 包装。但要遵守包装要求 Y963，整个包装件应少于30 千克。尽管运输的东西可能是易燃气溶胶或易燃液体，ID8000 只要标记成第9 类。

相对于陆路运输和海洋运输时，ICAO 对锂电池更为关注，具有较多的特殊要求。国际民航组织（ICAO）颁布临时禁令，禁止客机运输锂离子电池货物。

第五节　危险品品名表

危险品在运输前，需要根据危险性和组分选择运输专用名称和 UN 编号，IATA 的危险品品名表是给发货人、承运人作为技术参考，为将要运输危险品选择合适的 UN 编号、运输专用名称、包装等级、标记、标签等。

IATA 品名表为蓝色页，共列出 3 000 多个运输专用名称，按照字母顺序排列。有 4 种名称。

（1）品名明确的物质，例如：甲苯，丙酮，乙醇。

（2）明确的类名。例如：涂料，涂料相关产品。

（3）类别明确的 N. O. S.。例如：有机化合物，固体，N. O. S.。

（4）基于危害类别的 N. O. S.。例如：易燃液体 N. O. S.，腐蚀性固体 N. O. S.。

名称的选择规则和联合国危险品建议书及海运 IMDG 相同。当 IATA 品名表中有和 ICAO 技术导则不同的要求时，会用 ☞ 在品名表中标出。

当要运输一个化学品时，第一步去选择合适的运输专用名称及 UN/ID 代号，如果是一个定义明确的危险品如：丙酮（UN1090），涂料相关材料（UN1263），那么就很容易从表中找到相应的运输名称和 UN 号。如果一个危险品，在品名表中没有对应的名称，那么就要：

（1）检查此货物是否为禁运危险品；

（2）如果不是禁运品，根据危险品分类原则确定该物质的类别/项别，如果不仅一个危险性，就要确定其主要危险性；

（3）使用通用或 N. O. S 名称，选择最合适的名称。

当品名表上 N. O. S 名称后面带★时，必须加上技术名称后才能作为运输名称使用，例如：易燃液体，N. O. S. ★（甲苯，丙酮）。

如果是一个混合物或溶液，含有品名表中的组分，那么运输名称须加上"XX 的溶液"或"XX 的混合物"，除非以下情况：混合物或溶液可以在品名表找到对应名称；纯物质的名称在品名表上显示只能用于纯物质；混合物危险性分类与纯物质不一致；混合物的危险特性和应急反应与纯物质不同。

例如：

(1) UN 1170,乙醇

——闪点 13℃,初沸点 78℃

——类别 3,PG Ⅱ

(2) UN 1170,乙醇溶液

——闪点 18℃,初沸点 80℃

——类别 3,PG Ⅱ

(3) UN 3065,酒精饮料,类别 3,PG Ⅲ(含酒精质量分数 70% 以下 24% 以上)

(4) 酒精饮料,酒精含量 24% 以下,不受限。

品名表从 A~N 共 14 项,每项的信息如图 4-4 所示。

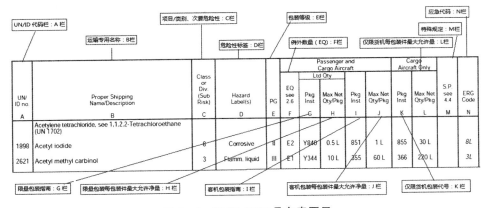

图 4-4　IATA DGR 品名表图示

A 栏为 4 位数 UN/ID 代码,除了消费品 8000 为 ID 代码,其他均为 UN 号。B 栏为运输名称/描述,加粗部分为运输专用名称,未加粗部分为运输专用名称的描述文字。B 列中的 † 符号表示附件 A 中有补充信息,★表示须添加完整技术名称才能作为运输名称,☣表示第 7 类放射性物质。F 列为例外数量包装,G、H 列为有限数量包装指导。M 列为特殊规定,ID8000 日用消费品的特殊规定为 A112：日用消费品仅包括第 2 类(非毒性气雾罐),第 3 类(Ⅱ类Ⅲ类包装),6.1 项(Ⅱ类包装),UN3077,UN3082,UN3175,并且这些产品没有次要危险性。禁止客机运输的不允许作为日用消费品空运。

我国《航空运输危险品目录(2017 版)》根据 ICAO TI 2017—2018 版的相关内容编写。《目录》列出了航空运输中常见的 3454 种危险品。根据航空运输的不同要求,所列危险品可分为以下三类。

(1) 在符合相关规定的情况下,可以进行航空运输的危险品,这些危险品按照联合国编号的顺序排序,共 3171 种。

（2）在正常情况下禁止航空运输，但满足相关要求后，航空运输时不受限制的危险品，这些危险品共 2 种，它们没有被赋予联合国编号。

（3）在任何情况下均禁止航空运输的危险品，这些危险品按照英文名称首字母排序，共 281 种它们没有被赋予联合国编号，且在《目录》的"类别或项别"栏、"次要危险性"栏以及"包装等级"栏均标有"禁运"字样。在正常情况下禁止航空运输，但满足相关要求后，航空运输时不受限制的危险品。

第六节　空运危险品的包装

联合国建立了危险货物的统一分类、包装、标记和标签的系统，以促进危险货物的安全运输。各国政府和联合国部门在此基础上再制定了关于公路运输、铁路运输、海洋运输和航空运输等各种运输模式相关的法规。在这些法规当中，危险货物的包装必须达到或者超过法规对包装在性能等各方面的最低要求。在本书前面几个章节中，对危险货物的包装已有提及。对于航空运输来说，其包装要求也是基于联合国规章范本，但是因为其特殊的运输模式，会有很多不同之处，而这些不同之处对于保证航空运输的生命和财产安全至关重要。

危险品在严格遵守相关法规规则的前提下，可以安全地进行航空运输，而包装则是确保危险品航空运输安全的至关重要的环节。空运法规对哪些危险品可以进行航空运输，以及允许使用航空运输的危险品所适用的包装都提供了详细的包装说明，并为可选用的内包装、外包装或单一包装等提供了多种选择。

通常来说，包装说明要求采用通过联合国性能测试的包装，即我们通常所说的 UN 包装。不过对于小量的危险品，可按照包装说明中的要求使用有限数量（Limited Quantities）或例外数量（Excepted Quantities）来运输，这时候不需要强制使用 UN 包装。包装内允许的危险品的数量需要严格遵守规定，最大限度地降低事故发生后的危害。

一、托运人的责任

关于包装，这里必须强调的是：危险品的包装属于托运人的责任，也就是说，托运人必须保证其所托运的危险品能够符合法规对包装的所有要求。

在准备每个危险品的包件时，托运人必须做到以下几点。

（1）按照法规要求选用所允许使用的包装。

（2）遵守选用的包装类型所对应的包装要求。

（3）所有的包装都要符合法规对每个包件内所装物品总数量的限量要求，如果包装设计本身的限量要求更为严格的话则须符合包装设计的要求。如果是组合包装的内包装也须符合法规对包装材质和限量的要求。

（4）将所有的包装组件严格按照设计用途来组装和固定。

（5）确保组装好的包装外表面在填充过程中没有被填充物污染或者是被填充和组装时的周边环境所污染。

（6）在货物包装交给运输的操作人员时须确认所有关于包装的责任已完全履行。

二、包装的一般要求

危险品使用航空运输，必须首先满足一般的包装要求。比如，

1. 包装上必须按照法规要求标明持久性标记和标签。

2. 包装必须有良好的质量，符合规定的要求。包装结构设计合理，防护性能好，其设计模式、工艺、材质应适应空运危险品的特性，适合积载，便于安全装卸和运输，可以承受整个运输途中包括从托盘以及装载设备或集合包装中移出所碰到的手工或机械操作情况下的正常的撞击和装载。包装必须坚固和紧闭以防止正常运输情况下因为震动或者温度、湿度以及压力等的变化引起产品泄漏。运输途中包装的外部不得沾染有害残留。

尤其需要注意的是，包装的生产商或经销商必须提供包装的详细程序和说明，包括如何对内包装和容器进行封口，封口的材料和尺寸（包括垫圈）以及所需的任何其他部件等的信息，以确保包装可以达到对应的包装测试要求以及运输要求。托运人必须确保包装符合这些程序和说明，尤其是必须按照对封口的要求来进行紧闭。

3. 包装必须通过法规要求的性能检验，包装的生产和测试则必须符合适用的国家政府的法规要求。在填充或交付运输之前，必须检查每一个包装以确保包装没有被腐蚀、污染或有其他的损伤。

中国规定通过航空运输进出口的危险品其包装必须按照国家规定以及IATA DGR 的要求通过性能检验和使用鉴定。未经检验的包装不准用于盛装空运进出口危险品。各航空运输企业货运部门必须核查进出口危险品的包装性能检验证单（俗称"性能单"）和使用鉴定证单（俗称"危包证"），并对进出口危险品包装进行查验。

4. 符合相容性要求。即与危险品直接接触的包装部分不能被危险品影响或削弱功能，不能与货物发生危险的化学反应或其他效应，也不能允许在正常的运输情况下危险品发生渗漏引起危险。包装的材质必须符合运输要求，比如不会因为温度变化发生明显的软化或变脆等影响到运输的安全。

托运人有责任确保采用了一切适用的方法来保证所选的包装适合其所托运的危险品，并且需要将对包装选用的方法和评估等信息保留证据以备政府查验。

5. 可以抗温度变化和震动。关于抗温度变化和震动的要求，与航空运输的特殊性相关。由于飞行高度的变化，在航行中气压和温度均有可能发生明显的变化，并且包装在飞机上会受到一定程度的震动。这些均需要在包装设计和选择的时候考虑进去。空运危险品的所有包装结构和密封性能必须能够充分承受正常的运输条件下的温度变化和震动。因此对密封装置的设计要求是以下几点。

（1）必须是很容易就可以通过检查判定出是否已经完全紧闭。

（2）整个运输过程中须保持紧闭。另外，如果内包装里是液体，除包装正常封口外，还须采用第二道方法来进一步保证封口可以安全有效的紧闭，比如使用胶带、摩擦套筒、焊接等方法。当不能采用第二道方法进一步密闭时，内包装必须牢固密闭并放置在防漏衬里中，然后再放入外包装中。

6. 当运输的是液体的时候，液体在填充进包装时，包装内必须留有足够的膨胀余地，以防止在运输中因为温度变化液体产生膨胀而发生的泄漏或永久变形。要求是在55℃（空运中遇到的极端温度一般在−40℃～55℃）时，液体不得完全充满容器。

包装容器（包括内包装）必须能承受住 95 kPa 以上的压力差而不泄漏。如放在辅助包装（外包装）内，辅助包装须符合所述压力要求和其他有关规定，内包装可不受此压力规定限制。

在符合一定要求的前提下，航空运输也允许不同的危险品包装在同一个外包装内，并且除另行规定外，不需要符合隔离要求。对于同一个外包装内的不同的危险品，其数量必须通过法规所提供的公式来计算是否符合要求，且内包装须满足各自所含的危险品所对应的包装说明要求。

相比较其他运输模式，空运对包装还增加了一些特殊的要求，比如量的限制、吸附材料要求、压力差异要求、具体的包装说明要求等。托运人在选择包装的时候，必须根据实际情况对照法规逐一进行合规检查。

三、危险品可使用的包装分类

危险品的包装可以从包装规格、包装用途、容器类型等多种不同角度来分类，在本书的其他章节也有提及不同的分类方法。这里主要是换一个思路，结合实际操作情况，根据所运输的危险品的类别、量等，将危险品可使用的包装分为了以下五类。

1. 联合国规格包装（UN 包装）

指通过了联合国的性能检验，设计和质量满足联合国包装规格要求，可以保证正常条件下安全运输的设计用于装载危险品的包装。UN 包装可通过其特有的包装代码快速识别。

2. 特殊的非标准规格包装

这里主要指为一些有特殊运输要求的危险品特别设计制造的包装,包装上没有 UN 标记。如干冰、磁性物质的包装等。包装外表面没有 UN 标记。这类包装一般法规都会列明非常详细的包装要求。

3. 有限数量包装

指虽然对包装没有联合国包装性能检验的要求,也不需要标有联合国包装标记,但是其结构须符合 UN 包装的要求,且必须通过跌落试验和堆码试验,用于"有限数量"运输的包装。有限数量包装必须是组合包装,且单个包件的最大毛重不得超过 30 kg,单个包件里的内包装的产品最大净重不得超过 5 kg/L。危险品是否可以使用有限数量包装一般可通过危险品品名表中的包装说明进行查询。

4. 例外数量包装

指只需要满足部分联合国对危险品的包装要求,不需要标有联合国包装标记,且通过了跌落试验和堆码试验,用于"例外数量"运输的包装。例外数量包装必须是内包装加中间容器加外包装的形式,且单个包件的货物的净重最大不得超过 1 kg/L,内包装里的货物的净重最大不得超过 30 g/mL。危险品是否可以使用例外数量包装一般可通过危险品品名表中的包装说明进行查询。

5. 按照特别规定所允许使用的包装

主要是针对一些有特别规定的危险品,比如:UN1170 乙醇或乙醇溶液,当属于按体积含酒精不超过 24% 的水溶液时,可以按照非危险品运输,其包装不需要符合危险品包装要求。

UN3077 对环境有害的物质,固体的,未另作规定的,和 UN3082 对环境有害的物质,液体的,未另作规定的,这类货物放在单一包装或组合包装中运输,单一包装内或组合包装中的每个内包装内的净含量,液体在 5 kg、固体在 5 升以下时,其包装只须满足部分危险品的包装要求。

选用以上哪种类别的危险品的包装,一般的思路是:

(1) 根据危险品分类,判定是否需要使用特殊的非标准规格包装;

(2) 如果不需要,根据货物的分类和数量判定是否可以采用例外数量包装;

(3) 不能使用例外数量运输时,根据货物的分类和数量判定是否可以使用有限数量包装;

(4) 根据货物的分类和数量,检查是否可以按照特别规定运输,而采用特别规定所允许使用的包装;

(5) 以上均不适用时,按照包装说明采用符合要求的 UN 规格包装。

实际情况中,比较常见的是一种货物可能允许使用多种运输方式,比如可以按照特别规定来运输,或可以使用例外数量(或有限数量)来运输,这种情况下采用哪种包装由托运人根据其运输需求来决定。

四、危险品的包装方式

危险品的包装方式分为两种。

1. 单一包装

指不需要任何内包装即可满足其运输盛放功能的包装。比如金属桶、塑料容器等,危险品直接盛装在容器中,容器直接用于运输。

复合包装是由外包装和内容器经组合后在结构上集合为"一体"的包装,属于单一包装的一种。

2. 组合包装

指由一种或多种内包装固定在一个外包装中用于运输的包装。比如危险品盛装在玻璃瓶容器中,再将玻璃容器放置于纤维纸板箱中,组合之后的包装作为整体再用于运输。组合包装当中的内包装不能单独用于危险品的运输,必须固定于外包装之中,并且根据不同情况与外包装之间有吸附材料和/或衬垫材料的要求。

这里需要提到一个概念,就是集合包装(Overpack):

集合包装不属于上述的危险品的包装方式,而是一种在危险品包装完毕之后为便于作业和装载,托运人将其一个或多个包件再"打包"成一个作业单元的方式。为确保安全运输,法规对危险品的包件有严格的标记和标签规定,因此也不难理解,对"打包"之后的集合包装的包件,也需要正确的标记标签以确保"包"内货物的危险性等信息可以正确传递。

五、危险品的包装规格和性能检验要求

(一)联合国(UN)规格包装代码

1. 包装类型代码

危险品的包装类型用不同的代码来表示,分为外包装/单一包装、复合包装和组合包装,其中组合包装只有外包装有包装代码。包装类型代码一般是两位或者三位,第一位是阿拉伯数字,表示包装的种类,第二位是大写拉丁字母,表示包装的制造材料,第三位是阿拉伯数字用以表示某些有更细化分类的包装的类型。

比如常见的可用于危险品的金属桶,包装类型代码为"1A1",第一位是"1"表示种类为"桶",第二位是"A"表示材质"钢",第三位"1"表示"桶盖不能取下","1A1"合起来则表示包装类型为"桶盖不能取下的钢桶"。

复合包装因为内容器和外包装为不同材质,因此在包装代码表示材质的部

分用两个大写字母表示,第一位大写字母表示内包装材质,第二位则表示外包装材质。比如包装类型代码为"1HA1",其中"H"表示"内部为塑料材质","A"表示"外部为钢材",合起来"1HA1"则表示"桶盖不能取下的内塑外钢的复合桶"。

2. 包装质量代码

有一些包装会出现与包装质量相关的代码,目前有四个代码,分别是"V""U""W"和"T"。简单来说,"V"表示特殊包装,"U"表示用于感染性物质的特殊包装,"W"表示等效包装,"T"表示救助包装。

目前运输中比较常见的是带"V"的特殊包装,这类包装可以简单地理解为是由于通过了更为严格的性能检验要求,因此豁免了一些其他要求的包装。比较常见的如"4GV"表示纤维板纸箱特殊包装,其特点是,在通过了法规要求的性能检验之后,内包装可以采用任何形式的包件,没有材质和种类的限制,既可以用于液体,也可用于固体,且可用于不同包装等级的危险品。目前 4GV 这类包装在国外使用较多,而在国内据了解因为对这类包装的监管部门尚不明确,因此使用不多。

须注意的是,这一类包装在使用时有明确的使用要求,比如对吸附材料的要求,内包装总重的要求等,应严格对照法规使用。

3. 关于内包装

除了用于气溶胶外,内包装是按照其制造材料,如玻璃、塑料、金属等来简单识别的,没有对应的包装代码。

(二) 联合国(UN)规格包装的标记

除了某些用于第 2 类气体、第 7 类放射性材料以及某些第 9 类危险品的包装之外,危险品所使用的包装包括单一包装以及组合包装当中的外包装必须按照法规规定在正确的位置进行标记,标记必须耐久、清晰并位置和尺寸容易被看清。

标记表明带有该标记的包装符合检验合格的设计类型并符合法规对包装制造的规定,但此类规定与包装的使用无关。因而,就其本身而言,标记并不一定证明该包装可以用于盛装任何物质。

须注意的是,UN 规格包装的标记有字体大小的要求,且不能是手写的。如果该标记不是直接打印或压印在包装上,航空公司可能会进行额外的审查。

标记有严格的格式要求,由于在本书其他章节已有提及,这里就不再赘述。

(三) 危险品包装的具体要求

对于每一类包装,如内包装、外包装、复合包装等具体规格的包装要求,法规也有明确的规定,比如:常用的 1A1 钢桶,法规规定桶身和桶两端须用钢板制造,钢板的型号和厚度应足以适合于钢桶的容量和用途,拟装 40 L 以上液体的桶的桶身接缝须采用焊接方法,用于装运固体或 40 L 及 40 L 以下液体的桶身接缝须是机械接缝或焊接,凸边的接缝须是机械接缝或焊接接缝,可以使用单独的加强箍等。在选择包装时必须仔细了解法规要求并严格遵守。

(四) 性能检验要求

UN 规格包装必须通过与其包装类型相对应的性能检验测试,测试需要考虑到包装的材质和构造,以及是用于承载液体还是固体等因素。测试的目的是确保在正常的运输条件下危险品可以安全运输。在某些国家,测试机构须取得国家授权或批准。进行试验的包装须按照运输要求进行准备,对组合包装要包括使用的内包装。试验时可采用其他物质,即模拟物代替拟运输的物质。

测试分为跌落试验、堆码试验,所有拟盛装液体物质的包装设计类型还需要进行防渗漏试验、所有拟盛装液体的金属、塑料和复合包装都须进行内压(液压)试验。对于防渗漏试验和内压(液压)试验,如果是组合包装,其内包装不需要进行这些试验。

试验报告必须含有规定的内容,并提供给包装用户。

对于压力容器、气雾剂容器和盛装气体的小容器(储气筒)和盛装液化易燃气体的燃料电池筒,以及感染性物质及放射性物质的包装,中型散装容器 IBC 等,法规对其构造、试验和批准也有明确的规定。

需要注意的是,尽管法规对内包装没有单独的性能测试要求,但是对其质量如结构设计、兼容性、包装封口等都有规定,须认真检查遵守。

这里我们举一个具体的例子来看看,在危险品需要进行空运的时候,作为托运人,应该如何按照法规要求来正确选择合适的包装。

产品为易燃液体,UN 编号为 1993,包装等级为 I,内包装为金属瓶,瓶内产品净重为 5 升,外包装为 UN 规格的纸板箱,单个外包装毛重 11 千克,包装内的产品净重为 10 升。计划通过东方航空公司从中国直航运输至美国,须考虑:是否可以采用航空运输?如果使用航空运输,可以使用客机还是货机?如何判定产品包装是否符合法规要求,或者是如何按照法规要求来正确选择合适的包装?

操作步骤:

1. 首先根据运输国家,判定为国际空运,须符合国际空运法规要求和航空公司要求,实际操作时主要按照 IATA DGR 规定,步骤如下。

打开 IATA DGR,翻到第 4.2 部分,查询危险品品名表。

(1) 查询列 A,找到 UN1993。

（2）查询列 B,检查名称是否与本次需要运输的产品的正确的运输名称相匹配。

（3）查询列 C,检查其危险性类别以及次要危险性是否与产品的分类相匹配。

（4）查询列 E,根据产品包装等级找到适用于该产品的对应的"行",以进一步查询法规的具体要求。

这里须注意的是,与橘皮书以及其他运输模式法规如 IMDG 和 ADR 不同,IATA DGR 中 4.2 章节的品名表排序不是按照 UN 号的编码顺序来排列的,而是按照运输名称的首字母顺序排序的,因此 IATA DGR 中另设了按照 UN 号的编码顺序排列的 4.3 章节以便快速查询。如果使用纸质版的 IATA DGR,须通过 4.3 章节找到 UN 号,再根据对应的页码从 4.2 章节中找到该 UN 号对应的信息。如果使用电子版的 IATA DGR,则可通过 UN 号在"Identification"里直接进行搜索。

（5）查询列 F,即"EQ(see 2.6)"到 DGR 2.6 章节可以查询这个产品不可以使用例外数量 EQ 运输(备注:熟悉法规的可以知道,对所有允许采用例外数量运输的危险品,单个运输包装内的产品净重最大也只有 30 g/mL,所以据此不用查询品名表也可以做出快速判定该产品不能使用 EQ)。

（6）查询列 G 和列 H,即"Ltd Qty",判定是否可以使用有限数量运输,发现标注为"Forbidden",表示该产品不允许使用有限数量运输。

（7）查询列 I 和 J,判定是否可以使用客机运输,发现列 I 对应的包装说明为"351",列 J 对应的单个运输包装所允许的最大净重为 1 升。由于这个产品单个运输包装内的产品净重为 10 升,已超过限量,所以可以判定不能使用客机运输。备注:可以使用客机运输的,一般来说也可以使用货机运输,因此品名表里不会单独列出客机运输的要求,而是直接以"客机和货机"(Passenger and Cargo Aircraft)列出。

（8）查询列 K 和 L,判定是否可以使用货机运输,发现列 L 对应的单个运输包装内所允许的最大净重为 30 升,初步判定该产品符合列 L 的要求,现在我们来进一步查询列 K 对应的包装说明"361"。

到 IATA DGR 第五章节找到"包装说明 361",可以看到,对于包装的要求为:须满足 5.0.2 的一般包装要求。具体包括:① 须满足 5.0.2.6 的对包装相容性的要求;② 须满足 5.0.2.7 的对包装封口的要求;③ 须满足其他的包装要求,即:内包装必须装有足够的吸收材料以吸收内包装的全部内容物,并且在放入外包装中之前须放置在刚性的防漏容器中。可以使用单一包装或者组合包装。

采用组合包装时,内包装要求:只允许使用玻璃或金属材质,禁止使用塑料材质,并且单个内包装内允许的最大净含量为玻璃内包装为 1.0 升,金属内包装为 5.0 升。单个运输包装内允许的最大净含量为 30.0 升。

外包装要求:可以使用的包装类型为桶、罐、箱。

每种包装类型允许的材质,比如桶,对应的材质为钢、铝、胶合板、纤维质、塑料、其他金属。如果使用箱,则该产品允许使用的 UN 规格的纸板箱必须为 4G,该材质和种类允许使用。

采用单一包装时,可以使用的包装类型为桶、罐、复合包装、气瓶。

根据已有信息,产品使用了组合包装,内包装为金属瓶,瓶内产品净重为 5 升,符合货机运输对于组合包装里的内包装材质和数量限制的要求。外包装为 UN 规格的纸板箱,单个外包装内的产品净重为 10 升,也符合了货机运输对于组合包装里的外包装材质和数量限制的要求。是否可以判定这个产品包装符合货机运输要求了呢?

这里需要提醒的是,还须检查并确认包装是否符合"包装说明 361"里提到的:须满足 5.0.2 的一般包装要求,以及特别提到的,对于包装兼容性、包装封口以及吸附材料和使用刚性防漏容器的要求。只有在一一确认符合这些法规要求之后,我们才可以判定产品的包装符合航空运输的要求。

(9)查询列 M,检查特别规定是否对本次运输有特殊的要求。特别规定为"A3"。

到 IATA DGR 第 4.4 章节找到"A3",是指如果产品如果经过测试其理化特性不符合列 C,也就是易燃液体的分类规则,且没有其他的危险性分类时,可以不用按照危险品操作。由于本次运输的产品已明确分类为易燃液体,因此此特殊规定不适用。

2. 查询始发国、目的国以及航空公司是否有相关的特殊规定。检查步骤如下。

查询 IATA DGR 2.8 部分,国家和航空公司的差异条款。在查询国家差异条款的时候,需要注意的是,如果运输中须经停第三国,经停国家的差异条款也须查询并遵守。

在这个示例中,始发国:中国;目的国:美国;航空公司:东方航空。

现在我们需要查询的是中国、美国以及东方航空公司对客机运输组合包装的易燃液体,对包装是否有特殊规定。可以有两种方法查询。

方法 1,在 2.8.1.3 中通过国家名称根据字母顺序,找到"China"和"United Sates"及其在该表中对应的代码"CNG"和"USG",再到 2.8.2 中找到具体条款逐项检查。在 2.8.3.4 中通过航空公司的英文名称根据字母顺序,找到"China Easten Airlines"及其在该表中对应的代码"MU",再到 2.8.4 中找到具体条款逐项检查。

方法 2,在 2.8.1.4 以及 2.8.3.5 中列出了常见项目的差异条款,通过想查询的内容,比如这里想查询客机运输组合包装的易燃液体包装的差异条款,可以在 2.8.1.4 表中左列发现没有与托运人相关的国家差异条款,以及 2.8.3.5 表中左列,"Additional packaging provisions"与包装相关,但是对应的右列中没有"MU"的特别规定。

以上两种方法均可以查询到,始发国和目的国以及航空公司对客机运输组合包装的易燃液体,对其包装没有特殊规定。顺便提一下,虽然对包装没有特殊规定,但是通过查询国家差异条款可以看到,美国对托运人的申报文件有关于应急电话的特殊规定。

另外,这里需要提醒的是,尽管在 IATA DGR 有列出国家差异和航空公司差异条款,但是这些差异条款并不能覆盖国家和航空公司的所有要求。实际操作中还需要熟悉国家的相关法规和航空公司的要求。在这个示例中,尽管在 IATA DGR 国家的差异条款部分未列出,但是中国对于出口危险品包装有特殊规定,即根据《中华人民共和国进出口商品检验法》第十七条,"为出口危险货物生产包装容器的企业,必须申请商检机构进行包装容器的性能鉴定。生产出口危险货物的企业,必须申请商检机构进行包装容器的使用鉴定。使用未经鉴定合格的包装容器的危险货物,不准出口"。也就是说,在中国出口危险品,生产出口危险品的企业必须要求包装容器生产企业提供商检合格的性能鉴定报告,俗称"性能单",并在出口之前向出口口岸所属的检验检疫部门申请包装使用鉴定。在使用鉴定中检验检疫机构会对包装的数量、重量、标记、包装的整体外观以及包装是否与内装物兼容等进行检验,检验合格后出具包装使用鉴定结果单,俗称"危包证"。实际使用的包装应与鉴定中所用的包装相同,不能随意更换,比如取得"危包证"的测试包装内包装为金属瓶,则不能更换为玻璃瓶等。

第七节　危险品包装件的标记和标签

托运人对每个危险品包件以及每个含有危险品包件的集合包装的标记和标签负责。每个包件的尺寸必须保证有足够的空间来贴上所有的标记和标签。

(一) 标记(MARKING)

除非有特殊规定,每个含有危险品的包件的包装外部都必须有如下标记。

(1) 与包装本身的设计规格相关的,即 UN 包装标记。这种一般是包装生产商印制在包装上的。如图 3 - 10,为印制在危险品包装上的 UN 包装标记。

（2）与包装的使用相关的。主要包括：① 内装物的正确的运输专用名称以及 UN 号或 ID 号。运输专用名称必须与危险品品名表中的名称一致。比如：CORROSIVE LIQUID，ACIDIC，ORGANIC，N. O. S.（CAPRYLYL CHLORIDE）UN3265。② 托运人和收货人的完整的名称和地址。③ 每个包件内危险品的净重。某些情况下需要标注毛重。④ 其他法规要求的与特定的危险品品种或危险类别相关的标记。其中，标记③应与标记①相邻，标记②在包装尺寸允许的情况下也应该与标记①在同一面上且相邻。

需要注意的是，与其他运输模式有区别的地方：标记的语言可以是始发国的语言，但是必须同时标有英文。部分国家或航空公司，对标记有特殊要求。比如沙特阿拉伯要求标记收货人的电话号码，土耳其航空则要求外包装上必须有 24 小时紧急联系电话等。有限数量危险品包件和内装例外数量的航空运输特有的标记，标记样式参考"附录三　危险货物运输标签/标记"。

其他法规要求的标识也可以出现在空运包装上，前提是不能因为这些标识的颜色、设计或形状等引起混淆或与空运法规中的要求相冲突。非空运的"有限数量"标记（样式参考"附录三　危险货物运输标签/标记"）允许出现在空运包件中，但前提是包装符合空运的要求并且所有的标识标记也需要符合空运法规要求。

图 4-5 为 IATA DGR 中的图示，其包装符合地面运输对例外数量包装的所有要求，但是完全受到航空运输的限制，在这个图示中仅限于货机运输。

FIGURE 7.2.A
Package Labelling Example (7.1.5.6)

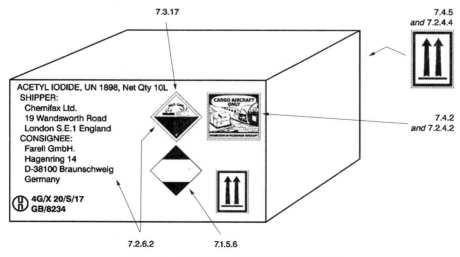

图 4-5　仅限于货机运输的 UN 包装标记

（二）标签（LABELLING）

标签也就是我们常说的危险品的标签，在有些运输模式中也称为标志，分为两种。

（1）危险性标签（菱形），英文为 hazard labels，用于提示危险品的危险性。样式参考"附录三 危险货物运输标签/标记"中的"一、第 1～9 类危险货物运输标签"。

包装上所需的危险性标签应按照危险品品名表根据对应的 UN 号、正确运输名称及包装等级来选择。

除非特殊情况，危险性标签在包装上必须是 45°（菱形）粘贴。

（2）操作标签（矩形），英文为 handling labels，用于提示如何正确操作危险品。一般是单独或者与某些危险品的危险性标签一起出现。比如"磁性物质""仅限货机""朝向指示箭头"等。

需要注意的是，操作标签中的"磁性物质""仅限货机"标签是与航空运输这种运输模式的特性相关的，因而是航空运输特有的标签。

需要注意每个标签不应折叠，并且不应该将同一标签贴在包装的不同表面上；在尺寸足够的情况下，标签应与正确的运输名称标记出现在包装的同一表面上；如果包装内货物有主危险性和次要危险性，或者外包装内有多种危险品且具有不同的危险性，包装内危险品的危险性标签应出现在包装的同一表面上并相邻。

托运人必须确保运输包件上，如单一包装的包件上、组合包装的外包装上，或者是集合包装里的每个危险品包件及"打包"集合之后的包件上有正确的标记和标签，并确保不会出现不相关的标记和标签引起歧义或误解。危险品的标记和标签不应被任何其他组件或标记标签所遮盖。

航空运输法规对危险品包件的标记和标签包括对其质量、设计、尺寸、在包件上的位置甚至于在包装上的张贴角度等有非常严格的规定，托运人必须严格按照法规要求来执行。

第八节 文 件

IATA 和国内法规要求"托运人"填写"危险品申报单"，将危险品的信息传递给操作人员，且应使用规定的申报单正确填写。托运人应该保留申报单至少3 个月，美国要求至少保留两年。

申报单的要求如下。

（1）必须为英语，可以随附翻译准确的其他语言。

（2）根据 IATA 第 8.1.6 部分要求填写，同时应填写本国政府要求的信息。

（3）申报单的内容必须与危险品相关，当非危和危险品都列在申报单时，危险品应在前面。

（4）必须提供两份签字的申报单给操作人员。

（5）不同危险品在同一个外包装中，必须提供分别的申报单，并且交付给操作人员。

（6）申报单必须使用黑、红色字打印在白色纸上。或仅用红色字打印在白色纸上。边框虚线必须为红色。

（7）如果单页申报单无法填写完整信息时，可使用多页申报单。使用多页申报单时，必须标注页码和总页码，每页应该有空运单号。

（8）必须填写合适的运输名称，在品名表中带★的必须填写完整的技术或化学品名。对于品名表中物质的混合物和溶液，必须注明"XX 的混合物"或"XX 的溶液"。如果运输危险废物，必须在运输名称上加注"废物"。

申报单的主要信息如下。

（1）托运人信息（名称、地址），危险品申报单上的托运人信息可能与"空运单"不同。

（2）承运人（名称、地址），危险品申报单上的承运人信息可能与"空运单"不同。

（3）空运单。合并装运（consolidated shipment）时，在空运单后面输入航空分运单号，以"/"分割。

（4）页码，以"page …… of …… page"表示。

（5）空运限制。"仅限货机"和"客机和货机"必须删除或划去其中一个。

（6）发货机场。

（7）到货机场。

（8）运输类型。必须划去"放射性物质"。除了冷冻用干冰，辐射材料不能与其他危险品放在同一张申报单。

（9）危险品信息：UN 号、运输名称、危险类别、包装等级、包装指导、特别授权。

① 特别授权列通常用来标注特殊规定，A1，A2，A4，A51，A81，A88，A99，A130，A190，A191，A201，A202，A211，A212 或 A331。

② 如果托运的货物有类似 A1 或 A2 特殊规定下的政府特别授权，批准或豁免文件应附在申报单后面。授权必须包括：限量、包装要求、运输飞机类型和其他任何信息。

（10）其他操作信息（特殊险品的操作方法，例如：在运输 PI965 和 PI968

下含"section IB"的锂电池时,应加入一段话或在另外的文件来说明操作要求)。同时,这部分应输入24小时应急电话号码。

（11）申明和签字。

以下危险品不需要填写"申报单"。

（1）例外数量包装的危险品；

（2）UN3164,液压物品或气压物品；

（3）UN3373,生物物质,B 类；

（4）UN2807,磁性物质；

（5）UN1845,固体二氧化碳或干冰；

（6）UN3245,转基因生物,转基因微生物；

（7）符合包装指导条款第二部分965~970 的锂离子或锂金属电池；

（8）放射性物质的例外包装。

当托运人将两个以上的不同危险品装在同一个组合包装中时,如果货物的物理状态相同,那么很容易计算组合包装内物品的最大限制重量,但如果里面的危险品是不同的物理状态,ICAO - TI 对限制重量的计算提供了一个计算标准：Q 值。不同的危险品放在同一个外包装时,Q 值不能大于 1。

危险品空运单包括的信息如下。

（1）操作信息声明。必须在操作信息栏中标明"危险品,见附件申报单"和"仅限货机"。

（2）混合运输。普通货物和危险品混合运输时,必须在"操作信息"栏说明危险品的数量。

（3）当不需要申报单时,空运单必须说明以下信息：UN/ID 号（磁性材料不需要）；运输名称；包装件数量；每个包装件的净重（仅 UN1845 需要）。

（4）例外数量。须标注"例外数量危险品"和包装件数量。

（5）当化学品符合 GHS 分类,但不符合运输分类时,应在空运单上说明"不限制"。

《民用航空危险品运输管理规定》（交通运输部 2016 年第 42 号令）对文件的要求如下。

第五十一条　凡将危险品提交航空运输的托运人应当向经营人提供正确填写并签字的危险品运输文件,文件中应当包括 ICAO TI 所要求的内容,ICAO TI 另有规定的除外。危险品运输文件中应当有经危险品托运人签字的声明,表明按运输专用名称对危险品进行完整、准确地描述和该危险品是按照 ICAO TI 的规定进行分类、包装、加标记和贴标签,并符合航空运输的条件。必要时,托运人应当提供物品安全数据说明书或者经营人认可的鉴定机构出具的符合航空运输条件的鉴定书。托运人应当确保危险品运输文件、物品安全数据说明书或者鉴定书所列货物与其实际托运的货物保持一致。

第五十二条　国际航空运输时,除始发国要求的文字外,危险品运输文件应当加用英文。

第五十三条　托运人必须保留一份危险品运输相关文件至少 24 个月。上述文件包括危险品运输文件、航空货运单以及本规定和 ICAO TI 要求的补充资料和文件。

第七十二条　经营人应当在载运危险品的飞行终止后,将危险品航空运输的相关文件至少保存 24 个月。上述文件至少包括收运检查单、危险品运输文件、航空货运单和机长通知单。

第八十三条　经营人在其航空器上载运危险品,应当在航空器起飞前向机长提供 ICAO TI 规定的书面信息。

第八十四条　经营人应当在运行手册中提供信息,使机组成员能履行其对危险品航空运输的职责,同时应当提供在出现涉及危险品的紧急情况时采取的行动指南。

中国航空运输危险品所需文件:

(1) 托运授权书;

(2) 危险品申报单(DGD);

(3) 航空货运单(AIR WAYBILL);

(4) 危险品分类性能鉴定;

(5) 危险品包装测试性能单/危险品包装使用结果单/内包装说明(组合包装时);

(6) 报关文件(报关委托书/报关单/核销单/发票/装箱单);

(7) 情况说明/产品说明。

国内发货人一般要提供的文件如下。

(1) SDS-鉴定哪个危险等级、UN 号、包装等级(国内航空公司以鉴定报告为准,其他国家和地区航空公司以申报人所提供的 SDS 为准,申报人须对申报货物负责);

(2) 货物 1 件的净重;

(3) 包装材料:塑料、金属、玻璃;

(4) 产品尺寸;

(5) 订舱委托书;

(6) 产品图片(内外包装);

(7) 是否有冷藏,温度要求;

(8) 产品成分表:如须报关。

第九节 空运危险品的操作

在危险品运输的各个环节,对危险品进行正确的操作,对运输安全都是至关重要的,而对于航空运输来说,经营人可以说是守住航空运输安全之门的守门员,其操作是决定航空运输安全的关键点。国际空运法规专门有一个章节对航空经营人收、储存和装载危险品的责任做了非常详细的规定。

1. 收运

经营人在接受危险品进行航空运输时至少应当符合下列要求:

(1)收运人员必须经过正规的危险品知识培训;

(2)收运货物附有完整的危险品运输文件,具有至少两份托运人的危险品申报单;

(3)按照法规的接收程序对包装件、集合包装件或者装有危险品的专用货箱进行检查,确认包装、标记和标签符合规定,无泄漏破损迹象,普通货物中无隐藏危险品;

(4)制定和使用危险品收运检查单,检查单中有任何不符合项时不得收运;

(5)确认危险品运输文件的签字人已按照法规要求培训并合格。

2. 储存

危险品应放置在专门的危险品仓库或区域,仓库管理人员须经过危险品储运的培训并具备相关知识。有机过氧化物和自反应物质必须避免阳光直射、远离所有热源并放置在通风良好的地方。危险品的标记和标签不能被遮挡。

3. 装载

除旅客和机组可以携带的危险物品及放射例外危险品,以及满足适航性要求安装在飞机上或在飞机上使用或销售的危险品外,一般不能将危险物品装入飞机驾驶舱和客舱。危险品只能装入满足适航性要求的货舱内。

装载危险品时应注意以下几个方面。

(1)预先检查

危险品包件在装载之前,须检查并确认包件完全符合要求。检查的内容主要包括:外包装无破损和泄漏迹象;包件的包装、标记和标签符合规定,正确无误。

一旦发现破损和泄漏,必须从飞机上移出并进行安全处置,如发现泄漏,还须确保其他包件、包裹和货物没有被污染。如发现标签缺失或不能辨识,经营人应根据危险品申报单中的信息更换新的标签。

(2)轻拿轻放

在搬运、装卸、操作和装载危险品包件时,无论是采用人工还是机械,都必须轻拿轻放,切忌磕、碰、摔、撞。

（3）遵守朝向指示

贴有朝向指示箭头标签的液体危险品包件在搬运、装卸、操作和装载的全过程中,必须按该标签的指示方向使包件始终保持直立向上。

（4）注意仅限货机

带有仅限货机标签的危险品,只能装在货机上。

除部分危险类别外,带有仅限货机标签的危险品须放置在便于机组人员起飞前可以进行检查的位置,且必须装在 C 级货舱中或者等同于 C 级货舱要求的带有火灾探测、抑制系统的集装器中。紧急情况下,机组或者其他授权人员可以接近包件,并在可能的情况下使之与其他货物分隔开。

（5）正确隔离

有一些危险品不相容,互相接触时可能会发生反应,造成危害后果,为避免这些危险品在包装破损的情况下发生危险,装载时必须采取隔离措施。关于不同危险品包件隔离的具体要求可在 IATA DGR 第 9.3.2 部分找到。

（6）货物紧固

危险品包件装入飞机货舱后,装载人员应设法固定,防止其在飞机飞行中倾倒或翻滚,造成损坏。装载时须注意:体积小的包件不会通过网孔从集装板上掉下;散装的包件不会在货舱内移动;桶形等难以捆绑固定的危险品,须用其他方式比如用其他货物从各个方向卡紧。

（7）集装器内危险品的识别

航空集装器(ULD)是指航空集装运输时所使用的各种类型的集装箱、集装板和辅助器材,主要是为了更好地大体积、大批量的货物运输。货物可按照一定的流向被装入集装器内(集装箱或集装板)进行整体装卸。

当集装器内装有需要危险性标签的危险品时,必须使用挂牌表明集装器内装有危险品。当危险品从集装器内卸载后,须立即去除挂牌。

（8）特殊危险品的装载

注意特殊危险品的装载要求,如磁性物质、干冰、低温液体、自反应物质和有机过氧化物等。

（9）中型散装容器 IBC 的特殊要求

操作和装载中型散装容器必须注意符合容器的堆码标记要求。

4. 信息提供及其他

经营人在其航空器上载运危险品,应当在起飞前向机长提供危险品机长通知单,并保证在运输途中危险品发生任何意外或事故时应急响应信息可以立刻获取到。如果在飞行时发生紧急情况,情况许可下,机长应当立即将机上载有危险品的信息通报有关空中交通管制部门,以便通知机场。

中国法规要求国内经营人须制定危险品航空运输手册，并且应当在工作场所的方便查阅处，为危险品航空运输有关人员提供其所熟悉的文字编写的危险品航空运输手册，以便飞行机组和其他人员履行危险品航空运输职责。且经营人应当在载运危险品的飞行终止后，将危险品航空运输的相关文件如收运检查单、危险品运输文件、航空货运单和机长通知单等至少保存 24 个月。

参考文献

［1］联合国欧洲经济委员会.关于危险货物运输的建议书 规章范本.20 版.联合国,2017.

［2］国际民航组织.危险物品安全航空运输技术细则(2017—2018 版),2017.

［3］国际航空运输协会.IATA 危险品运输规则.59 版,2018.

［4］Departments of Transportation and Homeland Security, Federal Agencies of the United States . Code of Federal Regulations — Transportation 49,2018.

［5］杜珺,陆东.民航危险品运输.北京：中国民航出版社,2015.

［6］白燕.民航危险品运输基础知识.北京：中国民航出版社,2010.

［7］全国人民代表大会常务委员会.中华人民共和国民用航空法,2017.

［8］中国民用航空局.民用航空危险品运输管理规定,2016.

［9］中国民用航空局.航空运输危险品目录(2017 版),2017.

［10］中华人民共和国国家质量监督检验检疫总局中国国家标准化管理委员会.空运危险货物包装检验安全规范通则,2009.

［11］全国人大常委会.中华人民共和国进出口商品检验法,2013.

［12］国务院.中华人民共和国进出口商品检验法实施条例,2016.

第五章

国内外危险货物道路运输法规

　　道路运输是危险货物的重要运输方式,不仅承担大部分生产和使用都在国内的危险货物的运输,同时还承担海运、民航进出口的危险货物运输从始发地(目的地)与港口、机场之间的运输。据统计,截至 2016 年,我国从事危险货物道路运输的企业约 1.09 万户,车辆约 35.12 万辆,从业人员约 148.91 万人[①],道路运输量占危险货物总运输量的60%以上,运输量较大的货物类别主要是第 3 类、第 2 类和第 8 类等,运输量较大的货物品种主要有成品油、天然气(压缩天然气 CNG、液化天然气 LNG 等)、硫酸、烧碱、甲醇等品类。

　　经过多年建设,我国建立了较为完整的危险货物道路运输法规与标准体系。法规方面,形成了法律、行政法规、部门规章三个层级相结合的法规体系,辅之以管理部门根据安全生产需求或特定事件发布的文件,使得我国的危险货物法规体系基本能够按照行业发展的需求及实践中暴露出来的问题进行修订及改进。标准方面,由国家标准、行业标准和地方标准共同组成了危险货物道路运输标准体系,涵盖了危险货物道路运输的主要环节和要素,实现了与国际规章主要技术内容的基本对应。通过法规与标准的结合,我国危险货物道路运输的规范性和安全性水平得到有效提升。

第一节　危险货物道路运输主要
法规和标准简介

　　危险货物道路运输涉及的法律法规较多,主要包括《安全生产法》《道路交通安全法》《环境保护法》等法律,《中华人民共和国道路运输条例》《危险化学品安全管理条例》《民用爆炸品安全管理条例》《烟花爆竹安全管理条例》《医疗废物管理条例》《放射性物品运输安全管理条例》等行政法规。目前,我国尚无专

[①]　交通运输部办公厅关于印发 2016 年道路运输统计分析报告和资料汇编的通知(交办运函〔2017〕787 号),交通运输部办公厅,2017 年 6 月 5 日。

门的危险货物运输或危险化学品管理的法律,与危险货物道路运输相关程度较大的且层级比较高的法规主要是《中华人民共和国道路运输条例》和《危险化学品安全管理条例》。

《中华人民共和国道路运输条例》(本章以下简称《道条》)是我国对道路客货运输进行行政管理的基础支撑,塑造了我国危险货物道路运输管理体系的框架。《道条》规定对危险货物道路运输企业实施行政许可,从业人员应具备相应的资格,运输车辆应满足一定的技术要求并获得道路运输证件等。

《危险化学品安全管理条例》(本章以下简称《危化条》)是我国对危险化学品生产、储存、使用、经营和运输进行管理的行政法规,对政府部门在危险化学品安全管理中负有的职责进行了规定。危险货物道路运输环节及要素较多,涉及的管理部门也较多,例如,包装物容器的制造及检验规定由质监部门负责,剧毒化学品运输的道路通行还须由公安机关进行批准等,《危化条》为部门间协调加强危险货物运输管理提供了重要的支撑。

为确保法律法规得到有效落实,对危险货物道路运输负有安全监管职责的部门制定了一系列部门规章,以交通运输部《道路危险货物运输管理规定》为代表的部门规章细化了行政法规的规定,利于监管的执行和危险货物运输相关方的遵守。本书对危险货物道路运输的主要规章进行介绍。

一、《道路危险货物运输管理规定》

为确保《道条》《危化条》对危险货物道路运输的规定得到有效落实,交通运输部于 1993 年制定了《道路危险货物运输管理规定》(本章简称《危规》),这是我国涉及危险货物道路运输最早的规章,并根据上位法的修订及实施中发现的问题进行了修订。《危规》是各级道路运输管理机构进行危险货物道路运输许可和监管的直接依据。

《危规》的主要内容包括:危险货物运输的一般规定,包括危险货物道路运输的概念,危险货物的定义及范围,各级交通运输管理部门及道路运输管理机构的职责等。《危规》确定以 GB 12268 和 GB 6944 标准作为危险货物的判断依据。经营性和非经营危险货物道路运输许可条件及许可程序包括企业应具备的车辆技术条件、企业资质条件(如停车场地)、从业人员资格条件及安全生产管理制度条件等。企业申请许可应提交的材料,道路运输管理机构许可的程序及许可管理等。专用车辆及设备的管理要求包括专用车辆的维护、检测、使用、维修、管理、定期审验等规定,运输车辆的禁止性规定(例如禁止非铰接汽车列车从事危险货物运输)、罐体、容器和包装物使用要求,装卸危险货物的机械及工、属具的规定等。危险货物托运、承运及运输操作,应急处置规定主要包括对托运人责任义务,车辆外观标志,单据要求等;押运人员、装卸管理人员的配备、专用车辆运输普通货物、装卸、停车、应急器具的配备要求等；企业制定应急预案、发生事故后的应急处置、事故报告制度要求等。道路运输管理机构的监督检查要求包括从业资格核实、扣押专用车辆及举报移送制度等规定。违反《危规》的法律责任及处罚要求等。附则提出了危险货物道路运输豁免的流程及要求。

《危规》作为交通运输部的部门规章，主要对交通运输部门职责范围内的问题进行了规范，较少涉及其他部门的职责。

二、《危险货物道路运输安全管理办法》——多部门联合规章

危险货物道路运输涉及的环节不仅包括托运、承运、装卸和运输操作等，还包括危险货物鉴定与分类、包装容器制造与使用、车辆制造与检验、道路通行、危险废物运输等，根据我国法律，上述活动的监管职责由不同的管理部门承担。

为加强跨部门监管的协调，交通运输部、应急管理部、公安部、工信部、生态环境部和国家市场监督管理总局共同制定了联合规章《危险货物道路运输安全管理办法》。该规章建立了对家庭及个人自用危险货物的豁免制度，在道路运输行业引入了有限数量例外数量制度，对不属于危险货物的危险化学品道路运输中按照普通货物运输，明确了危险货物道路运输单据要求。在原有法规的基础上，进一步细化了危险货物道路运输参与方的义务。此外，该规章制定了常压罐式车辆定期检验制度，对危险货物运输车辆的道路运输通行、应急响应等进行了规定。

三、《危险货物道路运输规则》——综合性技术标准

危险货物道路运输综合性标准，主要指 JT/T 617《危险货物道路运输规则》，该标准同时也是《危规》《危险货物道路运输安全管理办法》等规章的重要技术支撑。《危险货物道路运输规则》是我国危险货物道路运输技术标准与国际规章接轨的成果，体现了我国危险货物道路运输发展需求及操作实际。JT/T 617 分为 7 个部分，分别为：通则、分类、品名及运输要求索引、运输包装使用要求、托运要求、装卸条件及作业要求、运输条件及作业要求等。其主要技术内容分别对应了《危险货物国际道路运输欧洲公约》（ADR）的第 1、2、3、4、5、7、8 等部分，并根据我国的法规、标准的规定进行了修改。JT/T 617 以道路运输危险货物一览表为核心及主线，将 JT/T 617 的所有部分串联为整体，对每一个条目（每一个联合国编号）的运输要求进行了规定。

第二节 我国危险货物道路运输
相关标准与法规

一、危险货物道路运输通则

通则的规定主要指 JT/T 617.1,该标准是危险货物道路运输应满足的一般要求,与现有的管理制度进行了衔接,明确了道路运输危险货物范围及运输条件,提供了基于危险货物类别及载运量对部分危险货物运输要求进行豁免的方法,并对满足有限数量和例外数量的货物豁免进行了规定。当道路运输作为国际海运或国际空运多式联运的一个环节时,就包装、标记、标志牌等要求与其他运输方式的协调进行了明确。此外,该标准对危险货物道路运输从业人员的主要培训内容、各参与方安全要求及安保防范等进行了规定。

二、危险货物定义与范围

对危险货物范围进行界定是进行运输操作的基础。道路运输法规中所称的危险货物是指列入 GB 12268《危险货物品名表》并且符合 GB 6944《危险货物分类和品名编号》分类标准,具有爆炸、易燃、毒害、感染、腐蚀、放射性等危险特性,需要满足一定的运输条件后方可运输物质或者物品。我国通过《危规》及《危险货物道路运输安全管理办法》等部门规章,采用 GB 12268、GB 6944 和 JT/T 617.3 等技术标准,明确了适用于道路运输的危险货物范围。

三、危险货物分类相关技术标准

危险货物分类标准主要包括 GB 6944《危险货物分类和品名编号》、GB 19458《危险货物危险特性检验安全规范 通则》和 GB 28644.3《有机过氧化物分类及品名表》等。GB 6944 是危险货物技术管理的基础性标准,适用于包括道路运输方式在内的所有运输方式。该标准与联合国《关于危险货物运输的建议书 规章范本》第 2 部分的内容基本一致,将危险货物进行了分类和分项。按危险货物具有的危险性或最主要的危险性分为 9 个类别,第 1 类、第 2 类、第 4 类、第 5 类和第 6 类再分成项别,对爆炸品还进行了配装组划分和组合。除对危险货物进行分类分项外,GB 6944 还根据危险程度,将货物划分为三个包装类别,其中:Ⅰ类包装适用于具有高度危险性的物质;Ⅱ类包装适用于具有中等危险性的物质;Ⅲ类包装适用于具有轻度危险性的物质。

GB 21175《危险货物分类定级基本程序》、GB 19458《危险货物危险特性检验安全规范 通则》、GB 19521.1《易燃固体危险货物危险特性检验安全规范》、GB 19521.2《易燃液体危险货物危险特性检验安全规范》等标准依据《试验和标准手册》(第 4 修订版)对多种类型危险货物危险特性提出了检验规范。

四、危险货物品名表标准

在我国,品名表标准主要包括 GB 12268《危险货物品名表》和 JT/T 617.3《危险货物道路运输规则 第 3 部分：品名及运输要求索引》。

(一) GB 12268《危险货物品名表》

GB 12268 与联合国《关于危险货物运输的建议书 规章范本》第 3 部分：危险货物一览表、特殊规定和例外的技术内容一致。GB 12268 是确定一种物质或物品是否为危险货物的依据,在危险货物标准体系中具有重要地位,起到重要的索引作用。该标准适用于包括道路运输在内的各种危险货物运输方式。危险货物品名表中每个条目都对应一个编号,该编号采用联合国编号(UN号),危险货物品名表中的条目包括单一条目、类属条目、"未另作规定的"特定条目和"未另作规定的"一般条目四类。其中类属条目、"未另作规定的"特定条目和"未另作规定的"一般条目一般适用于一组物质或物品,因此危险货物品名表能够容纳超过其条目数的危险货物种类,符合 GB 6944 分类但 GB 12268 中未列名的货物,可以划入类属条目。危险货物品名表是一个 7 栏结构的表格,每一栏代表了不同的信息。第 1 栏到第 7 栏分别代表危险货物的联合国编号、中文正式名称、英文正式名称、类别或项别(危险货物的主要危险性,按 GB 6944 确定)、次要危险性(除主要危险性以外的其他危险性类别或项别,按 GB 6944 确定)、包装类别(按 GB 6944 确定)和特殊规定。其中,特殊规定栏以数字索引的方式,提供了对某种货物的特殊的处理要求。GB 12268—2012 中品名表的结构如表 5-1 所示。

表 5-1　GB 12268 中品名表示例

联合国编号	名称和说明	英文名称	类别或项别	次要危险性	包装类别	特殊规定
1230	**甲醇**	METHANOL	3	6.1	Ⅱ	279
1266	**香料制品**,含有易燃溶剂	PERFUMERY PRODUCTS with flammable solvents	3		Ⅱ	163
			3		Ⅲ	163 223

表 5-1 中,每一条目的中文正式名称用黑体,附加中文说明采用宋体字表示。英文正式名称用大写字母表示,附加说明用小写字母表示。

例如，UN 1230，是单一条目，中文正式名称为**"甲醇"**，英文正式名称为"METHANOL"，属于第 3 类危险货物，具有 6.1 项的危害特性。包装类别为Ⅱ类，具有中度危害特性，适用于特殊规定 279。经查询该标准附录，279 含义为"物质划入该类别或包装类别所依据的是人类经验而不是《规章范本》所定分类标准的严格应用"。

UN 1266，是类属条目，适用于意义明确的一组物质或物品，中文正式名称为**"香料制品"**，附加中文说明为"含有易燃溶剂"。英文正式名称为"Perfumery PRODUCTS"，英文附加说明为"with flammable solvents"，属于第 3 类危险货物，按照危险程度的不同，分为包装类别为Ⅱ类和Ⅲ类两种，包装类别为Ⅱ类的适用于 163 号特殊规定，包装类别为Ⅲ类的适用于 163 号和 223 号特殊规定。163 号特殊规定为"在危险货物品名表中以名称具体列出的物质不得按本条目运输。按本条目运输的物质可含有质量分数不超过 20% 的硝化纤维素，但硝化纤维素的含氮量按干质量计算不得超过 12.6%"。223 号特殊规定为"适用本条目的物质，如其化学或者物理性质在试验时不符合危险货物品名表中'类别或项别'一栏中所列的类别或项别或任何其他类别或项别的定义标准，则不作为危险货物运输"。

（二）JT/T 617.3《危险货物道路运输规则 第 3 部分：品名及运输要求索引》

JT/T 617.3 与《危险货物国际道路运输欧洲公约》第 3 部分内容基本一致，引入了 20 列的道路运输危险货物一览表，该公约根据道路运输特点和需求，与联合国《关于危险货物运输的建议书 规章范本》相比，大量增加了表格的栏数，即对每个条目的要求更加详细。JT/T 617.3 是整个《危险货物道路运输规则》的核心，通过该一览表将 JT/T 617 所有章节的要求通过代码对应到每个危险货物条目上。在条目的类别上，JT/T 617.3 也主要分为四类，与 GB 12268 规定相同。JT/T 617.3 中规定的一览表如表 5 - 2 所示。

表 5 - 2 中，正式运输名称的中文用黑体字（加上构成名称一部分的数字、希腊字母、正、仲、叔、间、对、邻等）、英文用大写字母表示。可替代的正式运输名称写在主要正式运输名称之后外加括号，例如：**环三亚甲基三硝胺（旋风炸药，黑索金，RDX）**。中文名称和英文名称中，用中文宋体字、英文小写字母写出的部分不必视为正式运输名称的一部分，但可以使用。

JT/T 617.3 中一览表包含的信息见表 5 - 2，各栏代码的含义可以在 JT/T 617 的各部分中查到，车辆代码可以在 GB 21668《危险货物运输车辆结构要求》等技术标准中查询。

例如，UN 1230 是单一条目，中文正式名称为"甲醇"（2a 栏），英文正式名

表 5 - 2　JT/T 617.3 中道路运输危险货物一览表

联合国编号	中文名称和描述	英文名称和描述	类别	分类代码	包装类别	标志	特殊规定	有限数量	例外数量	包装指南	特殊包装规定	混合包装规定	指南	特殊规定	罐体代码	罐体特殊规定	罐式运输车辆	运输类别(隧道限制代码)	包件	散装	装卸	操作	危险性识别号
(1)	(2a)	(2b)	(3a)	(3b)	(4)	(5)	(6)	(7a)	(7b)	(8)	(9a)	(9b)	(10)	(11)	(12)	(13)	(14)	(15)	(16)	(17)	(18)	(19)	(20)
1230	甲醇	METHANOL	3	FT1	II	3 +6.1	279	1 L	E2	P001 IBC02		MP19	T7	TP2	L4BH	TU15	FL	2 (D/E)			CV13 CV28	S2 S19	336
1266	香料制品，含易燃液体（50℃ 时蒸气压大于 110 kPa）	PERFUMERY PRO-DUCTS with flammable solvents (vapour pressure at 50℃ more than 110 kPa)	3	F1	II	3	163 640C	5 L	E2	P001		MP19	T4	TP1 TP8	L1.5 BN		FL	2 (D/E)				S2 S20	33
1266	香料制品，含易燃液体（50℃ 时蒸气压不大于 110 kPa）	PERFUMERY PRO-DUCTS with flammable solvents (vapour pressure at 50℃ not more than 110 kPa)	3	F1	II	3	163 640D	5 L	E2	P001 IBC02 R001		MP19	T4	TP1 TP8	LGBF		FL	2 (D/E)				S2 S20	33
1266	香料制品，含易燃液体	PERFUMERY PRO-DUCTS with flammable solvents	3	F1	III	3	163 640E	5 L	E1	P001 IBC03 LP01 R001		MP19	T2	TP1	LGBF		FL	3 (D/E)	V12			S2	30

称为"METHANOL"（2b 栏），属于第 3 类危险货物（3a 栏），具有 6.1 项的危害特性（5 栏）。分类代码 FT1（3b 栏），代码"FT1"根据 JT/T 617.2 的规定，含义为"易燃液体，毒性"（不包含农药），特殊代码中的 F 为英文单词"Flammable"首字母，T 为英文单词"Toxic"首字母。包装类别（4 栏）为Ⅱ，表示具有中度危害性。外观标志（5 栏）为"3＋6.1"，即外观标志应按照 JT/T 617.5 的规定，使用第 3 类和第 6.1 项的标志。特殊规定（6 栏）为 279，含义为"物质划入这个类别或包装类别所依据的是人类经验"。有限数量（7a 栏）和例外数量（7b 栏）规定了有限数量和例外数量的限量，根据 JT/T 617.3，有限数量栏"1 L"规定了内包装或物品的数量限制为 1 L，例外数量栏"E2"代码规定了每件内容器最大装载量为 30 mL，每件外容器的最大净装载量为 500 mL。包装指南（8 栏）、特殊包装规定（9a 栏）、混合包装规定（9b 栏）、可移动罐柜和散装容器的指南（10栏）、可移动罐柜和散装容器特殊规定（11 栏）、罐体代码（12 栏）、罐体特殊规定（13 栏）代码含义可在 JT/T 617.4 中进行明确。罐式运输车辆（14 栏）代码含义应按照 GB 21668 确定。运输类别（隧道限制代码）（15 栏）代码含义中，运输类别应按照 JT/T 617.1 所确定的"每个运输单元的最大载运量限制表"确定，隧道限制代码含义应依据 JT/T 617.7 的规定。包件（16 栏）、散装（17栏）、装卸（18 栏）代码含义应根据 JT/T 617.6 确定。操作（19 栏）代码含义应按照 JT/T 617.7 确定。危险性识别号（20 栏）含义应依据 JT/T 617.5 确定，"336"的含义为"高易燃性液体，毒性"，该识别号与车辆外观标志使用密切相关。

JT/T 617.3 中 UN 1266 是类属条目，该 UN 编号共分为 5 个条目，比 GB 12268 中多 3 条（表 5 - 2 为示例，限于篇幅未全部列出 JT/T 617.3 中 UN 1266 的全部条目），条目区分比 GB 12268 更加细致。

五、危险货物道路运输豁免的法规与标准

危险货物道路运输豁免包括完全豁免、部分豁免和有限数量例外数量豁免三种。就豁免而言，现有法律法规及文件对此进行涉及的主要是《危规》《危险货物道路运输安全管理办法》和部分管理文件。其中，《危规》根据"分类管理"原则和区别对待不同程度危险货物道路运输要求，针对道路运输影响不大危险货物，提出建立危险货物道路运输豁免按普通货物道路运输的制度。《危规》规定："交通运输部可以根据相关行业协会的申请，经组织专家论证后，统一公布可以按照普通货物实施道路运输管理的危险货物。"该条款提出了豁免的概念和申请豁免的方法。申请危险货物道路运输豁免按普通货物运输的程序主要包括两个方面：一是谁提出，谁举证；二是专家评审、统一公布。

1. 通过管理文件豁免

2010年11月,交通运输部下发了《关于同意将潮湿棉花等危险货物豁免按普通货物运输的通知》(交运发字〔2010〕141号),豁免了UN1365潮湿棉花、UN1362活性炭、UN1350硫等10种物质,该《通知》的规定属于全部豁免的范畴,即满足文件要求的货物在道路运输环节完全按照普通货物运输,不需要企业、车辆及人员具备相应的资格。该文件同时明确其列明的危险货物豁免仅适用道路货物运输环节,生产、包装、经营、储存、使用及其他方式运输等仍应严格遵守《危险化学品安全管理条例》有关规定执行。

部分豁免方面,除标准直接规定的情形外,主要通过交通运输部发布相应文件的形式进行豁免。根据相关行业协会的申请,经研究与论证,2016年4月,交通运输部发布了《关于进一步规范限量瓶装二氧化碳气体道路运输管理有关事项的通知》(交运发〔2016〕61号),2017年7月,交通运输部发布了《关于进一步规范限量瓶装氮气等气体道路运输管理有关事项的通知》(交运发〔2017〕96号),对运输不超过规定数量的瓶装二氧化碳、氮气等气体,在道路运输环节按照普通货物运输。对超过规定数量的上述瓶装气体,仍须按照危险货物进行道路运输。

有限数量和例外数量豁免主要根据《危险货物道路运输安全管理办法》及其配套技术指南的规定。《危险货物道路运输安全管理办法》规定了对有限数量和例外数量危险货物的包装、标记、每个内容器和外容器可装的最大数量、例外数量危险货物的包件测试的要求。每个运输车辆装载有限数量危险货物总质量(含包装)不超过8 000 kg时,或装载例外数量危险货物包件不超过1 000个时,且单据及相关证明文件满足该规章要求时,可以豁免企业资质、运输车辆及其外观标志、人员资格、道路通行等有关危险货物道路运输的要求,免除与其他货物混合装载时的隔离要求。但剧毒化学品、第1类爆炸品及第6类6.2项感染性物质禁止采用有限数量和例外数量危险货物道路运输。

《危险货物道路运输安全管理办法》配套了有限数量和例外数量危险货物道路运输操作指南等文件,指导运输企业按步骤合规进行操作,包括确定货物种类是否适合采用有限数量和例外数量道路运输,包装的选用和试验要求,装载量限制,包装要求,标记要求,准备相关单据和证明文件的格式和填写要求,装卸及运输操作要求等。

有限数量兼顾了货物危害性和运输安全、效率的需求,经过国际实践,规范的有限数量操作基本能够在提升小批量危险货物运输效率的同时保证安全。道路运输领域有限数量豁免方面,目前的应用范围比较有限,主要实践是对部分Ⅲ类包装的农药进行了豁免。根据交通运输部、农业部、公安部和安全监管总局《关于农药运输的通知》(交水发〔2009〕162号)的规定,对两种情形的农药进行了豁免：一是危险性低于国家标准《危险货物品名表》(GB 12268)农药条目包装类别Ⅲ标准的农药产品(含农药登记为低毒、微毒产品)，按普通货物运输，即不是所有的农药都是危险货物；二是对列入 GB 12268 标准农药条目，且包装类别为Ⅲ的农药产品(含农药登记为中等毒产品)，其内容器所盛装农药重量或容量在 5 kg 或 5 L 以内且每包件重量不超过 30 kg 的，同时具有符合国家标准《农药包装通则》(GB 3796)规定要求的包装容器和内容器，按照普通货物处理，但须在有关运输文件货物说明中注明"有限数量"或"限量"，且须在包装外准确贴标签，注明内容物的联合国编号和包装类别。且在文件的附件二中给出了可以采用限量运输的货物列表。

2. 通过技术标准进行豁免

与法规相比，通过品名表标准对危险货物运输豁免更加具体，指导性更强。通过品名表中的特殊规定，实现对某一条目的豁免或附加条件的豁免。这类标准主要是指 GB 12268《危险货物品名表》。该标准品名表的第 7 栏是特殊规定栏，通过代码的形式对部分危险货物进行了特殊规定，其中部分代码涉及豁免的内容。例如，UN1170 乙醇，根据 GB 6944 所确定的包装类为Ⅱ类或Ⅲ类，当包装类别为Ⅱ类时，适用 144 号特殊条款，当包装类别为Ⅲ类时，适用 144 号和223 号特殊条款。144 号特殊条款规定，按体积分数含乙醇不超过 24％的水溶液，不作为危险货物运输；223 号特殊条款规定，适用本条目的物质，如其化学或物理性质在试验时不符合危险货物品名表中"类别或项别"一栏所列的类别或项别或任何其他类别或项别的定义标准，则不作为危险货物运输。144 号和223 号特殊条款是有条件豁免的条款。上述特殊规定同时说明不是所有列入危险货物品名表的物质或物品都必须作为危险货物进行运输。此外，该标准将UN1327(干草、禾秆或碎稻草和稻壳)、UN1845[固态二氧化碳(干冰)，当作为冷却剂时]、UN3363(机器中的危险货物或仪器中的危险货物)等物质均通过特殊规定进行了豁免。

有限数量和例外数量相关的技术标准主要包括 GB28644.1《危险货物例外数量及包装要求》和 GB28644.2《危险货物有限数量及包装要求》等。上述标准对以例外数量和有限数量运输时的一般规定、包装、包件测试、标记、单证、豁免等内容进行了规定。以列表的形式提供了允许采用例外数量、有限数量运输的危险货物。列入该标准中的危险货物运输量在满足例外数量或有限数量时，且达到包装、包件测试、单证、标记等要求的前提下，可以豁免部分或者全部危险货物道路运输要求。

JT/T 617.3 也采用一览表的形式，将每个联合国编号的特殊规定及有限数量、例外数量的要求都集成在表格中，并在该标准中对特殊规定、有限数量和例外数量代码含义进行了解释，与 ADR 及新版本的《建议书》体例一致。相当于将 GB 12268 与 GB 28644.1、28644.2 等标准中关于豁免的内容进行了整合，便于使用。

六、包装物制造及检测

危险货物的包装除了像普通包装一样需要具有保护产品、方便储运装卸，防止遗失等作用外，它还应与所装货物的危险性相适，即不与所装危险货物发生反应，不会发生包装物腐蚀，不会产生危险货物泄漏、超压等风险，是确保危险货物运输、装卸等环节安全的基础。危险货物包装的标准不仅包括包装的设计和制造，还包括包装的试验、检验、使用和重复使用等。

1. 特种设备与压力容器

用于运输危险货物的部分容器属于特种设备，尤其是运输过程中所涉及的移动式压力容器和气瓶等，适用于《特种设备安全法》的管理范围，国家根据特种设备的目录，并制定了相应的规章进行管理。国家对压力容器的设计、制造、检验、使用等制定了相关的技术规定，特种设备方面包括相关技术监察规程和技术标准等。例如 TSG R0005《移动式压力容器安全技术监察规程》，对罐体材料、设计、制造、使用管理、充装与卸载、改造与维修、定期检验和附件等方面做出了技术管理规定。此外，GB 150《压力容器》对压力容器进行了详细的技术规定。

2. 常压容器与包装物

常压容器与包装物适用于工业产品管理的相关要求。相关包装物与容器根据质检总局《危险化学品包装物、容器产品生产许可证实施细则》的要求，进行管理与生产。出入境检验部门还根据国际规章的要求，进行出入境危险货物包装物和容器的检验。涉及包装物与常压容器的技术标准较多，主要包括生产制造标准、检验标准和包装使用标准等。

危险货物包装、罐体的制造方面，现有的标准主要包括对罐式车辆常压罐体、包装用的塑料桶、塑料罐等通用性标准及针对特定危险货物的包装制造要求等。包装物制造的标准通常包括材料、工艺、结构、实验、安全附件、标记等内容。对罐车罐体进行规定的标准主要包括 GB 18564.1《道路运输液体危险货物罐式车辆 第 1 部分：金属常压罐体技术要求》和 GB 18564.2《道路运输液体危险货物罐式车辆 第 2 部分：非金属常压罐体技术要求》等，规定了常压罐体设计、制造、试验方法、出厂检验、涂装与标志标识、储存、出厂文件和定期检验的技术规范，不仅包括了罐体整体的要求，还对罐体安全附件如紧急切断装置、紧急泄放装置等进行了要求，根据罐体所承运的介质种类的不同，提供了部分介质对应的罐体设计代码。罐式集装箱标准方面，包括相关国际公约以及我国制定的技术标准，主要包括 JB/T 4781《液化气体罐式集装箱》、JB/T 4782《液体危险货物罐式集装箱》等。JB/T 4782 具有与 GB 18564.1 类似的标准结构。

危险货物包装使用方面,主要包括通用性包装要求、特定数量或特定种类货物包装要求标准等。通用性标准主要包括 GB 12463《危险货物运输包装通用技术条件》;特定数量货物包装要求主要包括 GB 28644.1《危险货物例外数量及包装要求》和 GB 28644.2《危险货物有限数量及包装要求》,还包括有机过氧化物、自反应物质、过氧乙酸等的包装要求等。

七、危险货物道路运输托运规定

对危险货物道路运输托运进行规定的法规包括《道条》《危化条》《危规》及《危险货物道路运输安全管理办法》等。主要对托运人职责、托运人操作、包装选用、标签与标记、车辆外观标志、运输单据等进行了规定。我国法规中对危险货物托运规定较为系统和细致的主要是《危险货物道路运输安全管理办法》。

《危险货物道路运输安全管理办法》借鉴了 ADR 的做法,对托运人的职责进行了系统的规定,包括人员培训及培训记录,承运人选择,危险货物分类分项及品名确定,违规夹带或谎报危险货物的禁止要求,合理的包装物容器选择,包装选用及标志设置,运输单据准备,包装和充装规范操作,应急联系方式的提供,剧毒化学品、民用爆炸品、烟花爆竹、一类放射性物品和危险废物等特殊的托运规定等。危险货物交付运输前,必须进行妥善的包装,应按照 GB 12463 及 JT/T 617 等标准的规定,选择与危险货物性质相适应,且满足运输要求的适用的包装物或容器,采用规范的方法将危险货物充装至包装内。包装完毕后,按照 GB 190《危险货物包装标志》、JT/T 617.5 等标准的要求附加相应的标记和标签。GB 190 修改采用了联合国《关于危险货物运输的建议书 规章范本》中标记和标签的规定。标记主要包括危害环境物质和物品标记、方向标记及高温运输标记,标签则根据危险货物分类分项,具有不同的颜色、图案与数字。除对危险货物包装附加相应的标志外,还应按照 GB13392《道路运输危险货物车辆标志》的要求对车辆悬挂或安装外观标志。车辆的菱形标志牌具有与 GB 190 标签相同的图案。

JT/T 617.5 对危险货物包件的标记与标志,车辆、罐体及集装箱的标志牌(包括菱形标志牌和矩形标志牌)及标记做出了规定。JT/T 617.5 对危险货物运输车辆标志牌及标记的规定使我国运输车辆外观标志与 ADR 缔约国的规定一致。

托运人应根据所托运的危险货物的性质,依据相关法规和标准制作运输单据并交给承运人。运输单据主要包括托运清单、运单及安全卡等。特定种类的危险货物,如民用爆炸品、剧毒化学品、烟花爆竹、放射性物品、一类放射性物品和危险废物等,根据相应的管理规定,还应具备相关管理部门核发的许可或证明文件。JT/T 617.5 对托运清单、运单及安全卡的格式、内容及填写等提出了要求。

托运清单没有固定的格式,标准规定了应包含的信息,包括:托运人的名称和地址;收货人的名称和地址;装货单位名称;实际发货/装货地址;实际收货/卸货地址;运输企业名称;所托运危险货物的 UN 编号(含大写"UN"字母);危险货物正式运输名称;危险货物类别及项别;危险货物包装类别及规格;危险货物运输数量;24 小时应急联系电话;必要的危险货物安全信息,作为托运清单附录,主要包括操作、装卸、堆码、储存安全注意事项以及特殊应急处理措施等。

运单采用固定的格式,标准中规定的运单格式如图 5-1 所示。

危险货物道路运输运单

运单编号:

托运人	名称		收货人	名称	
	联系电话			联系电话	
装货人	名称		起运日期		
	联系电话		起运地		
目的地				□ 城市配送	
承运人	单位名称		联系电话		
	许可证号				
	车辆信息	车牌号码(颜色)	挂车信息	车牌号码	
		道路运输证号		道路运输证号	
	罐体信息	罐体编号		罐体容积	
	驾驶员	姓名	押运员	姓名	
		从业资格证		从业资格证	
		联系电话		联系电话	
货物信息	包括序号,UN开头的联合国编号,危险货物运输名称,类别及项别,包装类别,包装规格,单位,数量等内容,每项内容用逗号隔开				
备注					
	调度人:		调度日期:		

图 5-1　危险货物道路运输运单格式

道路危险货物运输安全卡分为四部分,包括事故或应急事件救援措施、菱形标志牌危险特性及防护措施建议列表、标志危险特性及建议列表和随车携带的基本安全应急设备。具体格式及内容编制要求见 JT/T 617.5。

八、运输及装卸操作

国家对危险货物运输和装卸的规定由法规和技术标准协调配合完成,法规主要对运输及装卸与管理相关的内容进行了规定,例如承运人应满足的条件,严禁超载等。《道条》和《危化条》进行了原则性的规定,具体规定由《危规》及《危险货物道路运输安全管理办法》明确。《危险货物道路运输安全管理办法》也采用与国际规章接轨的形式,对承运和装卸进行了明确的规定。例如,对承运环节,除了规定应符合《危规》之外,还应确保车辆与货物性质、重量相匹配,按要求悬挂标志,配备满足要求的从业人员,随车携带运单,配备符合规定的车辆卫星定位系统,对危险货物及包装进行检查等,相关要求具体操作应参照相关技术标准。

对危险货物装卸搬运及运输过程中的具体要求,主要包括 JT/T 617、GB/T 30685《气瓶直立道路运输技术要求》等标准。JT/T 617.6 对装卸条件要求和装卸操作提出了要求。装卸条件要求包括对包件、散装和罐式运输的容器、运输工具的选择,某些种类、形态货物的特殊注意事项等。装卸操作则重点对包件混合装载,包件与食品、动物饲料及其他消费品的混合装载、运输量限制等方面进行了要求。标准以代码的形式,对包件、散装及特定种类货物的装卸操作提出了特殊规定,代码可以在品名表中检索。

JT/T 617.7 对危险货物运输装备条件、人员条件及运输作业要求进行了规定。重点对车辆灭火器具、个人防护装备、车辆停放要求等进行了明确。标准以代码的形式,对某些物质或物品运输操作的特殊规定进行了明确,代码可以在品名表中检索。

九、运输车辆管理的法规及标准

在我国,车辆管理的职能由不同的政府部门承担,例如车辆生产及公告(型式管理)、强制性检验、登记、营运管理分别由工信部门、质监部门、公安机关和交通运输部门按照相应的法规进行管理。本书重点介绍与运输关系较大的环节,其他关于车辆生产等环节内容在此不展开介绍。

车辆是危险货物运输过程中的载体,对危险货物运输安全有十分重要的影响。按照法规的要求,车辆必须满足一定的要求并获得道路运输证后方可从事危险货物道路运输。核发的道路运输证包含车辆与危险货物的匹配信息。危险货物运输车辆必须保证承运的货物与道路运输证要求一致。车辆投入运营后,还应定期进行检测,确保车辆技术等级满足运输安全要求。对危险货物道路运输车辆的管理,主要依据《道路运输车辆技术管理规定》进行。《道路运输车辆技术管理规定》对用于危险货物运输的车辆基本技术条件、技术管理一般要求、车辆维护与修理、车辆检测管理等进行了规定。此外,危险货物道路运输车辆必须依据《道路运输车辆动态监督管理办法》等规定配备卫星定位装置,实现对车辆和驾驶员运行过程实施监控和管理。

目前我国对危险货物运输车辆进行要求的技术标准较多,按照生效的环节,主要包括两类。

第一类是适用于车辆设计与制造的标准,除了汽车行业通用的强制性标准外,主要包括 GB 7258《机动车运行安全技术条件》、GB 21668《危险货物运输车辆结构要求》等综合性标准,此外,还包括适用于特殊或特定种类危险货物的GB 20300《道路运输爆炸品和剧毒化学品车辆安全技术条件》、QC/T 653《运油车、加油车技术条件》等。GB 7258 是我国机动车运行安全技术的引领性标准,对危险货物运输车辆性能、安全装置等进行了规定。GB 21668 与联合国欧洲经济委员会制定的 ECE R105《关于就特殊结构特征方面批准用于运输危险货物的机动车的统一规定》及 ADR 的第 9.2 章内容基本一致,根据所运输货物的危险性不同,对车辆进行了分类,并根据分类提出了对应的车辆结构要求,主要包括电气装置、防火、限速器及挂车的连接要求等。GB 20300对爆炸品和剧毒化学品运输车辆的车辆结构、安全装置及载重量限制等提出了要求。

第二类是适用于在用车辆技术管理的标准,主要包括 GB 18565《道路运输车辆综合性能要求和检验方法》和 JT/T 198《道路运输车辆技术等级划分和评定要求》等标准。危险货物运输车辆技术性能满足 GB 18565 的要求,且技术等级达到 JT/T 198 规定的一级的要求后方可获发道路运输证。已经获得道路运输证的车辆,主要依据 JT/T 198 确定的指标,采用 GB 18565 规定的方法,对运输车辆的技术状况进行定期评级,确保车辆技术状况满足一级的要求。

十、运输企业管理的法规及标准

运输企业是危险货物道路运输安全的责任主体,现有的关于危险货物道路运输的法律法规主要服务对象就是企业。《道条》对申请从事危险货物道路运输的企业应具备的条件进行了规定。《危规》进一步细化了《道条》的规定,明确了企业应满足的条件,包括车辆、人员、场地、安全生产制度等方面。

除法规外,为进一步强化相关管理制度在企业的落实,加强对企业生产操作的指导作用,提升危险货物道路运输企业安全生产管理制度、安全生产责任制、运输事故应预案及安全生产档案的规范性,交通运输行业发布了 JT/T 911《危险货物道路运输企业运输事故应急预案编制要求》、JT/T 912《危险货物道路运输安全生产管理制度编写要求》、JT/T 913《危险货物道路运输企业安全生产责任制编写要求》和 JT/T 914《危险货物道路运输企业安全生产档案管理技术要求》等四个标准。

十一、从业人员管理相关规定

我国要求危险货物道路运输从业人员须经考试合格，取得从业资格证后方可上岗。运输剧毒化学品和爆炸品的从业人员，还应接受与货物性质相适应的培训并获得相对应的从业资格证。对危险货物道路运输的从业人员的管理主要依据是《道路运输从业人员管理规定》(以下简称《从业人员管理规定》)。《从业人员管理规定》根据《道条》的要求，规定对申请从事危险货物道路运输的人员实行从业资格考试制度，从业资格考试应按照交通运输部编制的考试大纲、考试题库、考核标准、考试工作规范和程序组织实施，从业人员应具备驾驶技能、满足年龄、学历、应急技能等条件，从业资格考试合格后，由相应的道路运输管理机构核发从业资格证。除驾驶员、押运员及装卸管理员外，根据《安全生产法》的要求，危险货物道路运输企业应设立安全生产机构或配备专职安全生产管理人员并履行法定的安全生产职责。

十二、法规另有规定的危险货物道路运输

本章中所述法规另有规定的危险货物包括放射性物品、民用爆炸物品、烟花爆竹、剧毒化学品和危险废物等。

民用爆炸品、剧毒化学品、烟花爆竹、一类放射性物品和危险废物等货物在运输环节还适用于其他行政法规规定，具有特殊的托运、充装或道路通行等要求。涉及多个管理部门的职能。《危险货物道路运输安全管理办法》与相关法规衔接，规定了上述货物托运时还应额外具备的条件。

(一) 放射性物品运输管理相关法规与标准

放射性物品运输管理主要依据行政法规《放射性物品运输安全管理条例》进行，该条例规定由国务院核安全监管部门对放射性物品运输的核与辐射安全实施监督管理，公安、交通运输等部门根据条例规定和各自职责负责相关运输安全管理工作。为做好与该条例的衔接，交通运输部制定了部门规章《放射性物品道路运输管理规定》，该规章具有与《危规》基本相同的结构。

对放射性危险货物进行具体操作时，主要依据技术标准 GB 11806《放射性物质安全运输规程》进行。该标准技术内容与国际原子能机构(IAEA)的安全标准丛书《放射性物质安全运输规程》(英文版)完全一致，具有较为完整的体系。JT/T 617 对放射性物质运输也进行了部分规定。

（二）民用爆炸物品、烟花爆竹运输相关规定

民用爆炸物品和烟花爆竹道路运输管理主要依据行政法规《民用爆炸物品安全管理条例》和《烟花爆竹安全管理条例》进行。民用爆炸物品的运输安全监管由公安机关负责，从事民用爆炸物品和烟花爆竹运输应向公安机关申请核发《民用爆炸物品运输许可证》和《烟花爆竹道路运输许可证》（运输许可），委托具有道路运输管理机构核发的第1类爆炸品或第1类爆炸品中相应项别运输资质的企业承运，并按照上述法规和相关技术标准采用符合要求的车辆、人员开展运输活动。

（三）剧毒化学品、危险废物运输相关规定

剧毒化学品的运输根据《危化条》和《剧毒化学品购买和公路运输许可证件管理办法》的规定，向目的地的公安机关申请核发《剧毒化学品道路运输通行证》，使用满足 GB 20300 要求的剧毒化学品运输车辆，并按照公安机关指定的路线和时间行驶。

危险废物依据《国家危险废物名录》确定，道路运输许可的货物类别是"危险废物"或"医疗废物"，车辆的道路运输证也应标注"危险废物"或"医疗废物"等信息。托运时应提供环境保护主管部门核发的危险废物转移联单，运输医疗废物的车辆还应符合 GB 19217《医疗废物转运车辆技术要求（试行）》的要求，且应具备满足该标准规定的特殊外观标志。

第三节　国际危险货物道路运输
法规标准简介

一、《关于危险货物运输的建议书 规章范本》（Recommendations on the Transport of Dangerous Goods Model Regulations，TDG，俗称"橙皮书"）

《建议书》由联合国经济及社会理事会危险货物运输专家委员会编写、发布并定期修订，适用于危险货物运输的所有运输方式，对《建议书》的介绍及解读请见本册第二章。

二、《危险货物国际道路运输欧洲公约》（European Agreement Concerning the International Carriage of Dangerous Goods by Road，ADR）

ADR 是在联合国欧洲经济委员会（UNECE）主持下编制的，于 1957 年完成，并于 1968 年 1 月生效，一般每两年修订一次。ADR 与《建议书》的规定保持协调，吸取各国管理经验之长，与时俱进，对危险货物道路运输涉及的分类鉴定、包装容器、托运程序、运输操作等环节进行了系统规定，为其缔约国规范境

内及跨境危险货物道路运输提供了一个国际法律框架和技术规章,是国际上主要的危险货物道路运输规章。ADR 与《国际海运危险货物规则》(IMDG Code)、《国际铁路危险货物运输公约》(RID)、《国际空运危险货物规则》(ICAO - TI)、《危险货物国际内河运输欧洲公约》(ADN)共同构成了涵盖道路、铁路、海运、民航及内河危险货物运输的国际危险货物规章体系。

2017 年,ADR 缔约方共包括 49 个国家和地区,主要分布于欧洲、中亚等地。根据 2008 年 9 月欧洲议会和理事会发布的关于内陆危险货物运输的 2008/68/EC 指令,ADR 的附录 A 和 B 已被欧盟各成员国采纳作为其境内和跨境危险货物道路运输规章的基础。一些非欧盟成员国也采用 ADR 的附录 A 和 B 作为其国家法规的基础。ADR 是国家之间的公约,不具备整体执行权。实践中,道路检查由缔约方执行,其主管机关可依照其国内法律对违法者采取法律行动,ADR 本身未提出任何处罚措施。

ADR 公约主要分为公约文本及附录。对危险货物道路运输提出技术和管理要求包含于附录 A 和附录 B 中,ADR 的附录共九个部分。

附录 A 为关于危险物质和物品的一般规定和要求,与联合国《建议书》的结构对应,共分为 7 部分。

1. 第 1 部分:一般规定。该部分是关于危险货物道路运输的通用性规定,较多涉及管理性的内容。第 1 部分主要内容包括附录 A、B 的适用范围(包括豁免、多式联运协调等规定)、术语定义和度量单位、与危险货物道路运输相关的人员培训、参与方的安全义务(托运人、承运人、收货人、充装人、集装箱运营商等)、临时免除 ADR 规定、过渡措施、第 7 类物质的一般要求、安全监督检查(行政监管、监管跨国协调、安全顾问、事故报告、检验监督等)、运输限制(包括隧道通行限制等)和安保规定(有严重后果的危险货物定义、安保培训和安保计划等)等内容。

2. 第 2 部分:分类。该部分对危险货物分类和试验方法进行了规定,与联合国建议书总体保持一致。

3. 第 3 部分:危险货物一览表,特殊规定,有限数量和例外数量危险货物的豁免。该部分主要引入了危险货物一览表,并对有限数量和意外数量运输的要求进行了规定,危险货物一览表是将 ADR 要求落实到具体货物上的关键。危险货物一览表共 20 栏。一览表的各栏含义与前述 JT/T 617.3 中各栏的含义一致。ADR 的一览表涵盖的内容比联合国《建议书》中一览表的 11 栏内容更多。

4. 第 4 部分:包装和罐体规定。本部分主要对包装、中型散装容器(IBC)、大型包装、可移动罐柜、UN 多单元气体容器(MEGC)、罐式车辆、罐式集装箱、交换箱体、管束式车辆、纤维增强塑料材质(FRP)的罐体和罐箱、真空操作危废罐和移动式爆炸品制造单元（MEMU）的使用进行了规定。包括对上述包装使用的一般规定及针对特定种类危险货物的特殊规定等。本部分以包装指南的形式对 ADR 中的包装代码进行了说明。ADR 在第 4 部分中给出了将混合物同化为标准溶液以确定其与包装的兼容性的规则、程序及同化列表，是 ADR 的特色内容。

5. 第 5 部分：托运程序。本部分规定了危险货物托运的规定，包括包装标记、标志、单据等内容。具体包括危险货物包件的标记和标志的规定及图例，集装箱、多单元气体容器（MEGC）、移动式爆炸品制造单元（MEMU）、罐式集装箱、可移动罐柜和车辆的揭示牌和标记规定（包括橙色标记牌危险性识别号的规定），运输单据规定，特定条件下的托运规定等。此外，还对未清洗包装、第 7 类危险货物的托运规定等进行了规定。

6. 第 6 部分：包装、中型散装容器（IBCs）、大型包装、罐体和散装容器的制造和试验要求。本部分对包装物的制造及检验进行了规定，与 ADR 的第 4 部分有密切的关系。

7. 第 7 部分：运输、装卸及操作条件的规定。本部分主要对包件、散装、罐装运输危险货物的包装物及运输车辆选择进行了规定，对装卸和作业操作如危险货物包件的混合装载，危险货物包件与食品、消费品及动物饲料的混合装载，运输量限制等内容进行了具体明确。对特定种类危险货物，提出了适用的特殊装卸与操作规定，并与危险货物一览表进行了衔接。

附录 B 为关于运输设备和运输作业的规定，是 ADR 相对于《建议书》特有的规定，体现了道路运输的特点，分为以下两部分。

8. 第 8 部分：车组人员、设备、作业和单据的要求。本部分主要对运输单元、车组人员培训、车组人员操作、停车监护、隧道通行等内容进行了规定，对特殊种类危险货物提出了附加规定，且与危险货物一览表进行了衔接。

9. 第 9 部分：车辆制造和批准的要求，对危险货物运输车辆进行了分类，根据分类提出了危险货物运输车辆的结构要求，并对特殊用途的车辆（如爆炸品包件、包件、散装、温度控制货物的运输车辆，罐式车辆，移动爆炸品制造单元等）提出了要求。对车辆的 ADR 批准及证书进行了规定。

ADR 涵盖了危险货物运输的要素及环节，将技术内容和管理内容进行了良好的结合，具有较强的体系性，在国际上的多年实践证明了其科学性。ADR 在缔约国的实施通常须配合相关法律法规，对 ADR 所规定的跨境运输及缔约国国内运输进行一定的协调。以德国为例，德国是化工强国，危险货物国内运输与跨境道路运输需求较大，ADR 在德国危险货物运输法规体系中，属于法律层级，由议会批准实施。除 ADR 外，德国还制定了《危险货物运输法》（GGBefG），与 ADR 配合，对危险货物运输进行管理。除法律外，德国联邦参议院批准了一系列关于危险货物道路运输的法规,包括《关于境内及跨境危险货物道路、铁路及内河运输条例》(GGVSEB)、《危险货物稽查条例》(GGKontrollV)、《危险货物安全顾问条例》(GBV)、《危险货物运输特殊规定》(GGAV)等。其中,GGVSEB是交通部依据GGBefG授权制定,在道路运输方面,该条例是对ADR的补充,规定了各政府部门及联邦机构在危险货物道路运输中所负有的职责,责任被明确到具体单位及岗位。同时,该条例对部分特殊货物或德国国内运输与ADR存在差异的内容进行了规定。GGKontrollV是为保证危险货物运输相关法律法规得到有效执行而制定的条例,根据欧盟指令,制定了监管部门在进行路上检查及对企业入户检查的相关规定,包括对检查项目的规定、对检查结果严重程度的判定等。除法律和法规外,联邦交通部还制定了文件——《关于实行危险货物道路,铁路,内河运输法规(GGVSEB)以及其他危险货物运输相关法规的指南》(RSEB),该指南目标是确保危险货物运输监管及操作方能够充分理解并遵守危险货物运输的相关法规,定期根据法规变化进行更新。以上包括ADR的法律、法规和文件被编制成手册,供危险货物运输监管方、参与方及相关方共同使用,实现了危险货物道路运输规范的统一。

三、美国联邦法典第49卷(Code of Federal Regulations Title 49,49CFR)

49CFR是美国联邦法典的第49卷,是关于交通运输的法规集合,每年10月1日出版,定期可以通过联邦登记(Federal Register)进行更新。其中第100~185条是关于危险货物运输(HAZMAT)的规定(不包含管道运输安全),该法规涵盖了管理和技术的内容,适用于道路、铁路、内河、民航等运输方式。

CFR第49卷中与危险货物运输相关的内容共分为四个分章(Subchapter),其中分章D是管道运输安全的要求。分章A(Part 100~110)主要关注危险货物运输管理法规的一般规定、规章制定、执法、操作规程、公共机构培训和规划资助等内容。分章B(Part 130)主要内容是油品运输中的油品泄漏及应急规划。分章C(Part 171~177)是关于危险货物运输的规定,其中,171是关于危险货物运输的一般规定、定义等;172包括危险货物一览表、特殊规定、危害沟通、应急响应、培训要求及安保计划等内容;173包括对托运和包装的要求;174铁路运输要求;175民航运输要求;176船运要求;177公路运输要求;178包装规定;179罐车要求;180包装的资格保持与维护。

美国危险货物(Hazardous Materials)的范围包括一览表中规定的条目、Hazardous substances(有害物质)、Hazardous wastes(有害废弃物)、marine pollutants(海洋污染物)、高温物质(根据§171.8界定)等。除联合国规定的

UN 编号危险外,还包括 NA(North America)编号的货物,这些货物暂未被国际规章认定为危险货物,仅在美国的国内运输或美国与加拿大之间的运输是作为危险货物处理。Hazardous substances(有害物质)运输方面,由环保署(EPA)提供物质清单,清单中物质已经列入现有危险货物一栏的,则按照现有标准的规定来运输,未列入的物质,则按照 UN3077 和 UN3082 进行运输。

§172.101 给出了危险货物的一览表,该一览表包含 10 栏。

第 1 栏——Symbols,共包括六种符号,"+""A""D""G""I""W"。"+"符号表示该条目不允许改名,不能采用 ORM‐D 的方式运输;"A"表示该条目的要求仅适用于民航运输;"D"表示该条目正式运输名称仅适用于国内运输,在国际运输中可能不合规;"G"要求该条目正式运输名称除基本描述外,还必须在括号中提供一个多个技术名称;"I"规定了国际运输中适用的该条目的正式运输名称,在国内运输时,可以使用替代的正式运输名称。"W"表示该条目仅适用于船运。

第 2 栏——Hazardous materials descriptions and proper shipping names(危险货物描述及正式运输名称)。其中,正式运输名称仅包括正体字的部分,不包括斜体字的部分。

第 3 栏——Hazard class or Division(危害性类别或项别),部分条目该栏的内容可能为"Forbidden",表示该种物质禁止运输。

第 4 栏——Identification Numbers(危险货物的编号)。分为 UN 编号和 NA 编号,整个一览表中有 300 多种 NA 编号的条目。

第 5 栏——PG(包装类别)。与国际规章的规定基本一致,代表了该条目的危害性等级。

第 6 栏——Label Codes(标签代码)。§172.101 对代码的含义进行了解释。

第 7 栏——Special provisions(特殊规定)。针对每一条目提出的特殊运输要求,以代码的形式表示。代码中字母和数字的含义由§172.102 给出,例如代码中包含字母 "A"时,表示该特殊规定仅适用于航空运输,包含字母"IB"或"IP"时,表示特殊规定适用于采用中型散装容器的运输等。

第 8 栏——Packaging(包装)。该栏共分为三列,分别为 8A——Exceptions(限制数量)、8B——Non-bulk(非散装包装规定)、8C——Bulk(散装规定)。每一条目的代码应配合§173.＊＊＊的开头使用,如某一条目代码是 204,则应参照§173.204 确定具体的规定。8A 列规定包括了有限数量、例外数量的规定等内容,该列中若出现 None,意味着不允许使用限制数量;8B 列中出现 None,则不允许采用非散装的形式;8C 列中出现 None,则不允许采用散装的形式。

第 9 栏——Quantity limitations(限量)。该栏分为两列,9A 列规定了每个条目在使用民航客机机舱和铁路运输时的限量,9B 列规定使用民航客机运输时的限量。该栏规定仅适用于民航运输。

第 10 栏——Vessel stowage(装船规定)。该栏规定仅适用于使用船运危险货物。

值得一提的是,§172.101 附录 A 提供了 Hazardous substances(有害物质)清单,清单中提到了对每种货物运输的 Reportable quantity(RQ),RQ 是一个限量,当运输某种物质的量超过 RQ 值时,发生事故后需要向环保署进行报告,由环保署组织进行处理。

除一览表和特殊规定外,Part 172 还规定了 SHIPPING PAPERS(托运单)、MARKING(标记)、LABELING(标签)、PLACARDING(揭示牌)、EMERGENCY RESPONSE INFORMATION(应急响应信息)、TRAINING(培训)、SAFETY AND SECURITY PLANS(安全和安保计划)等。

美国接受国际规章规定的标签、标志牌,但其适用于国内运输的标签、揭示牌样式与国际规章有所差异,除采用了国际规章规定的颜色和图案外,在标签和揭示牌的中心位置还配有文字进行了强调,其图例列于 Part 172 Subpart E 和 Subpart F。

49 CFR 对危险货物的分类与国际规章相比,存在部分差异,主要包括:美国规定其第 3 类为 Flammable and combustible liquid(易燃和可燃液体,见§173.120,combustible liquid 以 NA 置于数字编号之前)和 ORM - D——Other regulated material(见§173.144)。危险货物一览表中类别标注为 None 时,分类还包括 Forbidden materials(见§173.21)、Forbidden explosives(见§173.54)等。

Part 173 规定了危险货物托运和包装的规定,包括一般规定、分类与分项、托运准备、第 1/7/其他类危险货物的定义、分类和包装要求等内容。该部分对运输便利性进行了涉及,除有限数量等国际规章中规定的内容外,还包括 Consumer Commodity 的便利运输措施,Consumer Commodity 是指以适用于或便于零售的方式进行包装与配送,主要用于个人健康或家庭使用的物品(如药品)等。根据§173.144 的规定,且危险货物一览表中显示该种货物适用有限数量运输时,可采用 ORM - D 规定的方式进行运输,正式运输名称为"Consumer Commodity"。运输 Consumer Commodity 的包件在标签、包装、托运、承运等环节享有部分豁免,提升了运输便利。

Part 177 规定了公路运输危险货物的规定,包括五个部分,第一部分规定了禁止运输、检查、与车辆技术法规的衔接、车辆通行、驾驶员培训、运单、紧急情况下驾驶等规定;第二部分对货物的充装与卸载进行了规定;第三部分规定了危险货物运输隔离;第四部分规定了运输和事故中的注意事项;最后一部分规定了使用载客车辆运输危险货物的要求。

Part 179 对适用于危险货物运输的罐车提出了要求,包括管理要求和车辆的技术要求等。

第六章

中国水路运输危险货物法规

一、国内水运危险货物法规概述

改革开放后,国内对于水路运输危险货物的法规体系逐渐完善。水运分为国际远洋运输和国内水路运输。对于国际远洋运输危险货物,中国法规已经和国际接轨,直接使用《国际海运危险货物规则》(以下简称为《国际危规》)。对于国内水路运输危险货物的法律,有《中华人民共和国港口法》中对于涉及危险货物的港口的建设规划和安全监督管理有一定的要求。为了更好地管理国内水路危险货物运输,中国国家政府层面,国务院于 2002 年颁布了第 355 号令《中华人民共和国内河交通安全管理条例》,其中第四章专门规定危险货物的监管。交通主管部门为了更好地配合《中华人民共和国内河交通安全管理条例》的具体执行,交通运输部(以下简称为交通部)开始对一系列的国内水路运输危险货物的法规进行修订,其中最重要的当属最近 2018 年 8 月 9 日,交通部正式发布新版《船舶载运危险货物安全监督管理规定(中华人民共和国交通运输部令2018 年第 11 号)》,并于 2018 年 9 月 15 日正式实施。新版《船舶载运危险货物安全监督管理规定》技术要方方面直接和国际要求接轨,并充分考虑国内水路运输的实际情况和其他法规要求。对于危险货物的定义、船舶要求、积载隔离和人员培训等,新版法规基本直接引用《国际危规》,同时考虑内河敏感水体国内的特殊情况,要求"禁止通过内河运输其他法规禁止内河运输的危险货物。"未来国内水运危险货物的要求和《国际危规》基本保持一致,但会严格禁止内河水运某些对于水体危险性特别高的化学品。这些严格禁止的危险化学品以《内河禁运危险化学品目录》的方式进行公布。随着新版法规的正式实施,2003 年发布的旧版《船舶载运危险货物安全监督管理规定》、2012 年发布的《关于修改〈船舶载运危险货物安全监督管理规定〉的决定》,以及 1996 年发布的《水路危险货物运输规则(第一部分 水路包装危险货物运输规则)》同时废止。

此外,交通部于 2013 年新颁布了《国内水路运输管理规定》,并于 2014 年正式执行,该规定对于水路运输经营者进一步规范。其第二十条要求水路运输经营者运输危险货物,应当遵守法律、行政法规以及国务院交通运输主管部门关于危险货物运输的规定,使用依法取得危险货物适装证书的船舶,按照规定的安全技术规范进行配载和运输,保证运输安全。

对于参与危险货物水路运输的从业人员,交通部于 2016 年颁布了 59 号令《危险货物水路运输从业人员考核和从业资格管理规定》,其对危险货物水路运输从业人员的培训、考核和资格认定给予了具体的规定和要求。对于涉及危险货物经营的港口,交通部在 2017 年新颁布了 27 号令《港口危险货物安全管理规定》以规范港口建设项目的安全条件审查、港口的经营人资质、日常的作业管理和安全监督管理要求,并界定相关方的法律责任。由于本规定主要是对于港口的安全运营条件和资质的要求,本书后续不作更详细的介绍。

二、国内水路运输危险货物行政要求

(一)《中华人民共和国港口法》

依据全国人大颁布的《中华人民共和国港口法》第四章,第三十四条要求船舶进出港口,应当依照有关水上交通安全的法律、行政法规的规定向海事管理机构报告。海事管理机构接到报告后,应当及时通报港口行政管理部门。船舶载运危险货物进出港口,应当按照国务院交通主管部门的规定将危险货物的名称、特性、包装和进出港口的时间报告海事管理机构。海事管理机构接到报告后,应当在国务院交通主管部门规定的时间内做出是否同意的决定,通知报告人,并通报港口行政管理部门。但是,定船舶、定航线、定货种的船舶可以定期报告。第三十五条规定在港口内进行危险货物的装卸、过驳作业,应当按照国务院交通主管部门的规定将危险货物的名称、特性、包装和作业的时间、地点报告港口行政管理部门。港口行政管理部门接到报告后,应当在国务院交通主管部门规定的时间内做出是否同意的决定,通知报告人,并通报海事管理机构。

(二)《中华人民共和国内河交通安全管理条例》

《中华人民共和国内河交通安全管理条例》对于运输人员、船舶条件、特殊禁运、进出港告知程序以及涉及危险货物的港口进一步要求,第九条规定危险货物船舶的船员还应当经相应的特殊培训,并经海事管理机构考试合格,取得相应的适任证书或者其他适任证件,方可担任船员职务。严禁未取得适任证书或者其他适任证件的船员上岗。第三十条要求从事危险货物装卸的码头、泊位,必须符合国家有关安全规范要求,并征求海事管理机构的意见,经验收合格后,方可投入使用。明确指出禁止在内河运输法律、行政法规以及国务院交通主管部门规定禁止运输的危险货物。第三十一条对载运危险货物的船舶条件进行要求,必须持有经海事管理机构认可的船舶检验机构依法检验并颁发的危险货物适装证书,并按照国家有关危险货物运输的规定和安全技术规范进行配载和运输。第三十二条程序上要求船舶装卸、过驳危险货物或者载运危险货物进出港口,应当将危险货物的名称、特性、包装、装卸或者过驳的时间、地点以及进出港时间等事项,事先报告海事管理机构和港口管理机构,经其同意后,方可进行装卸、过驳作业或者进出港口;但是,定船、定线、订货的船舶可以定期报告。第三十三条要求载运危险货物的船舶,在航行、装卸或者停泊时,应当按照规定显示信号;其他船舶应当避让。第三十四条规定从事危险货物装卸的码头、泊位和载运危险货物的船舶,必须编制危险货物事故应急预案,并配备相应的应急救援设备和器材。

交通运输部具体的行政要求体现在《国内水路运输管理规定》和《中华人民共和国船舶载运危险货物安全监督管理规定》中。

(三)《国内水路运输管理规定》

《国内水路运输管理规定》对国内危险货物水路运输经营者进行了规范,要求必须是法人才可能被许可进行国内水路危险货物的运输。第七条要求水路运输经营者投入运营的船舶需要与所运载的货物相适应。从事散装液体危险货物运输的,应当使用液化气体船、化学品船、成品油船和原油船(统称为危险品船)运输;从事普通货物运输、包装危险货物运输和散装固体危险货物运输的,可以使用普通货船运输,但船舶需要持有法规要求的证书和资质。第八条对经营者所配备的人员进行了规范,对于危险货物要求配备具有船长、轮机长的从业资历的海务、机务管理人员。第九条进一步要求从事危险货物水路运输的经营者应当配备高级船员,并且与其直接订立一年以上劳动合同的高级船员的比例应当满足不低于50%。满足以上要求的法人,向其所在地设区的市级人民政府水路运输管理部门提交申请,由其转交交通部申请经营危险货物水路运输经营许可,得到交通部颁发的《国内水路运输经营许可证》,及对其营运船舶配发的《船舶营业运输证》后方可从事经营。当经营者扩充经营能力,增加营运船舶时(购置/租赁已有经营资格的船舶外),需要再次向其所在地设区的市级人民政府水路运输管理部门提交申请,得到交通部门许可(《船舶营业运输证》)后,这些船舶才可进入经营。

《国内水路运输管理规定》第二十三条规定,水路运输经营者使用客货船或者滚装客船载运危险货物时,不得载运旅客,但按照相关规定随船押运货物的人员和滚装车辆的司机除外。

(四)《船舶载运危险货物安全监督管理规定》

由于水路运输危险货物大多都在国际公约的范畴内,如 SOLAS 和 MARPOL,因此多年来对于国内水运危险货物与海运《国际危规》接轨的呼声不绝于耳。为此,交通部于 2018 年 8 月 9 日颁布了《中华人民共和国船舶载运危险货物安全监督管理规定》,该规定从法规的层面对参与危险货物水运的船舶条件、运输装置条件进行规范,使其满足国际公约的相关要求。该规定实为国内水运危险货物与国际接轨的体现,相关规定要求如下。

1. 第六条　载运危险货物的船舶应当经国家海事管理机构认可的船舶检验机构检验合格,取得相应的检验证书和文书,并保持良好状态。

2. 第八条　禁止通过内河封闭水域运输剧毒化学品以及国家规定禁止通过内河运输的其他危险化学品。其他内河水域禁止运输国家规定禁止通过内河运输的剧毒化学品以及其他危险化学品。禁止托运人在普通货物中夹带危险货物,或者将危险货物谎报、匿报为普通货物托运。

取得相应资质的客货船或者滚装客船载运危险货物时,不得载运旅客,但按照相关规定随车押运人员和滚装车辆的司机除外。其他客船禁止载运危险货物。

法规特别指出对于国家指定的不允许内河运输的化学品,禁止在内河运输。该条款为应《危险化学品安全管理条例》所要求而制定的国内特别要求。此外此条款严令禁止托运人夹带、谎报、匿报危险货物,明确申报危险货物是托运人的责任。

3. 第九条　船舶载运危险货物应当符合有关危险货物积载、隔离和运输的安全技术规范,并符合相应的适装证书或者证明文件的要求。船舶不得受载、承运不符合包装、积载和隔离安全技术规范的危险货物。

船舶载运包装危险货物,还应当符合《国际海运危险货物规则》的要求;船舶载运 B 组固体散装货物,还应当符合《国际海运固体散装货物规则》的要求。该条正式要求所有船舶都应该符合国际海运危险货物法规的要求,正式和国际接轨。

4. 第二十二条　拟交付船舶载运的危险货物托运人应当在交付载运前向承运人说明所托运的危险货物种类、数量、危险特性以及发生危险情况的应急处置措施,提交以下货物信息,并报告海事管理机构。

(1) 危险货物安全适运声明书。

(2) 危险货物安全技术说明书。

(3) 按照规定需要进出口国家有关部门同意后方可载运的,应当提交有效的批准文件。

(4) 危险货物中添加抑制剂或者稳定剂的,应当提交抑制剂或者稳定剂添加证明书。

(5) 载运危险性质不明的货物,应当提交具有相应资质的评估机构出具的危险货物运输条件鉴定材料。

（6）交付载运包装危险货物的，还应当提交下列材料，

① 包装、货物运输组件、船用刚性中型散装容器的检验合格证明；

② 使用船用集装箱载运危险货物的，应当提交《集装箱装箱证明书》；

③ 载运放射性危险货物的，应当提交放射性剂量证明；

④ 载运限量或者可免除量危险货物①的，应当提交限量或者可免除量危险货物证明。

（7）交付载运具有易流态化特性的 B 组固体散装货物通过海上运输的，还应当提交具有相应资质的检验机构出具的货物适运水分极限和货物水分含量证明。

该条款严格要求托运人是危险货物申报的主体，必须按照要求申报危险货物。同时法规充分考虑到《国际危规》中对于有限数量和例外数量危险货物的特殊要求，能够便于托运人托运小量危险货物的实际操作。此外该条的第（3）款与《国际危规》相协调，规定需要批准文件方可运输的危险货物，托运人需要取得批准后才能委托承运人进行运输。

5. 该规定还对进出港危险货物的申报、需要报备的运输文件、单据进行了规定。具体要求在进出港前 24 小时，需要向海事主管机构进行申报，经批准后方可进出港。

如前文所述，交通部对于《中华人民共和国船舶载运危险货物安全监督管理规定》的修订和发布是将国内水运与国际危险货物海运法规接轨的重大革新。与之前的法规相比，新版法规不再引用任何国内的危险货物标准（如GB6944、GB12268），而是所有技术要求直接采纳国际海事组织《国际海运危险货物规则》（《国际危规》）、《国际散装运输危险化学品船舶构造和设备规则》《国际海运固体散装货物规则》及《国际散装液化气体船舶构造和设备规则》等国际海运要求。如此既便于国内国际接驳运输，同时又能保证国内的危险货物水路运输的技术条件始终与国际最新的要求保持一致，保障运输安全。

（五）《危险货物水路运输从业人员考核和从业资格管理规定》

2015 年天津 8·12 爆炸事故之后，交通主管部门从提高从业人员的安全、法制、业务素质，防止和减少生产安全事故出发，制订了《危险货物水路运输从业人员考核和从业资格管理规定》。该规定对危险货物水路运输从业人员的考

---

① 限量即有限数量，国际法规以英文版为准，英文原文都为"limited quantity"，中文翻译时不同国际机构翻译不同导致命名有所区别，本书除了法规原文引用外，皆使用"有限数量"。

可免除量危险货物即例外数量危险货物，国际法规以英文版为准，英文原文为"excepted quantity"，中文翻译时不同国际机构翻译不同导致命名有所区别，本书除了法规原文引用外，皆使用"例外数量"。

核和从业资格进行了规范。

危险货物水路运输从业人员包括：涉及危险化学品和危险货物的装卸管理人员、从事港口危险货物储存作业的港口经营人的主要负责人和安全生产管理人员、危险化学品进出港口申报的人员、危险化学品集装箱装箱现场检查的人员等。

该规定的第三条指出，交通运输部指导全国危险货物水路运输从业人员的考核和从业资格管理。县级以上地方人民政府交通运输主管部门（含港口行政管理部门）负责本行政区域内港口危货储存单位主要安全管理人员考核和装卸管理人员的从业资格管理。各级海事管理机构依据职责负责申报员、检查员的从业资格管理。第五条规定港口行政管理部门及各级海事管理机构应当依据职责对辖区内装卸管理人员和申报员、检查员的从业资格进行监督检查。

规定第四条要求危险货物水路运输企业应当对危险货物水路运输从业人员进行安全教育、法制教育和岗位技术培训，制定培训计划，安排安全生产培训经费，建立培训管理档案。危险货物水路运输从业人员应当接受教育和培训，未经安全生产教育和培训合格的，不得上岗作业。

规定在第七条要求交通运输部负责组织制定港口危货储存单位主要安全管理人员安全生产知识和管理能力考核大纲。省级交通运输主管部门应当根据考核大纲编制考核题库，制定考核程序。第八条进一步对考核的具体实施进行要求，设区的市级港口行政管理部门应当按照省级交通运输主管部门编制的考核题库和制定的考核程序，组织港口危货储存单位主要安全管理人员安全生产知识和管理能力考核。考核不得收费。规定对于经营人，从事港口危险货物储存作业的港口经营人应当及时组织本单位的主要安全管理人员报名参加考核，考试合格者方可从事安全管理事务，并要求从事港口危险货物储存作业的港口经营人应当加强经考核合格的主要安全管理人员的继续教育，及时更新法制、安全、业务方面的知识与技能。

规定在第十四条要求省级交通运输主管部门参照交通部制定的考核大纲，并按照考核程序和考核题库，组织装卸管理人员的从业资格考核工作。对于考核合格的装卸管理人员，交通运输主管部门颁发《资格证书》，人员须持证上岗。

交通运输部海事局应当按照交通运输部制定的考核大纲，编制申报员和检查员的考核题库，制定考核程序。对于考核合格的申报员和检查员，交通运输部海事局颁发《资格证书》，人员须持证上岗。

三、国内水路运输禁运危险化学品

考虑到某些特别危险的化学品泄漏对内河封闭水域的危险性较大，2002

年国务院在《危险化学品安全管理条例》(344号令)的第四十条特别要求"禁止利用内河以及其他封闭水域等航运渠道运输剧毒化学品以及国务院交通部门规定禁止运输的其他危险化学品"。从2002年条例实施后,对于列明在《剧毒化学品目录》(2002版)中的化学品实施内河禁运。

2011年国务院修订《危险化学品安全管理条例》(591号令)时仍然沿用并拓展了上述规定,在新版条例的第五十四条中,其要求"禁止通过内河封闭水域运输剧毒化学品以及国家规定禁止通过内河运输的其他危险化学品。前款规定以外的内河水域,禁止运输国家规定禁止通过内河运输的剧毒化学品以及其他危险化学品。禁止通过内河运输的剧毒化学品以及其他危险化学品的范围,由国务院交通运输主管部门会同国务院环境保护主管部门、工业和信息化主管部门、安全生产监督管理部门,根据危险化学品的危险特性、危险化学品对人体和水环境的危害程度以及消除危害后果的难易程度等因素规定并公布"。但是"剧毒化学品"的范围和定义在新法规体系下发生了变化,原来的《危险化学品目录》(2002版)和《剧毒化学品目录》(2002版)同时被废止。"剧毒化学品"改用备注的方式在新版的《危险化学品目录》(2015版)被标明。在新版的《危险化学品目录》(2015版)中,剧毒化学品从原来的335种减少至148种。

法规变动后对于之前禁止内河运输的危险化学品监管带来挑战,为了应对法规变化,交通运输部会同环境保护部、工业和信息化部和安全监管总局四部(局)于2015年7月联合发布了《内河禁运危险化学品目录(2015版)》(试行)(下称"2015版试行目录"),并于发布之日起开始实施。

此版2015版试行目录的立法依据为《危险化学品安全管理条例》(591号令)第五十四条进行制定。由于当时目录发布时间紧迫,2015版试行目录的列入化学品还是仅仅从急性毒性进行考虑,涵盖2015版《危险化学品目录》中148种剧毒备注的化学品外,仍然纳入了虽然在2015版《危险化学品目录》无剧毒备注的,但同时被2015版《危险化学品目录》和2002版《剧毒化学品目录》列明的化学品160种。2015版试行目录最终列明了308种危险化学品禁止内河运输。四部(局)对于内河禁运的化学品还是采取较为保守的方式。

2015版试行目录目前为法定的禁运目录,但从名称就可以看出"试行",其实为过渡政策。实际上四部(局)目前正在完善该目录。四部(局)未来会从更科学的角度定义内河禁运的化学品标准,而不仅仅是急性毒性(剧毒)。未来的禁运目录会从运输中的稳定性、急性毒性(剧毒)、对于水生环境的危害及可消除(降解)性,并结合国际公约的禁止条款,多维度综合考量,制定禁运标准。禁运目录未来也是采取动态的方式进行维护,对于在环保部《新化学物质环境管理办法》下新注册的化学物质,也会采用上述的标准进行评估。评估结果适用禁运的纳入禁运目录。

四、目前中国国内危险货物水运管理的问题

自 20 世纪 80 年代开始，应国际海洋运输的履约要求，中国国内水路运输危险货物的法规在借鉴国际法规的基础上取得长足的发展，与此同时，国内主管机关对于国内危险货物水路运输的安全管理也日趋完善。目前中国内陆水路运输危险货物的总体要求已经基本和世界接轨，但仍有些问题亟须解决。

（一）危险化学品与危险货物概念不清

这个问题在中国不仅仅对于水运危险货物，实际上对所有国内运输模式下都存在。在实施全球化学品统一分类和标签制度（GHS）之前，全球大多数国家，包括中国对于危险化学品的定义实际上是根据联合国《规章范本》的 9 大类运输分类进行定义的，也就是说当时定义的危险化学品实际上是危险货物中的化学品。在这种定义的框架下，当时中国对于危险化学品是完全按照危险货物的危险性类别进行分类并监管的。2002 年国务院《危险化学品安全管理条例》（344 号令）（以下称"旧条例"）、危险化学品目录（2002 版）、剧毒化学品目录（2002 版）都可以清晰地看到法规定义和目录中的化学品都属于危险货物。由于危险化学品在当时和危险货物并无冲突，运输中都是危险货物，因此这些对于危险化学品管理的法规，特别是其中对于危险化学品运输中的要求（旧条例）与交通部体系下关于危险货物运输的具体要求和谐统一，并无问题。然而随着 GHS 在全球范围内实施，GHS 对于化学品的分类标签不再仅仅考虑运输过程中包装货物以及工人短暂接触所带来的急性危害，更多地考虑工作和储存场所的工人以及消费者长年累月地接触化学品可能带来的危害。危害分类大大增加，比如原来运输过程中并不被关注的对人体的长期危害，致癌致畸致突变效应，在 GHS 体系下都有所分类。中国在 2008 年开始实施 GHS，2011 年国务院更新了《危险化学品安全管理条例》，然而新的《危险化学品安全管理条例》（591 号令）并没有意识到未来危险化学品和危险货物定义将会发生变化，仍然在其相关章节指出运输危险化学品需要按照交通主管部门对于危险货物相关的法规要求。在 2015 版新的《危险化学品目录》发布之后，这种矛盾就凸显出来。《目录》中很多的化学品有 GHS 的某些分类，但不是危险货物，不在 9 大类的范畴，没有 UN 号，这些化学品在国内如何运输的问题无法得到完全合法的解决。交通主管部门不能违反国务院颁布的条例，但若要将这些不属于危险货物范畴的危险化学品按照危险货物进行运输，又无法和国际接轨，为企业带来不合理的负担；技术层面上也无法给这些化学品归属合理的运输分类、UN 号码、包装类别等。若完全将这些化学品按照普通货物进行运输，交通主管机关又有违反国务院条例的风险。虽然 2018 版最新的《船舶载运危险货物安全监

督管理规定》阐明危险货物是《国际海运危险货物规则》《国际海运固体散装货物规则》《国际防止船舶造成污染公约》《国际散装危险化学品船舶构造和设备规则》《国际散装液化气体船舶构造和设备规则》以及我国加入或缔结的其他国际公约、国家标准所定义的相关危险货物,但由于 591 号令仍然是不可违反的上位管理条例,新版法规仍然增加了"《危险化学品目录》中所列物质,不属于前款规定的危险货物的,应当按照《危险化学品安全管理条例》的有关规定执行"这种模糊不清的阐述。目前海事管理机构的实际管理模式是要求货主申请有资质的单位对这些危险化学品进行水路运输的包装、积载、隔离等进行评估,若评估为非危险货物,则按非危险货物对待;若评估为危险货物,按照相应的包装、积载、隔离等要求进行水路运输。

　　读者们应当理解交通运输主管部门还是坚持与国际接轨的合理做法,管理对象还是运输中的危险货物,但从长远来说,未来国务院关于危险化学品相关条例的制定应该充分考虑到危险化学品和危险货物的不同,从源头将危险化学品和危险货物阐述清楚,才能从根本上解决目前企业和交通主管机构面临的困境。

　　(二)《内河禁运危险化学品目录》浓度限值问题

　　前文已经谈到《内河禁运危险化学品目录》实际上是脱胎于《危险化学品目录》,即使未来对于该目录采用动态管理,增加更多的遴选条件,有一条不能忽视,即如何管理货物中含有这些目录中列明的化学品,但非纯品的问题。目前在《内河禁运危险化学品目录(2015 版)》(试行)对于浓度限值并未进行说明。

　　建议未来的目录可以考虑以下几种方式:直接阐明不能归类为目录中 UN 号的不属于禁运范畴;给出每个化学品的浓度限值,对于货物中含有目录中列明的化学品,低于该限值的不属于禁运范畴。

参考文献

[１] 周艳,白燕. 危险品运输与管理. 北京:清华大学出版社,2016.

[２] 钱大琳,罗江浩,姜秀山,等. 国内外危险货物运输安全管理. 北京:人民交通出版社, 2011.

[３] 国际海事组织. 国际海运危险货物规则 37－16 版. 联合国,2016.

[４] 中华人民共和国全国人民代表大会.《中华人民共和国港口法》2017 修订版,2017.

[５] 中华人民共和国国务院.《中华人民共和国内河交通安全管理条例》,2002.

[６] 中华人民共和国交通运输部.《国内水路运输管理规定》,2014.

[７] 中华人民共和国交通运输部.《危险货物水路运输从业人员考核和从业资格管理规定》,2016.

［8］中华人民共和国交通运输部.《中华人民共和国船舶载运危险货物安全监督管理规定》,2018.

［9］中华人民共和国交通运输部.《水路危险货物运输规则》(第一部分 水路包装危险货物运输规则),北京：人民交通出版社,1996.

［10］中华人民共和国交通运输部、环境保护部、工业信息化部和安全监管总局.《内河禁运危险化学品目录》(试行),2015.

［11］刘敏文,缴威.危险货物运输相关法律法规汇编.北京：人民交通出版社,2008.

［12］李政禹.国际危险化学品安全管理战略.北京：化学工业出版社,2006.

第七章

中国铁路危险货物运输法规

铁路运输与其他各种运输方式相比较,具有运输能力大,能够负担大量客货运输的优点,并且单位成本也比公路、航空运输低,受天气气候变化影响小,安全可靠。铁路运输适合陆地辽阔的大陆国家,进行中长距离的大宗货物运输。具有爆炸、易燃、毒害、感染、腐蚀、放射性等危险特性的危险货物,除采用空运、海运和道路运输外,铁路运输也承担了大量的运输任务。

本章以《铁路危险货物运输安全监督管理规定》以及国内有关危险货物运输的各种法律法规为依据,参考联合国《关于危险货物运输的建议书》(橘皮书)和铁路合作组织的《运送规则》,介绍了中国铁路危险货物运输的法规要求,最后对铁路危险货物运输的优势与不足以及发展趋势进行讨论。

第一节 中国铁路危险货物运输的主管部门和主要法律法规

一、铁路危险货物运输的主管部门

根据国务院令《危险化学品安全管理条例》(第 591 号,2011 年 12 月 1 日实施)第六条规定:铁路监管部门负责危险化学品铁路运输及其运输工具的安全管理[①]。

根据《铁路危险货物运输安全监督管理规定》(中华人民共和国交通运输部令 2015 年第 1 号,2015 年 5 月 1 日起施行)第六条:国家铁路局及地区铁路监督管理局(统称铁路监管部门)负责铁路危险货物运输安全监督管理工作。国家铁路局由中华人民共和国交通运输部管理,属国务院部委管理的国家局,根据 2013 年《国务院机构改革和职能转变方案》,于 2014 年 1 月 6 日正式揭牌成立。国家铁路局的主要职责:(1)起草铁路监督管理的法律法规、规章草案,

---

① 2013 年 12 月 7 日中华人民共和国国务院令第 645 号公布《国务院关于修改部分行政法规的决定》,其中修改了《危险化学品安全管理条例》第六条第五项,修改为"铁路监管部门负责危险化学品铁路运输及其运输工具的安全管理"。

参与研究铁路发展规划、政策和体制改革工作,组织拟订铁路技术标准并监督实施。(2)负责铁路安全生产监督管理,制定铁路运输安全、工程质量安全和设备质量安全监督管理办法并组织实施,组织实施依法设定的行政许可。组织或参与铁路生产安全事故调查处理。(3)负责拟订规范铁路运输和工程建设市场秩序政策措施并组织实施,监督铁路运输服务质量和铁路企业承担国家规定的公益性运输任务情况。(4)负责组织监测分析铁路运行情况,开展铁路行业统计工作。(5)负责开展铁路的政府间有关国际交流与合作。(6)承办国务院及交通运输部交办的其他事项。

国家铁路局设立沈阳、上海、广州、成都、武汉、西安、兰州7个地区铁路监督管理局,负责辖区内铁路监督管理工作。地区铁路监督管理局的主要职责:(1)监督管理铁路运输安全、铁路工程质量安全、铁路运输设备产品质量安全。(2)监督相关铁路法律法规、规章制度和标准规范执行情况,负责铁路行政执法监察工作,受理相关投诉举报,组织查处违法违规行为。(3)依法组织或参与铁路交通事故和铁路建设工程质量安全事故调查处理,负责事故统计、报告、通报、分析等工作。(4)研究分析铁路安全形势、存在问题,提出改进安全工作的措施要求并监督实施。(5)监督规范铁路运输和工程建设市场秩序的政策措施实施情况,监督检查铁路行政许可产品和许可企业,监督铁路运输服务质量和铁路企业承担国家规定的公益性运输任务情况,监督铁路运输设备和工程建设招标投标工作。(6)负责与地方政府及相关执法部门的工作联系,指导协调地方铁路相关部门工作,建立相关信息通报和监管协调机制。协调组织开展铁路沿线安全综合治理和相关铁路突发事件应急工作。(7)完成国家铁路局及其他领导机关交办的事项。

二、铁路危险货物运输的主要法律法规

早在1951年,中国与苏联签订了中苏铁路联运协定并开办联运,同年苏联与东欧签订并实行《国际铁路货物联运协定》,中国于1954年也参加了此协定。此外,1956年6月成立的国际铁路合作组织是欧亚28个国家的铁路机构组成的政府间合作组织,简称"铁组",中国是铁路合作组织的成员之一。根据联合国《关于危险货物运输的建议书》(橘皮书),参考《国际铁路货物联运协定》(附件第2号)等国际文件,铁路合作组织修订了《危险货物运送规则》。"铁组"工作语言是中文和俄文,在国际交往中可以使用英文和德文。

与苏联建立的铁路交流与合作以及《国际铁路货物联运协定》和铁组的《危险货物运送规则》都对后来中国铁路危险货物运输法规的制定与铁路标准的起草产生了深远的影响。中国自1988年加入联合国危险货物运输专家委员会以后,逐步完成了由苏联体系下建立的规则向国际标准转轨,实现了与国际的

接轨。

根据国际危险货物运输的现状要求,结合中国铁路危险货物运输实际,中国形成了一套比较完善的铁路危险货物运输法律法规标准管理体系。在行政监督管理上,与铁路危险货物运输相关的国家法律法规主要有《中华人民共和国安全生产法》《中华人民共和国铁路法》《中华人民共和国消防法》《中华人民共和国行政许可法》《危险化学品安全管理条例》《铁路安全管理条例》《铁路危险货物运输安全监督管理规定》和《铁路危险货物运输管理规则》等。

《中华人民共和国安全生产法》于 2014 年第十二届全国人民代表大会常务委员会第十次会议通过修订,自 2014 年起施行。《安全生产法》是有关安全生产的法律,确立了有关安全生产的各项基本法律制度。明确规定了在中华人民共和国领域内从事生产、经营活动的单位都应坚持安全第一、预防为主、综合治理的方针,要求生产经营单位加强安全生产管理,建立健全安全责任制度,完善安全生产条件,确保安全生产;规定了单位主要负责人的安全生产职责和安全生产管理机构的设置及安全生产管理人员的配备,从业人员的权利义务和安全教育培训;规定了生产、经营、运输、储存、使用危险品或者处置废弃危险品的单位,应由有关主管部门依照有关法律、法规和国家标准或者行业标准实施监督管理;规定了重大危险源应当登记建档,进行定期检测、评估、监控,并制定应急预案等。

《中华人民共和国铁路法》(以下简称《铁路法》)于 2015 年全国人大常务委员会通过修订并生效。《铁路法》是铁路运输的基本法律。它对铁路运输的管理体制、铁路运输合同、铁路的安全与保护、铁路建设、违法犯罪行为的处罚等若干重大问题都做了明确的规定。

《中华人民共和国消防法》(以下简称《消防法》)由全国人大常务委员会于 2008 年修订通过并公布,自 2009 年起施行。《消防法》是我国消防工作的根本大法,是全社会在消防安全方面必须共同遵守的行为规范,是指定行政消防法规、规章的重要依据。《消防法》主要包括立法目的,消防工作方针和原则,政府和有关部门在消防工作的中的职责,单位和个人的消防义务、火灾预防、消防组织、灭火救援、监督检查和法律责任等内容。

《中华人民共和国行政许可法》(以下简称《行政许可法》)由第十届全国人大常务委员会于 2003 年通过,自 2004 年起施行。行政许可,是指行政机关依法对社会经济事务进行事前监督管理的一种重要手段,是指行政机关根据公民、法人或者其他组织的申请,经依法审查,准予其从事特定活动的行为。《行政许可法》内容包括适应范围,行政许可的原则和设定,行政许可的实施机关和程序,以及行政许可的监督检查及法律责任等。

《危险化学品安全管理条例》于 2011 年国务院令第 591 号公布,2011 年起施行。《危险化学品安全管理条例》主要内容包括危险化学品实施监督管理的有关部门的职责和可行使的职权；危险化学品生产、储存、使用、经营和运输的单位的安全必备条件和安全管理要求；危险化学品单位的主要负责人必须保证本单位的危险化学品安全管理符合有关法律、法规的规定和国家标准的要求，并对本单位的危险化学品安全负责；危险化学品单位从事生产、储存、使用、经营和运输活动和处理废弃危险化学品活动的人员必须接受有关法律、法规、规章和安全知识、专业技术、职业卫生防护和应急救援知识的培训，并经过考核合格后方可上岗作业；危险化学品的登记与事故应急预案，危险化学品生产违法行为应负的法律责任。

《铁路安全管理条例》于 2013 年国务院令第 639 号公布，2014 年起施行。《铁路安全管理条例》是专门规范铁路运输安全管理，全面保护铁路运输安全的国务院行政法规。内容包括：铁路建设质量安全、铁路专用设备质量安全、铁路线路安全、铁路运营安全、监督检查及法律责任五部分。

《铁路危险货物运输安全监督管理规定》于 2015 年经交通运输部的部务会议通过，自 2015 年 5 月 1 日起施行。该《规定》分总则、运输条件、运输安全管理、监督检查、附则 5 章 40 条。

《铁路危险货物运输管理规则》（技术规章编号：TG/HY105—2017）由中国铁路总公司发布，于 2017 年 8 月 1 日起施行。该规则是在上述上位法的基础上制定的铁路危险货物的分类与分项和运输要求，对铁路危险货物运输中的具体技术指导标准起承接作用。

在技术标准上，与铁路危险货物运输相关的指导标准主要有危险货物的分类、包装、储存和运输设备等方面，包括但不限于下列技术标准。

危险货物品名表（GB 12268—2012）；

危险货物分类和品名编号（GB 6944—2012）；

常用化学危险品贮存通则（GB 15603—1995）；

危险货物包装标志（GB190—2009）；

危险货物运输包装类别划分方法（GB/T 15098—2008）；

铁路运输危险货物包装检验安全规范（GB19359—2009）；

危险货物大包装检验安全规范（GB19432—2009）；

危险货物运输包装通用技术条件（GB12463—2009）；

铁路危险货物运输包装技术条件（TB/T 2687—1996）；

铁路危险货物品名表（铁运[2009]130 号）（TG/HY206—2009）；

铁路货运术语（GB/T 7179—1997）；

铁路危险货物专办站安全卫生要求（TB/T 2857—1997）；

铁路运输放射性物质卫生防护规定（TB/T 2089—1997）。

第二节 铁路危险货物的分类与分项

一、现有的铁路危险货物的分类与品名

联合国《关于危险货物运输的建议书 规章范本》(现为第 20 修订版)是全球关于危险货物运输的统一规定,对各国的危险货物运输和分类提供了技术和管理上的参考,但没有强制效应。我国在危险货物运输的分类的技术规范和标准应用上,参考了联合国《关于危险货物运输的建议书 规章范本》(第 16 修订版),以国家强制标准的形式发布了《危险货物分类和品名编号》(GB6944)和《危险货物品名表》(GB12268)。我国再结合铁路运输实际情况,由中国铁路总公司发布了铁总运〔2017〕164 号文《铁路危险货物运输管理规则》(技术规章编号:TG/HY105-2017),规定铁路危险货物的分类与分项按照其主要危险性和运输要求。

相比于国家标准《危险货物分类和品名编号》(GB6944—2012),铁道部铁运〔2017〕164 号文件《铁路危险货物运输管理规则》(技术规章编号:TG/HY105—2017)中,铁路危险货物的分类(项)对第 3 类、第 8 类、第 9 类再进行了明确的分项;铁路对 4.1 项、4.2 项、4.3 项、5.1 项、6.1 项、8.1 项、8.2 项、8.3 项又按本项危险性大小分为一级和二级。其中第 3.1 项、第 3.2 项的项别名称分别直接称为一级、二级易燃液体。第 9 类杂项危险物质和物品包括第 9.1 项危害环境的物质,第 9.2 项高温物质,第 9.3 项经过基因修改的微生物或组织,不属感染性物质,但可以非正常地天然繁殖结果的方式改变动物、植物或微生物组织。不属于上述 9 类危险货物,在铁路运输过程中易引起燃烧、须采取防火措施的货物,属易燃普通货物(参见《易燃普通货物品名表》)。

根据国家公布的《危险货物品名表》(GB12268),结合铁路危险货物运输实际,原铁道部制定并发布了铁运〔2009〕130 号文件《铁路危险货物品名表》(TG/HY206—2009)。未列入《品名表》中的危险货物品名,由铁道部确定并公布。《铁路危险货物品名表》列出了《铁路危险货物运输管理规则》中公布的铁路危险货物的分类、分项、分级及类、项别的品名编号范围。

《铁路危险货物运输安全监督管理规定》(中华人民共和国交通运输部令 2015 年第 1 号)第三条规定,国务院铁路行业监督管理部门制订公布铁路危险货物品名。

为了识别一种危险物质或者一类特定的物质,联合国危险货物运输专家委员会编制了有 4 位阿拉伯数字组成的危险货物编号。这种编号只能反映识别代码,没有危险特性的提示。原国家标准《危险货物品名表》(GB12268—2005)

采用了联合国编号,在其备注栏内注明了 CN 编号,该 CN 编号被铁运[2009]130 号文件《铁路危险货物品名表》(TG/HY206—2009)引用。更新后的《危险货物品名表》(GB12268—2012)中 CN 编号被删除,而铁运[2009]130 号文件《铁路危险货物品名表》(TG/HY206—2009)中 CN 编号依然有效。《铁路危险货物品名表》中的铁危编号是按照货物的危险特性和主要危险性分类,有些类别再分成项别。类别和项别的号码顺序并不是危险程度的顺序。《铁路危险货物品名表》的每一个铁危编号都是由 5 位阿拉伯数字及英文大写字母组成,表明危险货物所属的类别、项别和顺序号,编号的表示方法如图 7-1 所示。

图 7-1 铁路危险货物编号表示方法

顺序号小于 500(001～499)为一级危险货物,顺序号大于 500(501～999)为二级危险货物(第 3 类的一级易燃液体和二级易燃液体的顺序号除外),一级危险货物的危险程度大于二级危险货物。铁危编号后的英文大写字母(如 A、B、C……)表示同一品名编号具有不同运输条件的危险货物。《铁路危险货物品名表》中的 4.1、4.2、4.3 项,5.1 项,6.1 项,8.1、8.2、8.3 项均有一级、二级之分。

货物的危险程度还可以从包装类别加以区别。除了第 1 类、第 2 类、第 7 类,5.2 项和 6.2 项物质以及 4.1 项自反应物质以外,危险货物的包装按其具有的危险程度划分为三个包装类别(Ⅰ、Ⅱ、Ⅲ 类包装)。Ⅰ 类包装是具有高度危险性的物质。例如,碳化钙(电石)的品名编号为 43025,该编号表明碳化钙(电石)属于第 4 类第 3 项危险货物,顺序号为 025,因小于 500,故该危险货物的危险级别属一级。根据上述原则,第 1 类,第 2 类,第 7 类,8.2 项等物品因其顺序号均小于 500,所以都属于一级危险货物。

《铁路危险货物品名表》中每个编号都对应一个条目,每一条目包括以下四类。

(1) 单一条目适用于意义明确的物质和物品。例如:

31003 环戊烷

42020 甲醇钠

(2) "类属"条目适用于意义明确的一组物质。例如:

13044 空投照明弹等几种

31107 庚烷异构体等几种

41552 植物纤维[干的]等几种

51517 各种碘酸盐

（3）"未另列明的"特定条目适用于一组具有某一特定化学性质或特定技术性质的物质或物品。例如：

51027 无机高氯酸盐[未另列明的]

31083 酯类[未另列明的]

（4）"未另列明的"一般条目适用于一组符合一个或多个类别的标准的物质或物品。例如：

31300 易燃液体[未另列明的]

43510 二级遇水易燃物品[未另列明的]

铁路危险货物编号对危险货物的类别和特性一目了然，非常适合我国国情，为了与国际和其他运输方式的接轨，在《铁路危险货物品名表》中的第 13 栏标注了联合国《关于危险货物运输的建议书 规章范本》（第 16 修订版）中的 UN 编号，供参考查阅。

二、新品名的运输条件

随着危险化学品新产品的不断出现，"危险货物品名索引表"中未列载的品名办理运输时须进行性质鉴定，属于危险货物时，按危险货物新品名试运要求办理运输。托运人提交品名鉴定前，须填写"铁路货物运输技术说明书"一式四份（格式参见《铁路危险货物运输管理规则》）。托运人对填写内容和送检样品的真实性承担经济和法律责任，送检样品须经国家安全生产监督管理部门认定的检测鉴定机构进行性质技术鉴定。新品名试运须在指定时间和区段内进行。跨铁路局试运时，由批准单位由电报形式通知有关铁路局，试运前承运人、托运人双方应签订试运安全运输协议。试运时，由托运人在运单"托运人记载事项"栏内注明"比照铁危编号 xxx 新品名试运，批准号 xxx，试运时间为 2 年"。试运结束时，托运人应会同车站将试运结果报主管铁路局。鉴定为普通货物时，不需要进行试运。

第三节　铁路危险货物的包装和标志

一、铁路危险货物的包装

关于铁路危险货物的包装和标志，包括包装定义和功能、包装分类、包装要求、包装性能测试，已经在本篇的第二小节和第四篇（危险性及包装性能检测）

有详述,本节仅简要描述。我国铁路根据其内装物的危险程度分为三个包装类别。

Ⅰ类包装:货物具有大的危险性,包装强度要求高。

Ⅱ类包装:货物具有中等危险性,包装强度要求较高。

Ⅲ类包装:货物具有小的危险性,包装强度要求一般。

有特殊要求的危险货物包装件按照国家有关规定办理,如气体钢瓶符合按《气瓶安全技术监察规程》,放射性物质包装符合《放射性物品运输安全管理条例》和 GB11806—2004《放射性物质安全运输规程》。

国家强制标准 GB12463—2009《危险货物运输包装通用技术条件》规定了危险货物运输包装的分级、基本要求、性能试验和检验方法等,也规定了包装容器的类型和标记代号。该标准适用于盛装危险货物的运输包装,是运输、生产和检验部门对危险货物运输包装质量进行性能试验和检验的依据。

根据国家标准 GB12463—2009《危险货物运输包装通用技术条件》、各种单项国家包装标准及行业包装标准,参考联合国《关于危险货物运输的建议书规章范本》(第 15 修订版)及国际各单项组织制定的危险货物运输规则中确定的包装方法,采纳了新包装材料、包装容器、包装方法,制定了《常用危险货物运输包装表》(以下简称《包装表》),方便托运人托运危险货物按照《包装表》中的规定进行包装,同时也是承运人受理检查危险货物包装的依据。

二、铁路危险货物的标志

国内危险货物包装图示标志的分类图形、尺寸、颜色及使用方法等,参考采用联合国《关于危险货物运输的建议书 规章范本》(第 15 修订版)第 5 部分:托运程序 第 5.2 章:标记和标签,按照 GB190—2009《危险货物包装标志》执行。

在运输、装卸、搬运、储存过程中,对怕湿、怕热、怕震及在搬运过程中有特殊要求的货物,在货物包装件上标打包装储运图示标志,其目的是使货物在物流过程中引起作业人员的注意,便于安全操作。按照 GB/T191—2008《包装储运图示标志》,共有易碎物品、禁用手钩、向上、怕晒、怕辐射、怕雨、重心、禁止翻滚、此面禁用手推车、禁用叉车、由此夹起、此处不能卡夹、堆码质量极限、堆码层数极限、禁止堆码、由此吊起、温度极限等 17 种图示标志。标志颜色一般为黑色。如果包装的颜色使得标志显得不清晰,则应在印刷面上用适当的对比色,黑色标志最好以白色作为标志的底色。标志可采用直接印刷、粘贴、拴挂、钉附及喷涂等方法。印制标志时,外框线及标志名称都要印上,出口货物可省略中文标志名称和外框线;喷涂时,外框线及标志名称可以省略。

按照《铁路危险货物品名表》的规定,每件货物包装的表面都必须有识别标志和相应的储运图示标志和货物性能标志。

三、改变包装的运输

随着包装材料和方法的不断改进,危险货物新包装不断出现,当包装方式与《常用危险货物运输包装表》不一致时,托运人要求改变危险货物运输包装,应填写"改变运输包装申请表"一式四份(格式参见《铁路危险货物运输管理规则》),委托国家质量监督检验检疫部门认定的检验机构检验合格,出具包装检验报告。发站对托运人提出的改变包装的有关文件确认后,报主管铁路局批准,并在指定的时间和区段内组织试运,跨铁路局试运时由主管铁路局通知有关铁路局和车站。试运前承运人、托运人双方应签订试运安全运输协议。试运时,托运人应在货物运单"托运人记载事项"栏内注明"试运包装"字样,试运时间两年,试运结束后托运人应会同车站将试运结果报告主管铁路局。

第四节　国内铁路危险货物运输组织

一、危险货物托运与承运

《铁路危险货物运输管理规则》规定:"危险货物仅办理整车和 10 吨及以上集装箱运输。国内运输危险货物禁止代理。"在危险货物运输的合同法律关系中,规定了两个互相承担义务和享有权利的当事人,即托运人和承运人。托运人和承运人在危险货物运输中都有明确的责任。《中华人民共和国合同法》第307 条规定:托运人托运易燃、易爆、有毒、有腐蚀性、有放射性等危险货物的,应当按照国家有关危险货物运输的规定,对危险货物妥善包装,做出危险货物的标志和标签,并将有关危险货物的名称、理化性质和防范措施等材料提交给承运人。《危险化学品安全管理条例》(国务院令第 591 号)第 6 条规定:铁路监管部门负责危险化学品铁路运输及其运输工具的安全管理;第 63 条规定:托运危险化学品的,托运人应当向承运人说明所托运的危险化学品的种类、数量、危险特性以及发生危险情况的应急处置措施,并按照国家有关规定对所托运的危险化学品妥善包装,在外包装上设置相应的标志。

2014 年 1 月 1 日起实施的《铁路安全管理条例》(国务院令第 639 号)第108 条决定删除了原《铁路运输安全保护条例》中关于危险货物铁路运输的承运人、托运人资质许可的有关要求。自 2014 年 1 月 1 日起,铁路危险货物运输不再实施承运人、托运人许可制度。

依据《铁路安全管理条例》,铁路运输托运人托运货物、行李、包裹,不得有下列行为:匿报、谎报货物品名、性质、重量;在普通货物中夹带危险货物,或者在危险货物中夹带禁止配装的货物;装车、装箱超过规定重量。

铁路运输企业应当对承运的货物进行安全检查,并不得有下列行为:在非危险货物办理站办理危险货物承运手续;承运未接受安全检查的货物;承运不符合安全规定、可能危害铁路运输安全的货物。

依据《铁路安全管理条例》第69条:运输危险货物应当依照法律法规和国家其他有关规定使用专用的设施设备,托运人应当配备必要的押运人员和应急处理器材、设备以及防护用品,并使危险货物始终处于押运人员的监管之下;危险货物发生被盗、丢失、泄漏等情况,应当按照国家有关规定及时报告;第70条:办理危险货物运输业务的工作人员和装卸人员、押运人员,应当掌握危险货物的性质、危害特性、包装容器的使用特性和发生意外的应急措施;第71条:铁路运输企业和托运人应当按照操作规程包装、装卸、运输危险货物,防止危险货物泄漏、爆炸。

依据《铁路安全管理条例》第87条:运输危险货物不依照法律法规和国家其他有关规定使用专用的设施设备,由铁路监督管理机构责令改正,处2万元以上10万元以下的罚款;第96条:铁路运输托运人将危险化学品谎报或者匿报为普通货物托运的,处10万元以上20万元以下的罚款;在普通货物中夹带危险货物,或者在危险货物中夹带禁止配装的货物的,由铁路监督管理机构责令改正,处3万元以上20万元以下的罚款;第97条:铁路运输托运人运输危险货物未配备必要的应急处理器材、设备、防护用品,或者未按照操作规程包装、装卸、运输危险货物的,由铁路监督管理机构责令改正,处1万元以上5万元以下的罚款;第98条:铁路运输托运人运输危险货物不按照规定配备必要的押运人员,或者发生危险货物被盗、丢失、泄漏等情况不按照规定及时报告的,由公安机关责令改正,处1万元以上5万元以下的罚款;第99条:旅客违法携带、夹带管制器具或者违法携带、托运烟花爆竹、枪支弹药等危险物品或者其他违禁物品的,由公安机关依法给予治安管理处罚;第100条:铁路运输企业有下列情形之一的,由铁路监管部门责令改正,处2万元以上10万元以下的罚款。(1)在非危险货物办理站办理危险货物承运手续;(2)承运未接受安全检查的货物;(3)承运不符合安全规定、可能危害铁路运输安全的货物;(4)未按照操作规程包装、装卸、运输危险货物。

二、危险货物办理站和专用线(专用铁路)的管理

危险货物办理站是站内、专用线、专用铁路办理危险货物发送、到达及中转作业的车站。铁路危险货物办理站分为五种类型:专办站、兼办站、集装箱办理站、专用线接轨站、综合办理站。专办站指主要办理危险货物运输的车站,站内不办理罐车装运的危险货物、普通货物运输或很少办理普通货物运输业务。兼办站指主要办理普通货物运输、兼办危险货物运输的车站。集装箱办理站指

在站内办理危险货物集装箱运输的车站。专用线接轨站指仅在接轨的专用线、专用铁路办理危险货物作业的车站。危险货物罐车装卸作业必须在专用线（专用铁路）办理。综合办理站指前四项中两项以上的车站。综合办理站办理的危险货物运输业务较为复杂，包含前四项中两项以上业务即属于综合办理站。危险货物办理站应根据铁路危险货物运输需求和铁路运力资源配置情况，统一规划，合理布局。办理站的设置应满足危险货物近远期运量的需要，并充分利用铁路运力资源。新建危险货物办理站时应远离市区和人口稠密的区域，与发展危险货物物流园区配套考虑，并与省、自治区、直辖市人民政府或设区的市级人民政府商定符合安全要求的危险货物办理站设置地点。

铁路危险货物专用线是指由企业或者其他单位管理的与国家铁路或者其他铁路线路接轨的岔线。专用铁路是指由企业或其他单位管理，具有自备动力、自备运输工具和一套内部相对完整的运输组织方法的与国家铁路或其他铁路线路接轨的，专为本企业或本单位内部提供运输服务的铁路。专用线和专用铁路专门服务于厂矿企事业单位的铁路运输设备，是我国铁路网延伸的部分。目前，我国约有专用线 11 000 多条。在占全国总货运量 6%～8%的铁路危险货物运量中，仅在专用线（专用铁路）上运输的危险货物约有 85%。《铁路危险货物运输安全监督管理规定》（交通运输部令 2015 年第 1 号）第八条规定，运输危险货物应当在符合法律、行政法规和标准规定，具备相应品名办理条件的车站、专用铁路、铁路专用线间发到。铁路运输企业应当将办理危险货物的车站名称、作业地点（货场、专用铁路、铁路专用线名称）、办理品名及编号、装运方式等信息及时向社会公布。发生变化的，应当重新公布。

中国铁路总公司 2017 年 4 月公布了《铁路办理站危险货物办理限制》，并及时公布变化情况。

第五节　铁路危险货物运输豁免的条件（按照普通货物运输）

对于有些浓度较低，含水量较高而危险性较低的危险货物，或单个包装数量较少且包装较好的危险货物，可按普通货物条件运输的有下列情况。

（1）以容量不超过 2 L 的安瓿瓶盛装的压缩气体。

（2）含氨质量分数 12%以下，相对密度为 0.88 的氨溶液，内包装每瓶 0.5 kg 以下，每箱净重不超过 2 kg。

（3）医药用安瓿瓶包装，每盒 5 瓶×0.2 mL，每箱 300 盒。

（4）含量（质量分数）在 3%以下的动、植物油。

（5）含量（质量分数）3%的双氧水。

（6）含有效氯（质量分数）小于 10% 的氧化性物质。

（7）含有效氯（质量分数）小于 5% 的水溶液。

（8）医药用的四氯乙烯。

（9）含量（质量分数）小于 3.5% 的溴水，内包装小于 1 kg，每箱净重≤20 kg。

（10）含碘（质量分数）小于 50% 的稀碘酒，每瓶 20 mL，10 瓶装一纸盒，外包装为瓦楞纸箱，每箱不超过 16 kg。

（11）成套货物部分配件或货物的部分材料属于危险货物。

（12）放射性物质的包装件外表面最大辐射水平不超过 0.005 mSv/h，包装件外层辅助包装和运输工具外表面放射性污染不超过以下数值：表面净污染 β、γ 和低毒 α 发射体为 0.4 Bq/cm^2，其他 α 发射体为 0.04 Bq/cm^2。

（13）经铁路局批准，可按照普通货物运输的危险货物，限使用棚车或集装箱装运，装车后，货物距车顶部须留有适当空间，防止积热。同时，其包装标志须符合危险货物运输包装的相应规定。本条规定的品名为：

41552 棉花等	42521 活性炭	42522 碳
42523 废氧化铁	42524 椰肉	42525 种子油饼等
42526 鱼粉等	81507 氯铂酸	81509 硫酸氢钾等
81513 三氯化铁等	82502 铝酸钠	83504 氯化锌等
83506 镓	91006 石棉	

91008 蓖麻籽、蓖麻粉、蓖麻油渣、蓖麻片

91005 模塑化合物［呈现揉塑团、薄片或挤压出的绳索状，会放出易燃气体］

91001 救生设备［自动膨胀式，装备中含有危险品］

91012 非自动膨胀式救生设备［装备中含有危险物品］

91017 化学品箱等

91018 熏蒸过的装置

91019 机器中的危险货物等

其中，（1）鱼粉或者鱼屑如在装载时温度超过 35℃ 或者比周围温度高出 5℃（以较高者为准），不得运输，鱼粉或鱼屑在托运时必须至少含有 100/10 000 的抗氧化剂（乙氧基醌）。

（2）豆粕以及菜籽饼、棉籽饼、尼日尔草子饼、大豆饼、花生饼、玉米饼、米糖饼、椰子饼、亚麻仁饼，酒糟等货物禁止采用冷芷车或集装箱运输。

货物包装必须是一次性的，装车前必须对车辆进行清扫，车内须保持干燥，不得残留氧化剂、锯末、炭屑等有机可燃物，货物必须冷却到 40℃ 以下才能装车。

按照普通货物运输条件运输的危险货物,限使用棚车装运,其包装、标志须符合危险货物的相应规定。经铁路局批准可在非危险货物办理站发送的,托运人在货物运单"托运人记载事项"栏内注明"xxx可按普通货物运输"。

第六节 关于铁路危险货物运输的讨论

一、铁路危险货物运输的优势与不足

铁路运输与其他各种现代化运输方式相比较,具有运输能力大、能够负担大量客货运输的优点。此外,铁路运输成本也比公路、航空运输低,运距愈长,运量愈大,单位成本就愈低。铁路一般可以全天候运营,受气候和天气条件影响较小,同时安全可靠程度高,风险远比海洋运输小。采用电力牵引时,可以不使用石油作燃料,具有污染小的特点,有利于环境保护。因此,铁路运输极适合幅员辽阔的大陆国家,适合于运送经常的、稳定的大宗货物,适合运送中长距离的货物运输。

然而,铁路运输的路基、站场等建筑工程初期投资大,建设时间长。始发与终到作业时间长,不利于运距较短的运输业务。受轨道限制,灵活性较差,不能实现门到门运输。目前铁路运输主要还是以煤为主,其余货物运能不足,这就造成了国内大量危险货物仍然在公路上跑,造成了工业化工企业既有的产能不能释放,制约了新项目的发展。生产危险化学品的工业园区比较分散,危险化学品品类、储运要求各不相同,既有的危险货物办理站无法满足所有工业园区的要求。若运输的货物属于危险系数较高的物品时,安全风险较大,一旦发生事故则会造成巨大的人和物的损失。铁路危险货物办理站及专用线的地理位置随着国家城市化进程面临严峻的考验。有的专用线几经改造,或由普通货物装卸线改造而成;线路临时加线、延线,不具有长期性和稳定性。国家铁路产权罐车品种较少,大量品类的危险货物则主要靠企业的自备罐车装运。自备罐车在单程运输卸空后不能装其他货主的货物,便空车返回,导致运力的浪费。危险货物的铁路运输涉及国铁、地方铁路和工企铁路,从属关系上隶属于不同的铁路公司,铁路运营管理需要多家运营单位组织协调,这对中国铁路总公司的内部协作管理提出了要求。所以规范铁路危险货物运输管理、规范铁路危险货物办理站、专用线办理条件、准确掌握危险货物办理情况、夯实管理基础、强化源头控制,才能确保危险货物运输明细化管理取得实效。

二、基于铁路危险货物运输的发展趋势

我国在铁路危险货物运输存在市场机遇与挑战并存、运输安全监督力度加

大、安全监管模式与国家接轨、专业性事故救援保障乏力的发展现状的基础上，借鉴国外危险货物运输经验，提出我国铁路危险货物运输的以下几个发展策略。

（1）建立政府、企业、第三方机构协调机制：国家铁路局负责铁路危险货物运输的相关法律法规、技术标准的制修订及安全检查工作，地区铁路监督管理局具体实施本区域安全监督检查工作，中国铁路总公司和各铁路局集团公司作为经营性企业强化内部管理，在保障安全的前提下与托运人、收货人开展业务合作，遵守合同与协议约定。从事铁路危险货物运输技术资讯及评价的第三方机构应尊重科学、实事求是，客观公正地开展技术咨询和安全评价工作，起辅助决策的作用。

（2）合理选择第三方机构：进行安全评价时选择熟悉铁路货运业务的第三方评价机构；尽可能选择具有相关软硬件实力的机构，以便有针对性地辨识与分析新品名、新包装在运输生产过程中的危险、有害因素，预测发生事故的可能性，提高运输安全的可靠性。

（3）构建综合高效的应急救援体系：铁路危险货物运输事故应急救援工程应结合风险管理、运输方式特性、政府公共管理等多要素，在政策、规划、资源利用与管理等方面有效结合，明确铁路危险货物运输企业在救援中的地位和作用，制定各类危险化学品突发事故科学处置办法，提出一套切实可行的危险化学品运输事故分级响应、责权分明、各司其职、多方协调的救援程序，确保指挥统一、行动有序、配合密切，从而切实保障铁路危险货物运输安全。

参考文献

［1］中华人民共和国国务院.铁路安全管理条例.北京：中国铁道出版社,2013.

［2］中华人民共和国交通运输部.铁路危险货物运输安全监督管理规定.北京：中国铁道出版社,2015.

［3］铁路合作组织.危险货物运送规则.北京：中国铁道出版社,2015.

［4］中国铁路总公司.TG/HY105 - 2017《铁路危险货物运输管理规则》(铁运〔2017〕164号).

［5］苏顺虎.中国铁路危险货物运输技术及安全管理.北京：中国铁道出版社,2010.

［6］熊天文,帅斌.铁路危险货物运输.四川：西南交通大学出版社,2009.

［7］陈泽军.铁路危险货物运输技术与管理.四川：西南交通大学出版社,2012.

［8］钱大琳,罗江浩,姜秀山,等.国内外危险货物运输安全管理.北京：人民交通出版社,2011.

［9］中国铁道企业管理协会运输委员会.铁路危险货物罐车运输.北京：中国铁道出版社,2014.

［10］杨露萍,陆松.铁路危险货物运输发展策略的思考.铁道货运,2016(2)：55 - 58.

第八章
危险品管道运输法规与监管

第一节　危险品管道运输概述

　　危险品管道运输包括厂内和区域内原材料和产品运输、城镇燃气输送和热能输送、油气长程运输。19世纪后期，巴斯夫公司即开始在德国路德维希港建立 Verbund 一体化生产基地。稍后拜耳公司在德国勒沃库森建立了以制造为主、包括物流、技术服务的综合基地，随着产业的分离组合，发展为朗盛化学为主集聚数十家公司生产基地的化工园区，大量化工品和公用工程的管道在园区内跨越不同厂区输送着化工原材料。在德国法兰克福-赫斯特工业园、美国休斯敦工业园，以及上海、南京、张家港等新兴化工区，管道运输也随一体化紧密程度的不同而承担相应的化学品输送功能。即使在独立运营的化工生产、仓储、装卸等场所，也会随工艺和原材料的不同而有着大量的危险品管道运输。

　　管道燃气输送的历史图景中，中国留下了浓墨重彩的一笔，西晋张华《博物志》提到用竹筒盛装天然气，明朝科学家宋应星《天工开物》对管道输送燃气进行了详细描述。城市燃气行业在全球已有200多年的发展历史，1812年德国工程师温泽在英国伦敦创建世界上第一家煤气公司威斯特敏斯特煤气照明与煤炭公司，1816年美国马里兰州巴蒂尔摩将天然气用于街灯照明。1862年香港中华煤气有限公司开业，同年英国商人在上海筹办"大英自来火房"公司建设煤气厂。20世纪后期改革开放后，我国城镇燃气取得了巨大发展，2015年城市居民燃气普及率近95%，种类包括天然气、人工煤气、液化石油气。城镇燃气不仅为居民生活服务，也广泛应用于工商业、发电、交通运输、分布式能源等领域。

　　长程管道运输是继铁路、公路、水运、航空之后的第五大运输业，管道输送具有建设快、占地少、运量大、成本低、污染小、安全可靠及连续流动等特点，许多国家或地区的油气管道已形成管网系统。现代油气长程运输从1865年美国宾夕法尼亚州建成第一条原油输送管道，至今全球在运营的长输油气管道已近400万公里，其中美国各类管道总长度全球第一，管道运输技术也是全球领先，管道运输货物占货物运输总量约20%；俄罗斯管道运输货物占货物运输总量近一半;我国于 1958 年建成第一条从克拉玛依到独山子的原油管道,至今建成陆上油气长输管道近 15 万公里。欧洲、加拿大、中东地区等油气管道运输也很发达。

管道输送承担着大量危险品运输,也发生了一些惨痛的事故,警醒政府机构和行业加强安全管理。近年来国内管道安全事故输送影响较大的有:(1) 2010 年辽宁省大连中石油原油库输油管道发生爆炸,引发大火并造成大量原油泄漏,事故造成作业人员失踪和消防战士牺牲;(2) 2010 年南京市发生两起工厂危险化学品管道泄漏事故,城市发展中逼近包围化工厂的居民区受到严重影响,其中某塑料厂在拆迁中丙烯管道泄漏,发生爆炸事故,并引发大火,造成 20 多人死亡,100 多人住院治疗;(3) 2013 年山东省青岛市中石化东黄输油管道泄漏爆炸特别重大事故造成 62 人死亡、136 人受伤,包括周边居民、路过者和施工队伍人员,直接经济损失 7.5 亿元。

第二节　国外危险品管道运输法规与监管

美国 1968 年制订《天然气管道安全法》,授权运输部(DOT)负责管理油气管道的设计、建设、运营、维修保养以及对油气溢漏事故的应急救护培训;1979 年制订《危险液体管道安全法》;1988 年《油气管道安全再授权法》规定建立突发事件和溢漏事故的应急协作机制;1992 年《天然气管道安全法》扩大 DOT 对油气管道的监察职权,要求对高密度人口居住区域的高敏感环境进行识别;1996 年《可靠的油气管道和安全伙伴关系法》建立风险管理示范项目,建立最低安全标准和操作人员资格认证;2002 年《油气管道安全促进法》规定加强联邦油气管道安全程序,监督油气管道运营商,进行管道安全公众教育,并在高风险区域进行风险分析、执行一体化管理程序。根据 2002 年颁布的《管道安全改进法》,美国设立了国家管道统一呼叫中心,要求施工方拨打"811"电话,与管道运营商进行沟通,共同制定管道的安全保护措施,以避免施工引起管道意外事故。2011 年《管道安全、监管和就业法》取代《天然气管道安全法》与《危险液体管道安全法》,要求提高管道安全标准。

DOT 作为管理油气管道安全的主要机构,其下设研究和特殊计划局为运输行业制定安全标准,包括水路、陆路、空运和管道运输;DOT 下属的管道与危害物质安全管理局 PHMSA 油气管道安全办公室(OPS)履行运营阶段油气管道安全监管职责。联邦能源监管委员会(FERC)是独立的行业监管机构,负责审批和监管州际天然气管道项目。国家运输安全委员会(NTSB)负责事故调查,确定事故发生时的条件和环境、可能的事故原因,提出预防建议,提交调查报告。油气管道作为关系国计民生的国家重要基础设施,是反恐工作重点之一。2002 年美国《国土安全法案及国家保安总统令》授权国土安全部调动国家力量保护重要基础设施和关键资源,运输部和国土安全部在所有运输保安和基础设施保护问题上分工协作。国土安全部信息分析与基础设施保护局主管重要基础设施安保工作。

管道完整性方面,美国两个行业协会 API 与 ASME 在 2001 年分别发布不具法律强制力的 API 1160《危险液体管道完整性管理》和 ASME B31.8S《输气管道系统完整性管理》,介绍了有关概念和方法。2002 年《管道安全性增强案》明确要求识别输气管道的高后果区、实施管道完整性管理计划,包括检测、建立地理信息系统等。随后 DOT 颁布联邦法规对输气管道、输油管道提出具体的完整性管理要求。

加拿大国家能源局是长输管道的管理部门,包括管道的建设与营运、环境保护、安全维护、根据《劳工法》的职业安全等事项;发生事故时,运输安全委员会共同承担调查职责。《加拿大管道法》是加拿大管道系统的基本法规,国家能源局制定《陆上石油天然气管道条例》《管道仲裁委员会处事规则》和《管道公司资料保护条例》等具体规章。加拿大国家能源局与加拿大标准协会合作制订管道安全的技术标准。

欧盟技术法规主要以指令形式颁布,指令规定了长输管道安全运行的基本要求,包括 GPSG《设备与产品安全法》(2004 年)、GG《高压气体管道条例》91/296/EC、《关于通过管道网输送天然气》。为了使法令得到有效实施,欧盟委员会委托欧盟标准化组织等技术组织制定欧洲标准(EN)作为支持指令的技术文件,如 EN 13480《金属工业管道》、EN 16348—2013《天然气基础设施——天然气输送基础设施安全管理体系(SMS)和天然气输送管道完整性管理系统(PIMS)功能要求》。欧盟境内长输管道安全由各成员国相关部门监管。以德国为例,交通建设与城市发展部下属的联邦货物运输管理局(BAG)负责监管原油、成品油、天然气等货物长输管道运输安全和环境安全,制订货物运输规定、审核运输企业并管理经营许可证等。

英国 1996 年制订《管道安全法》,2003 年修订,适用于易燃、有毒、氧化剂等多种危险介质管道运输,由健康安全管理局(UK HSE)下设的天然气和管线部门负责监管。与此相关的法规还有 1962 年《管道法》、1980 年《天然气法》、1996 年《天然气安全条例》、1999 年《重大危险源控制条例》、2006 年《海上安全事件条例》等。英国能源与气候变化部也参与管理天然气石油管道的安全事项。

第三节　国内危险品管道运输法规与监管

我国应急管理部门(包括消防、安全生产职能)是厂内管道、化工区管道、城镇燃气的安全监管部门。在企业内部,管道安全事故为过程安全或设备安全的关注对象,属于企业职业安全和消防监管的范围,建设部门和下属燃气管理机构则是城镇燃气的行业安全管理部门。在油气长输管道中,能源主管部门发挥着重大作用,同时新组建的应急管理部门也承接安监部门等职责,承担部分安全监管职责。

为加强管道安全管理,原国家安监总局于 2012 年公布《危险化学品输送管道安全管理规定》,并于 2015 年修正执行,适用于生产、储存危险化学品的单位在厂区外公共区域埋地、地面和架空的危险化学品输送管道及其附属设施的安全管理;不适用于原油、成品油、天然气、煤层气、煤制气长输管道安全保护和城镇燃气管道的安全管理。规定提出禁止光气、氯气等剧毒气体化学品管道穿(跨)越公共区域;严格控制氨、硫化氢等其他有毒气体的危险化学品管道穿(跨)越公共区域等特定要求。回顾第一章危险货物概念的讨论,如果管道运输单位内部的原料、中间产品或尚未进入出售状态的产品,这样的危险化学品并不属于狭义的"货物"。在原料供应和生产上下游一体化的工业区中,常有危险化学品管道连接两个不同的单位,这时危险化学品的管道运输属于贸易中的货物,法律责任关系比单一所有权的危险化学品运输更为复杂。本规定着重指出对危险化学品管道享有所有权或者运行管理权的单位应当依照有关安全生产法律法规,落实安全生产主体责任,建立、健全有关危险化学品管道安全生产的规章制度和操作规程并实施。危险化学品的危害信息沟通、分类等技术要求属于危险化学品各项安全技术标准的内容,本规定并未涉及。规定针对性要求危险化学品管道应当设置明显标志。GB7231—2016《工业管道的基本识别色、识别符号和安全标识》根据管道内物质,规定了八种基本识别色和颜色标准编号及色样,基本识别色可用不同方法标识,如管道全长标识、管道上色环标识、管道上长方形识别环标识、带箭头的长方形识别色标牌标识、系挂识别标识牌标识。八种识别色如表 8-1 所示。

表 8-1　工业管道八种基本识别色

物质种类	基本识别色	颜色标准编号
水	艳绿	G03
水蒸气	大红	R03
空气	淡灰	B03
气体	中黄	Y07
酸或碱	紫	P02
可燃液体	棕	YR05
其他液体	黑	
氧	淡蓝	PB06

《危险化学品安全管理条例》简要规定管道安全，但适用范围更广，包括厂内管道和长输管道，第6条要求安监部门负责的建设项目安全条件审查包括使用长输管道输送危险化学品；第13条指出生产、储存危险化学品的单位应当对其铺设的危险化学品管道设置明显标志，并对危险化学品管道定期检查、检测。进行可能危及危险化学品管道安全的施工作业，施工单位应当在开工的7天之前书面通知管道所属单位，并与管道所属单位共同制定应急预案，采取相应的安全防护措施。管道所属单位应当指派专门人员到现场进行管道安全保护指导。另外，《中华人民共和国特种设备安全法》、TSG D0001—2016《压力管道安全技术监察规程—工业管道》等从设备管理角度规定了安全要求。管道完整性管理（PIM）技术规范依据GB 32167—2015《油气输送管道完整性管理规范》。

2016年修订的《城镇燃气管理条例》对管道等燃气设施提出概括性技术性要求，没有针对管道安全运营系统全面的管理规定。GB50028—2006《城镇燃气设计规范》规定了设计方面的安全要求。部分省市制订了针对运营阶段燃气管道安全的规定，如《江苏省城镇燃气管道安全保护暂行办法》《上海市燃气管理条例》中的"用气服务与安全"专章、《上海市燃气管道设施保护办法》《深圳市燃气管道安全保护办法》等。

2010年《中华人民共和国石油天然气管道保护法》规定了原油、成品油、天然气、煤层气和煤制气长输管道的安全管理，包括管道规划建设、运营保护、管道建设工程与其他建设工程相遇关系的处理等事项。运营保护具体包括巡护、检测、维修，管道设施周围的作业禁止和施工限制，抢修与应急等内容。该法要求在管道保护距离内已建成的人口密集场所和易燃易爆物品的生产、经营、存储场所，应当由所在地人民政府根据当地的实际情况，有计划、分步骤地进行搬迁、清理或者采取必要的防护措施。需要已建成的管道改建、搬迁或者采取必要的防护措施的，应当与管道企业协商确定补偿方案。能源部门为本法规定的主管部门。2014年原国家安全监管总局办公厅发布《关于调整油气管道安全监管职责的通知》，将油气管道纳入危险化学品安全监管范围。2015年国务院安全生产委员印发《油气输送管道保护和安全监管职责分工》的通知，要求国家发改委、国家能源局承担规划协调和油气管道政策标准制订职责，指导督促油气输送管道企业落实安全生产主体责任；国家安监总局承担项目安全审查、事故调查、督促隐患整改等职责。2017年中共中央、国务院印发《关于深化石油天然气体制改革的若干意见》，要求建立健全油气安全环保体系，提升全产业链安全清洁运营能力，加强油气开发利用全过程安全监管，建立健全油气全产业链安全生产责任体系，完善安全风险应对和防范机制；尚未有具体细则阐明不同部门、机构在改革中的职责与任务。

参考文献

［1］赖元楷. 城市小区中央管道供液化石油气的发展. 城市管理与科技,1996(4)：1-5.

［2］卢海军,赵勇昌,冯治中,等. 美国与加拿大油气管道的安全保护. 油气储运,2013,32(8)：903-907.

［3］吴宗之,王如君. 各司其职靠机制,沟通顺畅有规范——关注油气管道安全管理国外经验篇. 中国安全生产报,2014-05-22(6).

［4］漆敏,路帅,赵东风. 国内外油气管道法律法规及标准体系现状对比分析. 青岛：中国青岛第二届 CCPS 中国过程安全会议,2014.

［5］姚伟. 油气管道安全管理的思考与探索. 油气储运,2014,33(11)：1145-1151.

第九章
国内外化学品快递法规

　　快递业作为现代服务业的重要组成部分，是推动流通方式转型、促进消费升级的现代化先导性产业，特别是随着电子商务的快速发展，快递在人们生产生活中的作用越来越重要。快递中涉及大量化学品，其安全性受到广泛关注，对其规范管理越来越重要。国内外政府对化学品寄递都做出了相关规定。

第一节　国内化学品寄递有关规定

一、《中华人民共和国邮政法》

　　为了保障邮政普遍服务，加强对邮政市场的监督管理，保护用户合法权益，促进邮政业健康发展，适应经济社会发展和人民生活需要，我国在 2015 年修正了《中华人民共和国邮政法》（中华人民共和国主席令第二十五号）。邮政法中第二十四条至第二十六条对快递的收寄做出了有关规定，第七十五条对违反寄递规定的责任进行了界定。其中第二十五条规定"邮政企业应当依法建立并执行邮件收寄验视制度。对用户交寄的信件，必要时邮政企业可以要求用户开拆，进行验视，但不得检查信件内容。用户拒绝开拆的，邮政企业不予收寄。对信件以外的邮件，邮政企业收寄时应当当场验视内件。用户拒绝验视的，邮政企业不予收寄"。第二十六条规定"邮政企业发现邮件内夹带禁止寄递或者限制寄递的物品的，应当按照国家有关规定处理。进出境邮件中夹带国家禁止进出境或者限制进出境的物品的，由海关依法处理"。第七十五条规定"邮政企业、快递企业不建立或者不执行收件验视制度，或者违反法律、行政法规以及国务院和国务院有关部门关于禁止寄递或者限制寄递物品的规定收寄邮件、快件的，对邮政企业直接负责的主管人员和其他直接责任人员给予处分；对快递企业，邮政管理部门可以责令停业整顿直至吊销其快递业务经营许可证。用户在邮件、快件中夹带禁止寄递或者限制寄递的物品，尚不构成犯罪的，依法给予治安管理处罚，造成人身伤害或者财产损失的，依法承担赔偿责任"。

收寄验视制度作为快递安全法律制度的主要内容之一，是保障快递寄送渠道安全的核心制度。然而在实际的操作上，收寄验视一般依靠快递员开箱检查，采用机器进行验视的企业较少，对于快递企业来说，开箱验视一方面会增加企业在人员、设备上的投入，另一方面会增大企业客户流失的风险；对于寄件人来说，会担心个人隐私或商业机密被泄露而拒绝配合，目前收寄验视制度的真正落实还存在一定困难。

二、普通化学品的快递寄递有关规定

1.《邮件快件收寄验视规定(试行)》

2015 年国家邮政局发布的《邮件快件收寄验视规定(试行)》第十五条规定"用户交寄普通化学品，应当出具相关专业机构或有关部门开具的安全证明，封装化学品必须符合寄递安全要求。对用户交寄的普通化学品，邮政企业、快递企业应当在专门的营业场所或安排专门人员收寄验视"。用户在寄递普通化学品的过程中，寄件人需要准确完整地填写快递运单信息，由指定的地点和人员进行专门的普通化学品的收寄，在包装、运输的整个过程中加强防范，确保普通化学品的安全寄递。

2.《危险化学品安全管理条例》

2013 年国务院发布的《危险化学品安全管理条例》(国务院令第 591 号)，对普通化学品中夹带危险化学品的责任进行了有关规定。第六十四条规定"托运人不得在托运的普通货物中夹带危险化学品，不得将危险化学品匿报或者谎报为普通货物托运。任何单位和个人不得交寄危险化学品或者在邮件、快件内夹带危险化学品，不得将危险化学品匿报或者谎报为普通物品交寄。邮政企业、快递企业不得收寄危险化学品。对涉嫌违反本条第一款、第二款规定的，交通部门、邮政部门可以依法开拆查验"。第八十七条对有关责任进行了规定，"有下列情形之一的，由交通部门责令改正，处 10 万元以上 20 万元以下的罚款，有违法所得的，没收违法所得；拒不改正的，责令停产停业整顿；构成犯罪的，依法追究刑事责任……(四) 在托运的普通货物中夹带危险化学品，或者将危险化学品谎报或者匿报为普通货物托运的。在邮件、快件内夹带危险化学品，或者将危险化学品谎报为普通物品交寄的，依法给予治安管理处罚；构成犯罪的，依法追究刑事责任"。

在实际的寄递过程中，快递普通的液体、粉末、膏状物体也会被快递企业禁止，这种行为固然不属于法律法规的规定，而是快递公司在不能判别不明形式的液体、粉末等物质情况下的自发管理手段，有时也是地方重大活动时临时加强的管理措施。

三、危险化学品的快递寄递有关规定

1.《快递暂行条例》

2018 年 3 月,国务院发布《快递暂行条例》(国务院令第 697 号),条例自 2018 年 5 月 1 日起施行。基于快递安全形势比较严峻,危害公共安全的情况时有发生的事实,《快递暂行条例》对快递安全做出了相应的规定。第三十条规定"寄件人交寄快件和经营快递业务的企业收寄快件应当遵守《中华人民共和国邮政法》第二十四条关于禁止寄递或者限制寄递物品的规定。禁止寄递物品的目录及管理办法,由国务院邮政管理部门会同国务院有关部门制定并公布。"第三十一条提出了安全协议,规定"经营快递业务的企业受寄件人委托,长期、批量提供快递服务的,应当与寄件人签订安全协议,明确双方的安全保障义务。"第三十三条对承担责任进行了规定"经营快递业务的企业发现寄件人交寄禁止寄递物品的,应当拒绝收寄;发现已经收寄的快件中有疑似禁止寄递物品的,应当立即停止分拣、运输、投递。对快件中依法应当没收、销毁或者可能涉及违法犯罪的物品,经营快递业务的企业应当立即向有关部门报告并配合调查处理;对其他禁止寄递物品以及限制寄递物品,经营快递业务的企业应当按照法律、行政法规或者国务院和国务院有关主管部门的规定处理。"

该快递条例在制度上牢牢守住安全底线,从收寄上对快递安全进行了详细的规定,有利于快递市场的健康发展。

2.《禁止寄递物品管理规定》

2016 年 12 月国家邮政局、公安部、国家安全部关于发布的最新的《禁止寄递物品管理规定》的通告(具体的禁寄目录参见附录 A),第三条规定所称禁止寄递物品的三种类型包括"危害国家安全、扰乱社会秩序、破坏社会稳定的各类物品;危及寄递安全的爆炸性、易燃性、腐蚀性、毒害性、感染性、放射性等各类物品;法律、行政法规以及国务院和国务院有关部门规定禁止寄递的其他物品",此项通告详细列举了禁寄物品的门类,为企业或个人寄递快递物品及相关责任认定提供法律依据,加强了邮政行业安全管理。

3.《中华人民共和国反恐怖主义法》

我国 2015 年颁布的《中华人民共和国反恐怖主义法》(主席令第 36 号)第二十条和第八十五条也对寄递物品做出了相应的规定。第二十条规定"铁路、公路、水上、航空的货运和邮政、快递等物流运营单位应当实行安全查验制度,对客户身份进行查验,依照规定对运输、寄递物品进行安全检查或者开封验视。对禁止运输、寄递,存在重大安全隐患,或者客户拒绝安全查验的物品,不得运输、寄递"。第八十五条规定"铁路、公路、水上、航空的货运和邮政、快递等物流运营单位有下列情形之一的,由主管部门处十万元以上五十万元以下罚款,并对其直接负责的主管人员和其他直接责任人员处十万元以下罚款：（一）未实行安全查验制度，对客户身份进行查验，或者未依照规定对运输、寄递物品进行安全检查或者开封验视的；（二）对禁止运输、寄递，存在重大安全隐患，或者客户拒绝安全查验的物品予以运输、寄递的；（三）未实行运输、寄递客户身份、物品信息登记制度的"。

2016 年 6 月 14 日，烟台市反恐办根据线索查明，犯罪嫌疑人吕某使用虚假姓名，先后多次通过某快递公司寄送违禁品，已涉嫌犯罪。烟台市反恐办遂下达通报，在调查核实的基础上，依据《中华人民共和国反恐怖主义法》第二十条、第八十五条规定，对该快递公司处以 20 万元的行政罚款，同时对法人代表宋某、主管负责人董某、直接责任人孙某进行行政处罚。2017 年新疆维吾尔自治区反恐怖工作领导小组办公室责成自治区交通厅依据《中华人民共和国反恐怖主义法》，对喀什叶城县某托运部未严格履行三个"100％"责任（100％开箱查验，100％实名登记，100％过机安检）的违法行为作出罚款 30 万元的行政处罚决定。

4.《快递市场管理办法》

2013 年颁布的《快递市场管理办法》（交通运输部令 2013 年第 1 号）第四章第二十九条规定"任何组织和个人不得利用快递服务网络从事危害国家安全、社会公共利益或者他人合法权益的活动"，并明确规定了 6 大类禁止寄递的物品，其中爆炸性、易燃性、腐蚀性、放射性、毒性等危险物品和武器、弹药、麻醉药物、生化制品、传染性物品等对快递安全影响最大。

总而言之，我国法律法规明确规定快递企业不得寄递危险化学品，违反此规定的快递企业和当事人将受到严厉的法律处罚。

第二节　国外化学品寄递有关规定

一、国际组织规定

快递在国外被物流概念覆盖，欧美等国在危险化学品的物流运输上主要参考国际相关组织的规定，如欧洲协定关于危险货物运输的规定《危险货物国际道路运输欧洲公约》（ADR）的规定，国际旅客运输公约中国际危险货物运输 CIV - RID 规定，欧洲协定关于内河危险货物运输的 AND 规定；国际航空运输协会中危险品规则 IATA - Dangerous Goods Regulations （IATA - DGR），国际民用航空组织中国际空运危险货物 ICAO - TI 规则。

在以上提到的国际相关组织的规定中，对于不同的危险化学品各协议里基本上都有有限数量（Limited Quantity，LQ）的规定。如果数量和包装符合相关的有限数量（Limited Quantities）或者例外数量（Excepted Quantities）标准，就可以豁免很多相关的运输规定,为运输这类物质提供极大的方便,降低企业的运输成本。需要注意的是,以有限数量运输时,发运人交付给承运人时,就不是只能将危险货物交给有适当身份的承运人,也可以是快递,甚至个人;另外有限数量和例外数量的豁免对货物的种类、包装、标记和运输单证上提出了更高的要求,以保证运输的安全性。

二、各国内部规定

规则的通用化和标准的一致化也进一步方便了各国之间的危险化学品运输,然而各国面临的国情各异,各国会根据国际组织的相关规定制定本国危险品运输的法律法规,并加以执行。如万国邮政联盟的《万国邮政公约》的相关要求,阐明了按照《规章范本》可以运输的危险货物一般不允许以邮政的方式进行运输,仅有部分特殊的危险货物可以国际邮寄运输,但是各国国内运输会有各国内部的规定,以中国为例,则规定所有的危险货物都不允许通过快递进行寄递,没有特殊危险货物可以豁免。

在美国,对危险化学品的道路运输公司有以下规定:(1)需要在联邦汽车运输安全局 FMCSA 注册;(2)申请并通过联邦汽车运输安全局 FMCSA 的安全评级;(3)获得美国运输部的运输许可,运输车辆上需要有相关执照;(4)任何危险品的运输公司需要在管道和有害物质安全局 PHMSA 注册;(5)公司需要有充足的保证金,如危险化学品的运输需要 1 000 000 到 5 000 000 美金的保证金。

在德国,表 9-1 展示了德国五大快递公司运输危化品的比较,主要包含是否允许危险品运输;是否需要和快递站商定;是否有有限数量;是否存在国际快递这四大方面。以 DPD 为例,如果托运人需要运送危险货物,必须首先与快递站签署危险货物运输合约;DPD 只送到卡车可以达到的地区,不送到德国或其他欧洲国家的岛屿;DPD 提供数量有限的危险货物运输服务;DPD 国际快递的运输范围覆盖比利时、丹麦、法国、卢森堡、荷兰、挪威、奥地利、波兰、葡萄牙、瑞士、斯洛伐克、斯洛文尼亚、西班牙,提供"门到门"的运输服务。

表 9-1　德国五大快递公司运输危化品比较

公司	允许合法危险品快递	需要和快递站商定	是否限于 LQ	允许国际快递
Hermes	否	—	—	—
UPS	否	—	—	—
DPD	是	国内不需要,国际需要	否	仅限几个欧洲国家
GLS	是	需要	—	否
DHL	是	国内不需要,国外需要	是	覆盖一定国家和地区

三、国际快递公司

FedEx、DHL、UPS 三大快递公司作为快递服务的重要提供商,在危险化学品的运输上都严格遵守上述 IATA 和 ADR 规定,但在不同国家各快递公司也会在成本效率、安全性上进行考量,划出相应的危险品运输范围,挑选出合适的危险品运输种类。如果要通过快递公司发送货物的话,用户首先可以查询国际快递公司对外公布的经批准的危险品快递服务清单(Approved Country List of Dangerous Goods Service Area),了解国际快递中危险货物寄递的物品种类,联络当地的快递公司危险品专家,对要运送的货物类型进行认定,进行针对性的包装运输。

第三节　解决途径的思考

一、邮政、快递和物流的区别

在我国,邮政、快递和物流都属于流通领域的服务行业。邮政,是由国家管理或直接经营寄递各类邮件(信件或物品)的通信部门,具有通政、通商、通民的特点,根据国家标准《邮政业术语》,邮政为社会提供邮件寄递服务、邮政汇兑服务以及国家规定的其他服务。快递是指在承诺的时限内快速完成的寄递,寄递则是指将信件、包裹、印刷品等物品按照封装上的名址递送给特定人或者单位的活动,包括收寄、分拣、运输、投递等环节。而物流在国家标准《物流术语》中定义则是指物品从供应地到接收地的实体流动过程。除定义之外,邮政、快递和物流在运营主体、服务范围、定价机制、服务时效等方面都有所区别,如表 9-2 所示。快递企业不断开展重货运输业务,有越来越物流化的趋势,物流企业也不断开展快递业务,向快递领域渗透,两者的界限未来将越来越模糊。

表 9-2　邮政、快递和物流服务对比

	邮　政	快　递	物　流
运营主体	中国邮政集团公司及其提供邮政服务的全资企业和控股企业	除邮政企业之外提供快递服务的企业	企业自营物流、第三方物流企业
经营范围	以私人信件、单件重量不超过五千克的印刷品和单件重量不超过十千克包裹为主	以商务文件、资料、小型物品为主	以大型物品、大批量货物为主;可分为整车物流和零担物流

续表

	邮　　政	快　　递	物　　流
定价机制	遵从万国邮联关于让所有人可以接受的低价原则,制定并执行全国统一的具有公益性质的低价的固定资费标准	遵从价值规律,依服务效率是市场供求关系而定;单位价格相比较高	遵从价值规律,依服务效率和市场供求关系而定
服务时效性	较慢	快	较慢

在化学品的流通上,由于教学科研、医疗卫生、房屋装潢、企业生产运营所需的零星小批量危险品需求量巨大,目前我国危险货物的承运人必须具备相关运输资质,同时满足危险货物运输的相关规定,小包装危险货物是禁止采用快递运输的,只能通过有资质的专业的物流公司来运送;邮政管理部门负责依法查处寄递危险化学品的行为。

二、危险化学品快递事故

近年来,我国快递业高速发展,业务量已连续三年居世界第一。2017 年,全国快递服务企业业务量累计完成 400.6 亿件,同比增长 28%;业务收入累计完成 4 957.1 亿元,同比增长 24.7%。但在快递行业蓬勃发展的同时,由于部分无运输危险化学品资质的普通快递企业收件验收不规范,导致普通快件中掺杂了零星危险化学品或其他违禁品,从而发生爆燃、爆炸、危险品泄漏、毒包裹等"夺命"快递事件。近年来影响比较大的事故如下。

2013 年 11 月,圆通潍坊捷顺通快递有限公司因收取的违规的有毒化学品氟乙酸甲酯在运输过程中气体发生了泄漏,污染了同车的其他 154 件快递,并造成了 1 死 9 伤的严重后果。

2015 年 9 月,广西柳州快递包裹爆炸案,犯罪嫌疑人通过自己投放和谎称寄送包裹雇人运送的方式,制造 17 起包裹爆炸事件,并导致 7 人死亡 2 人失联,另有 52 人不同程度受伤。

2016 年武汉洪山某快递公司一个包裹内冒出白色烟雾,快递员吸入烟雾后,出现头晕症状,原因在于包裹内是危险化学品草酰氯,这种无色发烟液体遇潮气或水分发生分解,释放出有害的氯化氢。

中国现行所有的法律均禁止邮政快递企业寄送危险化学品,危险化学品样品须通过有危险品运输资质的公司运送,但是,一方面教学科研、医疗卫生、房屋装潢、企业生产运营所需的零星小批量危险品需求量巨大,另一方面因有危险品运输资质的公司使用的是专用的运输装备和人员,故其运输价格与普通货物运输有非常高的价差(危险化学品的运输一般是按 1 000 kg 计算,不足

1 000 kg 的按 1 000 kg 收费),与少量样品寄送需求不适应,寄送成本非常高。为此,在实际操作过程中,部分寄件方为规避危险品运输的费用和复杂手续,不顾样品潜在的危害,采用瞒报、谎报为非危险化学品的方法,走普通快递服务网络。而部分快递公司由于安全意识薄弱未严格执行邮件收寄验视,导致"夺命"快递事件时有发生。一味地禁止并不能从根本上解决危险化学品的寄送问题,更不能保证快递的安全,应该寻求"有效监管"和"理性疏通"相结合的方法来解决危险化学品快递寄递安全问题。

三、发展建议

首先,构建我国危险化学品快递安全无缝隙化安全管理体系。从全局、整体、集成、无缝隙的原则出发,构建一条覆盖"快件接收—干线运输—快件中转—快件投递—客户接收"的危险化学品寄递责任链,并对现有相关政府管理部门(交通部、公安部、安监总局、质监总局、工商总局、卫计委、环保部等)进行组织协调,打破传统安全管理部门各自为政的现象,确保危险化学品快递作业全流程信息能够在企业与监管部门、监管部门之间流动顺畅,达到无缝隙化安全管理。

其次,向快递业开放危险化学品运输资质。政府可以在验视设备、包装材料、操作流程、操作人员场所等方面制定相应的标准,对符合要求的快递企业开放资质,在不对社会造成危害的前提下,用配备专业车辆、人员和各种技术手段的快递企业来满足社会的小额和零星的危险化学品快递运输需求,避免不必要的人力、资金和设备浪费,减少企业走非正规渠道运输危险化学品的可能,引导企业按法律法规要求正确输送危险化学品样品。

最后,鼓励具有危险化学品运输资质的物流公司开展危险化学品快递服务。目前,具有运输资质的物流公司运输危险化学品存在的主要问题是运输费用过高,因此,针对危险化学品快递量小、频次高、需求分散等特点,鼓励物流公司开发危险化学品快递专用的包装设备、运输设备、仓储设备、分拣设备、投递设备等,降低危险化学品快递成本,引导用户使用物流公司寄递危险化学品。

附录 A 禁止寄递物品指导目录

一、枪支(含仿制品、主要零部件)弹药

二、管制器具

三、爆炸物品

1. 爆破器材:如炸药、雷管、导火索、导爆索、爆破剂等。

2. 烟花爆竹:如烟花、鞭炮、摔炮、拉炮、砸炮、彩药弹等烟花爆竹及黑火药、烟火药、发令纸、引火线等。

3. 其他：如推进剂、发射药、硝化棉、电点火头等。

四、压缩和液化气体及其容器

1. 易燃气体：如氢气、甲烷、乙烷、丁烷、天然气、液化石油气、乙烯、丙烯、乙炔、打火机等。

2. 有毒气体：如一氧化碳、一氧化氮、氯气等。

3. 易爆或者窒息、助燃气体：如压缩氧气、氮气、氦气、氖气、气雾剂等。

五、易燃液体

如汽油、柴油、煤油、桐油、丙酮、乙醚、油漆、生漆、苯、酒精、松香油等。

六、易燃固体、自燃物质、遇水易燃物质

1. 易燃固体：如红磷、硫黄、铝粉、闪光粉、固体酒精、火柴、活性炭等。

2. 自燃物质：如黄磷、白磷、硝化纤维（含胶片）、钛粉等。

3. 遇水易燃物质：如金属钠、钾、锂、锌粉、镁粉、碳化钙（电石）、氰化钠、氰化钾等。

七、氧化剂和过氧化物

如高锰酸盐、高氯酸盐、氧化氢、过氧化钠、过氧化钾、过氧化铅、氯酸盐、溴酸盐、硝酸盐、双氧水等。

八、毒性物质

如砷、砒霜、汞化物、铊化物、氰化物、硒粉、苯酚、汞、剧毒农药等。

九、生化制品、传染性、感染性物质

如病菌、炭疽、寄生虫、排泄物、医疗废弃物、尸骨、动物器官、肢体、未经硝制的兽皮、未经药制的兽骨等。

十、放射性物质

如铀、钴、镭、钚等。

十一、腐蚀性物质

如硫酸、硝酸、盐酸、蓄电池、氢氧化钠、氢氧化钾等。

十二、毒品及吸毒工具、非正当用途麻醉药品和精神药品、非正当用途的易制毒化学品

1. 毒品、麻醉药品和精神药品：如鸦片（包括罂粟壳、花、苞、叶）、吗啡、海洛因、可卡因、大麻、甲基苯丙胺（冰毒）、氯胺酮、甲卡西酮、苯丙胺、安钠咖等。

2. 易制毒化学品：如胡椒醛、黄樟素、黄樟油、麻黄素、伪麻黄素、羟亚胺、邻酮、苯乙酸、溴代苯丙酮、醋酸酐、甲苯、丙酮等。

3. 吸毒工具：如冰壶等。

十三、非法出版物、印刷品、音像制品等宣传品

十四、间谍专用器材

十五、非法伪造物品

十六、侵犯知识产权和假冒伪劣物品

十七、濒危野生动物及其制品

十八、禁止进出境物品

如有碍人畜健康的、来自疫区的以及其他能传播疾病的食品、药品或者其他物品；内容涉及国家秘密的文件、资料及其他物品。

十九、其他物品

《危险化学品目录》《民用爆炸物品品名表》《易制爆危险化学品名录》《易制毒化学品的分类和品种目录》《中华人民共和国禁止进出境物品表》载明的物品和《人间传染的病原微生物名录》载明的第一、二类病原微生物等，以及法律、行政法规、国务院和国务院有关部门规定禁止寄递的其他物品。

化学品危害分类与信息传递

第三篇

第十章
联合国 GHS 制度简介

第一节 产 生 背 景

随着化学工艺的不断发展，各式各样的化学制品不断走进人们的日常生活，从医药到农药，从食品到化妆品，从化肥到石油，人们的吃穿住行都离不开化学品。化学品的出现极大改善了人们的生活质量，提升了人类的幸福指数。

但是我们也清楚认识到，很多化学品对人类健康和环境安全都存在一定程度的威胁。有些化学品在生产、存储、运输、操作和使用等环节，稍有不慎就可能形成重大安全事故，造成巨大的损失。2015 年发生的天津港"8.12"爆炸事件就是由于化学品的存储不当引发的安全事故，据统计事故共计造成 165 人遇难、798 人受伤、304 幢建筑物、12 428 辆商品汽车、7 533 个集装箱受损，已核定的直接经济损失 68.66 亿元。因此，化学品的安全管理已成为世界各国普遍关注的重大国际性问题之一。

为此，早在 1956 年联合国危险货物专家委员会就制定了第一部有关危险货物运输的国际法规，并作为《联合国关于危险货物运输建议书 规章范本》（TDG 法规）对外发布。TDG 法规对危险货物的运输危险性、包装要求以及标签等做了统一规定，其技术内容也已被多数成员国以及国际海事组织（IMO）、国际民用航空组织（ICAO）等国际组织转化为本国或特定运输方式的危险货物运输法规或技术标准。

此外，欧盟、美国以及加拿大等国家/地区也先后建立了各自的危险物质分类、包装和标签制度。

但是，随着化学品国际贸易的全球化以及人类对化学品危害认识的逐步深入，上述这些不同国际组织/国家发布的化学品管理制度存在如下缺陷。

1. 危害分类标准不统一

由于国际组织和各国对化学品危险性认识的不同，同一种化学品在不同国家具有不同的分类标准。例如，一种化学品的 LD_{50}（经口，大鼠）为

260 mg/kg①,在联合国 GHS 制度实现之前,在欧盟该物质属于有害,但在美国则被认为有毒。

危害分类标准的不统一还阻碍了化学品贸易的全球化,由于标准不统一,同一个产品出口不同国家/地区需要根据不同的标准进行重复分类,包装和标签,对于企业而言,这无形中既增加了贸易成本,又耗费了时间。

2. 危害分类不全面

联合国 TDG 法规是针对危险货物运输危险性的分类,其重点关注货物在运输环节的易燃易爆以及对人体和环境的急性危害,未考虑对人体健康的慢性危害,例如化学品的致癌性、生殖毒性以及致突变性等危害,欧盟、美国等发达国家的化学品危害分类体系也存在类似问题。

近年来因化学品慢性危害引发的食品安全事故时有发生,其中典型事故有2011 年 4 月,台湾发生的"塑化剂"事件,台湾卫生部门在例行抽验食品时,在一款"净元益生菌"粉末中发现,里面含有塑化剂 DEHP。经事后追查,DEHP来源于食品添加剂"起云剂"。DEHP 最大的危害则是生殖毒性,它会损害男性生殖能力并促使女性性早熟,特别是对于正处于内分泌和生殖系统发育期的婴幼儿来说危害极大。

鉴于现行制度存在的上述缺点和不足,为了统一各国的化学品分类标准,加强化学品对人类和环境慢性危害的管理,在 1992 年联合国环境与发展大会上通过的《21 世纪议程》文件中首次提出了"如有可行的话,到 2000 年应当提供全球化学品统一分类和与之配套的标签制度"的目标。这也是在联合国层面,首次提出制定 GHS 制度的目标。

在 GHS 具体起草过程中,国际劳工组织(ILO)、经济合作与发展组织(OECD)以及联合国危险货物运输问题专家小组委员会(UNCETDG)承担了主要工作,其中 OECD 主要负责化学品健康和环境危害的分类工作,ILO/UNCETDG 主要负责化学品物理危险性分类和危险信息公示的工作。

1999 年 10 月,联合国经济及社会理事会通过了第 1995/65 号决议,将原联合国危险货物运输问题专家小组委员会更名为"危险货物运输及全球化学品统一分类和标签制度专家委员会",在其下设立"危险货物运输专家小组委员会"和"全球统一分类与标签制度专家小组委员会"。2002 年 12 月联合国全球化学品统一分类与标签制度专家小组第一届会议上正式以中、英、法等五种语言公开发布了 GHS 制度第一版,由于其封面为紫色,所以又称为"紫皮书"。

---

① 经口 LD_{50} 是指一定时间内经口给予一种物质或混合物后,使受试动物发生死亡概率为50%时的剂量,其单位是以单位体重的受试动物所接受的受试物质量,因此又称为半致死剂量。LD_{50} 值越小,说明物质/混合物的急性毒性越强。

2002 年 9 月 4 日,联合国在南非约翰内斯堡召开的可持续发展全球首脑会议上通过的《行动计划》文件中提出,鼓励各国尽早执行 GHS 制度,以期到 2008 年能够全面执行起来。

自发布之日起,GHS 制度每两年发布一个修订版本。截至 2018 年 4 月,最新版本为 GHS 制度第七修订版。

第二节 制 定 目 的

如前所述,GHS 制度的出台有其时代的必然性。一方面,越来越多的化学品被生产出来,并进入流通、存储和销售领域。各式各样含有化学品的商品成为人们日常生活吃穿住行的必需品。另一方面,各国现行关于化学品分类的标准不统一,对危害认识的程度也不够全面。因此,GHS 的出台和全球各国的不断推进和实施,预期可带来如下的便利。

1. 更好地保护人类健康和环境安全

GHS 制度在借鉴了欧盟、美国以及加拿大三个国家/地区有关化学品危害分类的基础上,将化学品的致癌性、生殖毒性、致突变性、对臭氧层的破坏等潜在慢性危害纳入了分类考虑的范畴,这无疑提高了人类对化学品危害的认识程度,因此依据 GHS 确定的化学品危害分类标准,很多之前被认为"无害"的化学品将重新被分类为有害的,从而加强了对这一类化学品的合理管控。

2. 提供一个公认的化学品分类框架

在 GHS 制度出台之前,世界各国对化学品危害的管理水平参差不齐,其中欧盟、美国以及加拿大等发达国家起步早,先后在 20 世纪 50 年代发布了针对本国化学品危害分类和危害公示的法规或制度,而发展中国家由于经济发展的落后,对化学品危害的认识起步较晚,部分国家由于缺少技术指导,迟迟无法实现对化学品危害的管理。而联合国 GHS 制度作为一个现成的全球统一的化学品管理制度,既可以统一各国已有的分类标准,也可为尚未建立本国化学品管理制度的国家提供一个值得借鉴的法律框架。

3. 减少化学品试验和评估的需求

由于 GHS 制度统一了各国关于化学品危害分类的标准,同一化学品在国际贸易流通时,只须进行一次试验或评估,避免了之前由于各国标准不统一,而须反复多次试验的局面。这一方面可帮助化学品生产和贸易企业节约人力和财力,推动了化学品的国际贸易,同时另一方面可以减少对动物试验的需求,实现对动物福利的保护。

第三节　主　要　内　容

联合国 GHS 制度作为一项全球化学品危害分类和标签制度,其主要内容由以下两个方面组成。

一、确定化学品危害分类的统一标准

GHS 制度根据化学品危害性质的不同,将其分为物理危害、健康危害以及环境危害,其中物理危害主要关注化学品易燃、易爆以及氧化性等危害。在 GHS 制度(第七修订版)中,化学品的物理危害细分为 17 个大类,具体见表 10 - 1。

表 10 - 1　GHS 制度中的 17 类物理危害

爆炸物	发火固体
易燃气体	发火液体
气雾剂	自热物质和混合物
氧化性气体	遇水放出易燃气体的物质和混合物
高压气体	氧化性固体
易燃液体	氧化性液体
易燃固体	有机过氧化物
自反应物质和混合物	金属腐蚀剂
退敏爆炸物①	

如表 10 - 1 所示,物理危害主要是由化学品自身的物理和化学性质引起,比如有机过氧化物主要是指化学结构中有 R—O—O—R′ 结构的有机物;而遇水反应放出易燃气体则是用于描述那些遇水能发生剧烈化学反应,同时释放出易燃气体的物质或混合物(如碱金属等)。

健康危害顾名思义主要是描述化学品通过吸入、皮肤接触以及食入等途径进入人体后,在短期和长期的时间范围内对人体所产生的各种有害效应。在 GHS 制度(第七修订版)中,化学品的健康危害细分为 10 个大类,具体见表 10 - 2。

---

① 退敏爆炸物是联合国 GHS 制度(第七修订版)新增加的一项物理危害。

表 10 - 2　GHS 制度中的 10 类健康危害

急性毒性	致癌物
皮肤腐蚀/刺激	生殖毒性
严重眼损伤/眼刺激	特定靶器官毒性（单次接触）
呼吸或皮肤致敏物	特定靶器官毒性（重复接触）
生殖细胞致突变物	吸入危害

如表 10 - 2 所示，GHS 制度将化学品对人体的长期危害（如致癌性、生殖毒性）都纳入了分类的考虑范畴，这也体现了 GHS 制度出台的目的之一：加强对人类健康的保护。

环境危害主要是指化学品对大气、水和土壤中各种生物的有害效应。目前在 GHS 制度（第七修订版）中，环境危害仅考虑化学品对水中各种生物长期和短期的危害，以及对臭氧层的破坏效应，对于土壤和大气的其他危害暂时未纳入分类考虑的范畴，GHS 制度中的两类环境危害见表 10 - 3。

表 10 - 3　GHS 制度中的两类环境危害

危害水环境	危害臭氧层

二、确定化学品危害公示的统一方式

确定化学品危害的统一分类标准，对化学品的物理、健康和环境危害进行全方面评估的最终目的之一就是要将化学品的所有危害通过有效的方式沿着供应链向下游的潜在暴露者进行传递，以提醒所有接触和操作化学品的人员，比如生产工人、运输工人、仓储人员以及应急人员、后续的废弃处置人员等相关从业人员在进行操作或应急处置时能采取科学有效的防范措施，以降低化学品各种危害对人类和环境的影响。因此，GHS 制度确定了化学品危害公示的统一方式：安全数据单（又称为"安全技术说明书"，SDS）和安全标签。

SDS 和安全标签可以将化学品已知的各种危害（物理、健康和环境危害）进行科学统一的公示，同时还针对化学品的生产、存储、泄漏、消防等各类操作和处置给予了科学有效的建议。因此，化学品生产商有责任为自己生产的化学品编制一份准确的 SDS，并沿着化学品的供应链向下游传递，同时在产品的外包装上须加贴一份准确的安全标签，以帮助下游用户能快速识别包装内化学品的各类危害，以及应该采取的科学防范措施。

第十一章

化学品 GHS 分类体系

第一节 物理危害分类体系

一、爆炸物

1. 定义

爆炸物顾名思义就是有爆炸性的物质、混合物以及物品。在联合国 GHS 法规中,根据其存在形式以及爆炸原理的不同,可以分为爆炸性物质(或混合物)、烟火物质(或混合物)、爆炸性物品以及烟火物品四类,具体定义如下。

(1)爆炸性物质(或混合物),是一种固态或液态物质(或混合物),其本身能够通过化学反应产生气体,而产生气体的温度、压力和速度之大,能对周围环境造成破坏。

(2)烟火物质(或混合物),是用来通过非爆炸、自持性放热化学反应,产生热、光、声、气体、烟等一种或多种效应的物质或混合物。

(3)爆炸性物品,含有一种或多种爆炸性物质或混合物的物品。但不包括以下装置:其中所含爆炸性物质或混合物由于其数量或特性,在意外或偶然点燃或引爆后,不会由于迸射、发火、冒烟、发热或巨响而在装置之外产生任何效应。

(4)烟火物品,含有一种或多种烟火物质或混合物的物品。

2. 分类标准

根据联合国 GHS 的分类标准,爆炸物包括不稳定爆炸物以及非不稳定爆炸物两类,其中不稳定爆炸物由于其对热不稳定和/或太过敏感,因而不能正常装卸、运输和使用;非不稳定爆炸物根据爆炸性程度的不同,又细分为以下六项。

(1)1.1 项:有整体爆炸危险的物质、混合物和物品。

(2)1.2 项:有迸射危险,但无爆炸危险的物质、混合物和物品。

(3)1.3 项:有燃烧危险和轻微爆炸危险或轻微迸射危险,或同时兼有这两种危险,但没有整体爆炸危险的物质、混合物和物品,这类爆炸品有如下特点。

① 燃烧能产生大量的辐射热;

② 它们相继燃烧,可产生轻微爆炸或迸射效应或两者兼有。

（4）1.4 项：不呈现重大危险的物质、混合物和物品。这类爆炸品在点燃或引爆时仅产生较小危险,其影响范围主要限于包装件内,射出的碎片预计不大,射程也不远。外部火烧不会引起包装件内几乎全部内装物的瞬间爆炸。

（5）1.5 项：有整体爆炸危险,且非常不敏感的物质或混合物。这些物质和混合物有整体爆炸危险,但非常不敏感以致在正常情况下引发或由燃烧转为爆炸的可能性非常小。

（6）1.6 项：没有整体爆炸危险,且极其不敏感的物品。这些物品主要含极其不敏感的物质或混合物,而且意外引爆或传播的概率微乎其微。

3. 分类指导

实验室在对爆炸物进行试验分类时,需要按照《联合国关于危险货物运输的建议书：试验和标准手册》(以下简称《试验手册》)中规定的系列 1～7 试验方法,对其爆炸性、敏感性和热稳定性进行测试,再根据七个系列测试结果,对爆炸性进行具体判断。具体分类流程可以分为两步,具体如图 11-1 所示。

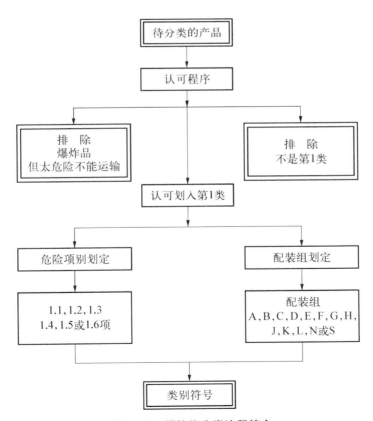

图 11-1　爆炸物分类流程简介

图 11-1 中的第一步认可试验,主要是通过试验系列 1~4,确定待分类的爆炸物潜在的爆炸性,以确认其化学/物理的稳定性和敏感度是可接受的,是否可列入爆炸品范畴。

第二步主要是针对非不稳定爆炸物,根据试验结果对其爆炸性进行细分,明确危险项别和配装组。

表 11-1　试验系列 1~7 简介

试验系列	试　验　目　的
系列 1	确定测试物是否有爆炸性潜力
系列 2	确定测试物是否太不敏感,不符合爆炸品的定义
系列 3	判定测试物的热稳定性,排除太危险不能以试验形式直接运输的物质
系列 4	通过将测试物包装或封闭后进行试验,以排除禁止以密封和包装形式运输的物质
系列 5	确定测试物是否能够划入 1.5 项
系列 6	将测试物划入 1.1 项、1.2 项、1.3 项和 1.4 项
系列 7	确定测试物是否能够划入 1.6 项

除了通过试验对爆炸物进行危险性分类外,也可以通过以下 4 种方式对待分类的爆炸物进行初步筛选和识别。

（1）化学结构筛选

化学物质的爆炸性与分子内在是否存在特定化学基团有关。具有爆炸性化学基团的化学物质能够通过化学反应,使得周围环境的温度或压力迅速上升,从而形成爆炸效应。常见的爆炸性原子基团如表 11-2 所示。

表 11-2　常见的爆炸性化学基团

爆炸性化学基团	示　　例
C—C 不饱和键	炔烃、乙炔类化合物、1,2-二烯烃类
C-金属键	格氏试剂
N-金属键	有机锂化合物(如丁基锂)
$R-N_3$ 键	叠氮化物(如叠氮化钠)
$R-N=N-R'$ （R 或 R′ 为脂肪族烃基）	脂肪类偶氮化合物
$R-N+\equiv N$	重氮盐
$R-N-N-R'$	肼类化合物
$R-SO_2-NH-NH_2$	磺酰肼类化合物(如,苯磺酰肼)

续表

爆炸性化学基团	示　　例
R—O—O—R′	过氧化物
	臭氧化物
N—O 键	羟胺类,硝酸盐,硝基化合物,亚硝基化合物,N-氧化物,1,2-噁唑类
N—R 键(R 为卤素)	氯胺类,氟胺类
O—R 键(R 为卤素)	氯酸盐,高氯酸盐,亚碘酰化合物

如表 11－2 所示,如果物质不含有任何爆炸性化学基团,则可以基本判定该物质不具有爆炸性,无须进行烦琐的实验测试。

(2) 计算氧平衡

如果物质中含有表 11－2 中的爆炸性化学基团,且分子中含有氧原子,则可以通过计算其氧平衡,以确定物质是否需要进一步的实验室测试。如果计算得到的氧平衡值大于－200,则该物质需要进行系统的爆炸性测试,方可确定其爆炸性,反之则可以排除其属于爆炸物的可能。

根据下列化学反应式(11－1)和数学公式(11－2)来计算物质的氧平衡值。

$$C_x H_y O_z + \left[x + \left(\frac{y}{4} \right) - \left(\frac{z}{2} \right) \right] \times O_2 \rightarrow x CO_2 + \left(\frac{y}{2} \right) H_2 O \quad (11-1)$$

$$氧平衡值 = -1\,600 \times \left[2x + \left(\frac{y}{2} \right) - z \right] / 相对分子质量 \quad (11-2)$$

物质的氧平衡只是预计物质潜在爆炸性的一种方式,不能作为物质爆炸性唯一的判定依据,有些物质的氧平衡值虽然大于－200,但也有可能没有爆炸性,比如水的氧平衡值为零,但水明显没有爆炸性。

(3) 根据分解能[①]和分解起始温度进行判定

对于含有一个或多个爆炸性化学基团的有机物质(或均匀混合物),当其放热分解能小于 500 J/g,或放热分解起始温度大于等于 500℃时,可以排除其爆炸性可能。

(4) 根据无机氧化物的含量进行判定

对于无机氧化性物质和有机物的混合物,当无机氧化性物质的浓度满足如下条件时,可以排除其爆炸性可能。

---

① 物质的分解能可根据《联合国关于危险货物运输的建议书:试验和标准手册》第 20.3.3.3 节进行测试。

① 物质的氧化性[①]属于第 1 类或第 2 类，且总含量（质量分数）小于 15%；

② 物质的氧化性属于第 3 类，且总含量（质量分数）小于 30%。

4. 分类举例

示例：利用物质的氧平衡值，对三硝基甲苯（TNT）进行爆炸性判定。

三硝基甲苯（TNT）的基本信息[②]如表 11-3 所示。TNT 的结构式中有三个硝基，属于表 11-2 中的 N—O 爆炸性化学基团，且根据公式（11-1）和（11-2）计算其氧平衡值为 -74，大于 -200，因此 TNT 是有爆炸性的，属于潜在的爆炸物。

表 11-3 TNT 的基本信息

物 质 参 数	基 本 信 息
CAS 号	118-96-7
分子式	$C_7H_5N_3O_6$
结构式	
相对分子量	227.13
氧平衡值	-74

二、易燃气体

1. 定义

易燃气体是指在 20℃ 和 101.3 kPa 标准压力下，与空气有易燃范围[③]的气体。部分易燃气体除了具有易燃性外，还可在空气中发生自燃，或者化学性质特别活泼，属于不稳定的气体。针对这两种化学性质，联合国 GHS 制度在易燃气体的大类下面又设了两个小类，具体如下。

（1）发火气体：在空气中容易发生自燃的易燃气体；

（2）化学性质不稳定气体：在即使没有空气或氧气的条件下，也能发生爆炸性反应的易燃气体。

2. 分类标准

易燃气体、发火气体和化学不稳定气体的分类标准如表 11-4 所示。

---

① 氧化性液体的危险性分类参见第十三节，氧化性固体的危险性分类参见第十四节。

② 基本信息来源于 ECHA 注册物质信息数据库（https://echa.europa.eu/information-on-chemicals/registered-substances）。

③ 易燃范围是指易燃气体在空气中的易燃浓度上限与下限之间的差值，在一些文献资料中，气体的易燃浓度上下限又称为气体在空气中发生爆炸的浓度上下限。

表 11-4 易燃气体分类标准

类 别			分 类 标 准
1A	易燃气体		在 20℃和 101.3 kPa 标准压力下： ① 在与空气的混合物中，其所占的体积分数小于等于 13%时可点燃的气体； ② 不论易燃浓度下限如何，与空气混合时，其易燃浓度范围至少为 12 个百分点的气体。
	发火气体		在等于或低于 54℃时可在空气中自燃①的易燃气体。
	化学不稳定气体	A	在 20℃和 101.3 kPa 标准压力下，化学性质不稳定的易燃气体
		B	温度高于 20℃和/或压强大于 101.3 kPa 时，化学性质不稳定的易燃气体
1B	易燃气体		满足类别 1A 的易燃气体，但既不属于发火气体，也不属于化学不稳定气体，并满足以下条件之一： ① 与空气混合物的易燃下限大于 6%； ② 燃烧速率小于 10 cm/s。
2	易燃气体		在 20℃和 101.3 kPa 标准压力下，除类别 1 中的气体之外，与空气混合时有易燃范围的气体。

如表 11-4 所示，易燃气体整体分为类别 1 和类别 2 两个大类，其中类别 1 细分为 1A 和 1B 两个小类，而类别 1A 又根据化学性质的不同，细分为易燃气体、发火气体和化学不稳定气体三个小类。

3. 分类举例

典型的易燃气体、发火气体以及化学不稳定气体如表 11-5 所示。

表 11-5 典型易燃气体举例

序 号	气体名称	危 害 分 类
1	氢气	类别 1A（易燃气体）
2	一氧化碳	类别 1A（易燃气体）
3	磷化氢	类别 1A（易燃气体）
4	乙炔	类别 1A（化学不稳定气体 A 类）
5	环氧乙烷	类别 1A（化学不稳定气体 A 类）
6	乙硅烷	类别 1A（发火气体）
7	氨气	类别 2

---

① 发火气体自燃不一定立即发生，有可能延时发生。

三、气雾剂

1. 定义

气雾剂（又称气溶胶、烟雾剂），是任何不可再装填的贮器，用金属、玻璃或塑料制成，内装压缩、液化或加压溶解的气体，包含或不包含液体、膏剂或粉末，配有释放装置，可使内装物喷射出来，形成在气体中悬浮的固态或液态微粒或形成泡沫、膏剂或粉末或处于液态或气态。

根据上述定义，气雾剂有以下几个特点。

（1）贮器是不可再装填的，有些产品比如气体钢瓶、打火机虽然装有压缩气体，但由于容器可以反复装填，不可划分为气雾剂。

（2）要有释放装置，这是气雾剂产品发挥功能的必要装置之一，如果产品没有释放装置，也不可划为气雾剂。

（3）要内装气体，气雾剂中的气体主要作用是在打开释放装置的瞬间，将内装物喷出，实现产品的功能。

根据气雾剂喷出物的性状，可将气雾剂分为以下两类。

（1）喷雾气雾剂：喷出物在空气中形成气体、气雾或烟雾，例如，杀虫气雾剂、空气清新剂、烟雾彩带等。

（2）泡沫气雾剂：喷出物在空气中形成泡沫或膏状物，例如，剃须泡沫和摩丝。

2. 分类标准

气雾剂根据其化学成分、化学燃烧热以及相关实验检测[①]结果，划分为以下三类（表 11 - 6）。

表 11 - 6　气雾剂分类标准

类　别	分　类　标　准
1	（1）所含易燃成分[②]（质量分数）≥85％，且化学燃烧热≥30 kJ/g； （2）喷雾气雾剂：点火距离试验，发生点火的距离≥75 cm； （3）泡沫气雾剂：泡沫试验中，火焰高度≥20 cm，且火焰持续时间≥2 s，或火焰高度≥4 cm，且火焰持续时间≥7 s

① 喷雾气雾剂主要有点火距离和封闭空间试验。泡沫气雾剂主要有泡沫点火试验。具体检测方法参见本册的第三章。

② 易燃成分仅指易燃气体、易燃液体和易燃固体，不包括发火、自热或遇水反应放出易燃气体的组分，因此这类成分禁止用作气雾剂的内装物。

续表

类 别	分 类 标 准
2	(1) 所含易燃成分(质量分数)＜85％,且化学燃烧热＜30 kJ/g; (2) 喷雾气雾剂:点火距离试验,发生点火的距离≥15 cm,＜75 cm,且化学燃烧热＜20 kJ/g;或点火距离试验,发生点火的距离＜75 cm,且化学燃烧热≥20 kJ/g;或点火距离试验中未发生点火,且封闭空间试验的时间当量≤300 s/m³ 或爆燃密度≤300 g/m³; (3) 泡沫气雾剂:泡沫点火试验中,火焰高度≥4 cm,火焰持续时间≥2 s,且不满足类别 1 的标准
3	(1) 所含易燃成分(质量分数)≤1%,且化学燃烧热①＜20 kJ/g; (2) 喷雾气雾剂:不满足类别 1 和类别 2 的标准; (3) 泡沫气雾剂:不满足类别 1 和类别 2 的标准

四、氧化性气体

1. 定义

氧化性气体,是指通过提供氧气,比空气更能引起或促使其他物质燃烧的任何气体。氧化性气体通常需要根据 ISO 10156 确定的标准或计算方法进行试验检测或计算评估,其中计算方法见分类指导。

2. 分类标准

氧化性气体的分类标准如表 11-7 所示。

表 11-7 气雾剂分类标准

类 别	分 类 标 准
1	可通过提供氧气,比空气更能引起或促使其他物质燃烧的任何气体

3. 分类指导

ISO 10156 给出了一种通过计算气体氧化能力(OP)的方法,具体如公式(11-3)所示。如果气体计算所得的氧化力大于 0.235,则可认为该气体属于氧化性气体。

$$OP = \sum_{i=1}^{n} X_i C_i / \left(\sum_{i=1}^{n} X_i + \sum_{k=1}^{p} K_k B_k \right) \qquad (11-3)$$

式中　X_i——混合物中氧化性气体 i 的摩尔分数;

　　　C_i——混合物中氧化性气体 i 的氧当量系数;

---

① 组分的化学燃烧热(ΔH_c)是其理论燃烧热(ΔH_{comb})和燃烧效率的乘积,燃烧效率通常小于 1.0(典型的燃烧效率为 0.95)。化学燃烧热可以根据 ASTM D 240、ISO/FDIS 13943:1999(E/F)86.1 到 86.3 和 NFPA 30B 检测。

K_k——混合物中惰性气体 k 的氮当量系数；

B_k——混合物中惰性气体 k 的摩尔分数；

n——混合物中氧化性气体的总数；

p——混合物中惰性气体的总数。

ISO 10156：2010 中给出了常见气体的 C_i 和 K_k 值，具体分别见表 11-8 和表 11-9。

表 11-8 　常见气体的氧当量系数

气体名称	氧当量系数 C_i	气体名称	氧当量系数 C_i
双三氟甲基过氧化物	40[a]	一氧化氮	0.3
五氟化溴	40[a]	二氧化氮	1[b]
三氟化溴	40[a]	三氟化氮	1.6
氯气	0.7	一氧化二氮	0.6
五氟化氯	40[a]	三氧化二氮	40[a]
三氟化氯	40[a]	二氟化氧	40[a]
氟	40[a]	臭氧	40[a]
五氟化碘	40[a]	四氟肼	40[a]

a 对于未经测试的氧化性气体，其氧当量系数（C_i）固定取值 40。
b 该值来源于三氟化氮和一氧化氮。

表 11-9 　常见气体的氮当量系数

气体名称	氮当量系数 K_k	气体名称	氮当量系数 K_k
氮气	1	氙气	0.5
二氧化碳	1.5	二氧化硫	1.5
氦气	0.9	六氟化硫	4
氩气	0.55	四氟化碳	2
氖气	0.7	八氟丙烷	1.5
氪气	0.5		

4. 分类举例

某混合气体由氧气、一氧化二氮和氦气三种组成，具体含量、氧当量系数以及氧当量系数如表 11-10 所示。

根据公式 11-3，计算该气体混合物的氧化能力为 0.201，小于 0.235，因此该气体混合物不划入氧化性气体。

表 11 - 10 样品的基本信息

组 分	含量/%	氧当量系数 C_i	氮当量系数 K_k
一氧化二氮	16	0.6	不适用
氧气	9	1	不适用
氮气	75	不适用	0.9

五、高压气体

1. 定义

高压气体是指在 20℃ 时,以不低于 200 kPa(表压)的压力装入贮器的气体。根据气体在贮器中的物理状态和临界温度的不同,高压气体可以分为压缩气体、液化气体、溶解气体和冷冻液化气体四种。

2. 分类标准

四种高压气体的分类标准见表 11 - 11。

表 11 - 11 高压气体的分类标准

类 别	分 类 标 准
压缩气体	在－50℃加压封装时完全处于气态的气体,包括所有临界温度①≤－50℃的气体
液化气体	在高于－50℃的温度下加压封装时,部分是液体的气体。它又分为 (a) 高压液化气体:临界温度在－50℃和＋65℃之间的气体; (b) 低压液化气体:临界温度高于＋65℃的气体
溶解气体	封装时由于其温度低而部分是液体的气体
冷冻液化	加压封装时溶解于液相溶剂中的气体

六、易燃液体

1. 定义

易燃液体是指闪点②小于等于 93℃ 的液体。易燃液体是日常生产、贸易和使用环节最常见的化学品之一,小到女士的指甲油,大到汽车使用的汽油都属于易燃液体。易燃液体在受热,尤其是当温度高于其闪点时,极易被点燃。因此,液体的闪点越低,其易燃性越高。

---

① 气体可以被冷凝为液体的最高温度。气体在高于该温度时,无论怎么压缩,气体都不能被液化。
② 闪点是指在 101.3 kPa 标准压力下,液体的蒸气与空气混合后可被点燃的最低温度。根据测量方式的不同,闪点可分为闭杯闪点和开杯闪点,此处用于分类的是指闭杯闪点,具体测试方法见第十七章第五节易燃液体试验。

2. 分类标准

根据液体的闪点、初沸点的不同,易燃液体可以分为四个类别,具体见表 11 - 12。

表 11 - 12　易燃液体的分类标准

类　别	分　类　标　准
1	闪点<23℃,初沸点①≤35℃
2	闪点<23℃,初沸点>35℃
3	闪点≥23℃但≤60℃
4	闪点>60℃但≤93℃

对于闪点大于 35℃,小于等于 60℃ 的易燃液体,在运输时根据联合国 TDG 法规等运输法规的规定,如果液体不可持续燃烧,则可将其视为非易燃液体。

七、易燃固体

1. 定义

易燃固体是指易于燃烧或通过摩擦可能引起燃烧或助燃的固体。易于燃烧的固体通常为粉末状、颗粒状或糊状物质,在与点火源(如火柴)短暂接触,即可燃烧,如果火势迅速蔓延,可造成危险。

2. 分类标准

根据固体的燃烧速率或燃烧时间的不同②,易燃固体可以分为两个类别,具体见表 11 - 13。其中,金属粉末是以其燃烧时间,而非燃烧速率。

表 11 - 13　易燃固体的分类标准

类　别	分　类　标　准
1	燃烧速率试验 (1) 非金属粉末的固体物质或混合物: ① 潮湿部分不能阻燃; ② 燃烧时间<45 s 或燃烧速率>2.2 mm/s (2) 金属粉末:燃烧时间≤5 min
2	燃烧速率试验 (1) 非金属粉末的固体物质或混合物: ① 潮湿部分能阻燃至少 4 min; ② 燃烧时间<45 s 或燃烧速率>2.2 mm/s (2) 金属粉末:燃烧时间>5 min,且≤10 min

①　初沸点是指液体的蒸气压力等于标准压力(101.3 千帕),即第一个气泡出现时的温度。
②　具体试验方法见第十七章第一节。

在对易燃固体进行分类时,应首选进行一个甄别试验①,对待分类的固体进行一个易燃性的初筛,只有通过甄别试验的固体方须进行下一步的燃烧速率试验。

3. 分类举例

示例:已知某固体粉末(非金属粉末)通过了甄别试验,6 次 10 cm 燃烧试验的时间分别为 44 s、40 s、49 s、45 s、37 s 和 41 s,且燃烧火焰未能通过润湿段,请根据试验结果对其易燃性进行分类。

(1)固体通过了甄别试验。(2)固体燃烧 10 cm 的 6 次试验中有 4 次小于 45 s。(3)潮湿部分能够阻止燃烧火焰的蔓延。

结合表 11 - 13 的分类标准,该固体应该属于易燃固体的类别 2。

八、自反应物质或混合物

1. 定义

自反应物质或混合物,是指即使在没有氧气(或空气)参与下,也能进行强烈放热分解的热不稳定液态或固态物质或者混合物。自反应物质或混合物在受热或与催化性物质(例如酸、重金属、碱)接触时,能发生剧烈的发热分解反应,部分物质在热分解时可能释放毒性或腐蚀性气体。爆炸物、有机过氧化物和氧化性物质②虽然也具有类似热不稳定性,但其不属于自反应物质或混合物。

2. 分类标准

自反应物质或混合物根据热不稳定性或潜在爆炸性的不同,可分为以下 A 型～G 型七个类别。如表 11 - 14 所示,A 型自反应物质热稳定性最差,其在实际贸易中是禁止运输的。对于自加速分解温度(SADT)③小于等于 55℃的自反应物质或混合物,在运输、存储或使用时,都要对其进行控温,以避免其发生热分解或爆炸。

表 11 - 14 自反应物质或混合物分类标准

类　　别	分　　类　　标　　准
A 型	在包装件中可能起爆④或迅速爆燃的自反应物质或混合物
B 型	具有爆炸性,且在包装件中不会起爆或迅速爆燃,但可能发生热爆炸的自反应物质或混合物

---

① 具体试验方法见第十七章第一节。
② 氧化性混合物如组分中含有 5%或更多的可燃有机物,则须按照自反应混合物进行分类。
③ 自加速分解温度(SADT)是指物质或混合物在包装件内发生自加速分解的最低温度。
④ 起爆又称爆轰,是指爆炸物被引爆后,以高于声速进行的快速化学反应。它是一个伴有大量能量释放的化学反应传输过程。反应区前沿为一以超声速运动的激波。

类　别	分　类　标　准
C 型	具有爆炸性,且在包装件中不会起爆或迅速爆燃或发生热爆炸的自反应物质或混合物
D 型	自反应物质或混合物在实验室试验中: (1) 部分起爆,不迅速爆燃,在封闭条件下加热时不呈现任何剧烈效应; (2) 根本不起爆,缓慢爆燃,在封闭条件下加热时不呈现任何剧烈效应; (3) 根本不起爆和爆燃,在封闭条件下加热时呈现中等效应
E 型	在实验室试验中,既不起爆,也不爆燃,在封闭条件下加热时呈现微弱效应或无效应的自反应物质或混合物
F 型	在实验室试验中,既不起爆,也不爆燃,在封闭条件下加热时只呈现微弱效应或无效应,而且爆炸力弱或无爆炸力的自反应物质或混合物
G 型[①]	自反应物质或混合物在实验室试验中: (1) 既不在空化状态下起爆,也不爆燃,在封闭条件下加热时显示无效应,而且无任何爆炸力; (2) 该物质或混合物是热稳定的[②]; (3) 对于液体混合物,所用脱敏稀释剂的沸点大于或等于 150℃

3. 分类指导

与爆炸物类似,在对自反应物质或混合物进行分类时,除了根据试验结果进行归类外,也可以根据其化学结构式、自加速分解温度或分解热进行初步识别。

(1) 化学结构筛选

与爆炸物类似,自反应物质的热不稳定性也与其分子中含有特定的化学基团或化学键有关。当有机物的分子结构中不含有爆炸性化学基团(表 11 - 2)或自反应化学基团(表 11 - 15)时,可以初步判断该有机物不属于自反应物质。

表 11 - 15　常见具有自反应性的化学基团

自反应性化学基团	示　　例
相互反应的基团	氨基腈类,卤代苯胺类,氧化性酸的有机盐
S=O 键	磺酰卤,磺酰氰,磺酰肼
P—O 键	亚磷酸酯或盐类
有张力的环	环氧化物,氮杂环丙烷类
不饱和键	链烯烃类,氰酸酯或盐类

---

① 　如果混合物不是热稳定的,或所用脱敏稀释剂的沸点低于 150℃,则该混合物应定为 F 型自反应物质。

② 　所谓热稳定是指物质或混合物的 50 kg 包装件的 SADT 在 60～75℃ 之间。

（2）自加速分解温度和分解热筛选

对于单一的有机物质或多种有机物的均匀混合物,如果其自加速分解温度（SADT）大于 75℃,或分解热小于 300 J/g 时,可以初步判断该有机物不属于自反应物质或混合物。

4. 分类举例

《联合国关于危险货物运输的建议书 规章范本》第 2.4.2.3 节中列出了已知危险性分类的自反应物质,部分物质分类结果见表 11－16。

表 11－16 常见自反应性物质

CAS 号	中 文 名	危险分类	备 注
101－25－7	发泡剂 H	C 型自反应固体	
133－55－1	N,N′－二亚硝基－N,N′－二甲基对苯二酰胺	C 型自反应固体	
13601－08－6	四氨基硝酸钯（Ⅱ）	C 型自反应固体	须控制温度的
15557－00－3	氯化锌－3－氯－4－二乙氨基重氮苯	D 型自反应固体	
1576－35－8	4－甲苯磺酰肼	D 型自反应固体	
105185－95－3	氯化锌－3－（2－羟乙氧基）－4（吡咯烷－1－基）重氮苯	D 型自反应固体	须控制温度的
13472－08－7	2,2′－偶氮－二－（2－甲基丁腈）	D 型自反应固体	须控制温度的
135072－82－1	4－二甲基氨基－6－（2－二甲基氨乙基氧基）甲苯－2－重氮氯化锌盐	D 型自反应固体	须控制温度的
15545－97－8	2,2′－偶氮－二－（2,4－二甲基－4－甲氧基戊腈）	D 型自反应固体	须控制温度的
14726－58－0	四氯锌酸－2,5－二丁氧基－4－（4－吗啉基）－重氮苯（2∶1）	E 型自反应固体	
142－22－3	二甘醇双（碳酸烯丙酯）	E 型自反应液体	须控制温度的

九、发火液体

1. 定义

发火液体是指即使数量很小,也能在与空气接触 5 min 之内发生自燃的液体。发火液体一旦暴露于空气中,会迅速与空气或氧气或水汽发生剧烈的化学放热反应,当温度到了其自燃温度时,即可发生自燃。

发火液体的自燃不需要接触外部点火源（例如,火花、火焰、热源等其他能量源）,常见的发火液体主要为有机金属（二甲基锌,三甲基镓）及其衍生物和有机膦及其衍生物。

发火液体最大的特点是：（1）数量很少；（2）与空气短时间接触即可自燃。这是区别于自热物质或混合物[1]的关键，自热物质或混合物只有在数量很大，与空气接触很长时间后才能缓慢发生自燃。

2. 分类标准

发火液体的具体分类标准见表 11 - 17。

表 11 - 17　发火液体分类标准

类　别	分　类　标　准
1	加到惰性载体上暴露于空气中 5 min 之后便燃烧，或与空气接触 5 min 内便燃烧或使滤纸碳化的液体

十、发火固体

1. 定义

发火固体是指即使数量很小，也能在与空气接触 5 min 之内发生自燃的固体。与发火液体类似，发火固体在暴露于空气中，会与空气或氧气或水汽迅速发生剧烈的化学放热反应，当温度到了其自燃温度时，即发生自燃。

常见的发火固体主要为有机金属及其衍生物、有机膦及其衍生物，以及金属粉末。需要注意的是部分金属粉末（例如铝粉）虽然在与空气接触时极易燃烧，但是其与空气接触能迅速在表面形成一个惰性的氧化阻隔层，从而能有效避免金属继续与空气发生反应，这类金属的粉末是不属于发火固体的。

2. 分类标准

发火固体的具体分类标准见表 11 - 18。

表 11 - 18　发火固体分类标准

类　别	分　类　标　准
1	与空气接触 5 min 内便燃烧的固体

3. 分类指导

根据发火固体的分类标准，可以从物质或混合物的日常生产或存储经验，对其是否属于发火固体做一个快速判断。如果该物质或混合物能长时间在室温下与空气接触，不会自燃，则可判断其不属于发火固体。

---

[1]　自热物质或混合物的分类见第十一章第一节。

十一、自热物质和混合物

1. 定义

自热物质或混合物,是只须通过与空气接触,发生化学反应就可自行发热的固态或液态物质或混合物。这类物质或混合物不同于发火液体或固体,只能在数量较大(以 kg 计),并经过较长时间(例如几小时或几天)后才会燃烧。

物质或混合物发生自热是一个缓慢的化学反应过程,是物质或混合物与空气中的氧气逐渐发生反应产生热量,如果热产生的速度超过热损耗的速度,该物质或混合物的温度便会上升。经过一段时间的诱导,可能导致自发点火和燃烧。

2. 分类标准

根据物质或混合物在边长 25 mm 或 100 mm 立方形容器中,在 $100\sim140℃$ 下暴露于空气中是否发生自热,对其自热性进行分类,具体标准见表 11-19。

表 11-19 自热物质和混合物分类标准

类 别	分 类 标 准
1	25 mm 立方体试样在 140℃ 试验时发生自热
2	(1) 100 mm 立方体试样在 140℃ 试验时发生自热[①],25 mm 立方体试样在 140℃ 试验未发生自热,并且该物质或混合物将装在体积大于 3 m^3 的包件内; (2) 100 mm 立方体试样在 140℃ 试验时发生自热,25 mm 立方体试样在 140℃ 试验未发生自热,100 mm 立方体试样在 120℃ 试验发生自热,并且该物质或混合物将装在体积大于 450 L 的包件内; (3) 100 mm 立方体试样在 140℃ 试验时发生自热,25 mm 立方体试样在 140℃ 试验未发生自热,并且 100 mm 立方体试样在 100℃ 试验发生自热

3. 分类豁免情况

当物质或混合物满足以下任一条件时,可判断其不属于自热物质或混合物。

情况 1:体积为 27 m^3 试样发生自热的温度高于 50℃,则不属于自热物质或混合物;

情况 2:体积为 450 L 试样发生自热的温度高于 50℃,则不属于自热物质或混合物类别 1。

---

① 当立方体中的试样温度高于测试温度 60℃ 或试样发生自燃,即可认为发生自热。

十二、遇水放出易燃气体的物质和混合物

1. 定义

遇水放出易燃气体的物质或混合物，是指与水接触，易自燃或释放出危险数量易燃气体的固态或液态物质或混合物。物质或混合物遇水（包括浸湿或与潮湿的空气）发生化学反应的性能取决于其分子结构、水溶性以及物理状态等因素[1]，而且不同物质或混合物遇水反应可释放出危害性质不同的气体（包括易燃气体、毒性气体或腐蚀性气体）。

2. 分类标准

根据物质或混合物遇水释放易燃气体的速率不同，可以将其分为三类，具体见表 11-20。

表 11-20   遇水放出易燃气体的物质和混合物分类标准

类 别	分 类 标 准
1	任何物质或混合物，在室温下遇水起剧烈反应，且产生的气体有自燃倾向，或在室温下遇水反应，且每千克试样每分钟释放易燃气体的体积都等于或大于10 L
2	任何物质或混合物，在室温下遇水反应，且每千克试样每小时释放易燃气体的最大体积等于或大于 20 L，并且不符合第 1 类的标准
3	任何物质或混合物，在室温下遇水反应，且每千克试样每小时释放易燃气体的最大体积等于或大于 1 L，并且不符合第 1 类和第 2 类的标准

3. 分类豁免情况

当物质或混合物满足以下任一条件时，可判断其不属于易燃气体的物质和混合物。

情况 1：物质或混合物的化学结构式中不含金属（如 Zn、Na、K 等）或类金属（如 B、Si、As 等）；

情况 2：生成或存储经验表明物质或混合物不与水反应，例如物质是用水生成或用水冲洗的；

情况 3：已知物质或混合物可溶于水，并形成稳定的混合物。

十三、氧化性液体

1. 定义

氧化性液体，是本身未必可燃，但通常会产生氧气，引起或有助于其他物质

---

[1]   物理状态的不同会影响其与水接触的比表面积，从而影响放出气体速率。

燃烧的液体。

2. 分类标准

在对氧化性液体进行危险性试验时,须将待测液体与纤维素丝的混合物置于密闭空间内,通过加热引发其发生爆炸或燃烧,根据密闭空间内压力上升的时间与参考物质进行比较,对其进行危害分类,具体分类标准见表 11-21。

表 11-21　氧化性液体分类标准

类　别	分　类　标　准
1	物质(或混合物)与纤维素①按质量比 1∶1 混合后进行试验时,可自发着火;或显示的平均压力上升时间小于 50％高氯酸与纤维素按质量比 1∶1 混合后的平均压力上升时间
2	物质(或混合物)与纤维素按质量比 1∶1 混合后进行试验时,显示的平均压力上升时间小于或等于 40％氯酸钠水溶液与纤维素按质量比 1∶1 混合后的平均压力上升时间,并且不符合类别 1 的分类标准
3	物质(或混合物)与纤维素按质量比 1∶1 混合后进行试验时,显示的平均压力上升时间小于或等于 65％硝酸水溶液与纤维素按质量比 1∶1 混合后的平均压力上升时间,并且不符合类别 1 和类别 2 的分类标准

表 11-21 中提及的三种参考物质本身都是已知的氧化性液体,而且其氧化性的强弱顺序为:50％高氯酸＞40％氯酸钠水溶液＞65％硝酸水溶液。

3. 分类豁免情况

对于有机物或其混合物,在满足以下任一条件时,可判断其不属于氧化性液体。

情况 1:物质或混合物不含氧原子、氟原子或氯原子;

情况 2:物质或混合物含氧原子、氟原子或氯原子,但这些原子通过化学键只与碳或氢原子连接;

情况 3:对于无机物或其混合物,如不含有氧原子或卤原子,则可判断其不属于氧化性液体。

十四、氧化性固体

1. 定义

氧化性固体,是本身未必可燃,但通常会产生氧气,引起或有助于其他物质燃烧的固体。

---

①　如果样品与纤维素丝的混合物在试验中可发生其他化学反应而引起压力上升,须用硅藻土之类的惰性物质代替纤维素重复实验。

2. 分类标准

在对氧化性固体进行危险性试验时,有两种试验方法,一种是将待测固体与纤维素丝的混合物进行燃烧试验,根据燃烧所需的时间与参考物质进行比较对其进行分类;另一种是将待测固体与纤维素丝的混合物进行燃烧试验,根据混合物质量燃烧损失速率与参考物质进行比较对其进行分类。具体分类标准见表 11-22 和表 11-23。

物质或混合物只要满足表 11-22 或表 11-23 中的任一标准就可将其视为氧化性固体。

表 11-22　氧化性固体分类标准 1

类　别	分　类　标　准
1	物质(或混合物)与纤维素按质量比 4∶1 或 1∶1 混合后进行试验时,显示的平均燃烧时间小于溴酸钾与纤维素按质量比 3∶2 混合后的平均燃烧时间
2	物质(或混合物)与纤维素按质量比 4∶1 或 1∶1 混合后进行试验时,显示的平均燃烧时间小于溴酸钾与纤维素按质量比 2∶3 混合后的平均燃烧时间,并且不符合类别 1 的分类标准
3	物质(或混合物)与纤维素按质量比 4∶1 或 1∶1 混合后进行试验时,显示的平均燃烧时间小于溴酸钾与纤维素按质量比 3∶7 混合后的平均燃烧时间,并且不符合类别 1 和类别 2 的分类标准

表 11-23　氧化性固体分类标准 2

类　别	分　类　标　准
1	物质(或混合物)与纤维素按质量比 4∶1 或 1∶1 混合后进行试验时,显示的平均燃烧速率大于过氧化钙与纤维素按质量比 3∶1 混合后的平均燃烧速率
2	物质(或混合物)与纤维素按质量比 4∶1 或 1∶1 混合后进行试验时,显示的平均燃烧速率大于等于过氧化钙与纤维素按质量比 1∶1 混合后的平均燃烧速率,并且不符合类别 1 的分类标准
3	物质(或混合物)与纤维素按质量比 4∶1 或 1∶1 混合后进行试验时,显示的平均燃烧速率大于等于过氧化钙与纤维素按质量比 1∶2 混合后的平均燃烧速率,并且不符合类别 1 和类别 2 的分类标准

分类标准 1 和 2 在对氧化性固体进行分类时,主要区别如下:

(1)标准 1 关注的是试验混合物的燃烧时间,标准 2 关注的是混合物燃烧时质量损失的速率;

(2)标准 1 中的参考物质是溴酸钾,标准 2 中的参考物质是过氧化钙。

3. 分类豁免情况

对于有机物或其混合物,在满足以下任一条件时,可判断其不属于氧化性固体。

情况 1：物质或混合物不含氧原子、氟原子或氯原子；

情况 2：物质或混合物含氧原子、氟原子或氯原子，但这些原子通过化学键只与碳或氢原子连接。

对于无机物或其混合物，如不含有氧原子或卤原子，则可判断其不属于氧化性固体。

十五、有机过氧化物

1. 定义

有机过氧化物是指含有二价—O—O—结构的液态或固态有机物质。从化学结构式分析，有机过氧化物可以看作过氧化氢（H—O—O—H）中一个或两个氢原子被有机基团取代，所形成的衍生物。

由于分子中—O—O—化学键的热不稳定性，有机过氧化物可能具有下列一种或几种性质：（1）易于爆炸分解；（2）迅速燃烧；（3）对撞击或摩擦敏感；（4）与其他物质发生危险反应。

有机过氧化物本身未必有氧化性，或者只是有微弱的氧化性。

2. 分类标准

有机过氧化物根据试验中是否发生起爆，爆燃或者其他热效应，可分为 A 型～G 型七个类别，具体标准如表 11-24。如表 11-24 所示，A 型有机过氧化物热稳定性最差，其在实际贸易中是禁止运输的。

表 11-24 有机过氧化物分类标准

类 别	分 类 标 准
A 型	在包装件中可能起爆或迅速爆燃的有机过氧化物
B 型	具有爆炸性，且在包装件中不会起爆或迅速爆燃，但可能发生热爆炸的有机过氧化物
C 型	具有爆炸性，且在包装件中不会起爆或迅速爆燃或发生热爆炸的有机过氧化物
D 型	有机过氧化物在实验室试验中： （1）部分起爆，不迅速爆燃，在封闭条件下加热时不呈现任何剧烈效应； （2）完全不起爆，缓慢爆燃，在封闭条件下加热时不呈现任何剧烈效应； （3）完全不起爆和爆燃，在封闭条件下加热时呈现中等效应
E 型	在实验室试验中，既不起爆，也不爆燃，在封闭条件下加热时呈现微弱效应或无效应的有机过氧化物
F 型	在实验室试验中，既不在空化状态下起爆，也不爆燃，在封闭条件下加热时只呈现微弱效应或无效应，而且爆炸力弱或无爆炸力的有机过氧化物

续表

类　别	分　类　标　准
G 型[①]	有机过氧化物在实验室试验中： (1) 既不在空化状态下起爆，也不爆燃，在封闭条件下加热时显示无效应，而且无任何爆炸力； (2) 该物质或混合物是热稳定的[②]； (3) 对于液体混合物，所用脱敏稀释剂的沸点大于或等于 150℃

由于有机过氧化物对热不稳定，因此在实际存储、运输以及操作时，以下三种类型的有机过氧化物必须对其进行控温：

(1) 自加速分解温度(SADT)小于等于 50℃ 的 B 型和 C 型有机过氧化物；

(2) D 型有机过氧化物，在封闭条件下加热时显示中等效应，且 SADT 小于等于 50℃；或者在封闭条件下加热时显示微弱或无效应，SADT 小于等于 45℃；

(3) 自加速分解温度(SADT)小于等于 45℃ 的 E 型和 F 型有机过氧化物。

3. 分类指导

除了根据试验结果，对有机过氧化物进行准确分类外，当有机过氧化物满足以下任一条件时，可判断其不属于有机过氧化物。

情况 1：有机过氧化物的有效氧含量小于等于 1.0%，而过氧化氢含量小于等于 1.0%；

情况 2：有机过氧化物的有效氧含量小于等于 0.5%，而过氧化氢含量大于 1.0%，但小于等于 7.0%。

有机过氧化物的有效氧含量(%)可按照公式 11-4 进行计算，具体如下。

$$有效氧含量 = 16 \times \sum_{i}^{n} \left(\frac{n_i \times C_i}{m_i} \right) \tag{11-4}$$

式中　n_i——有机过氧化物 i 每个分子的过氧基数目；

　　　c_i——有机过氧化物 i 的浓度(质量百分比)；

　　　m_i——有机过氧化物 i 的分子量

4. 分类举例

《联合国关于危险货物运输的建议书 规章范本》第 2.4.2.3 节中列出了已知危险性分类的有机过氧化物，部分物质分类见表 11-25。

---

① 如果混合物不是热稳定的，或所用脱敏稀释剂的沸点低于 150℃，则该混合物应定为 F 型有机过氧化物。

② 所谓热稳定是指物质或混合物的 50 kg 包装件的 SADT 大于等于 60℃。

表 11－25 常见有机过氧化物

CAS 号	中文名	物质含量(质量分数)%	物性状态	A 型稀释剂	B 型稀释剂	惰性固体	水	危险性分类
107－71－1	过氧乙酸叔丁酯	>52%且≤77%	—	≥23%	—	—	—	B 型有机过氧化物
107－71－1	过氧乙酸叔丁酯	>32%且≤52%	—	≥48%	—	—	—	C 型有机过氧化物
107－71－1	过氧乙酸叔丁酯	≤32%	—	—	≥68%	—	—	F 型有机过氧化物
123－23－9	过氧化二琥珀酸	>72%且≤100%	—	—	—	—	—	B 型有机过氧化物
123－23－9	过氧化二琥珀酸	≤72%	—	—	—	—	≥28%	D 型有机过氧化物,控制温度的

如表 11－25 所示,有机过氧化物由于其受热不稳定,在实际运输、使用或存储时,通常需要加入不同类型惰性的退敏剂(包括稀释剂、固体或水)进行退敏处理,以降低其对热、摩擦、碰撞的敏感度,从而可阻止有机过氧化物在发生泄漏或火灾时被浓缩到危险浓度,进而发生爆炸等危险事故。

十六、金属腐蚀物

1. 定义

金属腐蚀物是指通过化学反应,严重损坏或破坏金属的物质或混合物。

金属腐蚀物在接触金属时可与其发生不可逆的电化学反应,从而导致金属表面或整体发生严重损毁。物质或混合物对金属的腐蚀性一方面与其自身的化学性质(如水溶液的 pH 值)有关,另一方面也与金属材料的性质和结构有关。

2. 分类标准

根据试样对钢或铝在一定温度下的腐蚀速率,对其腐蚀性进行分类,具体分类标准见表 11－26。

表 11－26 金属腐蚀物分类标准

类 别	分 类 标 准
1	在 55℃试验温度下对钢或铝表面的腐蚀速率超过每年 6.25 mm。

3. 分类指导

金属腐蚀物的化学结构式有一些共性,具有以下化学结构或性质的物质或混合物应该考虑划入金属腐蚀物[①]：

（1）具有酸性或碱性官能团的物质或混合物（如乙酸、氢氧化钠）；

（2）含有卤素的物质或混合物（如盐酸、氢溴酸）；

（3）能与金属形成配合物的物质或含有这些物质的混合物。

十七、退敏爆炸物

1. 定义

退敏爆炸物是指经退敏处理，既不会整体爆炸，也不会迅速燃烧的固态或液态爆炸性物质或混合物。爆炸物由其对热、摩擦或撞击非常敏感，极易发生爆炸，因此在实际运输、使用或存储时，经常加入退敏剂对其进行退敏处理，以提高其稳定性。因此，退敏爆炸物如果不加退敏剂，或者由于其他原因在使用过程中发生退敏剂减少，其危险性会转变为爆炸物。

退敏爆炸物根据物理状态分为以下两类。

（1）固态退敏爆炸物：经水或酒精湿润或用其他物质稀释，形成匀质固态混合物，使爆炸性得到抑制的爆炸性物质或混合物[②]。

（2）液态退敏爆炸物：溶解或悬浮于水或其他液态物质中，形成匀质液态混合物，使爆炸性得到抑制的爆炸性物质。

2. 分类标准

根据退敏爆炸物的校正燃烧速率（Ac），将其危险性分为四类，具体如表 11-27 所示。

表 11-27 退敏爆炸物分类标准

类 别	分 类 标 准
1	300 kg/min≤Ac≤1 200 kg/min 的退敏爆炸物
2	140 kg/min≤Ac<300 kg/min 的退敏爆炸物
3	60 kg/min≤Ac<140 kg/min 的退敏爆炸物
4	Ac<60 kg/min 的退敏爆炸物

3. 分类豁免情况

当物质或混合物满足以下任一条件时，可判断其不属于退敏爆炸物。

情况 1：按照第 2.1 节的标准，物质不属于爆炸物，或混合物中不含爆炸物组分。

---

① 来源于：欧盟 CLP 法规[（EC）NO 1272/2008]实施指南第 4 版。

② 包括使物质形成水合物的退敏方式。

情况 2：物质或混合物的放热分解能小于 300 J/g。

第二节　健康危害分类体系

一、急性毒性

（一）定义

急性毒性是指一次或多次通过口服、皮肤接触，或吸入接触物质或混合物，在短时间内出现的毒性效应（包括死亡）。

根据定义，物质或混合物的急性毒性按照接触途径分为以下三种。

（1）急性经口毒性：物质或混合物在单次或多次通过消化道进入人体，在短时间内所引起的中毒效应。

（2）急性经皮毒性：物质或混合物在单次或多次通过皮肤吸收进入人体，在短时间内所引起的中毒效应。

（3）急性吸入毒性：物质或混合物在单次或多次通过呼吸道吸入进入人体，在短时间内所引起的中毒效应。

急性经口和经皮毒性通常的染毒周期都是单次或 24 h 内多次，而吸入毒性是 4 h 内多次。物质或混合物通过其他方式引起人体中毒的效应暂不纳入急性毒性分类的范畴。急性毒性是指物质或混合物进入人体后，短时间内所引起的毒性效应，不包括相关的慢性毒性。

（二）分类标准

根据物质或混合物的急性毒性试验结果：经口 LD_{50}[①]、经皮 LD_{50}，以及吸入 LC_{50}[②]，将其急性毒性分为以下五类，具体见表 11 - 28。

在对物质或混合物进行急性吸入毒性分类时，须明确物质或混合物在空气中的状态，不同物理状态选择不同的分类标准。

（1）粉尘：物质或混合物的固态颗粒悬浮在气体中（通常为空气）。粉尘通常是由机械加工过程形成的。

（2）气雾：物质或混合物的固态颗粒悬浮在气体中（通常为空气）。气雾通常是由过饱和蒸气凝结形成的或通过液体的物理剪切作用形成的。

[①] 经口或经皮 LD_{50} 是指一定时间内经口或经皮给予一种物质或混合物后，使受试动物发生死亡概率为 50％时的剂量，其单位是以单位体重的受试动物所接受的受试物质量，因此又称为半致死剂量。

[②] 吸入 LC_{50} 是指一定时间内经呼吸道吸入一种物质或混合物后，使受试动物发生死亡概率为 50％时的浓度，其单位是单位体积空气中受试物的浓度，因此又称为半致死浓度。

表 11 - 28　急性毒性分类标准

类别	分　类　标　准				
	经口 LD_{50} /（mg/kg 体重）	经皮 LD_{50} /（mg/kg 体重）	吸入 LC_{50} [1]		
			气体/ppmv[2]	蒸气/（mg/L）	粉尘和气雾/（mg/L）
1	≤5	≤50	≤100	≤0.5	≤0.05
2	>5，≤50	>50，≤200	>100，≤500	>0.5，≤2	>0.05，≤0.5
3	>50，≤300	>200，≤1 000	>500，≤2 500	>2，≤10	>0.5，≤1
4	>300，≤2 000	>1 000，≤2 000	>2 500，≤20 000	>10，≤20	>1，≤5
5[3]	>2 000，≤5 000	>2 000，≤5 000	见注 3		

1 表中的 LC_{50} 是基于受试动物在 4 h 内多次吸入物质或混合物所获得的数据。如果现有的 LC_{50} 是以吸入 1 h 获得的，对于气体和蒸气，须将 LC_{50}（1 h）数值除以 2，对于粉尘和烟雾，须将 LC_{50}（1 h）数值除以 4。

2 气体的单位是以体积百万分率（ppmV）表示，1 ppmV = 10^{-3} mL/L。

3 第 5 类的标准旨在识别急毒性危险相对较低，但在某些环境下可能对易受害人群造成危险的物质。这些物质的经口或经皮 LD_{50} 的范围预计为 2 000～5 000 mg/kg 体重，吸入途径为当量剂量。第 5 类的具体标准为：

如果现有的可靠证据表明 LD_{50}（或 LC_{50}）在第 5 类的数值范围内，或者其他动物研究或人类毒性效应表明对人类健康有急性影响，则将物质划入此类别。

通过外推、评估或测量数据，将物质划入此类别，但前提是没有充分理由将物质划入更危险的类别，并且：

a 现有的可靠信息表明对人类有显著的毒性效应；

b 当以口服、吸入或皮肤途径进行试验，剂量达到第 4 类的值时，观察到任何致命性；

c 当进行试验剂量达到第 4 类的值时，专家判断证实有显著的毒性临床征象，腹泻、毛发竖立或未修饰外表除外；

d 专家判断证实，在其他动物研究中，有可靠信息表明可能出现显著急性效应。

（3）蒸气：物质或混合物从其液体或固体状态释放出来的气体形态。

有些液体物质或混合物在做 LC_{50} 测试时，其在空气中是由液相和气相混合组成，此时需要结合物质或混合物的饱和蒸气浓度（SVC）。如果 LC_{50} 小于 SVC，则应该将其视为蒸气，如果 LC_{50} 等于或大于 SVC①，则应该将其视为气雾。

如果物质或混合物有多个不同受试动物的 LD_{50} 或 LC_{50} 时，在评估经口毒性时，优先选用大鼠，评估经皮毒性时，优先选用大鼠或兔子。

（三）分类指导

在对混合物进行急性毒性分类时，很多情况下无法获得混合物整体的经口、经皮或吸入毒性数据。此时，可以根据组分的急性毒性数据或危害，采用架

————————

① SVC（Saturated Vapour Concentration）可根据液体的蒸气压计算所得。

桥原则或加和性公式,实现对混合物整体急性毒性的分类。

1. 架桥原则

如果已知混合物的一个或多个组分急性毒性数据,或掌握已经测试的类似混合物数据,可以采用架桥对混合物整体危害进行分类。架桥原则根据已掌握数据的情况,又可以分为以下六种原则。

(1)稀释原则

如果做过测试的混合物用稀释剂进行稀释,稀释剂的毒性与混合物中毒性最低的组分相等或更低,且该稀释剂不会影响其他组分的毒性,则经稀释的新混合物可划为与原做过测试的混合物相等危险类别。

(2)产品批次原则

混合物已作过测试的一个生产批次毒性,可认为实际上与同一制造商生产的或在其控制下生产的同一产品的另一未经测试批次的毒性相同,除非有理由认为,未测试产品批次的毒性有显著变化。如果后一种情况发生,则需要重新分类。

(3)高毒性混合物浓度原则

已测试的混合物被划为类别 1,如果该混合物中属于类别 1 的组分浓度增加,则产生的未经测试的混合物仍划为类别 1,无须另作试验。

(4)一个毒性类别的内推原则

三种组分完全相同的混合物 A、B 和 C,混合物 A 和混合物 B 经过测试,属同一危险类别,而混合物 C 未经测试,但含有与混合物 A 和混合物 B 相同的毒性组分,且其浓度介于混合物 A 与混合物 B 之间,则可认为混合物 C 与混合物 A 和 B 属同一危险类别。

(5)实质上类似混合物原则

假定下列情况。

① 甲乙两种混合物:甲由组分 A 和 B 组成,乙由组分 C 和 B 组成;

② 成分 B 的浓度在两种混合物中基本相同;

③ 混合物甲中组分 A 的浓度与混合物乙中组分 C 的浓度相同;

④ 已有组分 A 和组分 C 的毒性数据,且属于相同的危险类别,此外组分 A 和组分 C 不会影响组分 B 的毒性。

如果混合物甲或乙已经根据测试数据确定了危险类别,则另一混合物可以划为相同的危险类别。

(6)气雾剂原则

如果加入的气雾推进剂不影响混合物喷射时的毒性,则这种气雾剂型混合物可划为与已经测试的非气雾型混合物口服和皮肤毒性相同的危险类别。气雾型混合物的吸入毒性应重新分类。

2. 加和性公式

当无法使用架桥原则时,如果已知混合物中各个组分的急性毒性数据或危险类别,还可以通过加和性公式,对混合物整体的急性毒性进行估算,具体计算方法见公式(11-5)。

$$\frac{100}{\mathrm{ATE}_{混合物}} = \sum_{n} \frac{C_i}{\mathrm{ATE}_i} \qquad (11-5)$$

式中　C_i——组分 i 的浓度;

　　　n——n 个组分,并且 i 从 1 到 n;

　　　ATE_i——组分 i 的急性毒性点估计值;

　　　$\mathrm{ATE}_{混合物}$——混合物的急性毒性估计值。

通过公式 11-5 可以获得混合物整体的急性毒性估计值(ATE 值),然后将 ATE 值与表 11-30 的分类标准进行比较,确定混合物的急性毒性类别。

公式(11-5)中的组分 ATE 值的确定方式,可以分为以下三种情况:

(1) 当组分有明确的 LD_{50} 或 LC_{50} 数据时,则其 LD_{50} 或 LC_{50} 值即为 ATE 值;

(2) 当组分的 LD_{50} 或 LC_{50} 数据为一个范围值时,则须将 LD_{50} 或 LC_{50} 的范围值,根据表 11-30 转化为相应的 ATE 值;

(3) 当组分没有 LD_{50} 或 LC_{50} 数据,仅已知其急性毒性危险类别,则须将急性毒性危险类别,根据表 11-30 转化为相应的 ATE 值。

在使用加和性公式时,对组分的选择须遵从如下原则:

(1) 加和性公式中的组分只考虑混合物中已知其急性毒性数据或危险类别的组分,不考虑没有急性毒性的组分(如水、糖等);

(2) 如果混合物中未知急性毒性组分的总浓度大于 10% 时,则须对加和性公式进行修正,具体如公式(11-6)所示。

$$\frac{100 - C_{未知}}{\mathrm{ATE}_{混合物}} = \sum_{n} \frac{C_i}{\mathrm{ATE}_i} \qquad (11-6)$$

式中　$C_{未知}$——所有未知组分的浓度,且总浓度大于 10%。

（四）分类举例

示例 1:已知液体混合物 A 的经口 LD_{50} 为 250 mg/kg,现将混合物 A 与水按照 1:1(质量比)进行混合形成新的混合物 B,试判定混合物 B 的急性毒性分类。

可以采用两种方法对混合物 B 的急性毒性进行分类。

（1）架桥原则

由于稀释剂水没有急性毒性，满足稀释原则中对稀释剂毒性要求，因此经稀释后的新混合物 B 的急性毒性，按照稀释原则，可认为与混合物 A 的急性相同，同属于急性经口毒性类别 3。

（2）加和性公式

混合物 B 可以认为由水和混合物 A 两种组分组成，其中水没有急性毒性，不在加和性公式考虑范围内，另一组分混合物 A 的急性经口毒性数值为 250 mg/kg，因此混合物 A 的急性点估计值（ATE 值）为 250，将该数据以及其浓度带入公式（11-5），即：

$$\frac{100}{ATE_{混合物B}} = \frac{50}{250}$$

所以，经计算混合物 B 的 ATE 值为 500，对照表 11-30 可以判断混合物 B 属于急性经口毒性类别 4。

对比两种方式的分类结果，可以发现使用稀释原则对混合物进行急性分类时，分类结果可能要比加和性公式得出的分类结果要严格一点。

示例 2：已知混合物 C 由三种组分组成，每种组分的含量和大鼠经皮急性毒性数据如表 11-29 所示，试判定该混合物的急性毒性分类。

表 11-29　混合物 C 的各组分数据

组分	含量（质量分数）/%	LD_{50}（大鼠，经皮）/(mg/kg)	急性经皮毒性类别
X	40	150	类别 2
Y	30	400~650	类别 3
Z	30	无数据	类别 4

（1）确定各组分的急性毒性点估计值。组分 X 有具体的经皮毒性数据，因此它的 ATE 值即为 150；组分 Y 的经皮毒性为一个范围，从表 11-30 可以查得其 ATE 值为 300；组分 Z 没有具体的急性毒性数据，但已知其属于急性经皮毒性类别 4，从表 11-30 可以查得 ATE 值为 1 100。

（2）计算混合物 C 的急性毒性估计值（ATE 值）。将上述三种组分的ATE 值带入加和性公式（11-5）进行计算，即：

$$\frac{100}{ATE_{混合物C}} = \frac{40}{150} + \frac{30}{300} + \frac{30}{1\,100}$$

所以，经计算混合物 C 的 ATE 值为 253.8，对照表 11-28 可以判断混合物 C 属于急性经皮毒性类别 3。

表 11-30　组分的急性毒性点估计值转化表

接触途径	组分急性毒性类别	组分急性毒性数据[1]	组分 ATE 值[1]
经口	类别 1	≤5	0.5
	类别 2	>5，≤50	5
	类别 3	>50，≤300	100
	类别 4	>300，≤2 000	500
	类别 5	>2 000，≤5 000	2 500
经皮	类别 1	≤50	5
	类别 2	>50，≤200	50
	类别 3	>200，≤1 000	300
	类别 4	>1 000，≤2 000	1 100
	类别 5	>2 000，≤5 000	2 500
吸入 （气体）	类别 1	≤100	10
	类别 2	>100，≤500	100
	类别 3	>500，≤2 500	700
	类别 4	>2 500，≤20 000[1]	3 000
	类别 5[2]	见注 2	—
吸入 （蒸气）	类别 1	≤0.5	0.05
	类别 2	>0.5，≤2	0.5
	类别 3	>2，≤10	3
	类别 4	>10，≤20	11
	类别 5[2]	见注 2	—
吸入 （粉尘和气雾）	类别 1	≤0.05	0.005
	类别 2	>0.05，≤0.5	0.05
	类别 3	>0.5，≤1	0.5
	类别 4	>1，≤5	1.5
	类别 5[2]	见注 2	—

　　1 组分的 ATE 值仅用于根据加和性公式对混合物进行分类，并不代表真实的试验结果。这些数值保守地设定在类别 1 与类别 2 范围的下限，以及距离类别 3～类别 5 范围的下限约 1/10 点处。

　　2 第 5 类的标准旨在识别急性毒性危险相对较低，但在某些环境下可能对易受害人群造成危险的物质。这些物质的经口或经皮 LD$_{50}$ 的范围预计为 2 000～5 000 mg/kg 体重，吸入途径为当量剂量。第 5 类的具体标准见表 11-28 注释 3。

二、皮肤腐蚀/刺激

（一）定义

皮肤腐蚀/刺激是指物质或混合物在接触皮肤后，对皮肤造成的不同程度损伤。具体可以分为：皮肤腐蚀和皮肤刺激两种危害。

皮肤腐蚀是指物质或混合物涂覆在皮肤上 4 h 后，对皮肤造成的不可逆损害。典型的皮肤腐蚀症状有溃疡、出血、血痂、表皮或真皮坏死，而且在 14 天观察期结束后，皮肤完全脱落和结痂处由于漂白而褪色。

皮肤刺激是物质或混合物涂覆在皮肤上 4 h 后，对皮肤造成的可逆损害。

皮肤腐蚀和刺激两种危害的最大区别在于物质或混合物对皮肤造成的损害是否可逆，如果可逆即为刺激，不可逆则是腐蚀。

（二）分类标准

根据物质或混合物的动物皮肤腐蚀或刺激试验结果，对其腐蚀性或刺激性进行分类。其中，腐蚀性危害（类别 1）又可以细分为 1A、1B 和 1C 三个子类，刺激性危害细分为刺激（类别 2）和轻微刺激（类别 3）两个类别。

表 11-31 皮肤腐蚀/刺激分类标准

类　别	分　类　标　准
1（腐蚀）	3 只试验动物中至少有 1 只动物出现皮肤腐蚀症状
子类 1A	在接触测试物不超过 3 min 后，3 只试验动物中至少有 1 只动物在 1 h 观察期内出现皮肤腐蚀症状
子类 1B	在接触测试物超过 3 min，但不超过 1 h 后，3 只试验动物中至少有 1 只动物在 14 d 观察期内出现皮肤腐蚀症状
子类 1C	在接触测试物超过 1 h，但不超过 4 h 后，3 只试验动物中至少有 1 只动物在 14 d 观察期内出现皮肤腐蚀症状
2（刺激）	（1）3 只试验动物中至少有 2 只试验动物在斑贴除掉的 24 h，48 h 和 72 h 观察期[①]内皮肤红斑/焦痂或水肿的等级打分平均值为：≥2.3 且≤4.0； （2）至少有 2 只动物中的炎症能持续到正常的 14 d 观察期结束，特别考虑脱发（有限区域）、过度角化、过度增生和脱皮的情况； （3）在一些情况下，不同动物的反应有明显的不同，1 只动物中会有非常明确的与化学品接触有关的阳性效应，但低于上述标准
3（轻微刺激）	3 只试验动物中至少有 2 只试验动物在斑贴除掉的 24 h，48 h 和 72 h 观察期内皮肤红斑/焦痂或水肿的等级打分平均值为：≥1.5 且≤2.3

① 如果试验动物皮肤刺激的症状出现延迟，则根据皮肤出现症状后的连续 3 d 内症状进行等级打分。

表 11 - 31 中的分类标准是基于 OECD 化学品测试指南 No. 404《急性皮肤刺激/腐蚀性试验》确定的试验方法,将测试物涂覆于动物(首选家兔)皮肤表面进行染毒,在染毒结束后去除测试物,观察动物皮肤出现的各种反应,其中皮肤腐蚀症状包括:皮肤出现溃疡、出血、血痂、表皮或真皮坏死,对于水肿、红斑等刺激症状需要根据标准进行量化打分,具体见表 11 - 32。

表 11 - 32　皮肤刺激反应打分标准

皮肤反应		打分标准
症状类别	具 体 症 状	
红斑与焦痂	无红斑	0
	很轻微的红斑(勉强可见)	1
	红斑清晰可见	2
	中度至重度红斑	3
	严重红斑(紫红色)到焦痂形成	4
水　肿	无水肿	0
	很轻微的水肿(勉强可见)	1
	轻度水肿(皮肤隆起轮廓清楚)	2
	中度水肿(皮肤隆起 1 mm)	3
	严重水肿(皮肤隆起超过 1 mm、范围超出染毒区)	4

(三) 分类指导

在物质或混合物的皮肤腐蚀/刺激进行分类时,除了依据活体动物的皮肤腐蚀/刺激试验结果外,物质或混合物的以下数据或信息也可以被用于分类。

1. 人类数据

人类数据不是指用人体做皮肤腐蚀/刺激试验(这也是不允许的),而是指来自流行病学研究、临床研究、文献记录的典型案例、职业接触(生产工人、运输工人以及消费者)经验以及事故或中毒救治数据中心。

在依据人类数据进行危害分类时,需要评估数据的质量和相关性。由于报告记录的不详细或者缺乏针对暴露细节的描述,部分数据具有较高的不确定性。虽然如此,在危害分类时,人类数据还是优先采用的,毕竟它是来源于物质或混合物针对人类皮肤所引起的不适。

2. 理化性质

具有氧化性的物质或混合物在遇到其他物质或人体组织时,会发生剧烈的放热化学反应,从而导致皮肤损伤,例如有机过氧化物通常可划分为皮肤刺激(类别 2),而氧化性液体过氧化氢则被分为皮肤腐蚀(类别 1)。

3. pH 值和酸碱缓冲能力

如果物质或混合物的 pH 值≤2 或者≥11.5,则该物质或混合物通常可划为皮肤腐蚀物。当然,依据 pH 值对物质或混合物的腐蚀性进行划分时,还须特别注意物质或混合物的酸碱缓冲能力[①]。通常情况下,酸碱缓冲能力越强,腐蚀性也越强。

4. 体外替代实验数据

为了保护动物,近年来 OECD 发布了关于物质或混合物体外皮肤腐蚀的替代实验,具体有如下几个。

(1) OECD 化学品测试指南 No. 430《体外皮肤腐蚀:经皮电阻试验法》;

(2) OECD 化学品测试指南 No. 431《体外皮肤腐蚀:人体皮肤模型试验》;

(3) OECD 化学品测试指南 No. 435《皮肤腐蚀性 体外膜屏障试验方法》。

5. QSAR

QSAR[②] 是指定量的构效关系,是使用数学模型来预测分子结构与分子某种生物活性之间的关系。关于预测物质或混合物皮肤腐蚀/刺激的 QSAR 模型有:TOPKAT,TerraQSAR 以及 BfR-DSS[③] 等等。

在实际对化学品的皮肤腐蚀/刺激进行分类时,需要采用分层法,将上述 5种分类方法以及动物体内实验结果进行合理采纳。

如果在分类时,既没有混合物整体的数据,也无法使用分层法,此时还可以采用架桥原则和加和法,具体如下。

6. 架桥原则

架桥原则的具体原则和使用方法见急性毒性的分类。

7. 加和法

加和法的前提是混合物中每一种皮肤腐蚀或刺激的组分都对混合物整体的腐蚀或刺激性质起到作用,而且影响程度与该组分的浓度成比例。

根据加和法,可以将混合物中已知皮肤/腐蚀的组分浓度进行加和,然后与

---

① 具有缓解液态介质(如水溶液)中酸碱度发生剧变的能力。其能力的大小可用缓冲容量的大小来衡量(使溶液的 pH 值改变 1 个单位时所需加入的酸或碱的量)。

② QSAR 的基本假设是化合物的分子结构包含了决定其物理,化学及生物等性质的信息,而这些性质进一步决定了该化合物的生物活性。进而,化合物的分子结构性质数据与其生物活性也应该存在某种程度上的相关性。

③ 具体信息可参见欧盟 CLP 指南第 3.2.2.1 节。

规定的阈值进行比较,确定混合物整体的分类,具体见表 11-33。

表 11-33　皮肤腐蚀/刺激加和法分类标准

划为以下类别的组分浓度总和	使混合物划为以下类别的组分浓度总和阈值		
	类别 1	类别 2	类别 3
类别 1	≥5%	≥1%,且<5%	—
类别 2	—	≥10%	≥1%,且<10%
类别 3	—	—	≥10%
(10×类别 1)+类别 2	—	≥10%	≥1%,且<10%
(10×类别 1)+类别 2+类别 3	—	—	≥10%

如表 11-33 所示,如果腐蚀性组分的浓度低于类别 1 的浓度限值,在评估混合物刺激性危害时,浓度需要乘以一个权重因子 10。

加和法不适用于某些类型的化学品(如强酸、强碱、无机盐、醛类、苯酚和表面活性剂),因为这类物质即使浓度小于 1%,仍具有皮肤腐蚀或刺激危害。对于此类混合物首选依据 pH 值对其进行分类,其次可以根据组分的 pH 值采用表 11-34 的浓度阈值对混合物进行分类。

表 11-34　皮肤腐蚀/刺激不适用加和法时的分类标准

组　　分	组分浓度	混合物分类
pH 值≤2 的酸	≥1%	类别 1
pH 值≥11.5 的碱	≥1%	类别 1
其他类别 1 的组分	≥1%	类别 1
其他类别 2 和 3 的组分以及酸或碱	≥3%	类别 2 或 3

(四) 分类举例

示例 1:已知某混合物由 3 种组分组成,具体信息如表 11-35 所示,溶液 pH 值为 9.0～10.0,试判定该混合物的皮肤腐蚀/刺激分类。

表 11-35　混合物的各组分数据

组　　分	含量(质量分数)/%	皮肤腐蚀/刺激类别
X	1.8	类别 1
Y	11.9	类别 2
Z	86.3	不分类

1. 该混合物整体无任何关于皮肤腐蚀/刺激的人类或动物数据,同时 pH 值不属于强酸和强碱。

2. 已知混合物的组分含量和皮肤腐蚀/刺激分类,根据加和法原理,首先看混合物中类别 1 的组分 X,其含量小于 5%,但大于 1%,因此可以直接根据组分 X 将混合物分类为皮肤腐蚀/刺激类别 2。

示例 2:按照 OECD 化学品测试指南 No.404《急性皮肤刺激/腐蚀试验》确定的试验方法,将某化学物质涂覆于 3 只家兔皮肤表面,并保持 4 h。在 4 h 后移去化学物质,对家兔皮肤进行连续观察,并对相关皮肤症状进行打分,具体结果如表 11 - 36 所示。

表 11 - 36　受试动物在观察期的皮肤打分结果

动物编号	针对皮肤红斑的打分						针对皮肤水肿的打分					
	1 h	24 h	48 h	72 h	7 d	14 d	1 h	24 h	48 h	72 h	7 d	14 d
1#	3	3	2	2	1	0	2	3	2	2	1	0
2#	3	2	2	2	1	0	2	2	2	2	1	0
3#	2	2	1	1	1	0	2	2	2	2	1	0

根据表 11 - 36 所示的结果,可以计算出 3 只家兔在 24 h、48 h 以及 72 h 观察点的皮肤红斑和水肿打分平均值。

1# 家兔红斑平均分 =(3+2+2)/3=2.3;水肿平均得分 =(3+2+2)/3=2.3

2# 家兔红斑平均分 =(2+2+2)/3=2;水肿平均得分 =(2+2+2)/3=2

3# 家兔红斑平均分 =(2+1+1)/3=1.3;水肿平均得分 =(2+2+2)/3=2

对照皮肤腐蚀/刺激的分类标准(表 11 - 31),3 只动物中有 2 只动物的红斑打分超过了 1.5,有 3 只动物的水肿打分超过了 1.5。因此根据标准,该混合物可以分为皮肤腐蚀/刺激类别 3。

三、严重眼损伤/眼刺激

(一) 定义

严重眼损伤/眼刺激是指物质或混合物在接触眼球前部表面后,对眼组织或生理视觉造成的不同程度损伤。具体可分为:严重眼损伤和眼刺激两种危害。

严重眼损伤是指将物质或混合物一次性滴入眼睛内,对眼组织造成的不可逆损害。典型的眼损伤症状有角膜破损、角膜褪色以及视力受损等，而且在 21 天观察期结束后，这种损伤和衰退不可完全恢复。

眼睛刺激是物质或混合物对眼睛造成的较为轻微损伤，典型的症状有角膜混浊、结膜充血、虹膜炎等，而且在 21 天观察期结束后，这种损伤可完全恢复。

因此，严重眼损伤和眼刺激的最大区别在于物质或混合物对眼组织造成的损害是否完全可逆，如果完全可逆即为刺激，不完全可逆则是损伤。

（二）分类标准

根据物质或混合物的动物眼睛刺激或腐蚀试验结果，对其腐蚀性或刺激性进行分类，如表 11‐37 所示。其中，眼刺激危害细分为眼刺激（类别 2A）和轻微眼刺激（类别 2B）两个子类别，其中类别 2 和子类别 2A 的分类标准一样。

表 11‐37　严重眼损伤/刺激分类标准

类　　别	分　类　标　准
1（严重眼损伤）	（1）至少对 1 只动物的角膜、虹膜或结膜产生效应，且预计这种效应不可逆或在 21 天观察期内不完全可逆； （2）3 只试验动物中至少有 2 只出现阳性反应，且在 24 h、48 h 和 72 h 的症状打分平均值满足如下条件： 　① 角膜混浊≥3； 　② 虹膜炎＞1.5
2/2A（眼刺激）	3 只试验动物中至少有 2 只出现阳性反应，且在 24 h、48 h 和 72 h 的症状打分平均值满足如下条件： ① 角膜混浊≥1； ② 虹膜炎≥1； ③ 结膜充血≥2； ④ 结膜水肿≥2 但在通常的 21 d 观察期内完全可逆
2B（轻微眼刺激）	3 只试验动物中至少有 2 只出现与 2A 相同的阳性反应，但该效应在 7 d 观察期内完全可逆

表 11‐37 中的分类标准是基于 OECD 化学品测试指南 No. 405《急性眼刺激/腐蚀性试验》确定的试验方法。将测试物一次性滴加于受试动物（首选家兔）的一只健康无损眼睛结合囊内，采用受试动物未经染毒的另一只眼睛为对照，在规定的时间内观察眼睛出现的刺激或腐蚀症状，并进行打分，以评价测试物对眼睛的刺激或腐蚀作用。部分打分标准见表 11‐38。

表 11-38 严重眼损伤和眼刺激打分标准

部 位	眼睛反应	打分标准
	症 状	
角 膜	角膜出现散在或弥漫性混浊,虹膜的细微结构清晰可见	1
	角膜出现半透明混浊区,且容易分辨,虹膜细微结构轻度模糊	2
	角膜出现乳白色混浊,虹膜的细微结构轻度模糊	3
	角膜不透明,通过混浊的角膜看不到虹膜	4
结 膜	结合膜充血,有些血管血液灌注充盈明显超过正常,呈鲜红色	1
	结合膜弥散性充血,呈深红色,个别血管模糊难以辨认	2
	结合膜弥散性充血,呈紫红色	3

（三）分类指导

在物质或混合物的严重眼损伤/眼刺激进行分类时,与皮肤腐蚀/刺激分类一样,除了依据活体动物的眼腐蚀/刺激试验结果外,物质或混合物的以下数据或信息也可以被用于分类:

1. 人类数据

人类数据是指来自流行病学研究、临床研究、文献记录的典型案例、职业接触(生产工人、运输工人以及消费者)经验以及事故或中毒救治数据中心。具体参见皮肤腐蚀/刺激。

2. 理化性质

具有氧化性的物质或混合物在遇到其他物质或人体组织时,会发生剧烈的放热化学反应,从而导致皮肤损伤,例如有机过氧化物通常可划分为眼刺激(类别 2A),而氧化性液体过氧化氢则被分为严重眼损伤(类别 1)。

3. pH 值和酸碱缓冲能力

如果物质或混合物的 pH 值≤2 或者≥11.5,则该物质或混合物通常可划为严重眼损伤(类别 1)。当然,依据 pH 值对物质或混合物的腐蚀性进行划分时,还须特别注意物质或混合物的酸碱缓冲能力[①]。通常情况下,酸碱缓冲能力越强,腐蚀性也越强。

4. 体外替代实验数据

为了保护动物,近年来 OECD 发布了关于物质或混合物体外皮肤腐蚀的替代实验,具体有如下几个。

(1) OECD 化学品测试指南 No. 437《用于识别眼腐蚀和严重眼刺激物的

---

① 具有缓解液态介质(如水溶液)中酸碱度发生剧变的能力。其能力的大小可用缓冲容量的大小来衡量(使溶液的 pH 值改变 1 个单位时所需加入的酸或碱的量)。

测试方法：牛角膜混浊和通透性试验（BCOP）》；

（2）OECD 化学品测试指南 No. 438《用于识别眼腐蚀和严重眼刺激物的测试方法：体外鸡眼试验（ICE）》；

（3）OECD 化学品测试指南 No. 460《用于识别眼腐蚀和严重眼刺激物的测试方法：荧光渗漏试验（FL）》。

5. QSAR

具体参见皮肤腐蚀/刺激。

在实际对化学品的严重眼损伤/眼刺激进行分类时，与皮肤腐蚀/刺激一样，也需要采用分层法，将上述 5 种分类方法以及动物体内实验结果进行合理采纳。

如果在分类时，既没有混合物整体的数据，也无法使用分层法，此时还可以采用架桥原则和加和法，具体如下。

6. 架桥原则

架桥原则的具体原则和使用方法参见急性毒性的分类。

7. 加和法

与皮肤腐蚀/刺激的加和法类似，可将混合物中已知的严重眼损伤/刺激组分浓度进行加和，然后与规定的阈值进行比较，从而确定混合物整体的分类，具体见表 11－39。

表 11－39　严重眼损伤/眼刺激加和法分类标准

划为以下类别的组分浓度总和	使混合物划为以下类别的组分浓度总和阈值	
	类别 1（严重眼损伤）	类别 2A（眼刺激）
皮肤 1 类[1]＋眼 1 类[2]	≥3％	≥1％，且＜3％
眼 2/2A 类	—	≥10％[3]
10×（皮肤 1 类＋眼 1 类）＋眼 2/2A 类	—	≥10％

注：1 表中的皮肤 1 类只是皮肤腐蚀/刺激类别 1（包括子类别 1A、1B 和 1C），眼 1 类是指严重眼损伤/刺激类别 1，其他表述类似。

2 如果一种组分既属于皮肤 1 类，也属于眼 1 类，则其浓度在加和法计算时只考虑 1 次。

3 如果混合物中所有相关组分都属于眼 2B 类，则该混合物可划分为眼 2B 类。

如表 11－39 所示，在对混合物的眼损伤/刺激危害进行分类时，仍须考虑属于皮肤腐蚀危害的组分，而且皮肤腐蚀组分与眼损伤组分对混合物整体的眼损伤或刺激贡献率相同，在评估混合物眼刺激性危害时，皮肤腐蚀或眼损伤组分的浓度还须乘以一个权重因子 10。

与皮肤腐蚀/刺激分类类似，加和法也不适用于某些类型的化学品（如强酸、强碱、无机盐、醛类、苯酚和表面活性剂），因为这类物质即使浓度小于 1％，仍具有眼损伤或刺激危害。对于此类混合物首选依据 pH 值对其进行分类，其次可以根据组分的 pH 值采用表 11－40 的浓度阈值对混合物进行分类。

表 11－40 严重眼损伤/眼刺激不适用加和法时的分类标准

组　　分	组分浓度	混合物分类
pH 值≤2 的酸	≥1％	类别 1
pH 值≥11.5 的碱	≥1％	类别 1
其他类别 1 的组分	≥1％	类别 1
其他类别 2 的组分	≥3％	类别 2

（四）分类举例

示例1：已知某混合物由 3 种组分组成，具体信息如表 11－41 所示，溶液 pH 值为 9.0～10.0，试判定该混合物的皮肤腐蚀/刺激分类。

表 11－41 混合物的各组分数据

组　　分	含量（质量分数）/％	危害类别
X	2.5	严重眼损伤/眼刺激 类别 1
Y	2.0	皮肤腐蚀/刺激 类别 1
Z	95.5	不分类

1. 该混合物整体无任何关于严重眼损伤/眼刺激的人类或动物数据，同时 pH 值不属于强酸和强碱。

2. 已知混合物的组分含量和皮肤/眼睛危害分类，根据加和法原理，首先看混合物中严重眼损伤类别 1 和皮肤腐蚀类别 1 的组分 X 和组分 Y，这两个组分的 X 和 Y 含量总和为 4.5％，大于 3％，因此根据加和性公式（表 11－39）可以将混合物分类为严重眼损伤/眼刺激类别 1。

示例2：按照 OECD 化学品测试指南 No.405《急性眼刺激/腐蚀性试验》确定的试验方法，将某化学物质滴入 3 只家兔的眼睛，进行眼刺激试验。在试验结束后，对家兔的角膜、虹膜和结膜进行连续观察，并对相关症状进行打分，具体结果如表 11－42 所示。

表 11－42 混合物的家兔眼刺激试验打分结果

动物编号	眼睛症状	眼刺激反应打分				
		1 h	24 h	48 h	72 h	21 d
1#	角膜浑浊	0	2	2	2	0
	虹膜炎	0	1	1	1	0
	结膜水肿	0	3	3	3	0

动物编号	眼睛症状	眼刺激反应打分				
		1 h	24 h	48 h	72 h	21 d
2#	角膜浑浊	2	2	2	2	0
	虹膜炎	1	1	1	1	0
	结膜水肿	2	2	2	1	0
3#	角膜浑浊	2	2	1	1	0
	虹膜炎	1	1	1	1	0
	结膜水肿	2	3	2	2	0

1. 计算观察期内每只动物的角膜浑浊平均打分

1#家兔角膜浑浊 24 h、48 h 和 72 h 平均打分＝(2＋2＋2)/3＝2

2#家兔角膜浑浊 24 h、48 h 和 72 h 平均打分＝(2＋2＋2)/3＝2

3#家兔角膜浑浊 24 h、48 h 和 72 h 平均打分＝(2＋1＋1)/3＝1.3

通过计算,3 只家兔的角膜浑浊平均打分都≥1,且≤3,而且在 21 天观察期结束时,症状消失。对照表 11-37,说明该化学物质对家兔引起的角膜浑浊症状属于眼刺激(类别 2A)。

2. 计算观察期内每只动物的虹膜炎平均打分

1#家兔虹膜炎 24 h、48 h 和 72 h 平均打分＝(1＋1＋1)/3＝1

2#家兔虹膜炎 24 h、48 h 和 72 h 平均打分＝(1＋1＋1)/3＝1

3#家兔虹膜炎 24 h、48 h 和 72 h 平均打分＝(1＋1＋1)/3＝1

通过计算,3 只家兔的虹膜炎平均打分都≥1,且≤1.5,而且在 21 天观察期结束时,症状消失。对照表 11-37,说明该化学物质对家兔引起的虹膜炎症状属于眼刺激(类别 2A)。

3. 计算观察期内每只动物的结膜水肿平均打分

1#家兔结膜水肿 24 h、48 h 和 72 h 平均打分＝(3＋3＋3)/3＝3

2#家兔结膜水肿 24 h、48 h 和 72 h 平均打分＝(2＋2＋1)/3＝1.7

3#家兔结膜水肿 24 h、48 h 和 72 h 平均打分＝(3＋2＋2)/3＝2.3

通过计算,3 只家兔中有 2 只家兔的结膜水肿平均打分≥2,而且在 21 天观察期结束时,症状消失。对照表 11-37,说明该化学物质对家兔引起的结膜水肿症状属于眼刺激(类别 2A)。

根据以上三种症状的评分结果,该化学物质属于严重眼损伤/眼刺激类别 2A。

四、呼吸或皮肤致敏物

(一) 定义

呼吸或皮肤致敏物，是指会引起呼吸道或皮肤过敏[①]反应的物质或混合物。根据物质或混合物所引发的症状不同，细分为呼吸致敏物和皮肤致敏物两种。

呼吸致敏物是指经呼吸道吸入后，可引起呼吸道产生过敏反应的物质或混合物。呼吸道产生的这种过敏反应又称超敏反应，人类通常的症状为哮喘病。

皮肤致敏物是指经皮肤接触后，可引起过敏反应[②]的物质或混合物。

(二) 分类标准

根据物质或混合物引起人类呼吸道或皮肤过敏的证据，或者可靠的动物试验结论，可对其是否属于呼吸或皮肤致敏物进行判定，具体分类标准见表 11 - 43 和 11 - 44。

如表 11 - 43 所示，由于目前还没有有效的动物呼吸道致敏反应试验方法，对于呼吸致敏物的分类，更多的是依靠人类证据包括：临床病史（包括幼年的其他过敏或气管病症记录）、吸烟史以及工作经历等，以确定与特定物质的接触和呼吸超敏反应发展之间的关系。

表 11 - 43　呼吸致敏物分类标准

类　别	分　类　标　准
类别 1	(1) 有人类证据表明，物质或混合物可引起特定的呼吸道超敏反应； (2) 物质或混合物的动物试验结果为阳性[③]
子类 1A	(1) 物质或混合物显示在人群中具有高致敏发生概率； (2) 动物或其他试验表明，物质或混合物可能会引发人类产生高致敏反应。 可能还要考虑到致敏反应的严重程度
子类 1B	(1) 物质或混合物显示在人群中具有低度到中度致敏发生概率； (2) 动物或其他试验表明，物质或混合物可能会引发人类产生低度到中度致敏反应。 可能还要考虑到致敏反应的严重程度

---

① 在联合国 GHS 制度中，皮肤或呼吸道过敏包含两个阶段：第一个阶段是诱导期，即机体因接触某种过敏源而引起特定免疫记忆。第二阶段是激发期，即经诱导期产生过敏的机体再次接触某种过敏源而产生细胞介导或抗体介导的过敏反应。

② 此处的过敏可能是皮肤过敏，也有可能是呼吸道过敏。因为有些物质或混合物经过皮肤接触，也可引起呼吸道产生致敏症状。人类皮肤过敏典型的症状有瘙痒、丘疹、红斑或水疱等，动物皮肤过敏的症状有红斑和水肿。

③ 目前尚未建立公认且有效的动物呼吸超敏反应试验方法。在有些情况下，动物的试验数据在作证据权衡评估中，可提供重要信息。

表 11-44 皮肤致敏物分类标准

类 别	分 类 标 准
类别 1	(1) 有人类证据表明,物质或混合物可通过皮肤接触,引起多数人产生过敏反应; (2) 物质或混合物的动物试验结果为阳性[①]
子类 1A	(1) 物质或混合物显示在人群中具有高致敏发生概率; (2) 从对动物的高致敏能力可推断,物质或混合物对人类有明显致敏潜力。 可能还要考虑到致敏反应的严重程度
子类 1B	(1) 物质或混合物显示在人群中具有低度到中度致敏发生概率; (2) 从对动物的低度到中度致敏能力可推断,物质或混合物对人类有致敏潜力。 可能还要考虑到致敏反应的严重程度

无论是呼吸致敏还是皮肤致敏,其子类 1A 属于强致敏物,1B 属于弱致敏物。如表 11-44 所示,除了来自人类的证据(包括临床病史、流行病学证据等),有效的动物皮肤致敏反应试验(例如局部淋巴试验、皮肤致敏试验等)结果也是可用于分类的重要证据来源。

(三) 分类指导

在对混合物进行皮肤或呼吸致敏分类时,除了依据人类证据或动物试验结果外,还可采用加和法,依据混合物中属于皮肤或呼吸致敏物的组分浓度进行分类,具体如表 11-45 所示。

表 11-45 呼吸/皮肤致敏物加和法分类标准

混合物中危害组分分类	使混合物划为以下类别的组分浓度总和阈值		
	呼吸致敏物 类别 1		皮肤致敏物 类别 1
	固体/液体	气体	所有物理形态
呼吸致敏物 类别 1	≥1.0%[1]	≥0.2%[1]	
呼吸致敏物 类别 1A	≥0.1%	≥0.1%	
呼吸致敏物 类别 1B	≥1.0%	≥0.2%	
皮肤致敏物 类别 1			≥1.0%[1]
皮肤致敏物 类别 1A			≥0.1%
皮肤致敏物 类别 1B			≥1.0%

注:1 当混合物组致敏物的含量介于 0.1% 和 1.0% 之间时,在某些国家或管理部门可能要求提供化学品安全数据单(SDS)和/或以附加标签的形式提供致敏组分的名称,而不论混合物整体是否划为致敏物。

---

① 目前动物皮肤致敏试验主要有 OECD 化学品测试指南 No.406《皮肤致敏试验》和 No.429《皮肤致敏性试验-小鼠局部淋巴结(LLNA)皮肤致敏试验》,其中测试方法 No.406 又细分为豚鼠最大反应(GPMT)试验和局部封闭敷贴发(BT)两种方法。

(四) 分类举例

示例：已知某液态混合物由 3 种组分组成，具体信息如表 11-46 所示，溶液 pH 值为 9.0～10.0，试判定该混合物的皮肤腐蚀/刺激分类。

表 11-46　混合物的各组分数据

组　分	含量（质量分数）/%	危　害　类　别
X	0.5	呼吸致敏物 类别 1A
Y	0.8	皮肤致敏物 类别 1B
Z	98.7	不分类

混合物中组分 X 属于呼吸致敏物类别 1A，含量 0.5% 超过了表 11-46 中的浓度阈值，因此可直接根据组分 X，判断混合物为呼吸致敏物类别 1A。采用类似的方法，也可根据组分 Y，判定混合物为皮肤致敏物类别 1B。

五、生殖细胞致突变物

(一) 定义

生殖细胞致突变物是指可导致人类生殖细胞发生突变，且这种突变可遗传给后代的物质或混合物。所谓突变是指细胞中遗传物质的数量或结构发生永久性改变，具体包括：可遗传性的基因改变和已知的潜在基因改性（如特定的碱基对改变和染色体易位）。

物质或混合物除了能导致生殖细胞发生突变，还可诱导体细胞发生突变。两种突变的最大区别在于，生殖细胞的突变可遗传给后代，而体细胞的突变无可遗传性。

(二) 分类标准

根据人类证据或哺乳动物的体内生殖细胞或体细胞致突变试验结果，可以将生殖细胞突变物分类为两个危险类别，具体分类标准见表 11-47。

表 11-47　生殖细胞致突变物分类标准

类　　别	分　类　标　准
类别 1	
子类 1A（已知可引起人类生殖细胞可遗传突变的物质或混合物）	人类流行病学研究得到阳性证据

续表

类　别	分　类　标　准
类1B(认为可能引起人类生殖细胞可遗传突变的物质/混合物)	(1) 哺乳动物体内可遗传生殖细胞致突变性试验的阳性结果； (2) 哺乳动物体内体细胞致突变性试验的阳性结果，加上有证据表明物质/混合物有诱发生殖细胞突变的可能①； (3) 显示在人体生殖细胞中产生致突变效应试验的阳性结果②，而无须证明是否可遗传给后代
类别2(由于可能导致人类生殖细胞可遗传突变而引起人们关注的物质/混合物)	(1) 哺乳动物体内体细胞致突变性试验； (2) 得到体外致突变试验阳性结果支持的其他体内体细胞致突变性试验③

(三) 分类指导

1. 动物试验数据

如表11-47所示，在对化学品生殖细胞致突变进行分类评估时，除了来自人类的证据外，有效的动物体外或体内生殖细胞致突变试验结果也是重要的分类依据。

表11-48列出了目前OECD发布的可用于评估生殖细胞致突变性的动物试验方法。

表11-48　生殖细胞致突变性有效的动物测试方法

方　法　编　号	方　法　名　称
OECD化学品测试指南 No.471	细菌回复突变试验
OECD化学品测试指南 No.473	体外哺乳动物染色体畸变试验
OECD化学品测试指南 No.474	哺乳动物红细胞微核试验
OECD化学品测试指南 No.475	哺乳动物骨髓染色体畸变试验
OECD化学品测试指南 No.476	体外哺乳动物细胞基因突变试验
OECD化学品测试指南 No.478	啮齿类动物显性致死试验
OECD化学品测试指南 No.483	哺乳动物精原细胞染色体畸变试验

---

① 这种支持性证据可由体内生殖细胞致突变性/生殖毒性试验推导出，或者证明物质/混合物或其代谢物有能力与生殖细胞的遗传物质互相作用。
② 典型的阳性结果有：接触人群精子细胞的非整倍性频率增加。
③ 应考虑将体外哺乳动物致突变性试验为阳性，并且与已知为生殖细胞致变有化学结构活性关系的物质/混合物划分为生殖细胞致突变类别2。

续表

方 法 编 号	方 法 名 称
OECD 化学品测试指南 No. 485	小鼠可遗传易位试验
OECD 化学品测试指南 No. 486	体内哺乳动物肝细胞非程序性 DNA 合成(UDS)

2. 加和法

在对混合物进行分类时,可采用加和法,根据组分中已知的生殖细胞致突变物及其浓度对混合物整体进行危害分类。具体参见表 11-49。

表 11-49 生殖细胞致突变物加和法分类标准

混合物中危害组分分类	使混合物划为以下类别的组分浓度总和阈值		
	生殖细胞致突变物 类别 1		生殖细胞致突变物 类别 2
	1A 类	1B 类	
生殖细胞致突变物 类别 1A	≥0.1%[1]	—	—
生殖细胞致突变物 类别 1B	—	≥0.1%[1]	—
生殖细胞致突变物 类别 2	—	—	≥1.0%[1]

1 固体/液体以质量浓度计,气体以体积分数计。

六、致癌物

(一) 定义

致癌物是指可导致癌症或增加癌症发病率的物质或混合物。

在正确实施的动物试验性研究中诱发良性和恶性肿瘤的物质和混合物,也被认为是假定或可疑的人类致癌物,除非有确凿证据显示肿瘤形成机制与人类无关。

(二) 分类标准

根据物质或混合物的固有危害性、致癌性证据充分程度以及证据的权重,可以将致癌物分为两个类别,具体标准如表 11-50 所示。

表 11-50 致癌物分类标准

类 别	分 类 标 准
类别 1(已知或假定的人类致癌物)	
子类 1A(已知的人类致癌物)	根据已知的人类证据,确定人类接触该物质与癌症形成之间存在因果关系

续表

类　　别	分　类　标　准
类 1B(假定的人类致癌物)	根据已有的动物试验证据,确定物质或混合物对动物具有致癌性。此外,在逐个分析证据的基础上,从人类致癌的有限证据,结合试验动物致癌性的有限证据,通过科学判断可以合理确定为假定的人类致癌物
类别 2(可疑的人类致癌物)	根据人类和/或动物研究取得的证据将物质/混合物划为类别 2,但前提是证据不足以将其划为类别 1。根据证据的充分程度结合其他因素,这些证据可来自人类研究中显示有限致癌性的证据,或来自动物研究中显示有限致癌性的证据

类别 1 根据分类时证据来源的不同,分为 1A 和 1B 两个子类,其主要区别是类别 1A 的分类证据主要来自人类,而类别 1B 的证据主要来自动物,来自动物致癌性试验的结果推断是否属于人类致癌物有一定的不确定性,因此子类 1B 属于假定的人类致癌物。

(三) 分类指导

1. 动物试验数据

目前可靠的动物致癌性试验方法主要有 OECD 化学品测试指南 No. 451《致癌试验》和 No. 453《慢性毒性/致癌性合并试验》。相比于急性毒性试验,动物致癌性试验的周期长,费用贵,而且很难重复进行。

2. 加和法

在对混合物进行分类时,可采用加和法,根据组分中已知的致癌物及其浓度对混合物整体进行危害分类。具体参见表 11-51。

表 11-51　致癌物加和法分类标准

混合物中危害组分分类	使混合物划为以下类别的组分浓度总和阈值		
	致癌物 类别 1		致癌物 类别 2
	1A 类	1B 类	
致癌物 类别 1A	≥0.1%	—	—
致癌物 类别 1B	—	≥0.1%	—
致癌物 类别 2	—	—	≥1.0%[1]

1 当混合物中属于类别 2 的致癌物含量在 0.1%～1.0%时,需要在化学品安全数据单(SDS)提供此类信息,但是在某些国家或管理部门可能要求以附加标签的形式提供致癌物的相关信息。

在确认组分的致癌性分类时,可以借助国际权威机构发布的致癌物清单。目前,比较权威的国际机构有:国际癌症研究机构(IARC)、美国政府工业卫生学家会议（ACGIH）以及美国国立环境卫生科学研究所。这些机构都会定期更新发布经科学评估的致癌物质清单。

七、生殖毒性

（一）定义

生殖毒性是指物质或混合物对成年雄性和雌性性功能和生育能力以及对后代发育产生的有害影响，不包括可遗传给后代的生殖细胞突变效应[①]。

根据定义，生殖毒性可以分为三类：

1. 对性功能和生育能力的有害影响

主要指化学品干扰性功能和生育能力的任何有害效应。这种有害效应包括（但不限于）对雌性和雄性生殖系统的改变，对青春期的开始、生殖细胞产生和输送、生殖周期正常状态、性行为、生育能力、分娩、怀孕结果的有害影响，过早生殖衰老，或者对依赖生殖系统完整性的其他功能改变。

2. 对后代发育的有害影响

从广义上说，对后代发育的毒性包括在出生前或出生后干扰胎儿正常发育的任何效应，这种效应的产生是由于受孕前父母一方的接触，或者正在发育之中的后代在出生前或出生后到性成熟之前这一期间的接触。但是，联合国GHS 制度中的生殖毒性分类主要是为了向怀孕女性和有生殖能力的男性和女性提出危险警告。因此，在实际分类上，对后代的发育毒性是指怀孕期间引起的，或父母接触造成的有害影响。这些有害影响可在生物体生命周期的任何时间显现出来，其主要表现包括发育中的生物体死亡、结构畸形、生长改变，以及功能缺陷。

3. 对哺乳或通过哺乳产生的有害影响

为了给哺乳期母亲特别关照，将化学品对哺乳的有害影响或通过哺乳产生的有害影响也纳入生殖毒性的范围。这种危害特指被女性吸收并被发现干扰哺乳的物质或混合物，或者在母乳中的数量（包括代谢物）足以使人们关注以母乳喂养的儿童健康的物质或混合物。

（二）分类标准

根据物质或混合物的固有危害性、生殖毒性证据充分程度以及证据的权重，可以将生殖毒性分为三个类别，具体标准如表 11－52 所示。

[①]　这种效应已单独作为一项危害，具体参见生殖细胞致突变物。

表 11‑52　生殖毒性分类标准

类　别	分　类　标　准
类 1（已知或假定的人类生殖毒物）	已知对人类性功能、生育能力以及发育产生有害影响的物质或混合物，或有动物研究证据以及可能有其他信息表明，其具有干扰人类生殖能力的物质或混合物
子类 1A（已知的人类生殖毒物）	已知对人类性功能、生育能力以及发育产生有害影响的物质或混合物
子类 1B（假定的人类生殖毒物）	动物研究数据提供明确的证据，表明在没有其他毒性效应的情况下，可对性功能、生育能力或发育产生有害影响；或者如果与其他毒性效应一起发生，对生殖的有害影响被认为不是其他毒性效应的非特异继发性结果。但是，如果有毒性机制信息怀疑这种效应与人类的相关性时，应将其划为类别 2 更适合
类别 2（可疑的人类生殖毒物）	有人类或试验动物证据（可能还有其他补充信息）表明在没有其他毒性效应的情况下，可对性功能、生育能力或发育产生有害影响；或者如果与其他毒性效应一起发生，对生殖的有害影响被认为不是其他毒性效应的非特异继发性结果，而证据又不足以充分确定可将物质划为类别 1。例如，研究可能存在缺陷，致使证据质量不是很令人信服，因此将之划为类别 2 更适合
附加类别（影响哺乳或通过哺乳产生影响的物质或混合物）	（1）吸收、新陈代谢、分布和排泄研究表明，物质/混合物可能存在于母乳之中，含量达到具有潜在毒性的水平； （2）一代或两代动物研究的结果提供明确的证据表明，由于物质/混合物进入母乳中或对母乳质量产生有害影响，而对后代造成有害影响； （3）人类证据表明物质/混合物在哺乳期内对婴儿有危害

（三）分类指导

1. 动物试验数据

目前可靠的动物生殖毒性试验方法主要有 OECD 发布的化学品测试指南，具体如表 11‑53 所示。

表 11‑53　生殖毒性有效的动物测试方法

方　法　编　号	方　法　名　称
OECD 化学品测试指南 No. 414	细菌回复突变试验
OECD 化学品测试指南 No. 415	一代繁殖毒性试验
OECD 化学品测试指南 No. 416	两代繁殖毒性试验
OECD 化学品测试指南 No. 421	生殖和发育毒性筛选试验
OECD 化学品测试指南 No. 422	结合反复染毒毒性研究的生殖发育毒性筛选试验

2. 加和法

在对混合物进行分类时,可采用加和法,根据组分中已知的生殖物及其浓度对混合物整体进行危害分类。具体参见表 11-54。

表 11-54　生殖毒性加和法分类标准

混合物中危害组分分类	使混合物划为以下类别的组分浓度总和阈值			
	生殖毒物 类别 1		生殖毒物 类别 2	生殖毒物 附加类别
	1A 类	1B 类		
生殖毒物 类别 1A	≥0.3％[1]	—	—	—
生殖毒物 类别 1B	—	≥0.3％[1]	—	—
生殖毒物 类别 2	—	—	≥3.0％[2]	—
生殖毒物 附加类别	—	—	—	≥0.3％[1]

1 当混合物中属于类别 1 或附加类别的生殖毒物含量在 0.1％～0.3％时,需要在化学品安全数据单(SDS)提供此类信息,但是在某些国家或管理部门可能还要求以附加标签的形式提供相关信息。

2 当混合物中属于类别 2 的生殖毒物含量在 0.1％～3.0％时,需要在化学品安全数据单(SDS)提供此类信息,但是在某些国家或管理部门可能要求以附加标签的形式提供相关信息。

八、特定靶器官毒性(单次接触)

(一) 定义

特定靶器官毒性(单次接触)是指一次接触物质或混合物后,对人类或动物产生特定的、非致命性靶器官毒性。这种毒性包括所有可能损害靶器官机能的、可逆和不可逆的、即时和/或延迟的显著健康影响[①]。

特定靶器官毒性可能通过与人类相关的任何途径发生,包括口服、皮肤接触或吸入。

(二) 分类标准

根据人类证据或动物试验结果,将特定靶器官毒性分为三类,具体见表 11-55。

如表 11-55 所示,靶器官类别 3 又分为麻醉效应和呼吸道刺激两种危害。当物质/混合物满足以下标准时,可分类为呼吸道刺激物:

---

① 已经根据联合国 GHS 分类标准分类的其他毒性效应,如急性毒性、皮肤腐蚀/刺激等健康危害不属于特定靶器官毒性。

表 11 - 55　特定靶器官毒性(单次接触)分类标准

类　　别	分　类　标　准
类别 1(单次接触对人类产生显著毒性的物质/混合物,或者根据试验动物研究得到的证据,可假定在单次接触后有可能对人类产生显著毒性的物质/混合物)	(1) 人类病例或流行病学研究得到的可靠和高质量的证据; (2) 试验动物研究的观察结果。在试验中,在低浓度接触时,会产生与人类健康相关的显著和/或严重的特定靶器官毒性
类别 2(根据试验动物研究的证据,可假定在单次接触后有可能对人体健康产生危害的物质/混合物)	在动物试验中,在中等接触浓度下会产生与人类健康相关的显著和/或严重的特定靶器官毒性效应①
类别 3(暂时性靶器官毒性)	有些目标器官毒性可能不符合把物质/混合物划入类别 1 或类别 2 的标准。这些毒性在接触后的短时间内伤害人类器官功能,但人类可在一段合理的时间内恢复,而不留下明显的组织或功能改变。本类别仅包括麻醉效应和呼吸道刺激

　　(1) 损害功能并有咳嗽、疼痛、窒息和呼吸困难等症状的呼吸道刺激效应(症状是局部红斑、水肿、瘙痒症和/或疼痛)。这一评估主要根据人类的数据。

　　(2) 人类主观的观察结果可以得到明显的呼吸道刺激(RTI)客观检查结果支持(例如,电生理反应图、鼻炎或支气管肺泡灌洗液中的生物标志)。

　　(3) 观察的人类症状也应当是接触人群产生的典型症状,而不是只有呼吸道特别敏感的个人中产生的孤立特异反应。应当排除仅描述"刺激性"的模棱两可的报告,因为该术语常用于描述不属于本分类的各种感觉,包括气味、令人讨厌的味道、瘙痒感和口渴等。

　　当物质/混合物满足以下标准时,可分类具有麻醉效应:

　　1. 中枢神经系统机能衰退,包括对人的麻醉效应,例如昏昏欲睡、昏睡状态、警觉性降低、反射作用丧失、肌肉协调缺乏、头晕等。这些效应的表现形式也可能是严重头痛或恶心,并可导致判断力降低、眩晕、易发怒、疲劳、记忆功能减弱、知觉和肌肉协调迟钝、反应迟钝或困倦。

　　2. 动物研究观察到的麻醉效应,可能包括无力气、缺乏协调纠正反射作用、昏睡状态和运动机能失调②。

　　(三) 分类指导

　　在对混合物进行分类时,可采用加和法,根据已知属于靶器官毒性的组分及其浓度对混合物整体进行危害分类。具体参见表 11 - 56。加和法只适用于

---

① 在特殊情况下,也可使用人类证据将物质/混合物划为类别 2。
② 如果这些效应不是暂时性的,那么应当考虑把物质/混合物划为类别 1 或类别 2。

特定靶器官毒性(单次接触)中的类别 1 和类别 2,不适用于类别 3。

表 11－56　特定靶器官毒性(单次接触)加和法分类标准

混合物中危害组分分类	使混合物划为以下类别的组分浓度总和阈值	
	类别 1	类别 2
特定靶器官毒性(单次接触)类别 1	≥10%[1]	≥1.0%,且≤10%[2]
特定靶器官毒性(单次接触)类别 2	—	≥10%[1]

　　1 当混合物中属于特定靶器官毒性(单次接触)类别 1 或类别 2 的组分含量在 1.0%～10.0%时,需要在化学品安全数据单(SDS)提供此类信息,但是在某些国家或管理部门可能还要求以附加标签的形式提供相关信息。

　　2 当混合物中属于特定靶器官毒性(单次接触)类别 1 的组分含量在 1.0%～10.0%时,某些国家或管理部门可能将混合物划分为类别 2,而有些国家则不会这样分类。

九、特定靶器官毒性(重复接触)

(一) 定义

　　特定靶器官毒性(重复接触)是指反复多次接触物质或混合物后,对人类或动物特定靶器官产生的毒性效应。这种毒性包括所有可能损害靶器官机能的、可逆和不可逆的、即时和/或延迟的显著健康影响[①]。

(二) 分类标准

　　根据人类证据或动物试验结果,将特定靶器官毒性(重复接触)分为两类,具体见表 11－57。

表 11－57　特定靶器官毒性(重复接触)分类标准

类　　别	分　类　标　准
类别 1(重复接触对人类产生显著毒性的物质/混合物,或者根据试验动物研究得到的证据,可假定在重复接触之后有可能对人类产生显著毒性的物质/混合物)	(1) 人类病例或流行病学研究得到的可靠和高质量的证据; (2) 试验动物研究的观察结果。在试验中,在低浓度接触时,会产生与人类健康相关的显著和/或严重的特定靶器官毒性
类别 2(根据试验动物研究的证据,可假定在重复接触后有可能对人体健康产生危害的物质/混合物)	在动物试验中,在中等接触浓度下会产生与人类健康相关的显著和/或严重的特定靶器官毒性效应[②]

---

① 已经根据联合国 GHS 分类标准分类的其他毒性效应,例如,急性毒性、皮肤腐蚀/刺激、特定靶器官毒性(单次接触)等健康危害不属于该危险类别。

② 在特殊情况下,也可使用人类证据将物质/混合物划为类别 2。

（三）分类指导

在对混合物进行分类时，可采用加和法，根据已知属于靶器官毒性的组分及其浓度对混合物整体进行危害分类。具体参见表 11－58。

表 11－58　特定靶器官毒性（重复接触）加和法分类标准

混合物中危害组分分类	使混合物划为以下类别的组分浓度总和阈值	
	类别 1	类别 2
特定靶器官毒性（重复接触）类别 1	≥10％[1]	≥1.0％，且≤10％[2]
特定靶器官毒性（重复接触）类别 2	—	≥10％[1]

1 当混合物中属于特定靶器官毒性（重复接触）类别 1 或类别 2 的组分含量为 1.0％～10.0％时，需要在化学品安全数据单（SDS）提供此类信息，但是在某些国家或管理部门可能还要求以附加标签的形式提供相关信息。

2 当混合物中属于特定靶器官毒性（重复接触）类别 1 的组分含量为 1.0％～10.0％时，某些国家或管理部门可能将混合物划分为类别 2，而有些国家则不会这样分类。

十、吸入危害

（一）定义

吸入危害是指液态或固态化学品，通过口腔或鼻腔直接进入或者因呕吐间接进入气管和下呼吸系统所引起的吸入危害。吸入危害包括各种严重急性效应，如化学性肺炎、不同程度的肺损伤和吸入致死等。

根据已有的化学品吸入医学文献，有些烃类（石油蒸馏物）和某些烃类氯化物已证明对人类具有吸入危险，而伯醇和酮类只在动物研究中呈现吸入危害。

（二）分类标准

根据已有的人类证据、动物试验结果以及物质/混合物的运动黏度，可以将吸入危害分为两个类别，具体见表 11－59。

表 11－59　吸入危害分类标准

类　别	分　类　标　准
类别 1（已知引起人类吸入性危害或者被认为会引起人类吸入性危害的物质/混合物）	（1）根据可靠、优质的人类证据[1]； （2）如果是烃类，在 40℃时的运动黏度≤20.5 mm^2/s[2]

续表

类　别	分　类　标　准
类别 2（由于推定会引起人类吸入性危害而引起人们关注的物质/混合物）	根据现有的动物研究结果①和专家基于其表面张力、水溶性、沸点和挥发性做出的判断，物质/混合物在 40℃时的运动黏度≤14 mm²/s，而未被划入类别 1 的物质/混合物³

1 目前已有的吸入危害人类证据，主要有某些烃类、松脂油和松木油。

2 液体的黏度分为动力黏度和运动黏度，运动黏度为液体动力黏度与相同温度下液体密度的比值。

3 根据类别 2 的分类标准，有些政府或主管部门会将含 3～13 个碳原子的伯醇、异丁醇和含有不超过 13 个碳原子的酮类划分为类别 2。

（三）分类指导

在对混合物进行分类时，可采用加和法，根据已知吸入危害的组分及其浓度对混合物整体进行危害分类。具体参见表 11-60。

表 11-60　吸入危害加和法分类标准

混合物中危害组分分类	使混合物划为以下类别的组分浓度总和阈值	
	类别 1	类别 2
吸入危害 类别 1	≥10%，且混合物在 40℃时的运动黏度≤20.5 mm²/s	—
吸入危害 类别 2	—	≥10%，且混合物在 40℃时的运动黏度≤14 mm²/s

第三节　环境危害分类体系

一、危害水生环境

（一）定义

危害水生环境是指物质/混合物对水环境中的生物造成的有害影响。根据产生有害影响所需的时间，将危害水生环境分为急性水生环境危害（简称急性水生毒性）和慢性水生环境危害（简称慢性水生毒性）。

急性水生毒性是指物质/混合物对水中短期暴露的生物造成的有害影响。

慢性水生毒性是指物质/混合物在生物体生命周期内，对水生生物造成的有害影响，它主要是描述物质/混合物对长期暴露于该化学品的水生生物造成的慢性毒性。

---

① 虽然在动物身上确定吸入危险的方法已在使用，但还没有标准化。动物试验证据的阳性结果，只能作为可能有人类吸入危险的指导。在评估动物吸入危险数据时必须慎重。

(二) 分类标准

根据鱼类、甲壳纲物种以及藻类三种水生生物的急性或慢性水生毒性试验结果,以及环境降解能力,可将急性水生环境危害分类三个类别,将慢性水生环境危害分为四个类别,见表 11-61 和表 11-62。

表 11-61 急性水生环境危害分类标准[①]

类 别	分 类 标 准
类别 1	LC_{50}[②](鱼类,96 h)≤1 mg/L; EC_{50}[③](甲壳纲类,48 h)≤1 mg/L; ErC_{50}[④](藻类,72 h 或 96 h)≤1 mg/L
类别 2	1 mg/L<LC_{50}(鱼类,96 h)≤10 mg/L; 1 mg/L<EC_{50}(甲壳纲类,48 h)≤10 mg/L; 1 mg/L<ErC_{50}(藻类,72 h 或 96 h)≤10 mg/L
类别 3	10 mg/L<LC_{50}(鱼类,96 h)≤100 mg/L; 10 mg/L<EC_{50}(甲壳纲类,48 h)≤100 mg/L; 10 mg/L<ErC_{50}(藻类,72 h 或 96 h)≤100 mg/L

表 11-62 慢性水生环境危害分类标准

类 别	分 类 标 准
类别 1	**标准 1:** 物质/混合物不可快速降解,且已掌握充分的慢性水生毒性数据 慢性 $NOEC$[⑤] 或 EC_x[⑥](鱼类)≤0.1 mg/L; 慢性 $NOEC$ 或 EC_x(甲壳纲类)≤0.1 mg/L; 慢性 $NOEC$ 或 EC_x(藻类或其他水生植物)≤0.1 mg/L **标准 2:** 物质/混合物可快速降解,且已掌握充分的慢性水生毒性数据 慢性 $NOEC$ 或 EC_x(鱼类)≤0.01 mg/L; 慢性 $NOEC$ 或 EC_x(甲壳纲类)≤0.01 mg/L; 慢性 $NOEC$ 或 EC_x(藻类或其他水生植物)≤0.01 mg/L

---

① 用鱼类、甲壳纲动物和藻类三种生物作为代表性物种进行的试验可代表各种营养水平和门类,而且试验方法已经高度标准化。当然,也可考虑用其他生物体的数据,但前提是它们是等效的物种和试验终点指标。

② LC_{50} 是指经统计学计算得到的,一种物质或混合物在特定时间内(96 h),可造成 50% 试验动物死亡的浓度,又称为"半数致死浓度"。

③ EC_{50} 是指经统计学计算得到的,一种物质或混合物在特定时间内(48 h),可造成 50% 试验动物产生有害反应(例如生长受到抑制)的浓度,又称为"半数效应浓度"。

④ ErC_{50} 是指经统计学计算得到的,一种物质或混合物在特定时间内(72 h 或 96 h),可造成藻类生长率(与对照组相比)下降 50% 的浓度。

⑤ $NOEC$ 是指刚好低于在统计学上能产生明显有害效应的最低试验浓度,又称为"无可见效应浓度"。

⑥ EC_x 是指与对照组样品相比,引起一组受试生物中 $x\%$ 生物出现某种观察效应的浓度。

续表

类 别	分 类 标 准
类别 1	**标准 3**：尚未掌握物质/混合物充分的慢性水生毒性数据 LC_{50}(鱼类,96 h)≤1 mg/L； EC_{50}(甲壳纲类,48 h)≤1 mg/L； ErC_{50}(藻类,72 h 或 96 h)≤1 mg/L； 物质或混合物不能快速降解,和/或试验确定的 BCF 值≥500
类别 2	**标准 1**：物质/混合物不可快速降解,且已掌握充分的慢性水生毒性数据 0.1 mg/L<慢性 NOEC 或 EC_x(鱼类)≤1 mg/L； 0.1 mg/L<慢性 NOEC 或 EC_x(甲壳纲类)≤1 mg/L； 0.1 mg/L<慢性 NOEC 或 EC_x(藻类或其他水生植物)≤1 mg/L **标准 2**：物质/混合物可快速降解,且已掌握充分的慢性水生毒性数据 0.01 mg/L<慢性 NOEC 或 EC_x(鱼类)≤0.1 mg/L； 0.01 mg/L<慢性 NOEC 或 EC_x(甲壳纲类)≤0.1 mg/L； 0.01 mg/L<慢性 NOEC 或 EC_x(藻类或其他水生植物)≤0.1 mg/L **标准 3**：尚未掌握物质/混合物充分的慢性水生毒性数据 1 mg/L<LC_{50}(鱼类,96 h)≤10 mg/L； 1 mg/L<EC_{50}(甲壳纲类,48 h)≤10 mg/L； 1 mg/L<ErC_{50}(藻类,72 h 或 96 h)≤10 mg/L； 物质或混合物不能快速降解(和/或试验确定的 BCF 值≥500)
类别 3	**标准 1**：物质/混合物可快速降解,且已掌握充分的慢性水生毒性数据 0.1 mg/L<慢性 NOEC 或 EC_x(鱼类)≤1 mg/L； 0.1 mg/L<慢性 NOEC 或 EC_x(甲壳纲类)≤1 mg/L； 0.1 mg/L<慢性 NOEC 或 EC_x(藻类或其他水生植物)≤1 mg/L **标准 2**：尚未掌握物质/混合物充分的慢性水生毒性数据 10 mg/L<LC_{50}(鱼类,96 h)≤100 mg/L； 10 mg/L<EC_{50}(甲壳纲类,48 h)≤100 mg/L； 10 mg/L<ErC_{50}(藻类,72 h 或 96 h)≤100 mg/L； 物质或混合物不能快速降解(和/或试验确定的 BCF 值[①]≥500)
类别 4	物质/混合物同时满足如下条件[②]： (1) 水溶解性较差,且在水溶性水平之下没有显示急性毒性； (2) 不能快速降解； (3) $\log K_{ow}$≥4； (4) 具有生物积累潜力

① BCF(全称生物富集因子)是化学物质在受试生物体内浓度与其在水中浓度的比值,它是表征物质/混合物在生物体内富集能力的一种方法,具体试验方法可参照 OECD 化学品测试指南 No. 305A《连续静态鱼类试验》和 No. 305B《半静态鱼类试验》。当 BCF 无法获得时,物质/混合物的辛醇/水分配系数($\log K_{ow}$)≥4 也可以。

② 除非有其他科学证据表明不需要分类。这样的证据包括经试验确定的 BCF<500,或者慢性毒性 NOECs>1 mg/L,或者在环境中快速降解。

当满足以下条件之一时，可认为物质/混合物具有快速降解性。

1. 在 28 天快速生物降解试验时，物质/混合物在 10 天观察期内[①]达到以下水平：

(1) 溶解有机碳（DOC）[②]降解率>70%；

(2) 理论消耗需氧量（ThOD）[③]>60%；

(3) 生化需氧量（BOD）[④]>60%；

(4) 二氧化碳产生量[⑤]>60%。

2. 如只掌握 BOD 和 COD[⑥]数据，物质/混合物的 BOD(5d)/COD 值≥0.5。

如表 11-61 所示，在对物质/混合物慢性水生环境危害进行分类时，须根据已掌握的慢性或急性水生环境危害数据，以及物质/混合物是否属于快速降解能力，选择合适的分类标准。

具体逻辑可按照图 11-2 所示。

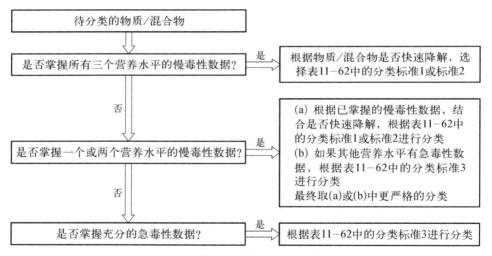

图 11-2　慢性水生环境危害分类逻辑

如图 11-2 所示，在对慢性水生环境危害分类时，如果三个营养水平慢性水生毒性数据不全时，须同时要根据已有的慢性和急性水生毒性数据进行分

---

① 观察期从生物降解率达到10%开始计算。

② DOC 是指溶解态有机物质中的碳，一般是指能通过孔径为 0.45 μm 滤膜、并在分析过程中未蒸发失去的有机碳。DOC 的具体试验方法可参照 OECD 化学品测试指南 No.301A《DOC 消减试验》。

③ ThOD 是指物质/混合物全部被氧化成二氧化碳和水等稳定无机物的化学需氧量，具体试验方法可参照 OECD 化学品测试指南 No.301C《改进的 MITI 试验》。

④ BOD 是指微生物分解一定体积水中的有机物质，所消耗的溶解氧数量。

⑤ 具体试验方法可参照 OECD 化学品测试指南 No.301B《二氧化碳产生试验》。

⑥ COD 又称化学需氧量，是指以化学方法测量水中可被氧化的还原性物质/混合物的量。

类,最终分类结果是取两种分类中危险性较高的类别。

(三) 分类指导

在对混合物进行水生环境分类时,很多情况下无法获得混合物整体的急性或慢性水生毒性数据。此时,可根据组分的急性/慢性数据或分类,采用加和性公式和求和法,实现对混合物整体急性或慢性水生毒性的分类。

1. 加和性公式(急性水生毒性)

如公式(11-7)所示,根据组分急性毒性的数据(LC_{50} 或 EC_{50}),通过计算可获得混合物整体的急性毒性数据估计值。

$$\frac{\sum C_i}{L(E)C_{50混合物}} = \sum_n \frac{C_i}{L(E)C_{50i}} \qquad (11-7)$$

式中　C_i——组分 i 的浓度;

　　　n——n 个组分,并且 i 从 1 到 n;

　　　$L(E)C_{50i}$——组分 i 的急性水生毒性数值;

　　　$L(E)C_{50混合物}$——混合物的急性水生毒性估计值。

2. 加和性公式(慢性水生毒性)

如公式(11-8)所示,根据组分慢性毒性的数据(NOEC),通过计算可获得混合物整体的慢性毒性数据估计值

$$\frac{\sum C_i + \sum C_j}{NOEC_{混合物}} = \sum_n \frac{C_i}{NOEC_i} + \sum_n \frac{C_j}{0.1 \times NOEC_j} \qquad (11-8)$$

式中　C_i——可降解组分 i 的浓度;

　　　C_j——不可降解组分 j 的浓度;

　　　n——n 个组分,并且 i 和 j 从 1 到 n;

　　　$NOEC_i$——组分 i 的慢性水生毒性 NOEC 数值;

　　　$NOEC_j$——组分 j 的慢性水生毒性 NOEC 数值;

　　　$NOEC_{混合物}$——混合物的慢性水生毒性估计值。

在使用加和性公式时,如果只获得混合物中部分组分的急性或慢性水生毒性数据,可通过公式(11-7)或(11-8)获得混合物部分整体的急性或慢性水生毒性估计值,根据表 11-61 和表 11-62,可对混合物部分整体的急性或慢性水生毒性进行分类,分类结果可用于求和法的计算中。

3. 求和法

如果已知混合物中各组分的急性或慢性水生毒性分类以及浓度,可以采用求和法对混合物整体的毒性进行分类,具体见表 11-63。

表 11‑63 水生环境求和法分类标准

已知分类组分的浓度总和	混合物分类结果
急性类别 1×M≥25%	急性类别 1
(急性类别 1×M×10)+急性类别 2≥25%	急性类别 2
(急性类别 1×M×100)+(急性类别 2×10)+急性类别 3≥25%	急性类别 3
慢性类别 1×M≥25%	慢性类别 1
(慢性类别 1×M×10)+慢性类别 2≥25%	慢性类别 2
(慢性类别 1×M×100)+(慢性类别 2×10)+慢性类别 3≥25%	慢性类别 3
慢性类别 1+慢性类别 2+慢性类别 3+慢性类别 4≥25%	慢性类别 4

M 因子是针对急性或慢性水生毒性类别 1 的一种放大系数。M 因子的选择取决于组分的急性或慢性毒性数值,具体如表 11‑64 所示。

表 11‑64 M 因子确定的标准

急性毒性 $L(E)_{50}$/(mg/L)	M 值	慢性毒性 NOEC/(mg/L)	M 值 不可快速降解	M 值 可快速降解
$0.1<L(E)_{50}≤1$	1	$0.01<NOEC≤0.1$	1	—
$0.01<L(E)_{50}≤0.1$	10	$0.001<L(E)_{50}≤0.01$	10	1
$0.001<L(E)_{50}≤0.01$	100	$0.0001<L(E)_{50}≤0.001$	100	10
$0.0001<L(E)_{50}≤0.001$	1 000	$0.00001<L(E)_{50}≤0.0001$	1 000	100
$0.00001<L(E)_{50}≤0.0001$	10 000	$0.000001<L(E)_{50}≤0.00001$	10 000	1 000
继续以系数 10 为间隔推算		继续以系数 10 为间隔推算		

如表 11‑64 所示,组分的急性或慢性数值越小,毒性越强,其 M 因子也就越大,对混合物整体的贡献率也就越高。

(四) 分类举例

示例 1:已知一种有机物 A 的理化性质以及急性/慢性水生毒性数据如表 11‑65 所示,试判定其急性和慢性水生危害分类。

表 11‑65 有机物 A 的相关数据

类 别	试 验 项 目	物 种	数 值
理化性质	水溶性/(mg/L)	—	1 200
	辛醇/水分配系数(logKow)	—	2.75

续表

类 别	试 验 项 目	物 种	数 值
急性水生毒性数据	LC_{50}(鱼类,96 h)/(mg/L)	虹鳟	12
		蓝鳃太阳鱼	2.7
	EC_{50}(甲壳纲类,48 h)/(mg/L)	大型溞类	18
	ErC_{50}(藻类/水生植物)/(mg/L)	栅藻(96 h)	0.056
		浮萍(7 d)	0.031
慢性水生毒性数据	NOEC(鱼类,21 d)/(mg/L)	斑马鱼	1.2
	NOEC(甲壳纲类,21 d)/(mg/L)	大型溞类	1.1
	NOEC(藻类,96 h)/(mg/L)	栅藻	0.01
快速降解性	生物降解性(28 d DOC 降解率)/%	—	86
	非生物降解(水解半衰期)	—	无数据
生物蓄积性	BCF	—	无数据

1. 急性水生毒性判定

有机物 A 的水溶解度为 1 200 mg/L,判定其属于易溶于水的物质。因此,可直接根据水生急性数据判定其危害分类。表 11-65 提供了 2 种鱼类、1 种甲壳纲类以及 2 种藻类/水生植物的急性水生毒性试验数据,其中栅藻属于藻类,浮萍属于水生植物。根据表 11-61 的分类标准,优先选择藻类、鱼类和甲壳纲类三种物种中毒性数据最小的数据(0.056 mg/L)进行分类,因此对照表 11-61,有机物 A 属于急性水生毒性类别 1。

2. 慢性水生毒性判定

有机物 A 的 28 d DOC 降解率为 86%>70%,因此可以判断该物质属于可快速降解。表 11-65 中提供了藻类、鱼类和甲壳纲类三种物种的慢性水生毒性数据,选择其中最小的数据 0.01 mg/L,对照表 11-62 中的分类标准 2,可判定有机物 A 属于慢性水生毒性类别 1。

示例 2:已知一种有机物 B 的理化性质以及急性水生毒性数据如表 11-66 所示,试判定其急性和慢性水生危害分类。

表 11-66 有机物 B 的相关数据

类 别	试 验 项 目	物 种	数 值
理化性质	水溶性/(mg/L)	—	2 000
	辛醇/水分配系数(logKow)	—	2.08

续表

类 别	试 验 项 目	物 种	数 值
急性水生毒性数据	LC_{50}（鱼类，96 h）/(mg/L)	虹鳟	9
		蓝鳃太阳鱼	3.6
	EC_{50}（甲壳纲类，48 h）/(mg/L)	大型潘类	11
	ErC_{50}（藻类）/(mg/L)	栅藻（96 h）	0.042
急性水生毒性数据	无数据		
快速降解性	生物降解性（28 d DOC 降解率）/%	—	80
	非生物降解（水解半衰期）	—	无数据
生物蓄积性	BCF	鱼类	560

1. 急性水生毒性判定

有机物 B 的水溶解度为 2 000 mg/L，判定其属于易溶于水的物质。因此，可直接根据水生急性数据判定其危害分类。表 11 - 66 提供了 2 种鱼类、1 种甲壳纲类以及 1 种藻类的急性水生毒性试验数据。根据表 11 - 61 的分类标准，优先选择急性毒性数据最小的数据（0.042 mg/L）进行分类，因此有机物 B 属于急性水生毒性类别 1。

2. 慢性水生毒性判定

由于有机物 B 没有慢性水生毒性数据，根据图 11 - 2 的分类逻辑，只能依据其急性水生毒性数据进行分类。有机物 B 的 28 d DOC 降解率为 86%＞70%，但是其 BCF 值＞500，因此根据表 11 - 61 中的标准 3，可以判断该物质属于慢性水生毒性类别 1。

示例 3：已知一种混合物 C 有四种组分组成，已知每种组分的急慢性水生毒性数据或者急慢性水生毒性分类，具体如表 11 - 67 所示，试判定其急性和慢性水生危害分类。

表 11 - 67　混合物 C 的相关数据

组分	含量	急性水生毒性数据/分类	慢性水生毒性数据/分类
X	50	ErC_{50}（藻类，72 h）：0.37 mg/L； EC_{50}（甲壳纲类，48 h）：0.55 mg/L	NOEC（鱼类，28 d）：0.07 mg/L； NOEC（甲壳纲类，21 d）：0.09 mg/L； NOEC（藻类，72 h）：0.13 mg/L
Y	10	LC_{50}（鱼类 96 h）：0.3 mg/L； ErC_{50}（藻类，72 h）：1.37 mg/L	NOEC（鱼类，28 d）：1.3 mg/L； NOEC（甲壳纲类，21 d）：1.4 mg/L； NOEC（藻类，72 h）：0.53 mg/L
Z	30	不分类	类别 1
W	10	不分类	不分类

1. 急性水生毒性判定

由于组分 Z 和 W 没有急性水生毒性危害,因此混合物 C 的急性水生危害主要由组分 X 和组分 Y 贡献。已知组分 X 和 Y 的部分水生急性毒性数据,因此可先采用加和性公式,将组分 X 和 Y 的整体毒性进行估算。分别选择组分 X 和 Y 中毒性数据较小的,代入公式(11 - 7):

$$\frac{50+10}{L(E)C_{50混合物C}} = \frac{50}{0.37} + \frac{10}{0.3}$$

所以,经计算组分 X 和组分 Y 整体的急性毒性 $L(E)C_{50}$ 为 0.36 mg/L,根据急性分类标准,可以判断其属于急性毒性类别 1。

根据求和法,混合物中组分 X 和组分 Y 整体的急性毒性为类别 1,同时两者浓度之和为 60%>25%,因此可以判断混合物 C 整体的急性毒性为类别 1。

2. 慢性水生毒性判定

与急性毒性判定类似,可以先采用加和性公式,根据组分 X 和 Y 的慢性水生毒性数据,对混合物 C 的部分毒性进行估算。由于组分 X 和 Y 缺少快速降解数据,因此可从严判断其都属于不可降解。将组分 X 和 Y 的三种水生物数据分别代入公式(11 - 8)进行计算,具体如下:$NOEC(鱼类)_{组分X+组分Y} = 60/[50/(0.1×0.07)+10/(0.1×1.3)]=0.008$;

$NOEC(甲壳纲类)_{组分X+组分Y}=60/[50/(0.1×0.09)+10/(0.1×1.4)]=0.011$;

$NOEC(藻类)_{组分X+组分Y}=60/[50/(0.1×0.13)+10/(0.1×0.53)]=0.015$。

三种水生生物数据中最小值是 0.008,根据表 11 - 62 中的分类标准 1,组分 X 和 Y 整体可划为慢性水生毒性类别 1,同时根据表 11 - 64,其对应的 M 因子为 10。

根据求和法,混合物中组分 X、Y 和 Z 三种已知分类的组分浓度求和法计算结果为:

$$(C_{组分X} + C_{组分Y}) \times M + C_{组分Z} = 60 \times 10 + 30 = 630 > 25。$$

因此混合物整体的慢性毒性分类为类别 1。

二、危害臭氧层

(一) 定义

危害臭氧层是指物质或混合物如果被排放到大气层中,可与平流层中的臭氧发生化学反应,造成臭氧层消耗的现象[①]。

---

① 臭氧层是指大气层的平流层中臭氧浓度相对较高的部分,其主要作用是吸收短波紫外线。臭氧层为地球上的生物提供了一个有效防止紫外辐射的屏障。

目前已知可破坏臭氧层的物质主要是含有卤代烃类，例如最常见的制冷剂氟利昂-11(分子式 CCl_3F)。为了表征物质消耗臭氧层的能力，引入了一个臭氧消耗潜能值(ODP)。ODP 是针对每种卤代烃排放源，预计该卤代烃相对于同质量的氟利昂-11 排放所造成的大气平流层臭氧消耗的总损耗量。

（二）分类标准

根据物质是否列入《蒙特利尔议定书》附件中，或混合物是否含有列入《蒙特利尔议定书》附件中组分，将物质或混合物划为危害臭氧层，具体分类标准见表 11-68。

表 11-68 危害臭氧层分类标准

类 别	分 类 标 准
类别 1	《蒙特利尔议定书》①附件中列出的任何受管制物质；或 至少含有一种列入《蒙特利尔议定书》附件的组分，且浓度≥0.1%的任何混合物

如表 11-68 所示，对于纯物质而言，如果其列入《蒙特利尔议定书》附件中，则可划为危害臭氧层；对于混合物，如果其有一种或多种组分列入《蒙特利尔议定书》附件，且含量总和≥0.1%，则也可划为危害臭氧层。

（三）分类指导

《蒙特利尔议定书》有 A～F 六个附件，其中除了附件 D 以外，其余 5 个附件都列出了已知属于危害臭氧层的物质，并给出了每一种物质的 ODP 值。附件中部分物质如表 11-69 所示②。

表 11-69 《蒙特利尔议定书》附件物质清单示例

化学式	化学名称	物质代码	ODP 值	附件	类别
$CFCl_3$	三氯一氟甲烷	CFC-11	1	附件 A	第一类
CF_3Br	一溴三氟甲烷	Halon-1301	10	附件 A	第二类
CF_2BrCF_2Br	二溴四氟乙烷	Halon-2402	6	附件 A	第二类

① 《蒙特利尔议定书》全名为《蒙特利尔破坏臭氧层物质管制议定书》(Montreal Protocol on Substances that Deplete the Ozone Layer)，是联合国为了避免工业产品中的氟氯碳化物对地球臭氧层继续造成恶化及损害，承续 1985 年保护臭氧层维也纳公约的大原则，于 1987 年 9 月 16 日邀请所属 26 个会员国在加拿大蒙特利尔所签署的环境保护公约。该公约自 1989 年 1 月 1 日起生效。

② 完整的附件物质清单请见：http://ozone.unep.org/en/handbook-montreal-protocol-substances-deplete-ozone-layer/5。

续表

化学式	化学名称	物质代码	ODP 值	附件	类别
CF_3Cl	一氯三氟甲烷	CFC-13	1	附件 B	第一类
$C_2H_2FCl_3$	1,1,2-三氟-2-氯乙烷	HCFC-131	0.007～0.05	附件 C	第一类
$C_2H_2FCl_3$	1,1,2-三氟-1-氯乙烷	HCFC-131	0.007～0.05	附件 C	第一类
$C_2H_2FCl_3$	1,1,1-三氯-2-氟乙烷	HCFC-131	0.007～0.05	附件 C	第一类
CH_3Br	溴甲烷		0.6	附件 E	第一类
CHF_2CHF_2	1,1,2,2-四氟乙烷	HFC-134		附件 F	第一类

第十二章

化学品 SDS 和安全标签

第一节　化学品 SDS

一、简介

　　化学品 SDS[①] 是联合国 GHS 法规制定的一种将化学品危害、存储、处置等各类信息沿着供应链进行上下游传递的措施之一。一份完整的 SDS 包含了化学品的理化性质、健康危害、环境危害、操作与存储注意事项、泄漏处置措施以及急救方式等信息,是化学品生产企业制定针对工人防护和环境保护措施的依据,是运输工人、仓储人员、急救人员、消防人员进行安全操作和科学处置突发事件的指南。

　　正因为所含信息的重要性和实用性,我国以及欧、美、日等很多国家的法规法律[②]已明确要求化学品的生产、贸易、销售企业有义务有责任向下游客户和公众提供一份完整准确的 SDS。这也符合联合国 GHS 制度制定的初衷。

　　如第十一章所讲,联合国 GHS 制度建立了一套有关化学品物理、健康和环境危害分类的标准体系。这套体系虽然已将化学品的急性和慢性,短期和长期危害都纳入了危害分类的范畴,但是识别化学品的危害只是联合国 GHS 制度为保护人类和环境免于化学品造成的各类危害而制定科学措施的第一步。只有完成第一步,科学认识我们身边化学品的各种危害,才能给潜在的暴露者以及保护环境提出科学有效的建议,而 SDS 正是这种科学建议的体现方式之一。

二、主要内容

　　根据联合国 GHS 制度的要求,一份完整的 SDS 至少含有 16 个方面的内容,具体如表 12-1 所示。

---

① SDS 全称为 Safety Data Sheet,中文翻译为安全数据单。在我国以及美国等国家/地区,SDS 又称为 MSDS(Material Safety Data Sheet),中文译名为材料安全数据单或化学品安全技术说明书。

② 在我国《危险化学品安全管理条例》(国务院令第 591 号)中明确要求化学品的生产企业应向下游提供完整的一份 SDS,而化学品的销售企业不得销售没有 SDS 的化学品。

表 12-1　SDS 十六部分主要内容①

SDS 部分	标　　题	SDS 部分	标　　题
1	标识	9	物理和化学特性
2	危险标识	10	稳定性和反应性
3	组成/成分信息	11	毒理学信息
4	急救措施	12	生态学信息
5	消防措施	13	处置考虑
6	意外释放措施	14	运输信息
7	搬运和存储	15	管理信息
8	接触控制/人身保护	16	其他信息

如表 12-1 所示，SDS 的十六部分分别适用于化学品的不同生命周期（如生产、使用等）。每个部分包括的具体信息如下所示②。

1. 标识

（1）产品标识：中文名、英文名、俗名、商品名、CAS 号、产品编号等产品标识信息。

（2）企业标识：化学品供应商或生产商的名称、地址、电话、邮编、邮箱、传真等。

（3）紧急电话：能全天候提供化学品在发生事故时的各类电话咨询（包括应急处置、消防注意事项等），在我国主要是指化学品生产企业的 24 h 应急咨询电话。

（4）产品推荐和限制用途：化学品可以和不可以用于哪些领域。

2. 危险标识

（1）危害分类：化学品依据联合国 GHS 制度③确定的物理、健康和环境危害。

（2）GHS 标签要素④：化学品 GHS 标签中的危害说明、信号词、象形图以及防范措施。

---

① 此处列出的 SDS 十六部分标题来源于联合国 GHS 制度（第七修订版，中文版），可能与我国 SDS 编写标准 GB/T 16483—2008 和 GB/T 17519—2013 中的表述不完全一致，这不影响 SDS 的使用。

② 此处列出的 SDS 每个部分内容来源于联合国 GHS 制度（第七修订版，中文版），与我国以及欧、美、日等国家/地区发布的 SDS 编写标准有轻微的不同。

③ 在已经执行联合国 GHS 制度的国家/地区（例如我国、美国、日本等），化学品在进行 GHS 分类时须依据当地国家/地区的法规或标准。例如，在我国化学品需依据 GB30000.1 系列标准进行危害分类；在美国则须按照美国 OSHA 发布的 HCS-2012 法规进行危害分类。

④ GHS 标签的相关定义请见第十二章第二节。

（3）其他危害：不产生 GHS 分类或不被联合国 GHS 覆盖的其他危害（粉尘爆炸、窒息、内分泌干扰等）。

3. 组成/成分信息

（1）纯物质：化学品中文名、英文名、CAS 号、含量，以及影响物质分类的杂质和稳定剂。

（2）混合物：一般要列出混合物中的 GHS 分类，对混合物分类有影响的且超过浓度限值的组分①中文名、含量、CAS 号等信息。

4. 急救措施

（1）急救措施：针对不同接触途径（吸入、食入、皮肤接触和眼接触），分别给出对应的急救措施。

（2）最重要的急性和延迟症状/效应：人体接触化学品后可能出现的最重要的急性和迟发性效应。

（3）其他：包括给出立即就医及所需的治疗，对医生的提示和对施救人员的提示或忠告。

5. 消防措施

（1）灭火剂：化学品火灾合适和不合适的灭火剂。

（2）火灾危险性：化学品火灾可能引起的具体危害，以及有害的燃烧产物。

（3）灭火注意事项及防护措施：消防人员应该佩戴的个体防护设备，灭火过程中采取的保护措施以及减少泄漏物和消防水对环境污染的措施。

6. 意外释放措施

（1）人员防护措施、防护装备和应急处置程序：应急人员穿戴的防护装备，火源控制措施以及泄漏源和泄漏物的控制措施。

（2）环境保护措施：防止泄漏物污染环境的保护措施。

（3）泄漏化学品的控制、清除方法及所使用的处置材料：控制方法、清除方法、使用的工具以及注意事项。

7. 操作和存储

（1）操作：化学品安全处置的注意事项和措施。

（2）存储：化学品适宜的和应避免的储存条件，化学品适合和不适合的包装材料。

8. 接触控制/人身保护

（1）控制参数：职业接触限值，生物接触限值。

（2）工程控制：减少人体接触或暴露的工程控制方法。

---

① 对于涉及商业机密的组分，主管当局允许在 SDS 中不显示 CAS 号，真实名称可以用类属名称代替，例如甲醇可以用醇类代替。

（3）个体防护装备：防止人体接触的保护措施。

9. 物理和化学特性

此部分须列出化学品的 17 项理化特性，具体见表 12 - 2。此外，也可提供与化学品安全使用相关的其他理化特性数据。

表 12 - 2　SDS 第 9 部分物理化学特性参数表

物 理 状 态	上下爆炸极限/易燃极限	可 溶 性
颜色	闪点	辛醇-水分配系数(logKow)
气味	自燃温度	蒸气压
熔点/凝固点	分解温度	密度和/或相对密度
沸点/初沸点及沸程	pH 值	颗粒特征
易燃性	运动黏度	其他

10. 稳定性和反应性

（1）反应性：化学品已知的反应性危害。

（2）化学稳定性：正常环境下和预计的储存和处置温度下，化学品是否稳定以及保持化学品稳定需要的稳定剂。

（3）危险反应的可能性：化学品是否存在聚合、分解、缩合、与水反应等危险反应。

（4）应避免的条件：列出可能导致危险反应的条件，如热、压力、撞击、静电等。

（5）不相容材料：可能与物质/混合物起反应产生危险情况的化学品种类或具体物质。

（6）危险的分解产物：在使用、存储或受热产生危险分解的产物，不包括有害燃烧产物。

11. 毒理学信息

简单扼要但完整易懂地说明联合国 GHS 制度中 10 项健康危害的效应以及相关的佐证数据，具体见"附录一　SDS 样例"。混合物缺少整体数据时，可以提供组分的毒理学信息。

12. 生态学信息

（1）生态毒性：化学品鱼类、甲壳纲类以及藻类三种生物的急性和慢性水生毒性数据。

（2）持久性和降解性：化学品在环境中通过生物降解和非生物降解的可能性及相关实验数据。

（3）潜在的生物累积性：物质或混合物的某些成分在生物区内积累的潜力，以及通过食物链积累的可能性以及有关试验结果，包括辛醇/水分配系数

（Kow）和生物富集系数（BCF）。

（4）土壤中的迁移性：物质或混合物成分如果排放到环境中，在自然力的作用下流动到地下水或排放地点一定距离以外的潜力。

（5）其他有害效应：已知对环境有害的其他影响，如臭氧层破坏、全球升温等。

13. 处置考虑

说明化学品及其容器的处置方法（如焚烧、填埋或回收利用），不得采用的废弃处置方法（如不得倒入下水道），以及废弃处置的特殊防范措施。

14. 运输信息

（1）联合国编号：联合国危险货物专家委员会给每一种危险货物分配的特定编号，由 4 位阿拉伯数字组成。

（2）联合国正式运输名称：联合国编号所对应的危险货物运输名称，非危货自身的名称。

（3）运输危险类别：化学品按照《联合国关于危险货物运输的建议书 规则范本》等运输法规①确定的分类标准，所具有的危害类别。

（4）包装类别：危险货物运输危险类别所对应的包装等级②（通常分为Ⅰ类、Ⅱ类和Ⅲ类）。

（5）环境危险：危险货物是否属于海洋污染物③。

（6）散货运输：货物是否可按照 73/78《防污公约》附件二和《建造和装备载运散装危险化学品船舶的国际法规》进行散货运输。

（7）其他：在其设施场地内或以外进行运输或传送时，用户需要了解或需要遵守的特殊防护措施。

15. 法规信息

列出针对该化学品安全、健康和环境管理的国家/地区法规标准。

16. 其他信息

列出关于本份 SDS 的编写和修订信息，SDS 中的缩略语和首字母缩写解释，免责声明以及参考文献等。

三、SDS 举例

SDS 样例参见"附录一　SDS 样例"。

---

① 运输法规还包括了《联合国关于危险货物运输的建议书 规则范本》衍生出来的，针对特定运输方式的法规：《国际海运危规》（IMDG code）、《国际空运危险货物安全运输技术规则》（ICAO - TI）、《国际铁路运输危险货物规则》（RID）、《国际公路运输危险货物欧洲协议》（ADR）等。

② Ⅰ类、Ⅱ类和Ⅲ类别包装分别用于盛装高度危险性、中度危险性以及低度危险性的货物。

③ 海洋污染的分类标准可参见《国际海运危规》（IMDG code），其与联合国 GHS 制度中的急性水生危害类别 1 以及慢性水生危害类别 1 和类别 2 标准相同。

四、常见问题

(一) 格式不对

在编写 SDS 的过程中,格式不对是最常见的问题,其主要体现在以下几个方面。

1. 随意删减 SDS 中十六项内容。编写人员将 SDS 十六部分中无法获得数据或资料的标题删除了,破坏了 SDS 本身的完整性。正确的做法是针对没有数据或资料的标题,可以用"暂无资料"的表述表示。如图 12-1,该份 SDS 第 9 部分的理化性质参数明显被删除了很多。

第九部分 物化特性

外观与性状:无色液体	**气味**:无资料
熔点/凝固点 / ℃:-98	**初始沸点和沸腾范围 / ℃**:65
闪点(℃)(闭杯):12	**蒸发速率**:无资料
易燃性:不适用	**爆炸上限 / 下限 / [%(v/v)]**:上限:44;下限:5.5
正辛醇/水分配系数:-0.82~-0.66	**自燃温度 / ℃**:464
分解温度 / ℃:无资料	**运动黏度 /(mm²/s)**:无资料
颗粒特征:不适用	

图 12-1 SDS 典型错误举例-1

2. 随意调整 SDS 中十六项内容的顺序。这主要原因是我国现行的 SDS 编写标准 GB/T 16483—2008 采纳了联合国 GHS 制度中关于 SDS 的内容要求,但是部分企业编制的 SDS 是根据已经作废标准 GB 16483—2000,而新旧标准中一个最大的区别是 SDS 第二部分和第三部分的顺序做了调整,具体如图 12-2 所示。

第二部分:成分及组成信息

表面处理剂属于:混合物
主要成分:聚氨酯、*N*,*N*-二甲基甲酰胺、甲乙酮、甲苯
外观与性状:淡黄色黏稠胶体,稍有气味

第三部分:危险性概述

危险性类别:第 33 类……高闪点易燃液体
侵入途径:蒸气吸入、皮肤及眼睛接触,皮肤吸收,食入。
健康危害:急性中毒主要有严重的刺激症状、头痛、焦虑、恶心、呕吐、腹痛、消化道出血、便秘、肝损害及血压升高。可经皮肤吸收,对皮肤有刺激性。慢性作用有皮肤、黏膜刺激,神经衰弱综合征,血压偏低。尚有恶心、呕吐、胸闷、食欲不振、胃痛、便秘及肝大和肝功能变化。

图 12-2 SDS 典型错误举例-2

（二）用语不规范

SDS中的用语应该简洁准确，避免行话、不得使用含糊不清和误导的语言，例如："可能有危险""不影响健康""在大多数情况下使用安全"以及"无害"。

（三）内容前后不一致

SDS中除了第1和第16部分以外，其他部分的内容都是基于化学品本身的物理、健康和环境危害，所以不同部分之间的内容有一定的匹配性要求。比如，第9部分、第11部分和第12部分的理化性质、毒性信息和生态信息要和第2部分的GHS危害分类保持一致，图12-3为错误举例3。

2 危险性描述		9 理化特性	
GHS 危险性类别		**理化特性**	
易燃液体	类别2	外观与性状	无色透明液体
急性毒性-经口	类别4	气味	有类似苯的气味
吸入危害	类别1	气味临界值	无资料
皮肤腐蚀/刺激	类别2	pH 值	不适用
特异性靶器官系统毒性一次接触	类别3	熔点/结晶点	-95℃
生殖毒性	类别2	沸点和沸程	110℃（760 mmHg）
特异性靶器官毒性-反复接触	类别2	闪点	40℃（闭杯）

图 12 - 3　SDS 典型错误举例- 3

五、eSDS 简介

eSDS 全称为 Extended Safety Data Sheet，即扩展的安全数据单。顾名思义，eSDS 是对 SDS 的扩展与延伸，是指有暴露场景（Exposure Scenario，ES）作为附件的安全数据单。

暴露场景主要指化学品在生产、使用、废弃等全生命周期中的一系列操作条件以及风险管理措施，以及生产商或进口商如何控制和建议下游用户控制其对人类和环境的暴露，即描述危险品的"安全使用条件"或者"如何有效控制风险"的措施。

当化学品满足以下两个条件时，根据欧盟 REACh 法规的规定，化学品的生产商或进口商必须制作相应的 eSDS：

（1）注册物质吨位≥10 吨/年；

（2）有表 12 - 3 中危害分类或评估为 PBT/vPvB 的物质或混合物。

表 12 - 3 eSDS 涵盖的危害分类一览表

爆 炸 物	易 燃 气 体	气 雾 剂
氧化性气体	易燃液体	易燃固体
自反应物质(类别 A、类别 B)	发火液体	发火固体
遇水放气的物质和混合物	氧化性液体(类别 1、类别 2)	氧化性固体(类别 1、类别 2)
有机过氧化物(A 型～F 型)	急性毒性	皮肤腐蚀/刺激
严重眼损伤/眼刺激	呼吸道与皮肤致敏	生殖细胞突变性
致癌性	生殖毒性	特定靶器官毒性-单次接触
特定靶器官毒性-重复接触	吸入危险	危害水生环境
危害臭氧层		

第二节 化学品安全标签

一、简介

化学品安全标签[①]与 SDS 类似,也是联合国 GHS 法规制定的一种沿着供应链传递化学品危害信息的方式之一。与 SDS 不同的是,安全标签的内容相对简洁、明了,而且采用了图形化展示化学品危害的方式,提高了化学品安全标签的辨识性和理解性,能够有效及时地为供应链中的运输工人、消防人员、应急人员以及消费者提供有关化学品的危害信息,并提供有效的预防措施。

二、主要内容

一个完整的化学品安全标签至少包括以下 6 个部分,如表 12 - 4 所示。

表 12 - 4 化学品安全标签的 6 个要素

(1) 信号词	(2) 危险说明
(3) 防范说明	(4) 象形图
(5) 产品标识	(6) 供应商标识

如表 12-4 所示,安全标签中除了第 5 和第 6 部分与普通商品标签相同外,其余 4 个部分均与化学品本身的安全性有关,是通过简单的文字和图形将

---

① 安全标签又称危险公示标签,或者 GHS 标签,英文名为 labelling。

化学品危害性进行展示,同时提供相应的安全操作、存储和应急处置建议。

(一) 信号词

信号词是指化学品安全标签上用于表明化学品危险相对严重程度和提醒潜在化学品接触者注意的词语。在联合国 GHS 制度中,信号词分为"危险(Danger)"和"警告(Warning)"两种。"危险"主要用于较为严重的危险类别,而"警告"主要用于较轻的类别。为了规范信号词的使用,联合国 GHS 制度对化学品的 29 项危害中的每一个类别都分配了指定的信号词。部分危险类别的信号词见表 12 - 5。

表 12 - 5 不同危险类别的信号词举例

危 险 种 类	危 险 类 别	信 号 词
易燃液体	类别 1 和类别 2	危险
	类别 3 和类别 4	警告
金属腐蚀	类别 1	警告
皮肤腐蚀/刺激	类别 1	危险
	类别 2 和类别 3	警告
危害水生环境(慢性)	类别 1	警告
	类别 2、类别 3 和类别 4	无

如表 12 - 5 所示,同一危险种类中的类别 1 危险程度最高,信号词为危险,而部分危险性较低的类别却没有信号词。因此在编写化学品安全标签时,首先要确定化学品的危害分类结果,然后对照 GHS 制度即可确定信号词。

(二) 危险说明

危险说明是联合国 GHS 制度分配给每个危险类别的特定短语,用于描述化学品的危险特性。为了便于识别和交流,每一个危险说明都分配了一个特定代码(例如,H225、H302、H401 等),其中首字母"H"代表"Hazard",第一个阿拉伯数字有"2""3"和"4"三种,分别代表"物理危害""健康危害"和"环境危害",最后的两位阿拉伯数字只是不同危险说明的序号。危险说明示例见表 12 - 6。

如表 12 - 6 所示,危险说明的文字表述可以直观反应化学品的危害性质和危害程度。不同危险类别之间的危害说明有文字重叠现象,例如 H400 和 H410。如果化学品同时有 H400 和 H410 两种危害,则在其安全标签上,可以把 H400(包括后面的文字)省略,只须出现 H410。

表 12 - 6 不同危险类别的危险说明举例

危 险 种 类	危险类别	危 险 说 明
易燃液体	类别 1	H224 极其易燃液体和蒸气
	类别 2	H225 高度易燃液体和蒸气
金属腐蚀	类别 1	H290 可能腐蚀金属
急性毒性(经口)	类别 1	H300 吞咽致命
	类别 2	H300 吞咽致命
	类别 3	H301 吞咽中毒
危害水生环境(急性)	类别 1	H400 对水生生物毒性极大
危害水生环境(慢性)	类别 1	H410 对水生生物毒性极大并具有长期持续影响

(三) 防范说明

防范说明是指一句话(和/或图形),用于说明建议采取的措施,以尽可能减少或防止由于接触危险品,或者不适当的储存或搬运危险品而造成有害影响。在联合国 GHS 制度中,防范说明分为 5 大类,分别针对化学品的不同流通环节和暴露对象,具体见表 12 - 7 所示。

表 12 - 7 防范说明的 5 大类

防 范 说 明		具 体 内 容
类型	代码	
一般防护	P1##	一般公众在接触含有化学品的消费品时应注意的事项
预防措施	P2##	在使用和操作化学品时,应做好的个体防护和避免发生危险反应的措施和要求
应急措施	P3##	化学品在泄漏、火灾或接触人体后,应采取的应急处置措施
存放防护	P4##	化学品在日常存储时应采取的安全措施
处置防护	P5##	化学品及其包装在废弃处置时应采取的防护措施

除了一般防范说明外,其余四类防范说明与危险说明类似与化学品的危害性密切相关。联合国 GHS 制度也已为每个危险类别分别制定了特定防范说明短语,典型示例见表 12 - 8。为了便于识别和交流,每一个防范说明也有一个特定代码(例如,P201、P305、P402 等),代码首字母"P"是英文"Precautionary"的首字母,第一个阿拉伯数字代表防范说明的类别,最后的两位阿拉伯数字只是不同防范说明的序号。

表 12-8　防范说明举例

防范说明	具 体 内 容
P101	如须求医,请随身携带产品容器或标签
P210	远离热源、热表面、火花、明火和其他点火源;禁止吸烟
P314	如感觉不适,须求医/就诊
P373	火烧到爆炸物时切勿救火
P403	存放于通风良好处
P502	有关回收和循环使用情况,请咨询制造商或供应商

与危险说明不同的是,联合国 GHS 提供的防范说明是建议性的,非强制性。化学品的生产商应根据产品的具体特性和主管当局的要求,对推荐的防范说明进行完善,以为潜在暴露者和环境提供更好的保护。

防范说明除了可以用文字表达,也可用图形表示。联合国 GHS 制度中介绍了欧盟推荐的几种常见防范措施示意图[①],具体见图 12-4。

图 12-4　防范说明的图形示例

(四) 象形图

象形图是联合国 GHS 制度规定的一种图形,用以传达化学品的物理、健康和环境危害。在联合国 GHS 制度,象形图一共有 9 种,具体样式参见"附录四　化学品 GHS 象形图样例"。

联合国 GHS 制度已为每一种危害(总计 29 大类,110 小类)分配了指定的象形图,因此存在不同危险类别的象形图是相同的。如易燃液体、易燃固体和易燃气体的象形图都是火焰。

GHS 制度中的象形图与《联合国关于危险货物运输建议书 规章范本》中的运输标签有类似的地方,都是 45°的菱形。但是象形图边框统一为红色,背景统一为白色,中间的符号统一为黑色,这个是不同于运输标签的。

---

① 来源于欧盟理事会第 92/58/EEC 号指令,发布于 1992 年 6 月 24 日。

（五）产品标识

产品的商品名和化学名称。对于混合物,还须列出导致混合物整体产生急性毒性、皮肤腐蚀、严重眼损伤、生殖细胞致突变性、致癌性、生殖毒性、皮肤/呼吸道致敏或特定靶器官毒性危害的所有组分化学名称。

（六）供应商标识

物质/混合物生产商或供应商的名称、地址和电话号码等联系方式。

三、举例

样例参见"附录二　化学品安全标签样例"。

四、消费品的安全标签

随着化学工艺的不断进步,人们的吃、穿、住、行等各方面都可以看到化学制品的身影,其中常见的诸如化妆品、药品、食品等消费品都会含有一定数量的化学品,按照 GHS 制度确定的分类原则,都具有不同程度的物理、健康或环境危害,但是与工业化学品的不同之处在于,这些消费品是人们为了获得某种功能,而有意接触或使用,例如服用药品可以治疗疾病,另外人们在使用这些消费品时,通常都是短时间、接触少量的化学品。如果从使用场景的危害暴露程度来评估,人类接触消费品中化学品程度是较低的。

基于以上的分析,联合国 GHS 制度提出了化妆品、药品、食品添加剂以及食品中的杀虫剂残留在人类有意摄入时,可以不用加贴本节描述的化学品安全标签(简称 GHS 标签),同时对于其他日用消费品例如家用洗涤剂、个人护理产品等,GHS 制度也鼓励世界各国的主管当局采用基于消费品化学品暴露风险,制定适合的警示标签。

我国的 GB13690—2009 针对消费品提出了基于伤害的产品标签,这点与联合国 GHS 制度不谋而合,鼓励主管部门针对消费品中的慢性危害进行风险评估,以确定该危害是否体现在产品标签上。与此同时,GB/T36499—2018《基于 GHS 标签的消费品风险评估指南》采纳了联合国制度附件5的相关技术要求,规定了消费品类 GHS 标签的风险评估原则,为业内编制消费品类 GHS 标签提供了评估工具。

在美国,日用消费品如果根据联邦危险物质法令（Federal Hazardous Substances Act，FHSA)的危害分类标准,具有毒性、腐蚀性、易燃性、刺激性、强致敏的,或者产生压力,且在使用中或可预见的误用中,有潜在的可能导致严重人身伤害或疾病时,才需要加贴特定的安全标签。标签内容包括产品中的有害组分、基于 FHSA 的危害分类、信号词（包括 DANGER、POISON、CAUTION 或 WARNING）、警示语（告知消费者如何使用或避免误用产品）以及必要的急救措施。

在加拿大，大部分日用消费品都列入加拿大消费品安全法（Canada Consumer Product Safety Act，CCPSA）和日用消费品化学品及包装规则（Consumer Chemicals and Containers Regulations，CCCR）的管理范畴，其中 CCCR 对消费品制定了单独的危害分类标准和警示标准要求，技术内容与 GHS 制度不同。

综上所述，目前基于伤害的消费品标签已被部分国家的主管部门列入立法的范畴，也有相应的具体实施措施在试行，预计未来会有更多的国家/地区采纳类似的做法。

参考文献

［1］李政禹.化学品 GHS 分类方法指导和范例.北京：化学工业出版社,2010.
［2］联合国欧洲经济委员会. 全球化学品统一分类和标签制度(第 7 修订版).联合国,2017.
［3］联合国欧洲经济委员会. 关于危险货物运输的建议书 规章范本(第 20 修订版).联合国,2017.

第十三章

化学品 GHS 全球执行情况

GHS 是"Globally Harmonized System of Classification and Labelling of Chemicals"的缩写,即全球化学品统一分类和标签制度,其主要目的是统一危险化学品分类体系,形成一套全球一致的化学品分类、标签和化学品安全技术说明书制度。2002 年,国际劳工组织(ILO)、经济合作和发展组织(OECD)和联合国经济及社会理事会危险货物运输问题专家小组委员会(UN TDG)完成第一版"全球化学品统一分类和标签制度(GHS)",该文件由联合国于 2003 年通过并正式公告,2003 年 7 月经联合国经济社会委员会会议正式采用并鼓励各国在 2008 年在全球全面实行。GHS 的核心是化学品统一分类和化学品的危害信息传递,通过 10 多年的发展,内容不断完善,目前最新版本为 2017 年的第 7 修订版。截至 2017 年 4 月,全球已有 55 个国家和地区实施了 GHS,包括美国、欧盟、日本、加拿大、澳大利亚、新西兰等世界发达国家和地区。

第一节　中国 GHS 执行情况

2002 年 9 月,朱镕基同志在"联合国可持续发展世界首脑会议"(WSSD)上承诺中国将在 2008 年全面实施 GHS。目前,工业和信息化部是我国 GHS 的牵头单位,应急管理部、公安部、生态环境部、交通部、农业农村部、国家卫生健康委员会、国家市场监管总局等其他部委是重要的参与单位。为推动 GHS 的实施,2011 年,我国成立了实施 GHS 专家咨询委员会,该专家咨询委员会成员由部际联席会议成员单位推荐,第一届专家咨询委员会共 22 人,设 1 名主任委员,4 名副主任委员,主要职责是对制定和调整我国实施 GHS 的法律法规标准、化学品分类和标签目录、实施 GHS 国家行动方案及配套政策等重大事项提出咨询意见和建议。同时,专家咨询委员会将在评估 GHS 年度进展情况、开展 GHS 宣传培训、跟踪国际 GHS 发展动态等方面提供技术支持。在法律法规、标准建设方面,国家也一直在为 GHS 的实施做准备工作。在 2011 年《危险化学品安全管理条例》(591 号令)颁布实施后,对危险化学品的定义进行了调整,标志着 GHS 在我国的全面实施。

一、从法律法规方面推动 GHS 实施

2011 年,591 号令将危险化学品的定义由"包括爆炸品、压缩气体和液化气体、易燃液体、易燃固体、自燃物品和遇湿易燃物品、氧化剂和有机过氧化物、有毒品和腐蚀品等",调整为"具有毒害、腐蚀、爆炸、燃烧、助燃等性质,对人体、设施、环境具有危害的剧毒化学品和其他化学品",并以化学品的危害性质替代了危害类别。同时,591 号令还规定"危险化学品目录,由国务院安全生产监督管理部门会同国务院工业和信息化、公安、环境保护、卫生、质量监督检验检疫、交通运输、铁路、民用航空、农业主管部门,根据化学品危险特性的鉴别和分类标准确定、公布,并适时调整",此处的化学品危险特性鉴别和分类标准即基于 GHS 制定的。由于我国目前危险化学品管理采用的是目录管理模式,因此危险化学品目录一旦采用基于 GHS 标准,将全面推动 GHS 在我国的实施。同时 591 号令还规定了危险化学品在生产、储存、使用、经营和运输各环节的安全规定及处罚措施,其中对于分类、标签和安全技术说明书的规定为 GHS 的实施提供了法律依据。在 591 号令的框架体系之下,国务院各部门根据各自职责出台了一系列的部门规章、规范性文件,从各方面促进 GHS 的实施。

(一) 十部门联合发布《危险化学品目录》保障 GHS 在我国的实施

2015 年 2 月,原国家安全监管总局会同工业和信息化部、公安部、原环境保护部、交通运输部、原农业部、原国家卫生计生委、原国家质检总局、国家铁路局、中国民航局制定了《危险化学品目录(2015 版)》[简称《目录(2015 版)》],规定于 2015 年 5 月 1 日起实施。《目录(2015 版)》根据 GHS 第四修订版制定,并利用了 GHS 规定的"积木块原则",从化学品 28 类 95 个危险类别中,选取了其中危险性较大的 81 个类别作为危险化学品的确定原则。

《目录(2015 版)》是我国开展危险化学品管理的重要组成部分,是落实 591 号令政策的基础,它的发布有力保障了 GHS 在我国的实施。

(二) 国家安全生产监督管理总局推动 GHS 的措施

2012 年 7 月 1 日,原国家安全监管总局发布了《危险化学品登记管理办法》(国家安全监管总局令第 53 号),要求生产和进口危险化学品的企业对其生产或进口的危险化学品进行登记,按照 GHS 分类标准对产品进行分类,并提供符合 GHS 标准的安全技术说明书(SDS)和安全标签。通过开展危险化学品登记,对统一分类、SDS 和安全标签提出了要求,推动了 GHS 的实施,尤其是在化学品危害信息传递方面。

2013 年 7 月 10 日,原国家安全监管总局发布了《化学品物理危险性鉴定与分类管理办法》(国家安全监管总局令第 60 号),要求企业对危险特性尚未确定的化学品进行物理危险性鉴定,为 GHS 物理危险性的分类管理奠定了基础。通过督促企业开展化学品的危险性鉴定和分类,在化学品统一分类的方面推动了 GHS 的实施。

2015 年 8 月,原国家安全监管总局发布了《危险化学品目录(2015 版)实施指南(试行)》,在分类信息表中对《目录(2015 版)》所列危险化学品,按照 GHS 相关标准进行了危险性分类,为企业识别危险化学品的危害以及进行 SDS 和安全标签的编制提供了有效信息,对推动危险化学品危害告知和信息传递发挥了重要作用,这也是落实 GHS 关于化学品统一分类和危害信息传递的具体措施。

(三) 其他部门推动 GHS 的措施

2010 年 1 月 19 日,原环境保护部发布了《新化学物质环境管理办法》(环境保护部令第 7 号),要求企业在进行新物质申报时,必须提供按照 GHS 标准进行的分类、标签和 SDS。在新化学品物质登记环节,督促企业全面落实 GHS 的要求。

2012 年 2 月 29 日,原国家质检总局发布了《关于进出口危险化学品及其包装检验监管有关问题的公告》(2012 年第 30 号公告),要求出入境检验检疫机构严格遵守 591 号令的相关规定,对列入国家《危险化学品目录》的进出口危险化学品实施检验监管,其中对符合 GHS 标准的分类报告、SDS 和安全标签的审核是一项重要内容。通过在进出口环节核查化学品的分类以及 SDS 和安全标签,督促企业落实危害信息传递要求。

二、从标准方面保障 GHS 的实施

(一) 化学品分类标准

2006 年,国家根据 GHS 第一修订版的分类规则发布了化学品分类、警示标签和警示性说明系列标准 26 项(GB 20576～20599、20601、20602),对 GHS 危险性类别的分类方法进行了详细描述。2013 年,国家根据 GHS 第四修订版对上述标准进行修订,发布了化学品分类和标签规范系列标准 28 项(GB 30000.2～29),增加了 2 项标准,即吸入危害和对臭氧层的危害,这些标准在 2014 年 11 月 1 日生效后替代前述标准。

2009 年,根据 GHS 第二修订版,对《常用危险化学品的分类及标志》(GB13690—92)进行修订,并更名为《化学品分类和危险公示通则》

（GB13690—2009），标志着我国化学品的危险性分类从基于危险货物分类的 8 大类转变为 GHS 分类。

（二）危害信息传递标准

2008 年，根据 GHS 第二修订版，发布了《化学品安全技术说明书内容和项目顺序》（GB/T 16483—2008），更新了 SDS 标准，规定了新版 SDS 的内容和格式。

2009 年，根据 GHS 第二修订版，发布了《化学品安全标签编写规定》（GB 15258—2009），更新了安全标签标准，规定了如何按 GHS 的要求制作安全标签。

2013 年，根据 GHS 第四修订版，发布了《化学品作业场所安全警示标志规范》（AQ 3047—2013），规定了在化学品作业场，如何编制和使用基于 GHS 标准的安全警示标志。

2013 年，为了规范 SDS 的编制，作为 GB/T 16483—2008 的配套标准，对《化学品安全资料表　第 2 部分　编写细则》（GB/T 17519.2—2003）进行修订，并更名为《化学品安全技术说明书编写指南》（GB/T 17519—2013），规定了对 SDS 各部分的编制要点和原则。

（三）实验方法标准

针对 GHS 危险类别判断所需的数据，出台了 100 余项化学品实验方法标准，包括理化性质、健康毒理和生态毒理三个方面的检测标准，对规范开展化学品实验研究，获得可靠的数据用于分类提供必要的技术手段。

（四）其他标准

2009 年，等同采纳同名日本标准 JIS Z 7251：2006，发布了《基于 GHS 的化学品标签规范》（GB/T 22234—2008），规定了标签要素和不同危险类别对应各种标签要素的内容。

2010 年，发布了《化学品分类和危险性象形图标识通则》（GB/T 24774—2009）对 GB 13690—2009 的部分内容进行了细化，主要内容包括：列出了 27 大类危险种类的子分类（危险类别）；在附录 A 中列出了所有危险类别对应的象形图、信号词、危险性说明。

2015 年，发布了《化学品危害信息短语与代码》（GB/T 32374—2015），规定了象形图、信号词、危险性说明，协调了 GHS 相关标准中用语不统一的现象；对上述要素设置了规范性的代码，实现了与国际的接轨。

第二节 国外 GHS 执行情况

一、欧洲

(一) 欧盟

2008 年 12 月 6 日,基于 GHS 第二修订版,欧洲议会和欧盟理事会通过《物质和混合物分类、标签和包装法规》(1272/2008/EC),即 CLP 法规。该法规对 1967 年 6 月 27 日公布的《物质分类与标签》(67/548/EEC) 及 1999 年 5 月公布的《配制品的分类与标签》(1999/45/EC)进行修订,将 GHS 引入欧盟法规。CLP 法规是全球第一部基于 GHS 的法规,该法规的颁布标志着欧盟基于 GHS 制度的立法正式完成,在全球具有重大的示范和联动效应。欧盟 CLP 法规 2009 年 1 月 20 日正式生效,法规中的物质相关条款自 2010 年 12 月 1 日开始执行,《物质分类与标签》指令被废止,而混合物相关条款自 2015 年 6 月 1 日开始执行,此时《配制品的分类与标签》指令被废止。过渡期后,欧盟将全面执行 GHS 分类。自 CLP 法规以后,欧盟不断对法规进行修订,以符合科学技术的发展和自身管理的要求,截至 2017 年 4 月,该法规一共进行了多达 14 次的修订,其中有 9 次是基于科学和技术进步的技术修订。特别是 2013 年 5 月 13 日的第 5 次技术修订,使 CLP 法规与 GHS 第 4 修订版保持一致。

在 CLP 法规附件Ⅵ表 3.1 中,包含了大约 3 000 多种物质进行了统一分类和标签,是目前全球范围内最具影响力的化学品统一分类目录,对指导欧盟境内企业开展化学品危害告知和信息传递发挥了重要作用。为了做好化学品的统一分类工作,建立一套由四个步骤组成的化学品统一分类流程:第一步提案,由欧盟成员国或企业向欧洲化学品管理局(ECHA)提交化学品统一分类的提案;第二步公开咨询,ECHA 收到提案后,先组织公开征求意见 45 天,然后把收集的意见反馈给提案的成员国或企业,最后由提案的成员国或企业就收集的意见给出反馈;第三步专家评估,将提案、公开征求的意见及其反馈提交ECHA 的风险评估委员会(RAC),由 RAC 中各成员国的专家进行评估,再把评估意见提交欧盟委员会;第四步确定,由欧盟委员会给出最终的决定。通过这一公开、科学的流程,充分利用了社会各方的资源,确保了欧盟化学品统一分类工作持续、有效的开展。

除 28 个欧盟成员国外,3 个欧洲经济区成员国(冰岛、列支敦士登、挪威)也同样执行 CLP 法规要求。

（二）欧洲其他国家

1. 俄罗斯联邦

2011 年俄罗斯联邦基于 GHS 第 3 修订版发布了 4 个有关化学品危险分类的标准，采纳了 GHS 全部的危险性类别。在 2014 年基于 GHS 第 4 修订版修订了化学品危险分类标准、化学品 SDS 标准、化学品标签、标签防范说明选择标准。2016 年 10 月 7 日，通过了《国家化学品安全技术法》，沿用了 GHS，并要求包含新化学物质和混合物的产品必须进行注册申报，在立法层面采纳了 GHS。

2. 瑞士

2006 年瑞士决定实施 GHS，并确定在过渡阶段与欧盟的政策保持一致，分阶段实施 GHS。2009 年 2 月 1 日，瑞士修改《危险物质和混合物防护条例》（CHEMO）采纳了 GHS 标准，要求制造商和进口商可以选择现行制度或 GHS 对化学品进行分类和标签，如果选择 GHS，则必须符合欧盟 CLP 法规的要求。2010 年，再次修订了 CHEMO，根据欧盟 CLP 法规的要求，规定了物质和混合物实施 GHS 的缓冲期，即物质于 2012 年 12 月 1 日起强制实施，混合物于 2015 年 6 月 1 日起强制实施。

3. 塞尔维亚

2010 年 6 月 29 日塞尔维亚国家立法实施 GHS，该法规于 2010 年 9 月 10 日发布在政府公报上，并于 2010 年 9 月 18 日开始实施。该法规结合本国化学品体系按照欧盟 CLP 法规制定，对于物质和混合物分别有不同缓冲期，物质于 2011 年 10 月 1 日起强制实施，混合物于 2015 年 6 月 1 日起强制实施。

4. 土耳其

2013 年 12 月 11 日，土耳其环境和城市规划部在政府公告上发布了《危险物质和混合物分类、标签和包装法规》（SEA regulation），该法规基本沿用欧盟 CLP 法规的要求，规定物质在 2015 年 6 月 1 日强制实施，混合物在 2016 年 6 月 1 日强制实施。

二、亚洲

（一）日本

日本主要通过修订现有法律法规和标准使之与 GHS 相适应，来贯彻 GHS 实施。工业安全和卫生法（ISHL）将 GHS 引入日本法规，要求该法规中列出的 116 种物质必须要有基于 GHS 的标签和 SDS，另有 640 种物质要求必须有基于 GHS 的 SDS。日本其他法规虽然没有强制要求执行 GHS，但厚生劳动省建议工业界基于自愿在有毒有害物质控制法（PDSCL）和污染物质排放和迁移登记制度（PRTRs）的框架下应用基于 GHS 的 SDS。同时，日本还发布了标准《基于 GHS 的化学品分类方法》（JIS Z7252）和《基于 GHS 的化学品危害信息传递-标签和安全技术说明书》（JIS Z7253）以规范化学品的分类和危害信息传递。

为推动 GHS 的执行，日本在 2005 年成立了由厚生劳动省、经济产业省和环境省建立的跨部门 GHS 分类专家委员会，启动了化学品 GHS 分类研究项目。2009 年 3 月，基于 GHS 第 2 修订版，日本产业经济省、厚生劳动省、环境省等多个部门联合发布了《日本政府 GHS 分类指南》，并分别在 2010 年 3 月和 2013 年 8 月进行了两次修订，其中 2013 年的修订使日本的 GHS 分类与 GHS 第 4 修订版保持一致。该技术指南的发布对推动日本化学品的统一分类发挥了重要作用。2006 年，日本有关国家机构开始对 ISHL、PDSCL、化学物质排放控制管理促进法要求提供 SDS 的物质，鹿特丹公约附件Ⅲ中的物质，化审法规定的第 2 类特定化学物质，进行了 GHS 分类。2007 年，日本国立技术与评价研究所（NITE）开始在网站上公布 GHS 分类结果，截至 2017 年 4 月，已完成 3 636 种物质的分类，推荐企业使用，为企业正确分类和标签化学品，落实法律法规和国家标准的规定提供了保障。

（二）韩国

在韩国涉及 GHS 监管的主要部门包括劳动部（KMOEL）、职业安全与卫生局（KOSHA）、环境部（KMOE）、国家应急管理局（NEMA）等。各部门根据不同的法律法规要求在不同领域实施 GHS。

2006 年，KMOEL 修订了《工业安全卫生法》（ISHA），在职业安全和卫生领域实施 GHS，对于物质和混合物的缓冲截止期分别为物质 2010 年 7 月 1 日和混合物 2013 年 7 月 1 日。主要监管部门是 KMOL、KOSHA。

2008 年，KMOE 修订了《有毒化学品控制法》（TCCA）并开始实施 GHS，对于新物质、物质和混合物的缓冲截止期分别是 2008 年 7 月 1 日，2011 年 7 月 1 日和 2013 年 7 月 1 日。2015 年 1 月 1 日《韩国化学品注册和评估的法规》（K-REACH）和《化学品控制法》（CCA）生效，替代了 TCAA。K-REACH 管理新物质部分和优先评估物质，CCA 管理危险物质和化学事故响应。

为帮助工业界实施 GHS，KMOEL 开发了包含 14 000 种化学品的数据库，提供 GHS 分类和安全技术说明书（MSDS）。企业可自愿采用化学品的分类信息，也可以参考 ISHA 的标准进行自我分类。另外，KMOE 也对有毒化学品进行分类，其下属的韩国国立环境科学研究院（NIER）发布了这些物质的分类，强制企业实施，截至 2017 年 5 月共涉及 939 种化学品。

（三）中国台湾

2015 年 1 月 28 日，中国台湾相关机构标准检验局基于联合国 GHS 第 4 修订版对 CNS 15030 化学品分类及标示系列标准（包括总则共 28 个）中的 11 个进行了修订更新，修订的 11 个标准是：CNS 15030 总则、CNS 15030 - 2 易燃气体、CNS 15030 - 3 气悬胶、CNS 15030 - 4 氧化性气体、CNS 15030 - 5 加压气体、CNS 15030 - 6 易燃液体、CNS 15030 - 7 易燃固体、CNS 15030 - 11 自热物质与混合物、CNS 15030 - 16 金属腐蚀物、CNS 15030 - 20 呼吸道或皮肤致敏物质、CNS 15030 - 23 生殖毒性物质。自 2016 年 1 月 1 日起，台湾工作场所化学物质的分类和标示，将全面实施 GHS 制度，事业单位缓冲至 2016 年 12 月 31 日全面实施 GHS。

（四）泰国

泰国从 2012 年开始实施 GHS，基于联合国 GHS 第 3 修订版，单一物质于法规颁布 1 年后（2013 年 3 月 13 日）开始强制实施，混合物将于法规颁布 5 年后（2017 年 3 月 13 日）开始强制实施。

（五）越南

2012 年 2 月 13 日，越南基于联合国 GHS 第 3 修订版制定并发布了 Circular No. 04/2012/TT - BCT 开始实施 GHS，物质和混合物有不同的缓冲期，物质自 2014 年 3 月 30 日起强制实施，混合物自 2016 年 3 月 30 日起强制实施。

（六）马来西亚

2013 年 10 月 11 日，马来西亚基于联合国 GHS 第 3 修订版本制定了《危险化学品分类，标签与 SDS》（CLASS2013 法规），正式发布后即时生效，用于管辖工作场所使用的工业化学品。

（七）新加坡

2014 年 3 月 7 日，新加坡基于联合国 GHS 第 4 修订版，修订并发布了新国标 SS 586：2014。自 2015 年 7 月 1 日，混合物制造商和供应商须按新国标（SS 586：2014）编写 SDS/标签。

（八）印度尼西亚

2013 年，印度尼西亚工业部发布了关于化学品全球统一分类与标签的

No. 87/M‑IND/PER/9/2009 法令,该法令基于联合国 GHS 第 4 修订版,要求企业实施 GHS,对于物质和混合物的分别在 2013 年 7 月 12 日起和 2016 年 12 月 31 日起符合 GHS 的要求。

(九) 菲律宾

菲律宾劳动和就业部(DOLE)于 2014 年 2 月 28 日签发《在工作场所化学品安全项目中实施全球化学品统一分类和标签制度(GHS)的指导原则》(部令第 136‑14 号),采用联合国 GHS 第 3 修订版。经 DOLE 下属工作条件局(BWC)确认,该法规最终于 2014 年 6 月 27 日生效,缓冲截止期为 2015 年 6 月 27 日。

三、美洲

(一) 美国

2010 年,美国国家标准学会在 OSHA 之前率先发布了有关 GHS 的标准,即工作场所有害化学品国家标准-危害评估,安全技术说明书和安全标签的制作(ANSI Z400.1/Z129.1—2010)。该标准规定了 GHS 标签,危害类别和安全技术说明书(SDS)的编写要求。

2012 年 3 月 26 日 OSHA 在联邦公报上发布新修订的危险分类标准(HCS),该标准是基于联合国 GHS 第 3 修订版进行修订的,于 2012 年 5 月 25 日生效。该标准规定了健康和物理危害具体分类标准以及混合物的分类,用于进行危险信息传递。化学品制造商和进口商将需要提供标签,其中包括统一的警示语,象形图和基于第三次修订 GHS 的危害类别的危害陈述,还必须提供警示性说明。此外,还必须按照 GHS 格式的 16 个部分提供 SDS。OSHA 要求 2013 年 12 月 1 日开始为雇员培训 GHS 标签和 SDS;到 2015 年 6 月 1 日之前,所有企业的 SDS 和标签都必须符合 GHS 标准;到 2016 年 6 月 1 日,工作场所标签将全面更新。

除了 OSHA 外,GHS 实施还涉及环保部(EPA)、交通部(DOT)、消费品安全委员会(CPSC)三个部门,分别负责杀虫剂、运输环节化学品、消费品领域 GHS 的实施。其中,EPA 公布了杀虫剂标签采用 GHS 的白皮书,工业化学品和有毒物质项目办公室评估了在其法规范围内采用 GHS 的可能性;DOT 已实现了与 UN TDG 的接轨;CPSC 开展了实施 GHS 的人员评估,并颁发了指导性文件,适时修订现有法规或在某些场合寻求修订法令。

(二) 加拿大

2015 年 2 月 11 日,加拿大基于联合国 GHS 第 5 修订版发布了 HPR 法规

(Hazardous Products Regulations)，该法规为原 CPR 法规的修订版，标示着加拿大开始实施 GHS。加拿大 GHS 分阶段实施：第一阶段截止时间是 2017 年 5 月 31 日，这一阶段所有企业都可以选择性执行 GHS。从 2017 年 6 月 1 日开始，生产商和进口商最先要求强制执行 GHS，对于经销商来说强制执行的时间是 2018 年 6 月 1 日，比生产和进口商晚了一年。雇主的截止时间是 2018 年 12 月 1 日。

（三）墨西哥

2015 年 10 月 9 日，墨西哥劳工和社会福利部在官报上发布 GHS 实施文件《作业场所危险化学品危害和风险的鉴定与公示协调制度》（NOM - 018 - STPS - 2015），于发布之日 3 年后生效，即 2018 年 10 月 8 日强制实施。

（四）巴西

2009 年，巴西基于联合国 GHS 发布了实施 GHS 的系列国家标准 ABNT NRB 14725：2009，包括 ABNT NBR 14725 - 1 术语；ABNT NBR 14725 - 2 危险性分类体系；ABNT NBR 14725 - 3 标签；ABNT NBR 14725 - 4 安全技术说明书或 FISPQ。2012 年，对 ABNT NBR 14725 - 3 和 ABNT NBR 14725 - 4 进行了修订。

（五）阿根廷

2015 年 4 月 10 日，阿根廷劳动部、就业和社会保障部发布了 No. 801/2015 决议促进 GHS 在工作场所的实施。为了使各企业有足够的时间去实施 GHS，决议的第六条表示在发布后的 180 天后生效。但在 9 月 29 日又被 SRT 3359/2015 决议修改了过渡期限，对于物质，要求在 2016 年 4 月 15 日起生效；对于混合物，2017 年 1 月 1 日起生效。

（六）乌拉圭

2009 年 7 月 3 日乌拉圭发布了 Decree 307/009，要求使安全技术说明书和标签符合 GHS 标准，该法规在发布后 120 天开始生效实施，即 2009 年 9 月，标签有 1 年缓冲期。2011 年 9 月 28 日，乌拉圭对 Decree 307/009 进行修订并发布了 Decree 346/011，发布后即实施，该法规要求延长标签缓冲期，即物质的标签缓冲期延长至 2012 年 12 月 31 日，混合物的标签缓冲期延长至 2017 年 12 月 31 日。

（七）厄瓜多尔

2009 年，厄瓜多尔对国家技术标准《危险物质的运输，储存和处置说明书》

(INEN 2 - 266：2000)进行了修订,规定包装和标签采用 GHS 标准,并规定在 2009 年 11 月强制实施。

四、大洋洲

(一)澳大利亚

2012 年 1 月 1 日,澳大利亚工作健康和安全法规(Work Health and Safety Work Regulation,WHS 法规)生效实施标志着澳大利亚 GHS 开始施行。WHS 法规基于联合国 GHS 第 3 修订版制定,其强制执行过渡期为 5 年(2012 年 1 月 1 日—2016 年 12 月 31 日),缓冲期内可以使用旧的国标进行分类、标签、MSDS,也可以使用新的 GHS 标准;2016 年 12 月 31 日以后,所有工作场所化学品都必须依据新的 GHS 标准进行分类,编写 MSDS 和标签。

(二)新西兰

2001 年,新西兰发布了《危险物质(分类)法规 2001》,该法规基于联合国 GHS 初稿制定了 HSNO 分类体系,规定从 2001 年 7 月 1 日起实施 GHS,并自 2006 年 7 月 1 日起对所有化合物(包括新化合物和已知化合物)适用,是全球最早实施 GHS 的国家。目前,新西兰环境风险管理局与环保部正在一同修订 HSNO 分类体系,使之与联合国 GHS 第 3 修订版保持一致。

五、非洲

(一)南非

南非是较早开始 GHS 相关工作的国家之一。2003 年,南非作为试点国家参加了国际劳工组织和联合国训练研究所组织的 GHS 能力建设计划。2008 年,南非基于联合国 GHS 第 2 修订版发布了国家标准《化学品全球统一分类和标签制度》(SANS 10234：2008),对物质和混合物的缓冲截止期分别是 2012 年和 2016 年,即自 2016 年起,南非化学物质和混合物将全面实施 GHS 制度。

(二)非洲其他国家

2014 年,毛里求斯基于联合国 GHS 第 1 版制定了《危险化学品控制法案 2004》和相关法规来实施 GHS,主要包含的内容有分类和标签、SDS、运输、储存等。

第三节 我国与其他主要国家 GHS 执行情况的对比

一、GHS 的实施

(一)制度保障方面

欧盟以专门法律的形式来推动 GHS 的实施,并且范围很广,包含除食品、药品、化妆品、饲料等以外的大部分化学品。美国目前主要由 OSHA 根据技术法规 HCS—2012 来实施 GHS,在实施范围方面包括除烟草或者烟草制品、药品、食品或饮料、化妆品以外的大部分化学品,范围也很广。我国只是引用了 GHS 标准,且实施 GHS 的范围主要涉及危险化学品和新化学品,在制度保障方面与欧美相比还存在很大差距。

(二)技术支撑文件方面

欧盟在 CLP 法规中公布了 3 000 多种化学品的统一分类结果,同时依托《化学品注册、评估、授权和限制法规》(REACH 法规)对所有化学品开展登记注册的要求,要求企业识别化学品的危害特性,并进行 GHS 分类。为配合分类工作的开展,欧盟出台了《CLP 标准运用指南》,介绍了 CLP 法规进行分类和标签的基本原则,详细说明了化学品分类和标签的标准和方法。日本在 NITE 网站上公布了 3 600 多种化学品的统一分类结果,发布了《GHS 分类指南》并持续更新。我国发布了《危险化学品目录(2015 版)实施指南(试行)》,公布了 2 828 种(类)危险化学品的 GHS 分类,但对于化学品分类方法目前只是转化了 GHS 标准,并没有发布详细的技术指南指导各方使用标准,容易导致由于对标准理解不同而产生结果偏差的现象。

(三)数据库建设方面

化学品数据库是公众获得化学品危害信息的重要手段,一旦在国家层面建立权威的化学品数据库将有力推动 GHS 制度的实施,有利于化学品统一分类工作的开展。目前,欧盟 ECHA 建立化学品信息平台,依托 REACH 注册搜集了上万种化学品的各类信息,信息内容包括物质的一般信息(包括物质的识别信息、注册号、联系人等),分类标签信息,生产使用暴露信息(包括推荐用途及限制用途等),PBT 评估报告,物理化学特性,环境归宿和行为,生态毒理学信息,毒理学信息,安全使用指南等 9 个方面的数据;依据 CLP 通报搜集了 12 万余种化学品的 GHS 分类信息。日本 NITE 建立了化学风险信息平台（CHRIP），包括化学品的基本信息，日本境内的法律、法规信息（20 个法规），日本境外的目录和法律法规信息（10 个目录/法律法规），化学品的暴露情况（在 PRTR 系统上登记的生产、进口化学品的数量），在日本和其他国家的危害评估情况（包括 GHS 分类结果、危害评估报告和风险评估报告），物理和化学特性（主要包括化学品的特征参数如沸点、熔点、水中溶解度、蒸气压力等），环境危害，健康危害共 8 个方面的数据。新西兰环保局建立的化学品分类和信息数据库（HSNOCCID），对 4 500 余种化学品进行 HSNO 分类，内容包括化学品的物理危害（爆炸性、易燃性、氧化性和金属腐蚀性）和生物危害（毒性、生物腐蚀性和生态毒性）。上述这些数据库以整体或部分的形式加入了 OECD 全球化学品信息全球平台（eChemPortal），作为各国可接受的权威数据为公众免费提供化学品分类和危害信息。目前我国生态环境部、农业农村部、应急管理部等部门都已建立了自己的化学品数据库系统，但是这些数据并未向公众开放，且数据的完整性与国外还存在很大差距。虽然社会上存在一些相关的数据库，但是缺少国家级别的化学品危害信息查询平台，公众普遍缺乏获得化学品危害信息的可靠途径。为改变这种情况，根据《危险化学品安全综合治理方案》要求，化学品登记中心建设了国家危险化学品安全公共互联网平台（http://hxp. nrcc. com. cn/），公开危险化学品登记信息，为公众免费提供权威的危险化学品安全信息。

二、SDS 和安全标签制度的实施

（一）实施的基本情况

通过开展危险化学品登记，目前我国危险化学品生产企业、进口企业都已制作了 SDS 和安全标签（简称"一书一签"），已基本满足 GHS 的要求。目前，主要还存在以下问题。

1. 部分 SDS 的技术内容存在不足。我国中小企业的比例较高，加之技术基础薄弱，无法有效识别化学品的危险特性，在操作控制、应急处置等部分缺少针对性的内容，因此，不少 SDS 只在格式上符合标准要求，但在技术内容上存在不足之处。

2. 部分 SDS 不能向下游用户有效地传递。部分企业由于各种因素不能主动向下游用户提供 SDS，尤其是对少量购买的下游客户；同时，部分下游用户也缺乏获得 SDS 意识，没有依法主动要求获得 SDS。这两方面的原因，共同造成部分 SDS 不能向下游用户有效地传递。

3. "一书一签"的运用范围还比较小。我国目前只是针对危险化学品强制实施"一书一签"制度，然而一些物质虽然不属于危险化学品，但是一定条件下仍然存在危害和风险，如操作不慎可能发生事故。在国外虽然"一书一签"也主要针对有危险性的化学品，但是只要下游用户提出要求，无论什么化学品，企业都必须提供 SDS，如 REACH 法规，确保了危害信息的传递。

（二）信息保密机制

我国企业常以保密为由，在提供 SDS 信息方面有隐瞒或不提供。在欧盟的 REACH 法规下，并不是企业要求的所有保密信息都会得到欧洲化学品管理局的批准。对于涉及公共利益的信息，如关于化学物质的特性、生态毒性、危害性以及安全使用信息不得认为是机密，同时化学品管理局向社会公布这些非机密信息。

为了保障企业的合法利益，国外有相关的规定来保护企业的保密信息。如欧盟 CLP 法规规定，对于企业具有竞争力及核心技术的产品配方、组分详细信息，企业在向 ECHA 申请保密并获批准后，就可以使用替代名来保密真实信息、维护商业利益。在国际劳工组织 170 号《作业场所安全使用化学品公约》中的规定，当透露某种混合物的成分，竞争者可能对雇主的经营带来损害时，如果工人及其代表要求了解成分信息时，雇主可以主管当局批准的方式，对该成分进行保密，但前提是工人的安全和健康不会因此而受到损害。虽然我国在《工作场所安全使用化学品的规定》中已规定生产单位生产危险化学品，在填写安全技术说明书时，若涉及商业秘密，经化学品登记部门批准后，规定可不填写有关内容，但必须列出该危险化学品的主要危害特性。但是，国家标准《化学品安全技术说明书 内容和项目顺序》(GB/T 16483—2008)和《化学品安全技术说明书编写指南》(GB/T 17519—2013)中对保密物质的标识并没有做出具体规定。

（三）GHS 的危险类别

根据"积木块原则"，各国在实施 GHS 时，可以根据本国的具体情况选择不同的危险性种类和类别作为本国的危险性分类。目前各个国家在制定自己的 GHS 政策时，普遍都采用了"积木块原则"。我国虽然也采纳了"积木块原则"，但是与其他国家相关存在不同之处，即在制定国家标准时完全采纳了 GHS 的危险性分类，在确定危险化学品时运用"积木块原则"。表 13-1 将就主要国家 GHS 类别的差异之处进行对比，其中我国以危险化学品标准进行对比。物理危险方面，我国在确定危险化学品时剔除的危害种类和类别最多，退敏爆炸物由于是 GHS 第七修订版新增的危险种类，目前主要国家都没有将其列入本国的 GHS 体系；健康危害方面，只有日本完全采纳了 GHS 标准，其他国家都有一定的取舍；环境危害方面，由于 OSHA 监管不涉及环境，因此美国的 HCS 体系没有涉及环境危害。

为保证与原有分类体系的衔接，欧盟、美国在化学品分类体系中除了 GHS

规定的类别外,还要求将一些 GHS 未包括的危害信息包含在 SDS 和标签中,这是与中日有很大的区别。其中,美国增加了窒息物和可燃粉尘;欧盟增加了 EUH001 等 11 种补充危险特性,相关危险信息见表 13-2。

表 13-1 主要国家 GHS 种类和类别的差异

危险种类	欧 盟	日 本	中国(危化品)	美 国	GHS2017 版
一、物理危险					
爆炸物	不稳定爆炸物 类别 1.1~1.6	不稳定爆炸物 类别 1.1~1.6	不稳定爆炸物 类别 1.1~1.4	不稳定爆炸物 类别 1.1~1.6	不稳定爆炸物 类别 1.1~1.6
易燃气体	类别 1,2 不稳定气体 A,B	类别 1,2 不稳定气体 A,B	类别 1,2 不稳定气体 A,B	类别 1,2 自燃气体 不稳定气体 A,B	类别 1A(包括自燃气体、不稳定气体),1B,2
胶	类别 1~3	类别 1~3	类别 1	类别 1,2	类别 1~3
易燃液体	类别 1~3	类别 1~4	类别 1~3	类别 1~4	类别 1~4
自反应物质和混合物	类型 A~G	类型 A~G	类型 A~E	类型 A~G	类型 A~G
有机过氧化物	类型 A~G	类型 A~G	类型 A~F	类型 A~G	类型 A~G
退敏爆炸物	—	—	—	—	类别 1~4
二、健康危害					
急性毒性	类别 1~4	类别 1~5	类别 1~3	类别 1~4	类别 1~5
皮肤腐蚀/刺激	类别 1~2	类别 1~3	类别 1~2	类别 1~2	类别 1~3
严重眼损伤/眼刺激	类别 1,2	类别 1,2 (2A,2B)	类别 1,2 (2A,2B)	类别 1,2 (2A,2B)	类别 1,2 (2A,2B)
吸入危害	类别 1	类别 1,2	类别 1	类别 1	类别 1,2
三、环境危害					
危害水生环境	急性 1 长期 1~4	急性 1~3 长期 1~4	急性 1,2 长期 1~3		急性 1~3 长期 1~4
危害臭氧层	EUH059*	类别 1	类别 1	—	类别 1
四、非 GHS 危害					
窒息物	—	—	—	√	
可燃粉尘	—	—	—	√	
欧盟补充危害	√	—	—	—	

表 13－2　欧盟补充的危险特性

欧盟代码	危　险　信　息	原分类标签体系对应的风险短语
EUH001	干燥时有爆炸性	R1
EUH014	与水猛烈反应	R14
EUH018	使用中可能形成易燃/爆炸性蒸气空气混合物	R18
EUH019	可能生成爆炸性过氧化物	R19
EUH044	在封闭情况下加热有爆炸危险	R44
EUH029	与水接触释放出有毒气体	R29
EUH031	与酸接触释放出有毒气体	R31
EUH032	与酸接触释放出极高毒性气体	R32
EUH066	反复暴露可能造成皮肤干燥或破裂	R66
EUH070	眼睛接触有毒	—
EUH071	对呼吸道有腐蚀性	—

参考文献

［1］UNECE. GHS implementation. http：//www. unece. org/trans/danger/publi/ghs/implementation_e. html♯c25866.

［2］UNECE. Globally Harmonized System of Classification and Labelling of Chemicals (GHS) Sixth revised edition. http：//www. unece. org/fileadmin/DAM/trans/danger/publi/ghs/ghs_rev06/English/ST-SG-AC10-30-Rev6e. pdf.

［3］国家安全生产监督管理总局. 危险化学品目录解读. ［2015－3－31］. http：//www. chinasafety. gov. cn/newpage/Contents/Channel_21356/2015/0401/248294/content_248294. htm.

［4］Ministry of Economy，Trade and Industry，Ministry of Health，et al. GHS Classification Guidance for the Japanese Government 3rd revised. ［2013－8］. http：//www. meti. go. jp/policy/chemical_management/int/files/ghs/h25jgov_en. pdf.

［5］EU. Regulation（EC）No 1272/2008 of the European Parliament and of the Council of 16 December 2008 on classification，labelling and packaging of substances and mixtures，amending and repealing Directives 67/548/EEC and 1999/45/EC，and amending Regulation（EC）No 1907/2006，2008.

［6］郭帅，李运才，于燕. 中美实施全球化学品统一分类和标签制度政策对比和分析. 中国安全生产科学技术，2012，8(11)：129－134.

［7］张少岩，车礼东，万敏，等. 全球化学品统一分类和标签制度(GHS)实施指南. 北京：化

学工业出版社,2009.

[8] 赵小进,赵丽娜,卢玲,等.中日全球化学品统一分类和标签制度实施对比与分析.现代化工,2014,34(1)：10-13.

[9] 陈军,李运才,石燕燕.欧日中实施 GHS 政策的对比和思考.中国安全科学学报,2011,21(1)：147-153.

[10] 卢建,黄红花,刘晓曦,等.GHS 制度在发达国家和我国的实施情况、对比及建议.中国标准化,2015(3)：79-82.

[11] 李云才,陈军,陈金合,等.我国危险化学品分类中 GHS 积木原则的探讨.安全、健康和环境,2012,12(8)：36-38.

[12] 王亚琴,张金梅,金满平,等."积木式做法"研究及对我国实施 GHS 范围的建议.中国安全科学学报,2010,20(7)：122-127.

第十四章

国内外工作场所化学品安全标识

第一节 我国工作场所化学品安全标识

　　1996年劳动部、化学工业部联合颁发的《工作场所安全使用化学品规定》要求使用单位使用的化学品应有标识，危险化学品应有安全标签，并向操作人员提供安全技术说明书。使用单位购进危险化学品时，必须核对包装（或容器）上的安全标签。安全标签若脱落或损坏，经检查确认后应补贴。使用单位购进的化学品需要转移或分装到其他容器时，应标明其内容。对于危险化学品，在转移或分装后的容器上应贴安全标签；盛装危险化学品的容器在未净化处理前，不得更换原安全标签。规定适用于生产、经营、运输、储存和使用化学品的单位和人员。1997年化学工业部颁布HG23010《常用危险化学品安全周知卡编制导则》，时至今日，仍然是一些地方安监部门行文强制要求执行的工作场所安全标识，该行业标准规定应以规范的文字、图形符号和数字及字母的组合形式表示危险化学品所具有的危险、有害特性、安全使用的注意事项及防护措施、紧急情况下的应急处置办法等相关内容，不得简单采用代码、符号等替代，内容与下文述及的AQ3047具有颇多重复之处；标准附录中规定了沙土掩埋、活性炭吸附等处置指南标志，很有特色。

　　2013年国家安监总局发布了AQ3047《化学品作业场所安全警示标志规范》，这是我国工作场所化学品安全标识的规范性文件。标准仅适用于化工企业生产、使用化学品的场所，储存化学品的场所以及构成重大危险源的场所。标准规定了化学品作业场所安全警示标志的有关定义、内容、编制与使用要求，指出化学品作业场所安全警示标志以文字和图形符号组合的形式，表示化学品在工作场所所具的危险性和安全注意事项。标志要素包括化学品标识、理化特性、危险象形图、警示词、危险性说明、防范说明、防护用品说明、资料参阅提示语以及报警电话等。与GB15258《化学品安全标签编写规定》对比，根据工作场所的具体情况，本标准另外规定了防护用品和报警电话信息的要求，并在化学品标识信息中提供美国化学文摘号（CAS号）。值得注意的是，AQ3047与GB15258对数个英文关键词的翻译不相同，如Signal Word，分别译为"警示词"和"信号词"。

AQ3047 指出，采用 GB20576～20599、GB 20601、GB 20602 规定的危险象形图，并列出了 9 种危险象形图对应的危险性类别；根据前述标准，选择不同类别危险化学品的危险性说明，要求醒目、清晰，简要概述化学品的危险特性。当化学品具有两种及两种以上的危险性时，作业场所安全警示标志的象形图、警示词、危险性说明的先后顺序按 GB15258 的规定执行。化学品作业场所安全警示标志应保持与化学品安全技术说明书的信息一致，要不断补充信息资料，若发现新的危险性，及时做出更新。

工作场所化学品标志制作时，危险象形图与颜色与 GB15258 基本相同，警示词应采用黄色，与国内安全标志要求一致。字体、标志大小有具体规定，采用坚固耐用、不锈蚀的不燃材料制作，有触电危险的作业场所使用绝缘材料，有易燃易爆物质的场所使用防静电材料。设置位置在作业场所的出入口、外墙壁或反应容器、管道旁等的醒目位置。化学品作业场所安全警示标志设置方式分附着式、悬挂式和柱式三种，悬挂式和附着式应稳固不倾斜，柱式应与支架牢固地连接在一起。

化学品作业场所安全警示标志示例如图 14-1 所示。

苯

CAS号：71-43-2

 危　险

极易燃液体和蒸气！
食入有害！
引起皮肤刺激！
引起严重眼睛刺激！
怀疑可致遗传性缺陷！
可致癌！
对水生生物有毒！

【理化特性】
无色透明液体；闪点-11℃；爆炸上限 8%，爆炸下限 1.2%；密度比水轻，比空气重；易挥发。

【预防措施】
远离热源、火花、明火、热表面。禁止吸烟。保持容器密闭。采取防止静电措施，容器和接收设备接地、连接。使用防爆电器/通风/照明等设备，只能使用不产生火花的工具。得到专门指导后操作。在阅读并了解所有安全预防措施之前，切勿操作。接受使用个体防护装备，戴防护手套、防护眼镜、防护面罩。避免吸入烟气、气体、烟雾、蒸气、喷雾。操作后彻底清洗，操作现场不得进食、饮水或吸烟。禁止排入环境。

【事故响应】
火灾时使用泡沫、干粉、二氧化碳、砂土灭火。如接触有担心，感觉不适，就医。脱去被污染的衣服，洗净后方可重新使用。如皮肤（或头发）接触：立即脱掉所有被污染的衣服。用大量肥皂水和水冲洗皮肤/淋浴。如发生皮肤刺激，就医。如果食入，立即呼叫中毒控制中心或就医，不要催吐。如接触眼睛，用水细心冲洗数分钟；如戴隐形眼镜并可方便地取出，取出隐形眼镜，继续冲洗；如果眼睛刺激持续，就医。

【安全贮存】
在阴凉通风处储存，保持容器密闭，上锁保管。

【废弃处置】
本品/容器的处置推荐使用焚烧法。

【个体防护用品】

请参阅化学品安全技术说明书

报警电话：119/120

图 14-1　化学品作业场所安全警示标志示例

使用工作场所化学品安全标识时，在 AQ3047 未明确规定之处，可以适用 GB2894—2008《安全标志及其使用导则》。除了接受货物的原包装外，不再适用 GB190 规定的危险货物标志。工作场所与化学品安全有关,根据条件同时适用的其他安全标识还有如下几种。国务院第 591 号令《危险化学品安全管理条例》中第 13 条规定了生产、储存危险化学品的单位应当对其铺设的危险化学品管道设置明显标志,GB7231—2016《工业管道的基本识别色、识别符号和安全标识》根据管道内物质规定了八种基本识别色和颜色标准编号及色样,具体参见本书第一篇第 8 章危险品管道运输法规与监管;GB/T 7144—2016《气瓶颜色标志》规定了充装气体识别标志的气瓶外表面涂色和字样,适用于工作场所公称工作压力不大于 30 MPa、公称容积不大于 1 000 L、移动式可重复使用的气瓶,但不适用于灭火用的气瓶、车辆燃料气体和机器设备上附属的气瓶,进口气瓶应按本标准的要求涂敷(或改涂、复涂)颜色标志;2015 年修订的《危险化学品重大危险源监督管理暂行规定》第 18 条要求危险化学品单位应当在重大危险源所在场所设置明显的安全警示标志,写明紧急情况下的应急处置办法。重大危险源安全警示标志牌是针对区域的,警示用语一般为重大危险源生产区域或重大危险源储存区域,由禁止或警告标志、警示用语、应急处置方法等组合构成。

实践中须区分工作场所化学品安全标识与 GB13495.1—2015《消防安全标识 第 1 部分:标志》、GB158《工作场所职业病危害警示标识》、GBZ/T203《高毒物品作业岗位职业病危害告知规范》、2014 年《用人单位职业病危害告知与警示标识管理规范》、JT617《汽车运输危险货物规则》中第 9.2 条规定的运输危险货物时应随车携带的"道路运输危险货物安全卡",和《中华人民共和国固体废物污染环境防治法》规定的"危险废物的容器和包装物以及收集、贮存、运输、处置危险废物的设施、场所,必须设置危险废物识别标志",该标志具体内容参见 GB15562.2—1995《环境保护图形标志——固体废物贮存(处置)场》。

第二节　美国工作场所化学品安全标识

美国消防协会于 1960 年通过标准 NFPA 704: Standard System for the Identification of the Hazards of Materials for Emergency Response,建立了材料危害性沟通的四色四格菱形图案(Hazard Diamond),并历经修订。标准旨在为消防应急人员初期快速判断材料危险性,决定采取何种个人保护措施和采取何种消防措施提供指南,随着时代的发展,NFPA 标志也成为工作场所广受欢迎的化学品安全信息沟通方式。NFPA 菱形图并非法定强制要求。美国涂料协会(ACA,原名为国家油漆和涂料协会 NPCA)为其成员公司开发了独特的危害性材料辨识系统,包括危害评估、标签、SDS 和培训,其中作为安全标识的 HMIS 彩色棒图(Color Bar)主要为 ACA 成员公司自愿使用。

　　美国联邦职业健康安全署(OSHA)于 1983 年制订了危害沟通规定(HCS,也有称为 HAZCOM),并于 1994 年起适用于可能存在雇员暴露于化学品的除开采和运输外的所有行业,HCS 提出如下基本要求:雇主提供材料安全数据单(MSDS)、工作场所标签和安全培训。OSHA 在美国 EPA、DOT、CPSC 参与下于 2012 年修订 HCS,与 GHS 国际规范体系保持一致,新的 HAZCOM 要求化学品生产商、进口商、分销商确保危险化学品离开工作场所时容器或者外包装上具备 GHS 的标签要求,但对工作场所标签的要求并未改变,雇主可以使用如 GHS 要求的化学品标签,不过象形图的边框可由红色改为黑色;也可以按照 HCS994 在工作场所标签上提供产品名和语言、图形、标志或将其结合,向员工及时提供传达化学品危害信息;如果雇主现有工作场所标签已符合 1994 年 HCS 要求,那么可以继续使用。雇主可以在工作场所标签上添加 HCS 要求之外的指示性标志,比如佩戴眼罩的图形提示个人防护器具的要求。NFPA 菱形图和 HMIS 彩色棒图仍然可以使用,只要它们能符合 HCS 的信息沟通要求、员工能立即了解具体的危害信息,同时使用在二次容器上的图案不能互相冲突。当然,使用 NFPA 或者 HMIS 的雇主应对雇员进行培训,以保障员工熟悉使用化学品的危害。NFPA 或者 HMIS 非 SDS 必须包含,可以作为补充信息纳入。美国一些从业者认为,NFPA 菱形图或 HMIS 彩色棒图在 GHS 标准使用后容易引起员工混淆,甚至产生观念冲突,为便于管理和员工认知,工作场所使用与 GHS 一致的化学品安全标识应为企业最佳实践,并鼓励不再使用 HMIS 彩色棒图。但根据 OSHA2013 年解释,使用 NFPA 菱形图或 HMIS 彩色棒图作为工作场所标志并不违法,尤其是 NFPA 菱形图常常被地方消防部门引用。此外,根据 OSHA 要求,化学品从带有安全标签的容器中转移到另一容器,并立即使用掉者,后者可以不具备安全标签。如果雇主知道化学品具有新的危害时,应更新工作场所标签。

　　表 14-1 比较了 NFPA 菱形图(2017 版)与 HMIS 彩色棒图(第三版),并与 GHS 标签进行了差异性比对。

表 14-1　NFPA 菱形图、HMIS 彩色棒图以及 GHS 标签差异性比对

	NFPA 菱形图	HMIS 彩色棒图	GHS 标签
图形			参见本书第十二章第二节

续表

	NFPA 菱形图	HMIS 彩色棒图	GHS 标签
简介	四个小菱形图一起构成一个大菱形图,从左侧开始颜色和信息类别分别为蓝色(健康危害信息)、红色(易燃性信息)、黄色(不稳定性/化学反应性信息)、白色(特别危害)	四个棒图从上往下,颜色和信息类别依次为蓝色(健康危害信息)、红色(易燃性信息)、橙色(物理危害信息)、白色(个人防护)	9 种象形图。美国 OSHA 规定了除环境污染物额外的 8 种为法定强制使用。包含 28 种危害类别,超过 NFPA 和 HMIS 的危害信息类别范围。标签文字内容要求更全面。具体参见本书前述章节
分级	健康危害、易燃性、不稳定性危害分级从 0 到 4 依次更严重	健康危害、易燃性、物理危害分级从 0 到 4 依次更严重	28 类危害性有不同的分级,如从 1 到 4,从 A 到 G,从 1.1 到 1.6。一般而言,危害性依次降低
白色框	W,与水反应;OX,氧化剂;SA,简单窒息性气体;使用人有时在此框加入自定义的危害信息简称	用英文字母 A 至 K 表示安全眼罩、手套等特定的个人防护器具佩戴要求组合。其他字母含义由使用者自定义。也有直接在此部分使用个人防护器具图形者	不提供该等信息

第三节　加拿大工作场所化学品标识

加拿大 1988 年通过 Hazardous Products Act 和 Hazardous Materials Information Review Act 两部法律建立了"Workplace Hazardous Materials Information System"(工作场所危害材料信息系统,WHIMS),主要内容包括危害辨识与产品分类、标签、MSDS、工人的培训与教育。另外两部法规 Canada Labour Code (CLC) 和 the Canadian Occupational Health and Safety Regulations 也规定了 WHIMS 中适用于加拿大联邦雇员的职业健康安全内容,加拿大各省政府也相应制订了地方法规。WHIMS 由加拿大人力资源发展部下属的劳工分局执行。

按照上述规定,如果销售或进口的产品按照 WHMIS 立法属于"controlled product"(受控产品),则供应商必须提供 MSDS 给客户,产品或包装上须贴标签。标签的目的是识别危害性材料,MSDS 说明具体危害。雇主需要为暴露于危害性产品中的工人建立教育培训制度,雇主应确保产品被适当贴标签,每个产品均具备 MSDS 且易于获得。工人有义务参加培训,使用上述信息来安全处置危害性材料。如果容器上标签灭失,雇员须通知雇主。"受控产品"在

WHIMS 中分为六类，如表 14-2 所示。

表 14-2　WHIMS 中的化学品分类体系

Class A	Compressed Gas(压缩气体)
Class B	Flammable and Combustible Material(易燃可燃材料)
Class C	Oxidizing Material(氧化性材料)
Class D	Poisonous and Infectious Material(有毒与感染性材料)
Class E	Corrosive material(腐蚀性材料)
Class F	Dangerously reactive material(危险反应性材料)

"受控产品"不包括爆炸品、放射性材料、消费受限制物品、化妆品和药品、农药、废物等。运输时，物品应遵守危险货物运输法规要求。"受控产品"的工作场所标签须具备产品名称、安全处理信息和"具备 MSDS"等关键信息，以及按照"受控产品"六个分类的不同标志或象形图。与供应商标签不同，工作场所标签不需要虚线边框。在管道和反应器中的"受控产品"不需要工作场所标签，而是用色标和公示板(placard)的方式传递危害信息。实验室中低于 10 公斤的"受控产品"可使用简化标签。

根据修订的 Hazardous Product Act 和新的 Hazardous Products Regulations，2015 年 WHIMS 发生重大改变，采纳了第 5 版 GHS 制度。相应的工作场所标签也发生重大改变，与以前不同，现在所有的化学品风险需要显示，相应的 GHS 象形图、警示词、危险性说明和防范声明须出现在标签上。除了基于 GHS 的技术性变化外，关于危害性信息沟通和工作场所标签，危险产品的供应商、雇主和工人的权利义务并无变化。加拿大联邦给供应商和雇主一定的过渡期，从 2018 年 12 月 1 日开始，全面执行基于 GHS 的 2015 年 WHIMS 制度。

第四节　欧盟工作场所化学品安全标识

欧盟颁布过 5 个指令，从不同角度要求雇主识别工作场所化学品危害，评估风险，并采取行动减小风险、确保化学物质或者混合物的安全使用，其中传递化学品危害信息是雇主的基本责任。这 5 个指令为：Chemical agents directive (98/24/EC)；Carcinogens and mutagens directive (2004/37/EC)；Safety signs directive — SSD (92/58/EEC)；Pregnant workers directive (92/85/EEC)；Young people at work directive (94/33/EC)。其中 SSD 安全标识指令要求雇主确保所有化学品容器、可见管道贴上象形图或警告标志，以及物质名称和适当的危害信息,并对员工培训安全标识知识,告知员工如何根据安全标识上提供的信息采取措施;达到一定量的危险物质储存场所必须设置合适的安全标识。危害识别中的关键一步就是整理化学品供应商以标签和 SDS 形式提供的化学品信息。多年来,欧盟指令 DSD(67/548/EEC)和 DPD(1999/45/EC)要求供应商提供安全标签和其他文件等作为化学品危害信息沟通方式,DSD 与 DPD 先已被 2008 年颁布的欧盟 CLP 指令取代,后者在技术要求上采纳了 GHS 标准。此外,2006 年欧盟 REACH 指令也规定了 SDS 的要求。

工作场所安全标识的原规定并未改变,但 CLP 采纳了新的化学品分类体系,反映化学品危害性的象形图由欧盟指令 DSD/DPD 下的七个黑框橙底方图更替为九个红框白底菱形图,危险性说明代替了风险短语,防范说明描述代替了安全短语,同时也保留了 DSD/DPD 规定的、但 GHS 中没有对应内容的欧盟特有风险短语信息。与美国不同的是,欧盟工作场所的化学品安全标签须采取以 GHS 为基础的 CLP 法规,不存在雇主可以自由选择、类似美国公司可以采取 NFPA 或 HMIS 或自定义标签的余地,在欧盟化学品供应商提供的化学品安全信息是雇主进行化学品危害识别的基础信息,在新指令下,必然是基于 GHS 的信息。CLP 允许像 IBC 这样的单一包装上免除 GHS 象形图,如果它们与危险货物象形图重复的话,仅保留危险货物标签和其他包装要求标志。从这个角度,雇主进行危害识别所需要了解的消息不仅限于 CLP 包含的 GHS 内容,也需要包括危货法规和危货标签。

第五节 亚太其他国家和地区工作场所化学品安全标识

一、中国台湾地区

我国台湾地区 1974 年效仿日本颁布《劳工安全卫生法》,该法历经修订,1991 年版第 7 条规定,雇主对于经中央主管机关指定之作业场所应依规定实施作业环境测定;对危险物及有害物应予标示,并注明必要之安全卫生注意事项。

1992 年根据《劳工安全卫生法》制订了《危险物及有害物通识规则》,要求雇主对装有危害物质之容器,应明显标示下列事项,必要时辅以外文:图式、名称、主要成分、危害警告信息、危害防范措施、制造商或供应商名称地址电话。如为混合物者,系指所含之危害物质成分浓度重量百分比在百分之一以上且占前三位者。如容积在一百毫升以下,容器仅标示危害物质名称及图式。该规则对工人当班使用的容器或者实验室自行做实验、研究者,如果危害物质取自容器已有标示,则豁免标示规定。在工作场所,除了单个包装容器外,常有其他情形,如装同一种危害物质的多个容器置放于同一处所、危害物质管道系统、危害物质在反应釜等制程系统化学设备中,以及冷却装置、压缩装置等,雇主可以设置传递同样信息的公告板,且可以免于标注制造商或供应商信息。

2007年台湾地区劳委会新订定符合GHS制度的《危险物与有害物标示及通识规则》,取代《危险物及有害物通识规则》,配合联合国与APEC决议,于次年底开始在工作场所实施GHS制度,标示包括图式、名称、危害成分、警示语、危害警告信息、危害防范措施、制造商或供应商名称。容器之容积在一百毫升以下者,可仅标示名称、危害图式及警示语。原规则中的豁免、公告板等规定保留。雇主对装有危害物质容器于交通运输时已依运输标示的,工作场所内运输可免依该规则标示,但工人卸放、搬运、处置或使用危害物质作业时还须执行该规则。对于混合物,依据整体测试结果判定危害性;未作整体测试,对于燃烧及反应性等应使用有科学依据的资料来评估,健康危险性判定与其不同,除具有科学资料佐证外,应依据台湾地区标准CNS15030分类标准规定。

台湾地区相关法律机构于2013年通过《劳工安全卫生法》修正草案,更名为《职业安全卫生法》,为防止职业灾害,保障工作者安全及健康,从上位法的角度规定了雇主对于具有危害性的化学品,应予标示、制备清单及揭示安全数据表,并采取必要之通识措施;制造者、进口者或供应者,提供前述化学品时应予标示及提供安全数据表,并在数据变化时更新。

二、澳大利亚

澳大利亚联邦的职业健康安全立法权和执行权属于各州和领地。2008年,澳大利亚政府间理事会签署协议,致力于推动联邦、州、领地一起来发展和贯彻模范法规,这是达到澳大利亚职业健康安全法律协调的最有成效的途径。2009年,澳大利亚安全工作署(Safe Work Australia)成立,其主要工作是促进澳大利亚境内职业健康安全法律的协调。2011年,澳大利亚安全工作署制订了《模范职业健康安全法》《模范职业健康安全条例》和《模范行为准则》,除个别地方政府做了微小修改以与其他法律协调外,各州、领地和联邦政府均采纳执行了上述法律。经编纂已有修正案,2016年《模范职业健康安全条例》成为目前的有效版本。

澳大利亚工作场所化学品安全标签的制度体系与其他区域有颇多类似处,如从GHS出发同时规定制造商、进口商、供应商和雇主提供危害信息包括标签的义务,从产品的角度对部分消费品和特殊化学品等豁免,从风险角度对研发和小量化学品减免规定,对从有标志的容器中转移出来并当班使用的豁免,对不转移到其他场所的化学品标志简化要求,对化学品管道采取其他标识规定,以及标志尺寸、象形图和字体大小的规定。对于包装运输中的危险货物,适用危险货物标志。工作场所的危险货物外包装上可以系挂标牌提供含有危险货物标志不具有的化学品危害信息,如慢性健康危害。废弃的危险化学品管理与我国统一采取危险废物标志的规定不同,澳大利亚危险废物中的化学品采取基于 GHS 分类的标签制度。与我国及台湾地区不同,澳大利亚工作场所化学品标志适用于容器、管道,并未有出入口处、外墙壁设立标志或公告板的规定。值得注意的是,对于工程化或制造的纳米材料,除非有证据证明其无害,否则应设置特殊标志标明"未知性危害"或"危害尚未全部了解"。

参考文献

［1］Canadian Center for Occupational Health and Safety. OSH Answers Fact Sheets WHMIS 1988 — General, 2018 - 03 - 03. http://www. ccohs. ca/oshanswers/legisl/intro_whmis. html.

［2］Health Canada. Workplace Hazardous Materials Information System (WHMIS), 2018 - 03 - 03. https://www. canada. ca/en/health-canada/services/environmental-workplace-health/occupational-health-safety/workplace-hazardous-materials-information-system. html.

［3］European Commission Directorate-General for Employment, Social Affairs and Inclusion Unit B3. Chemicals at work — a new labelling system, Guidance to help employers and workers to manage the transition to the new classification, labelling and packaging system, 2018 - 03 - 03. http://ec. europa. eu/social/BlobServlet? docId＝10450&langId＝en.

［4］Safe Work Australia. LABELLING OF WORKPLACE HAZARDOUS CHEMICALS Code of Practice, 2018 - 03 - 03. https://www. safeworkaustralia. gov. au/system/files/documents/1705/mcop-labelling-workplace-hazardous-chemicals-v3. pdf.

第十五章

危化目录与 UN GHS、UN TDG 差异性比较

诚如本书第一篇第一章所述,伴随欧盟和诸多国际组织对国内的化学品法规体系的影响,GHS 被广为接受,并制订为国内标准逐步深入实施,"危险货物"与"危险化学品"的区别已成为法规事务和化学品安全工作人员必须掌握知识之一。目前,我国危险化学品安全管理主要采用目录化管理方式,基于与现行管理相衔接、平稳过渡的基本原则,并逐步与国际接轨,原国家安全生产监督管理总局会同多个相关部门制定了《危险化学品目录(2015 版)》(以下简称"目录")。因目录不再与危险货物体系挂钩,该目录与《全球化学品统一分类和标签制度》(UN GHS)、《联合国关于危险货物运输的建议书规章范本》(UN TDG)的关系成为业界关注的焦点,三者的区别与联系也成为各相关人员难点所在,本章主要将目录分别与 GHS、TDG 关于化学品危险性分类原则进行对比研究,列举其差异并提出相应建议,为广大读者日常工作提供参考。

第一节　目录、UN GHS 和 UN TDG 简介

根据《危险化学品安全管理条例》(国务院令第 591 号)规定,原国家安全监管总局会同工业和信息化部、公安部、环境保护部等十部委完成了《危险化学品目录(2015 版)》的制订工作,并于 2015 年 3 月 9 日正式发布,2015 年 5 月 1 日起实施,《危险化学品名录》(2002 版)、《剧毒化学品目录(2002 年版)》同时予以废止。目录主要包括 2 828 项条目,其中序号第 2828 为开放式条目,其对应的内容是"闭杯闪点不高于 60℃ 的含易燃溶剂的合成树脂、油漆、辅助材料、涂料等制品";目录纳入原则依据化学品分类和标签国家标准(GB30000. X—2013),从化学品 28 项 95 个危险类别中,选取了其中危险性较大的 81 个类别作为危险化学品的确定原则。

GHS 和 TDG 均是由联合国出版的作为指导各国控制化学品危害和保护人类健康与环境安全的规范性文件,TDG 重点针对危险货物运输环节,而 GHS 则关注化学品整个生命周期(包括生产、仓储、运输、使用以及废弃等),即

关注整个化学品行业的管理，不同的侧重点导致了不同的分类原则。一些在操作使用环节中由于暴露和长期反复接触而存在较大风险的危害性，如致癌性、生殖细胞致突变性、致畸性等，符合 GHS 分类原则，但是由于在运输环节中长期暴露风险较低，因此在 TDG 中不作为危险货物管理。近年来，随着各国政府不断提高对危险化学品行业管理的重视力度，GHS 和 TDG 已成为各国制定危险化学品管理体系的两项最重要参考文件。GHS（第 7 修订版）充分考虑化学品对健康和环境存在的潜在有害影响，将化学品的危害分为 3 大类共 29 项，分别包括物理危害 17 项、健康危害 10 项、环境危害 2 项。GHS 制度要求按其物理、健康和环境危害对化学物质和混合物进行统一标准的分类，并要求采用化学品安全技术说明书（Safety Data Sheet，SDS）和安全标签两种方式公示化学品的危害信息。TDG 要求按其危险性类别对危险货物实行相应的包装要求，并注明相应的包装标记。TDG（第 20 修订版）将危险货物分为 9 大类，其主要内容包括分类原则和类别的定义、主要危险货物一览表、一般包装要求、试验程序和运输单据等。

总体来说，我国在实施 GHS 之前，国内关于"危险化学品"的判定依据主要为《GB 13690—92 常用危险化学品的分类及标志》及《危险化学品目录（2002版）》，基本采用了联合国 TDG 关于危险货物的分类原则。GHS 实施之后，国内"危险化学品"的概念和确定原则的基础从 TDG 转换到了 GHS，发生了较大的变化，扩大了"危险化学品"的范围，导致相关的配套管理出现了一定程度的混乱，尤其是在化学品的运输和仓储环节。因此亟须管理部门明确国内化学品在不同领域的分类确定原则及对应的法律法规和管理要求，并加强普法宣传教育，尤其是将"危险化学品"和"危险货物"这两个不同的概念不管是在定义上还是在管理上都明确区分开。

第二节　目录、UN GHS 和 UN TDG 对比研究

一、目录与 GHS 的对比研究

目录依据化学品分类和标签系列国家标准（即 GB30000.X—2013 系列国家标准），该标准中关于化学品危害性的分类标准与联合国 GHS 第 4 修订版一致，从化学品 28 大类 95 个子类别中，选取了其中危险性较大的 81 个子类别作为目录化学品的确定原则。GHS 第 6 修订版危险性类别增至 29 类，新增物理危险性液态退敏爆炸品，该项包含 4 个子类别。目录化学品确定原则与 GHS 危害性分类标准的对比情况如表 15-1 所示。

表 15-1 目录中危险化学品的确定原则与 GHS 危险性分类标准的比较

危险和危害类别		目录确定原则与 GHS 重合的子类别				未列入目录的 GHS 危害性类别			
第1类	爆炸物	不稳定爆炸物	1.1	1.2	1.3	1.4	1.5	1.6	
第2类	易燃气体	1	2	A(化学不稳定性气体)	B(化学不稳定性气体)				
第3类	气溶胶	1					2	3	
第4类	氧化性气体	1							
第5类	加压气体	压缩气体	液化气体	冷冻液化气体	溶解气体				
第6类	易燃液体	1	2	3			4		
第7类	易燃固体	1	2						
第8类	自反应物质和混合物	A 型	B 型	C 型和 D 型	E 型		F 型	G 型	
第9类	自燃液体	1	—						
第10类	自燃固体	1	—						
第11类	自热物质和混合物	1	2						
第12类	遇水放出易燃气体的物质和混合物	1	2	3					
第13类	氧化性液体	1	2	3					
第14类	氧化性固体	1	2	3					
第15类	有机过氧化物	A 型	B 型	C 型和 D 型	E 型和 F 型		G 型	—	
第16类	金属腐蚀物	1	—						
第17类	退敏爆炸品	不适用					1	2	3	4
第18类	急性毒性	1	2	3			4	5	
第19类	皮肤腐蚀/刺激	1(1A, 1B, 1C)	2	—			3	—	
第20类	严重眼损伤/眼刺激	1	2A	2B	—		—		
第21类	呼吸道或皮肤致敏	1(1A 和 1B)	—				—		

物理危害（第1类–第17类）
健康危害（第18类–第21类）

续表

危险和危害类别			目录确定原则与 GHS 重合的子类别				未列入目录的 GHS 危害性类别		
健康危害	第 22 类	生殖细胞突变性	1(1A 和 1B)	2	—		—		
	第 23 类	致癌性	1(1A 和 1B)	2	—		—		
	第 24 类	生殖毒性	1(1A 和 1B)	2	影响哺乳期或通过哺乳期产生影响的附加类别		—		
	第 25 类	特异性靶器官毒性－一次接触	1	2	3	—	—		
	第 26 类	特异性靶器官毒性－长期接触	1	2	—		—		
	第 27 类	吸入危害	1	—	—		2	—	
环境危害	第 28 类	对水生环境的危害	急性 1 长期 1	急性 2 长期 2	长期 3	—	急性 3	长期 4	—
	第 29 类	对臭氧层的危害	1	—	—		—		

如表 15-1 所示,从危险性大类上来看,目录与 GHS(第 6 修订版)相比,物理危害中缺少第 17 类退敏爆炸品(包含 4 个子类别),另外有 16 个危险性较小的子类别的相关化学品未纳入目录管理,包括物理危险性 9 个、健康危害类别 4 个、环境危害类别 3 个。

目录一栏由序号、品名、别名、CAS 号以及备注组成。目录共计有 2 828 个序号,其中有 CAS 号的纯物质及其混合物有 2 823 种,包括 148 种剧毒化学品,在"备注"栏以"剧毒"字样标注出来,剩余的序号中有小部分属于类属编号。序号 2828 所对应的内容是"闭杯闪点不高于 60 ℃ 的含易燃溶剂的合成树脂、油漆、辅助材料、涂料等制品",这是一个开放性条目,凡化学品经鉴定确认符合该条件的,均属于列入目录的危险化学品。引入开放性条目,使得目录分类更加合理、专业和系统。

二、目录与 TDG 的对比研究

目录中收录化学品危险性确定原则见表 15-1。TDG(第 19 修订版)从运输安全角度将危险品分为 9 大类,其中有些类别再分成项别,具体包括第 1 类 6 项、第 2 类 3 项、第 4 类 3 项、第 5 类 2 项、第 6 类 2 项。目录化学品确定原则与 TDG 危险货物分类比对如表 15 - 2 所示。

表 15 - 2 目录化学品确定原则与 TDG 危险货物分类标准的比较

《危险化学品目录(2015 版)》化学品确定原则		TDG 关于危险货物的分类	
类 别	危 险 性	类 别	危 险 性
第 1 类 爆炸物	不稳定爆炸物	第 1 类 爆炸品	禁止运输
	1.1 项、1.2 项、1.3 项、1.4 项		1.1 项、1.2 项、1.3 项、1.4 项
	不适用		1.5 项、1.6 项
第 2 类 易燃气体	类别 1	第 2 类 气体	2.1 项:易燃气体
	类别 2		2.2 项:易燃无毒气体;2.3 项有毒气体(具体参考该气体的毒性数据)
	化学不稳定性气体类别 A、B		若不稳定过于危险,则禁止运输;经主管机构批准可接受运输的条件下,为 2.1 项:易燃气体
第 3 类 气溶胶	类别 1		2.1 项:易燃气体;2.2 项:非易燃无毒气体
第 4 类 氧化性气体	类别 1		2.2 项:非易燃无毒气体(5.1 副危险性)
第 5 类 加压气体	压缩气体、液化气体、冷冻液化气体、溶解气体		2.1 项:易燃气体;2.2 项:非易燃无毒气体;2.3 项:有毒气体
第 6 类 易燃液体	类别 1、类别 2、类别 3	第 3 类 易燃液体	易燃液体,包装类别Ⅰ、Ⅱ、Ⅲ
不适用			液态退敏爆炸品
第 7 类 易燃固体	类别 1、类别 2	第 4 类 易燃固体、易于自燃的物质、遇水放出易燃气体的物质	4.1 项:易燃固体,包装类别Ⅱ、Ⅲ
第 8 类 自反应物质和混合物	A 型		4.1 项:自反应物质(A 型),禁止运输
	B 型、C 型、D 型、E 型		4.1 项:自反应物质(B 型、C 型、D 型、E 型)
	不适用		4.1 项:自反应物质(F 型)

续表

《危险化学品目录(2015 版)》化学品确定原则			TDG 关于危险货物的分类		
类　别		危　险　性	类　别		危　险　性
不适用			第 4 类	易燃固体、易于自燃的物质、遇水放出易燃气体的物质	4.1 项：固态退敏爆炸品和自聚合物质(单体)
第 9 类	自燃液体	类别 1			4.2 项：易于自燃的物质,包装类别Ⅰ
第 10 类	自燃固体	类别 1			4.2 项：易于自燃的物质,包装类别Ⅰ
第 11 类	自热物质和混合物	类别 1、类别 2			4.2 项：易于自燃的物质,包装类别Ⅱ、Ⅲ
第 12 类	遇水放出易燃气体物质和混合物	类别 1、类别 2、类别 3			4.3 项：遇水放出易燃气体的物质,包装类别Ⅰ、Ⅱ、Ⅲ
第 13 类	氧化性液体	类别 1、类别 2、类别 3	第 5 类	氧化性物质和有机过氧化物	5.1 项：氧化性物质,包装类别Ⅰ、Ⅱ、Ⅲ
第 14 类	氧化性固体	类别 1、类别 2、类别 3			5.1 项：氧化性物质,包装类别Ⅰ、Ⅱ、Ⅲ
第 15 类	有机过氧化物	A 型			5.2 项：有机过氧化物(A 型),禁止运输
		B 型、C 型、D 型、E 型、F 型			5.2 项：有机过氧化物(B 型、C 型、D 型、E 型、F 型)
第 16 类	金属腐蚀物	类别 1	第 8 类	腐蚀性物质	包装类别Ⅲ
第 17 类	急性毒性	类别 1、类别 2、类别 3	第 6 类	毒性物质和感染性物质	2.3 项：毒性气体
					6.1 项：毒性物质,包装类别Ⅰ、Ⅱ、Ⅲ
不适用					6.2 项：感染性物质
不适用			第 7 类	放射性物质	不适用
第 18 类	皮肤腐蚀/刺激	类别 1(1A、1B、1C)	第 8 类	腐蚀性物质	包装类别Ⅰ、Ⅱ、Ⅲ
		类别 2	非危险货物		

续表

《危险化学品目录(2015 版)》化学品确定原则		TDG 关于危险货物的分类	
类 别	危 险 性	类 别	危 险 性
第 19 类 严重眼损伤/眼刺激	类别 1、类别 2A、类别 2B	非危险货物	
第 20 类 呼吸道或皮肤致敏	类别 1	非危险货物	
第 21 类 生殖细胞致突变性	类别 1A、类别 1B、类别 2	非危险货物	
第 22 类 致癌性	类别 1A、类别 1B、类别 2	非危险货物	
第 23 类 生殖毒性	类别 1A、类别 1B、类别 2、附加类别	非危险货物	
第 24 类 特异性靶器官毒性-一次接触	类别 1、类别 2、类别 3	非危险货物	
第 25 类 特异性靶器官毒性-反复接触	类别 1、类别 2	非危险货物	
第 26 类 吸入危害	类别 1	非危险货物	
第 27 类 危害水生环境-急性危害	类别 1	第 9 类	杂项危险物质和物品,包括危害环境物质	包装类别Ⅲ
	类别 2	非危险货物	
危害水生环境-长期危害	类别 1、类别 2	第 9 类	杂项危险物质和物品,包括危害环境物质	包装类别Ⅲ
	类别 3	非危险货物	
第 28 类 对臭氧层的危害	类别 1	第 9 类	杂项危险物质和物品,包括危害环境物质	包装类别Ⅲ

　　如表 15-2 所示,目录化学品确定原则与 TDG 危险货物分类标准存在多处差异,现将其归纳如下。

从大类上来说,目录不仅收录了具有物理危险性的化学品,还将具有健康危害和环境危害的化学品纳入评估范畴,但未收录 TDG 所包含的第 6.2 项感染性物质和第 7 类放射性物质;TDG 对于目录所包含的大部分健康危害(如第 19 类严重眼损伤/眼刺激、第 20 类呼吸道或皮肤致敏、第 21 类生殖细胞致突变性、第 22 类致癌性、第 23 类生殖毒性、第 24 和 25 类特异性靶器官毒性、第 26 类吸入危害)均未涉及。

(一) 物理危险方面

首先,两者都将爆炸危险作为评估危险品的一大类别,目录未将 1.5 项和 1.6 项纳入评估范畴;TDG 将爆炸品划分为 6 个项别,并根据其项别分配详细的包装和运输要求。其次,目录选取易燃气体的 4 个类别作为目录化学品的纳入标准;根据易燃气体在运输中的危险性,TDG 将目录易燃气体类别 1 对应的危险性划入第 2.1 项易燃气体,将目录易燃气体类别 2 对应的危险性划入 2.2 项非易燃无毒气体或 2.3 项毒性气体,具体参考该气体的毒性数据。第三,目录仅选取气溶胶类别 1 为危险化学品;TDG 没有为气溶胶设立单独的类别或项别,仅装有无毒性成分且容量不超过 50 毫升的喷雾器不受本规章限制,否则主要危险性划入第 2 类,其项别根据喷雾器内装物的易燃性划入 2.1 项易燃气体或 2.2 项非易燃无毒气体。TDG 将含有 GHS 类别 1 和类别 2 气溶胶的喷雾器划入 2.1 项易燃气体,将含有 GHS 类别 3 气溶胶的喷雾器划入 2.2 项非易燃无毒气体,即 TDG 对 3 个类别的气溶胶/喷雾器均有要求;而目录未将类别 2 和类别 3 纳入评估范畴(见表 15-1)。第四,目录将氧化性物质分成 3 大类,即氧化性气体、氧化性液体和氧化性固体,作为其评估标准;TDG 将氧化性气体先根据气体的属性划为 2 类,再根据毒性判定的标准划为具体的 2.2 项不燃无毒气体或 2.3 项有毒气体,并配有 5.1 类氧化性的副危险性。第五,目录和 TDG 都将易燃液体作为评估化学品危险性的一大类别,TDG 还将液态退敏爆炸品纳入该类别,目录则未将其纳入评估范畴。最后,目录未将固态退敏爆炸品和易自聚合物纳入评估范畴;TDG 第 4 类的 4.1 项则包括易燃固体、自反应物质、固态退敏爆炸品和易自聚合物。

(二) 健康危害方面

第一,目录选取急性吸入毒性(吸入物质形态包括气体、蒸气、粉尘和烟雾)类别 1、类别 2 和类别 3 作为纳入标准;TDG 则将具有吸入毒性的气体划入第 2 类的 2.3 项毒性气体,将具有吸入毒性的蒸气、粉尘和烟雾划入第 6 类的 6.1 项毒性物质。另外,对于液体蒸气的吸入毒性,目录与 TDG 存在着不同的评估标准,目录的类别划分标准和 GHS 一致,仅以急性吸入毒性试验中哺乳动物 4 h(暴露时间)-LC$_{50}$ 值为分类的参考值,而 TDG 要求在划分有毒性蒸气的液体的包装类别时除了考虑其在常温常压下的毒性值(哺乳动物 LC$_{50}$ 值)之外,还须考虑该液体在常温常压下的实际暴露可能。按 TDG 第 19 修订版 2.6.2.2.4.3 规定的标准,同时比较液体常温常压下的饱和蒸气浓度和哺乳动物 LC$_{50}$ 值继而进行包装类别的划分。第二,目录选取 GHS 皮肤腐蚀/刺激类别 1(1A、1B、1C)和类别 2 作为纳入标准;TDG 则未将类别 2 纳入限制要求。

(三)环境危害方面

第一,目录选取水生环境急性危害类别 1 和类别 2 作为评估标准,TDG 则未将类别 2 纳入要求。第二,目录选取水生环境长期危害类别 1、类别 2 和类别 3 作为评估标准,TDG 未将类别 3 纳入要求。TDG 没有为危害臭氧的物质单列条目,但 2.9.2 对危害环境物质的说明:在其他方面不受本规章约束但被原籍国、过境国或目的地国主管机关确定属危害环境物质的物质。故危害臭氧的物质在某些国家极有可能被列入危害环境物质。

(四)其他方面

一是目录中某些具有健康危害的化学品在 TDG 中列入第 9 类,如"1963 石棉"划入第 9 类以微细粉尘吸入可危害健康的物质、"628 二溴二氟甲烷"划入第 9 类运输过程中存在危险但不能满足其他类别定义的其他物质和物品等;某些具有物理危险性的化学品在 TDG 中也列入第 9 类,如"1228 聚苯乙烯珠体(可发性的)"划入第 9 类会放出易燃气体的物质。二是某些依据目录评估为非危险化学品的物质由于特殊的运输条件和性质而受到 TDG 的约束,如第 9 类在高温下运输或提交运输的物质、某些运输模式过程中存在危险但不能满足其他类别定义的其他物质和物品"2807 磁化材料";第 3 类在温度等于或高于其闪点的条件下提交运输的液体和以液态在高温条件下运输或提交运输,并且在温度等于或低于最高运输温度下放出易燃蒸气的物质。

三、讨论

目录根据 GHS(第 4 修订版),从化学品 28 项 95 个危险类别中,选取了其中危险性较大的 81 个类别作为其确定原则,实现了与联合国 GHS 的接轨,尤其将化学品致癌性、生殖毒性、危害水生环境等潜在健康和环境危害纳入评估范畴,体现了我国政府对化学品危害管理力度的提升,但由于目录条目数量的限制,符合危险化学品确定原则的化学品,并未全部列入目录中,故仅利用目录判断化学品是否属于危险化学品范畴仍存在较大困难。针对该类化学品,特别是包含多种组分的混合物,理化危险性通常很难通过成分进行估计和预测,各企业应参照《化学品物理危害性鉴定与分类管理办法》(国家安全监管总局 60号令)及其他相关规定,须到相应专业机构进行鉴定与分类。列入目录的危险化学品则依据国家有关法律法规采取行政许可等手段进行许可管理;满足目录危险化学品确定原则但未列入目录的化学品,应该根据《危险化学品登记管理办法》(国家安全监管总局令第 53 号)进行危险化学品登记,经鉴定满足 2 828条目要求的化学品,须同时进行登记和行政许可。但针对目录外的化学品,若全部进行鉴定,各企业经济负担较重,建议将来可考虑参照欧盟 REACH 模式,对于毒理实验和环境实验数据,不鼓励重复实验,希望使用方购买他们认可实验室已经得到的实验数据。

目录与 TDG(第 19 修订版)存在多处不匹配,因此与国内沿用 TDG(第 16修订版)制定的《GB 6944—2012 危险货物分类和品名编号》《GB12268—2012危险货物品名表》也存在不匹配。目录收录了具有物理危险性、健康危害和环境危害的化学品,但未收录感染性物质和放射性物质;TDG 则对于目录所包含的大部分健康危害均未涉及,且部分受 TDG 约束的化学品危害未列入目录;原《危险化学品名录》(2002 版)化学品基本受 TDG 约束,而之前的法规在 2015版目录颁布后并未配套更新,故造成相关部门和运输单位对于化学品危险特性判断依据使用混乱,导致在运输活动中,不同的管理部门可能由于引用不同的评判标准而得出具有差异的评估结论,造成管理混乱、运输单位无所适从。因此笔者建议依据生产、运输、储存和使用环节中各自不同的侧重点,明确各标准的使用规范和适用范围,及时更新相应的法律法规,国内化学品管理的相关部门及时沟通统一危险化学品的管理措施。

参考文献

[1] 国家安全生产监督管理总局等十部委. 2015 年第 5 号公告. 2015 - 03 - 09. http://www. chinasafety. gov. cn/newpage/Contents/Channel _ 4188/2015/0309/247041/content_247041. htm.

[2] 原国家安全生产监督管理总局.《危险化学品目录(2015 版)》解读. (2015 - 03 - 31). http://www. chinasafety. gov. cn/newpage/Contents/Channel _ 4140/2015/0401/248295/content_248295. htm.

[3] 原国家安全生产监督管理总局. 危险化学品目录(2015 版)实施指南(试行). 2015 - 09 - 02. http://www. chinasafety. gov. cn/newpage/Contents/Channel _ 5330/2015/0902/257317/content_257317. htm.

[4] GB30000 - 2013,化学品分类和标签规范[S]. 北京:中国标准出版社,2013.

[5] 联合国. 全球化学品统一分类和标签制度(第六修订版). 纽约和日内瓦:联合国,2015.

[6] 联合国. 关于危险货物运输的建议书(第十九修订版). 纽约和日内瓦:联合国,2015.

[7] 殷舒.《危险化学品名录》与 TDG、GHS 之间的对比研究. 中国公共安全学术,2013(2).

第十六章

危化目录与危化品储存标准的适用性研究

随着我国 2015 年"目录"的实施,危险化学品的分类体系也随之改变,导致大量原本未列入危险化学品管理范畴的化学品列入了危险化学品范围,由此而来的危险化学品仓储需求也大量增加。化学品的危险性分类及对应储存要求成为了相关企业的关注点之一。本章拟对按目录"危险化学品"确定原则判别的"危险化学品"与国内现有各类危险化学品储存的法规进行对应关系研究,比较两者存在差异,并参考美国的相关规范提出针对目前我国危险化学品储存法规存在的问题和建议,为国家相关政策制订提供参考。

第一节 目录与危险化学品储存标准的对应及差异

一、目录与储存相关标准的对应与差异

(一) 目录包含的危险化学品范围

"目录"是落实《危险化学品安全管理条例》(中华人民共和国国务院令第 591 号)的重要基础性文件,是企业落实危险化学品安全管理主体责任,以及相关部门实施监督管理的重要依据。根据 591 号令的规定,原国家安全监管总局会同国务院工业和信息化、公安、环境保护、卫生、质量监督检验检疫、交通运输、铁路、民用航空、农业主管部门制定了《危险化学品目录(2015 版)》,于 2015 年 5 月 1 日起实施,《危险化学品名录(2002 版)》《剧毒化学品目录(2002 年版)》同时予以废止。

目录明确了危险化学品的定义和确定原则,根据联合国"全球化学品统一分类和标签制度(Globally Harmonized System of Classification and Lablling of Chemicals,简称"GHS",又称"紫皮书"),从化学品 28 类 95 个危险类别中,选取了其中危险性较大的 81 个类别作为危险化学品的确定原则,具体见第 15 章表 15-1。

(二) 危险化学品储存标准包含的主要危险化学品类别

目前国内与危险化学品储存直接相关的国家标准主要有如下四个:《常用

化学危险品贮存通则(GB15603—1995)》《易燃易爆性商品储存养护技术条件(GB17914—2013)》《腐蚀性商品储存养护技术条件(GB17915—2013)》和《毒害性商品储存养护技术条件(GB17916—2013)》。

《常用化学危险品贮存通则(GB15603—1995)》为 1995 年的标准,制定于我国引入联合国 GHS 之前,因此标准中对"化学危险品"的定义与《危险化学品目录(2015 版)》中的"危险化学品"定义存在较多的差异,两者一个是基于 TDG,一个是基于 GHS。

《易燃易爆性商品储存养护技术条件(GB17914—2013)》《腐蚀性商品储存养护技术条件(GB17915—2013)》和《毒害性商品储存养护技术条件(GB17916—2013)》是侧重于具有这些危险特性的"商品"的储存要求,并不仅仅是针对"化学品"。标准对于易燃易爆性商品、腐蚀性商品及毒害性商品的定义引用了《危险货物分类和品名编号(GB6944—2012)》中的相关定义,依然是基于 TDG。

根据危险化学品的特性和仓库建筑要求及养护技术,储存的危险化学品主要有三类。

1. 易燃易爆性商品

在储存过程中按照对危险化学品的养护技术要求归类为易燃易爆性商品的包括:爆炸品、压缩气体和液化气体、易燃液体、易燃固体、自燃物品、遇湿易燃物品、氧化剂和有机过氧化物。

《易燃易爆性商品储存养护技术条件(GB17914—2013)》中对易燃易爆性商品的储存条件,包括对建筑等级、库房、安全、环境、温湿度、包装、物品质量、堆垛、安全操作、出库、应急处理等方面做了明确的规定。附录 A 给出了危险化学商品混存性能互抵表,附录 B 中给出了易燃易爆性商品的消防方法。

2. 腐蚀性商品

腐蚀性商品是指通过化学作用,使生物组织接触时造成严重损伤,或在渗漏时会严重损害甚至毁坏其他货物或运载工具的物质。本类包括满足下列条件之一的物质:

① 使完好皮肤组织在暴露超过 60 分钟、但不超过 4 小时之后开始的最多 14 天观察期内全厚度毁损的物质;

② 被判定不引起完好皮肤组织全厚度毁损,但在 55℃ 试验温度下,对钢或铝的表面腐蚀率超过 6.25 mm/a 的物质。

《腐蚀性商品储存养护技术条件(GB17915—2013)》中对腐蚀性商品的储存条件,包括对库房、货棚及露天货场、安全、环境、温湿度、包装、感官、堆垛、安全操作、出库、应急处理等方面做了明确的规定。附录 A 给出了危险化学商品混存性能互抵表,附录 B 中给出了部分腐蚀性商品的消防方法。

3. 毒害性商品

毒害性商品是指经吞食、吸入或与皮肤接触后可能造成死亡或严重受伤或损害人类健康的物质。本类包括满足下列条件之一的毒性物质（固体或液体）：

（1）急性经口毒性 $LD_{50} \leqslant 300$ mg/kg（大鼠口服，观察 14 天）；

（2）急性经皮毒性 $LD_{50} \leqslant 1\,000$ mg/kg（兔经皮接触 24 小时，观察 14 天）；

（3）急性吸入粉尘和烟雾毒性 $LC_{50} \leqslant 4$ mg/L（大鼠连续吸入 1 小时，观察 14 天）；

（4）急性吸入蒸汽毒性 $LC_{50} \leqslant 5\,000$ mL/m^3（大鼠连续吸入 1 小时，观察 14 天），且在 20℃ 和标准大气压力下的饱和蒸气浓度大于或等于 $1/5LC_{50}$。

《毒害性商品储存养护技术条件（GB17916—2013）》中对毒害性商品的储存条件，包括对库房、安全、环境、温湿度、包装、质量、堆垛、安全操作、出库、应急处理等方面做了明确的规定。附录 A 给出了危险化学商品混存性能互抵表，附录 B 中给出了部分毒害性商品的消防方法。

（三）目录与储存标准对危险化学品分类原则的差异

根据 591 号令中第二十四条规定："危险化学品应当储存在专用仓库、专用场地或者专用储存室（以下统称专用仓库）内，并由专人负责管理"。即《危险化学品目录》中规定的归类于 81 个危险性类别的化学品应当储存在专用仓库、专用场地或者专用储存室，并按照适用的标准来储存及养护管理。根据危险化学品的特性和仓库建筑要求及养护技术，目前储存的危险化学品主要有易燃易爆性商品、腐蚀性商品和毒害性商品三类。依据标准中对这三类危险化学品概念的定义，目前的三类危险化学品的储存标准并没有涵盖目录中全部的 81 个危险性分类，且两者的分类依据也不完全相同。具体差异如表 16 - 1 所示。

表 16 - 1　目录与储存标准的对比表

危险化学品性质	《目录》中规定的81个危险性类别	《目录》与储存标准之间的差异
易燃易爆性	爆炸物：不稳定爆炸物、1.1、1.2、1.3、1.4	GB17914—2013 中有规定
	易燃气体：1、2、A（化学不稳定性气体）、B（化学不稳定性气体）	
	气溶胶（又称气雾剂）：1	
	氧化性气体：1	
	加压气体：压缩气体、液化气体、冷冻液化气体、溶解气体	
	易燃液体：1、2、3	

续表

危险化学品性质	《目录》中规定的81个危险性类别	《目录》与储存标准之间的差异
易燃易爆性	易燃固体：1、2	GB17914—2013 中有规定
	自反应物质和混合物：A、B、C、D、E	
	自热物质和混合物：1、2	
	自燃液体：1	
	自燃固体：1	
	遇水放出易燃气体的物质和混合物：1、2、3	
	氧化性液体：1、2、3	
	氧化性固体：1、2、3	
	有机过氧化物：A、B、C、D、E、F	
腐蚀性	金属腐蚀物：1	GB17915—2013 中有规定
	皮肤腐蚀/刺激：1A、1B、1C、2	1A、1B、1C 类 GB17915—2013 中有规定； 2 类 GB17915—2013 中无规定
	严重眼损伤/眼刺激：1、2A、2B	GB17915—2013 中无规定
毒害性	急性毒性-经口：1、2、3	GB17916—2013 中有规定
	急性毒性-经皮：1、2、3	GB17916—2013 中有规定
	急性毒性-吸入（气体）：1、2、3	GB17916—2013 中无规定
	急性毒性-吸入（蒸气）：1、2、3	GB17916—2013 中以 mL/m³ 作为分类单位,而《目录》以 mg/L 作为分类单位,故须根据吸入蒸气的不同密度进行换算,如换算结果 $LC_{50} \leqslant 5\,000$ mL/m³（大鼠连续吸入 1 小时,观察 14 天）,且在 20℃和标准大气压力下的饱和蒸气浓度大于或等于 $1/5LC_{50}$,则列入 GB17916—2013 中规定范围
	急性毒性-吸入（粉尘和烟雾）：1、2、3	GB17916—2013 中有规定
	呼吸道或皮肤致敏：呼吸道致敏物1A、呼吸道致敏物1B、皮肤致敏物1A、皮肤致敏物1B	GB17916—2013 中无规定
	生殖细胞致突变性：1A、1B、2	
	致癌性：1A、1B、2	

危险化学品性质	《目录》中规定的 81 个危险性类别	《目录》与储存标准之间的差异
毒害性	生殖毒性：1A、1A、2、附加类别(哺乳效应)	GB17916—2013 中无规定
	特异性靶器官毒性——一次接触：1、2、3	
	特异性靶器官毒性——反复接触：1、2	
	吸入危害：1	
	危害水生环境：急性 1、急性 2、长期 1、长期 2、长期 3	
	危害臭氧层：1	

二、其他相关标准对危险化学品储存的规定

(一)《建筑设计防火规范(GB50016—2014)》相关规定

除储存养护技术条件系列标准外,《建筑设计防火规范(GB50016—2014)》(以下简称《建规》)是另一个重要的依据文件。虽然它不是针对危险化学品储存的专项标准,但在危险化学品仓库的设计、安全评价、储存实际操作中,《建规》起着很多指导作用。

1. 对储存物品的分类

《建规》将储存物品按其火灾危险性分为甲、乙、丙、丁、戊五类,并根据储存物品的不同火灾危险性类别,对建筑耐火等级、建筑构件的耐火极限、建筑层数、建筑面积、平面布置、防火分区的设置、建筑物与周边设施的防火间距、防爆泄压措施、安全疏散、消防设施等提出了相应的要求。

《建规》对储存物品的火灾危险性分类如表 16 - 2 所示。

表 16 - 2 《建规》对储存物品的火灾危险性分类

火灾危险性类别	储存物品的火灾危险性特征
甲	1. 闪点小于 28℃的液体 2. 爆炸下限小于 10%的气体,受到水或空气中水蒸气的作用能产生爆炸下限小于 10%气体的固体物质 3. 常温下能自行分解空气中氧化能导致迅速自燃或爆炸的物质 4. 常温下受到水或空气中水蒸气的作用,能产生可燃气体并引起燃烧或爆炸的物质 5. 遇酸、受热、撞击、摩擦以及遇有机物或硫黄等易燃的无机物,极易引起燃烧或爆炸的强氧化剂 6. 受撞击、摩擦或与氧化剂、有机物接触时能引起燃烧或爆炸的物质

续表

火灾危险性类别	储存物品的火灾危险性特征
乙	1. 闪点不小于 28℃但小于 60℃的液体 2. 爆炸下限不小于 10%的气体 3. 不属于甲类的氧化剂 4. 不属于甲类的易燃固体 5. 助燃气体 6. 常温下与空气接触能缓慢氧化,积热不散引起自燃的物品
丙	1. 闪点不小于 60℃的液体 2. 可燃固体
丁	难燃烧物品
戊	不燃烧物品

2. 《建规》火灾危险性分类与 GHS 分类的关系

《建规》对储存物品的分类是基于对火灾危险性的考量,与 GHS 的分类方式有较大区别,并不能形成一个一一对应的关系。GHS 分类中的健康危害、环境危害的危险性类别,在《建规》的分类中是不涉及的。

对于 GHS 中涉及火灾危险的危险性类别(如易燃液体、易燃气体等),其进一步的分类规定与《建规》也不尽相同。

对于易燃液体,GHS 按闪点和初沸点将其分为 4 个类别(类别 1～类别 4),其中闪点的界限是 23℃和 60℃;《建规》中甲、乙、丙类液体分类的闪点界限是 28℃和 60℃。即 GHS 的易燃液体类别 1、类别 2 属于《建规》的甲类液体,GHS 的易燃液体类别 3 分属于《建规》的甲类、乙类液体,GHS 的易燃液体类别 4 对应于《建规》的丙类液体,见图 16-1。

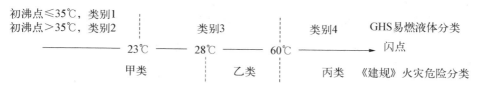

图 16-1　GHS 易燃液体分类和《建规》火灾危险分类对应关系

对于易燃气体,GHS 将其分为 2 个类别,燃烧下限≤13%或燃烧范围≥12%的为类别 1,其他易燃气体为类别 2;《建规》中对甲类易燃气体的规定为爆炸下限<10%,其他的为乙类。

而对于易燃固体、氧化性物质等,《建规》的定义较为模糊,使用了比较主观的措辞,如甲类第 5 项物品定义"遇酸、受热、撞击、摩擦以及遇有机物或硫黄等易燃的无机物,极易引起燃烧或爆炸的强氧化剂"中的"极易"一词并无可量化的衡量标准,而 GHS 的分类则给出了基于实验的、可量化的分类标准。实际操作中,GHS 分类可通过实验或查询数据确定分类,而火灾危险性分类通常需要参考规范条文说明中的举例来判断,介于甲、乙类之间的物质一般在设计中会被保守地按照较高的等级来处理。

由上述对比可见,GHS 分类与《建规》火灾危险性分类无法建立类似于 GHS‐TDG 的相对明确的对应关系,还须结合具体情况进行分析。

（二）其他规章、标准

公安部令第 6 号《仓库防火安全管理规则》（1990 年 8 月）对仓库的组织管理、储存管理（堆垛、配存、检查、供暖、布局等）、装卸管理、电器、火源、消防设施和器材等方面做出了规定。公安行业标准 GA 1131—2014《仓储场所消防安全管理通则》也对仓储场所的消防管理、消防设施等做出了要求,还针对氨制冷储存场所、石油库等设置了专门的章节。2017 年 1 月施行的上海市人民政府令第 44 号《上海市危险化学品安全管理办法》对危险化学品的出入库信息化建设提出了新的要求。剧毒品的储存除应满足通用的储存相关安全法规外,还应符合 GA 1002—2012《剧毒化学品、放射源存放场所治安防范要求》等技防标准的要求。

对于仓库的外部防护间距,除了满足《建规》等规范的要求外,越来越多的法规/规范要求以定量风险计算（QRA）来进一步确定外部防护间距。国家安全生产监督管理局公告 2014 年第 13 号《危险化学品生产、储存装置个人可接受风险标准和社会可接受风险标准（试行）》对陆上危险化学品企业新建、改建、扩建和在役生产、储存装置的外部防护距离做出规定;已完成修订、即将发布的 GB18265《危险化学品经营企业安全技术基本要求》也提出了对毒性气体和易燃气体专用库房应采用定量风险评价方法计算外部安全防护距离。同期将发布的相关标准还有《危险化学品生产、储存装置（设施）风险可接受标准》《危险化学品生产、储存装置外部安全防护距离确定方法》等。但通过 QRA 计算风险来确定危险化学品设施的外部防护距离,比传统的"一刀切"的规定更科学、合理。但这种方法由于计算量巨大,一般都使用软件进行计算,但目前的主流风险评价工具软件如 DNV Safeti 等都比较适用于工艺装置或储罐,对危险化学品仓库的事故后果和风险的计算效果并不理想;且该类软件需要设置的参数很多,参数的设置也没有权威的统一标准,不同使用者得到的结果可能会有较大的差距。建议出台配套指导细则,收集并定期公开各种典型设备的失效概率等数据,供 QRA 计算时参考使用。

其他安全设施方面,与危险化学品储存相关的还涉及防爆电气、防雷、气体泄漏检测、卫生（应急冲淋、通风等）等多个技术标准,限于篇幅,不再一一列举。

三、危化品储存相关法规、标准在实际应用中的问题探讨

目前,我们国家相关危化品储存法规在实际应用中,存在不少问题。本节拟探讨易燃物品在非甲、乙类厂房/仓库以及民用建筑存放问题。甲、乙类火灾危险性物品,作为消防安全管理的重中之重,《建规》中对其使用和储存有着极为严格的要求。但是对少量甲、乙类物品以及有限数量包装的危险品在非甲、乙类厂房/仓库范围内的使用以及存储存在着一些需要进一步探讨的地方。根据国家消防安全标准中的规定,并结合实际工作,分为工业建筑和民用建筑,对以下几个问题进行探讨。

（一）非甲、乙类厂房,实验室,零售点相关少量甲、乙类化学品及符合有限数量包装危险品的存放

《建规》附录表二中,列举了一般情况下,可不按物质危险特性确定生产火灾危险性类别的最大允许量。根据该表格,甲类液体的最大允许量为 $0.004 \, \text{L/m}^3$,总量为 100 L。《建规》中给出了该表格数据的依据:在实验室或者非甲、乙类厂房中,甲、乙类物品的存放不得超过单位容积的最大允许量,其计算公式为:[甲、乙类物品的总量(kg)/厂房或实验室的面积(m^3)]<单位容积的最大允许量。具体到实验室常用的甲乙类试剂,《建规》要求考虑这些物品全部挥发后,同空气的混合比是否低于5%来计算,如果低于该值则不认定其为甲、乙类火灾危险性。

而北京市地标《实验室危险化学品安全管理规范(DB11/T 1191)》条款 8.2 中规定:每间实验室可以存放的易燃易爆化学品的存放总量"不应超过 50 L 或者 50 kg"。相对于其他标准,北京市地标清楚地给出了每间实验室内可以存放的易燃易爆化学品的存放总量,具有更强的操作性。

但上述两个标准,部分问题也有待进一步推敲,如:《建规》中要求的浓度的计算,应考虑通风效果和不同物质蒸气密度梯度的影响;《建规》中要求的对于特定化学品,其挥发后混合比低于5%,是否是一个安全的界限,有待进一步论证。如以一个面积 100 平方米,层高 3 米的房间来计算,如果按照《建规》中的公式计算,可以存放的甲类液体只有 1.2 L。这个量是否有实际操作性,值得考虑;如果使用具有独立防火功能的化学品柜(如具有防漏措施,具备独立的防爆通风),或者其他消防设施(如自动喷淋、自动报警系统等),存放的上限是否能够适当放大。针对 DB11/T 1191,则存在如下问题:"每间实验室",按照实验室的数量而不是面积给出了易燃易爆化学品的存放总量,是否会导致单一房间火灾负荷过大或者某一较大面积的房间存量不足的情况,可以现场存放的总量

中,是否包含正在使用中的有机溶剂、设备系统中的余量以及系统排出的有机废液等问题。

(二)少量甲、乙类及符合有限数量包装危险品在非甲、乙类仓库的存放

对于厂房,《建规》中表示在满足一定条件下,厂房的火灾危险性可按火灾危险性较小的部分确定。如某一厂房,当其甲、乙类生产场所的占地面积小于该防火分区面积的5%时,该厂房可能是丙、丁、戊类厂房中的一种。但是对于仓库,当一个防火分区内存放多种可燃物时,火灾危险性分类原则应按其中火灾危险性大的确定。但标准中并没有提到,当仓库里的火灾危险性大的化学品占地面积或者存放量足够小时,可否按火灾危险性较小的部分确定。所以,将来如修订相关法规,以下问题须进一步明确:如一个丙、丁、戊类仓库,在消防设施完备的情况下,可否存放少量的甲、乙类物品或有限数量包装的危险品,一个只存放极少量甲、乙类物品的仓库,是否必须要将其界定为甲类库。考虑到地下空间的特殊性,《建规》中规定:甲、乙类仓库不应附设在建筑物的地下室和半地下室内;对于单独建设的甲、乙类仓库,甲、乙类物品也不应储存在该建筑的地下、半地下中。那么地下仓库中,能否存放极其少量的甲、乙类物品?如500 mL 的酒精或者更少的甲、乙类物品。

(三)民用建筑能否有少量甲、乙类生产作业以及存放少量甲、乙类物品以及有限数量包装危险品

根据功能性的不同,《建规》将建筑分为工业建筑和民用建筑。《建规》5.4.2中规定:除为满足民用建筑使用功能所设置的附属库房外,民用建筑内不应设置生产车间和其他库房。经营、存放和使用甲、乙类火灾危险性物品的商店、作坊和储藏间,严禁附设在民用建筑内。《建规》3.3.4 条规定,甲、乙类生产场所(仓库)不应设置在地下或半地下。但是在《建规》的"民用建筑"的分类中,除了"居住建筑"外,还包括了使用功能较多的"公共建筑",如商店、医疗机构等。这些公共建筑中,常会有少量化学品存在。众所周知,如商店、医疗机构等"民用建筑"内,完全不出现少量的甲、乙类物品是很难做到的,如超市里面售卖的高度数酒类、气雾罐、易燃性的液体、日用化学品、医院使用的氧气等。

所以,将来修订相关法规,应考虑推出一个切实可行的标准,规范易燃物品在"民用建筑"内的使用和存放。同时,增加一个包装限量和总数限量,再规定报警、应急疏散、消防自动喷淋等辅助设施,规范符合有限数量包装的危险品在"零售区域"的使用和存放。

第二节 中美危险化学品储存规范的对比分析

一、美国危险化学品储存规范包含的主要危险化学品类别

在美国,目前危险化学品储存系列规范是由美国消防协会(NFPA)制定的,如 NFPA 400《危险物质规范》、NFPA 495《爆炸性物质规范》、NFPA 55《压缩气体和低温流体规范》、NFPA 30B《气溶胶产品生产和储存规范》、NFPA 30《易燃和可燃液体规范》、NFPA 58《液化石油气规范》、NFPA 59《公用液化石油气工厂规范》、NFPA 59A《液化天然气(LNG)生产、储存和处置标准》等。

NFPA 400《危险物质规范》中规定了硝酸铵固体和液体、腐蚀性固体和液体、易燃固体、有机过氧化物、氧化性固体和液体、自燃固体和液体、有毒和高毒固体和液体、不稳定的(反应性)固体和液体、与水反应的固体和液体、压缩气体和低温流体这 10 种危险物质的储存、使用和处置。对于具有多种危险性的危险物质应遵从每一种危险类别的所有要求。

二、中美储存规范的差异对比

从具体的规范内容上看,美国的危险化学品储存规范比中国的储存规范规定更为细化,可操作性更强。在 NFPA 400 中对硝酸铵、氧化性固体和液体、有机过氧化物,不稳定(反应性)固体和液体、压缩气体和制冷流体等几类危险物质做了特殊储存规定。我国可以参考美国的规范细则来建立我国目前标准体系中未涵盖类别的危险化学品的储存养护技术条件标准。"812"天津港事故中也涉及大量硝酸铵类物质和其他氧化性危险货物,因此应关注这类危险物质。具体差异如表 16-3 所示。

表 16-3 美国与中国危险化学品储存规范的对比表

类别	美国危险化学品储存规范	中国危险化学品储存规范
标准体系	NFPA 400《危险物质规范》、NFPA 30《易燃和可燃液体规范》、NFPA 495《爆炸性物质规范》、NFPA 30B《气溶胶产品生产和储存规范》、NFPA 55《压缩气体和低温流体规范》、NFPA 58《液化石油气规范》、NFPA 59《公用液化石油气工厂规范》、NFPA 59A《液化天然气(LNG)生产、储存和处置标准》、NFPA 484《可燃金属标准》等	《常用化学危险品贮存通则(GB15603—1995)》《易燃易爆性商品储存养护技术条件(GB17914—2013)》《腐蚀性商品储存养护技术条件(GB17915—2013)》《毒害性商品储存养护技术条件(GB17916—2013)》GB50016—2014《建筑设计防火规范》、GB18265《危险化学品经营企业安全生产经营条件》(即将发布)

续表

类别	美国危险化学品储存规范	中国危险化学品储存规范
储存方式	NFPA 400 中主要区分隔离储存和分离储存,其中隔离储存包含了 GB15603 中的隔离贮存和隔开贮存。对具体危险品的储存方式做了明确规定:对于大批量压缩气体、氧化剂、有机过氧化物、不稳定反应性物质(包括硝酸铵及含有硝酸铵的混合物)、与水反应物质以及自燃气体,如果储存量超过规范中表 5.3.7 中的规定应使用分离储存的方式进行储存	GB15603—1995 仅规定了隔离贮存、隔开贮存和分离贮存三种贮存方式,但对具体危险品的储存方式并不明确
隔离距离	NFPA 400 在 6.1.12 中规定了与不相容物质的隔离方面的具体要求,例如:"当储存容器的容量超过 2.268 kg 或 1.89 L 时,不相容的物质应分开存放。采用不相容物质以不小于 6.1 m 的间距分隔等方式实现隔离"等	GB15603—1995 中没有与禁忌物料之间具体隔离距离的规定;GB17914～17916 规定了配存禁忌
泄漏控制	NFPA 400 在 6.2.1.9 中有详细的泄漏控制规定,例如大楼、房间或区域应能通过使用防液体渗漏斜坡等方式容纳或排尽危险物质以及消防用水等	GB15603—1995 中规定泄漏或渗漏危险品的包装容器应迅速移至安全区域,无其他泄漏控制措施规定;GB50016 规定甲、乙、丙类液体仓库应设置防止液体流散的措施
室外储存	NFPA 400 在 6.1.15 中要求储存和使用危险物质的室外区域应符合如"室外储存和使用区域的周围至少 4.5 m 的区域内应无杂草、垃圾和非储存或使用危险物质必需的常见可燃物"等规定。NFPA 400 对于硝酸铵、易燃固体、有机过氧化物、氧化剂、自燃物质等的室外储存的特殊要求都有详细规定	GB15603—1995 中对于室外储存仅在 4.3 中规定化学危险品露天堆放,应符合防火、防爆的安全要求,爆炸物品、一级易燃物品、遇湿燃烧物品、剧毒物品不得露天堆放;GB50016 对露天、半露天的可燃材料堆场的防火间距有规定

三、美国对非甲、乙类厂房、实验室、零售点相关少量甲、乙类化学品及符合有限数量包装危险品的存放或少量甲、乙类及符合有限数量包装危险品在非甲、乙类仓库的存放相关规定

OSHA 美国劳工部下属的职业安全与健康管理局对易燃液体的存储,在 29 CFR 1926.152 中规定:不应将易燃/可燃液体存放在安全出口、楼梯间以及用于安全目的的疏散通道;超过 25 加仑①的易燃/可燃液体应该被存放在符合要求的专用储存柜体中;对单一的符合要求的储存柜体,不得存放超过 60 加

---

① 　1 加仑(gal)＝3.785 411 8 升(L)。

仑易燃液体和120加仑可燃液体;对于一个单独的存放区域(storage area),不得存放超过3只化学品柜。另29 CFR 1910.106参照存放场所(如化工厂、炼油厂等)和化学品存放方式(如堆场、储罐或者容器存放),规定:根据储存容器材质的不同,规定了最大的存储量(表16-4);根据消防设施的情况,规定了室内存放易燃/可燃物品的单位面积上限量(表16-5);仓库室内容器储存液体的最大单点(per pile)存放量(表16-6)。

表 16-4　根据储存容器材质的不同,可燃易燃液体的最大存储量

容器类型	易 燃 液 体			可 燃 液 体	
	Ⅰ A 类	Ⅰ B 类	Ⅰ C 类	Ⅱ 类	Ⅲ 类
玻璃或经核准的塑料	1 品脱①	1 夸脱②	1 加仑	1 加仑	1 加仑
金属(不包括符合美国运输部规格者)	1 加仑	5 加仑	5 加仑	5 加仑	5 加仑
安全罐	2 加仑	5 加仑	5 加仑	5 加仑	5 加仑
金属桶(符合美国运输部规格者)	60 加仑	60 加仑	60 加仑	60 加仑	60 加仑
经核准的移动式罐	660 加仑	660 加仑	660 加仑	660 加仑	660 加仑

表 16-5　室内存放易燃/可燃物品的单位面积上限量

消防措施[1]	耐火性	最大面积	总限量 (加仑/平方英尺③/房屋面积)
有	2 小时	500 平方英尺	10
无	2 小时	500 平方英尺	5
有	1 小时	150 平方英尺	4
无	1 小时	150 平方英尺	2

1 消防设备应为喷淋系统、水喷雾、二氧化碳或其他设备。

美国消防协会是一家非官方的专业组织,在其NFPA 45实验室利用化学品消防安全标准第十章中给出了在非可燃易燃液体存放区域单位面积可以存放的可燃易燃液体的上限量(表16-7)。

---

① 1 品脱(pints) = $\frac{1}{8}$ 加仑(gal)。

② 1 夸脱(quart) = $\frac{1}{4}$ 加仑(gal)。

③ 1 平方英尺(ft²) = 0.092 903 平方米(m²)

表 16 - 6　仓库室内容器储存液体的最大单点(per pile)存放量

液体分类	储存楼层	加　　仑	
		受保护的最大单点存放量	无保护的最大单点存放量
A	地面及上层楼面	2 750	660
	地下室	不允许	不允许
B	地面及上层楼面	5 500	1 375
	地下室	不允许	不允许
C	地面及上层楼面	16 500	4 125
	地下室	不允许	不允许
II	地面及上层楼面	16 500	4 125
	地下室	5 500	不允许
III	地面及上层楼面	55 000	13 750
	地下室	8 250	不允许

表 16 - 7　非可燃易燃液体存放区域,单位面积可以存放的可燃易燃液体的上限量

实验室单元火灾危险级别	易燃及可燃液体级别	未存放在储存柜或安全罐中的最大允许数量				存放在储存柜或安全罐中的最大允许数量			
		实验室单元每9.3 m²(100 平方英尺)最大数量		每个实验室单元最大数量		实验室单元每9.3 m²(100 平方英尺)最大数量		每个实验室单元最大数量	
		升	加仑	升	加仑	升	加仑	升	加仑
A（高度火灾危险）	I	38	10	2 270	600	76	20	4 540	1 200
	I,II和IIIA	76	20	3 028	800	150	40	6 060	1 600
B（中度火灾危险）	I	20	5	1 136	300	38	10	2 270	600
	I,II和IIIA	38	10	1 515	400	76	20	3 028	800
C（低度火灾危险）	I	7.5	2	570	150	15	4	1 136	300
	I,II和IIIA	15	4	757	200	30	8	1 515	400
D（最低度火灾危险）	I	4	1	284	75	7.5	2	570	150
	I,II和IIIA	4	1	284	75	7.5	2	570	150

国际规范委员会(International Code Council)编制的 International Fire Code,则对易燃/可燃液体的存储,分别针对批发、零售商场的易燃/可燃液体的最大存储限值,II 类液体(闪点 38～60℃)在地下空间的存放限值做了明确

规定。对于批发、零售商场(表 16-8)，Ⅱ类液体(闪点 38~60℃)在地下空间的存放限值(表 16-9)。

表 16-8　批发、零售商场中Ⅱ类液体(闪点 38~60℃)的存放限值

液体类别	每个控制区最大允许量/加仑		
	按照脚注密度和布置装有灭火喷水系统的	按照表格 5704.3.6.3(4)至 5704.3.6.3(8)和表格 5704.3.7.5.1 装有灭火喷水系统的	无灭火喷水系统的
ⅠA 类	60	60	30
ⅠB、ⅠC、Ⅱ和ⅢA 类	7 500	15 000	1 600
ⅢB 类	无限量	无限量	13 200

表 16-9　Ⅱ类液体(闪点 38~60℃)在地下空间的存放限值

类别	存储楼层	最大存储高度			单点最大存放量/加仑		每个房间最大存放量/加仑	
		桶	容器/英尺	移动式储罐/英尺	容器	移动式储罐	容器	移动式储罐
ⅠA	底层	1	5	不允许	3 000	不允许	12 000	不允许
	上层	1	5	不允许	2 000	不允许	8 000	不允许
	地下室	0	不允许	不允许	不允许	不允许	不允许	不允许
ⅠB	底层	1	6.5	7	5 000	20 000	15 000	40 000
	上层	1	6.5	7	3 000	10 000	12 000	20 000
	地下室	0	不允许	不允许	不允许	不允许	不允许	不允许
ⅠC	底层	1	6.5	7	5 000	20 000	15 000	40 000
	上层	1	6.5	7	3 000	10 000	12 000	20 000
	地下室	0	不允许	不允许	不允许	不允许	不允许	不允许
Ⅱ	底层	3	10	14	10 000	40 000	25 000	80 000
	上层	3	10	14	10 000	40 000	25 000	80 000
	地下室	1	5	7	7 500	20 000	7 500	20 000
Ⅲ	底层	5	20	14	15 000	60 000	50 000	100 000
	上层	5	20	14	15 000	60 000	50 000	100 000
	地下室	3	10	7	10 000	20 000	25 000	40 000

其他对于气雾罐类危险品，在由国际规范委员会（International Code Council）编制国际防火规范中，对于普通仓库的存放以及需要陈列（即零售类）的存储，一般仓库（表 16 - 10），零售陈列区域的仓库（表 16 - 11）。

表 16 - 10　气雾罐类危险品在一般仓库的存放限值

气雾罐等级	每层最大净重/磅①			
	托盘或堆垛存储		货架存储	
	无防护的	受防护的	无防护的	受防护的
2	2 500	12 000	2 500	24 000
3	1 000	12 000	1 000	24 000
2、3 组合	2 500	12 000	2 500	24 000

表 16 - 11　气雾罐类危险品在零售陈列区域的仓库存放限值

楼层	每个楼层的最大存放量/磅[1]		
	无防护的	与章节 5106.2 防护一致的[2,3]	与章节 5106.3 防护一致的[3]
地下室	不允许	500	500
底层	2 500	10 000	10 000
上层	500	2 000	不允许

1 每 25 000 平方英尺的零售陈列区。
2 每 100 平方英尺的零售陈列区内的最大存放量不应超过 1 000 磅。
3 零售陈列区配备至少危险等级 2 级的湿管自动喷淋系统。

四、讨论

随着我国经济的发展，化学品安全的重要性日益凸显。特别是 2015 年 8 月 12 日发生的天津港特大火灾爆炸事故共造成 165 人遇难、8 人失踪、798 人受伤，这提醒我们，危险化学品的储存存在众多问题。随着 GHS 分类体系在我国的应用，危险化学品的范围大大增加。根据 591 号令，所有的危险化学品应当储存在专用仓库、专用场地或者专用储存室内，并由专人负责管理。而根据本文对"目录"与储存标准的适用性研究显示，我国目前危险化学品储存标准并没有涵盖所有的危险化学品，如慢性健康危害和环境危害的化学品，从技术风险防范需求、社会成本与安全收益的角度是否有这个必要，值得讨论。"目录"与储存标准之间的差异主要还是由于新旧法规中对"危险化学品"的分类依据不同所引起的。"目录"的 81 个危险性分类原则中，有部分危险性较小的类

① 　1 磅(lb)＝0.453 592 4 千克(kg)。

别,例如：皮肤腐蚀/刺激2类、严重眼损伤/眼刺激、健康危害及环境危害等，均未列入国家的危险化学品储存标准，虽然按照法规要求应储存在"专用仓库"中，但是对这个"专用仓库"的具体要求尚不明确，亟须政府部门予以澄清，并及时更新相关的法规和标准。GB17914—2013《易燃易爆性商品储存养护技术条件》规定"低/中闪点液体、一级易燃固体、自燃物品、压缩气体和液化气体类应储存于一级耐火建筑的库房内"，与《建规》要求不一致，且实际中较难做到。目前大量甲、乙类仓库(尤其是老仓库)耐火等级为二级，全部要求改为一级很难实现，部分压缩气体(如氮气)储存也要求一级耐火等级缺乏合理性。GB17914～17916储存养护技术条件系列标准的禁忌配存表中将易燃固体分为一级、二级，类似分法还涉及易燃液体、自燃物品、遇湿易燃物品等，但并未给出划分方法，标准引用文件也不见相关信息，建议在标准修订时予以完善。

此外，根据中美危险化学品储存规范的对比，美国的规范更为细化，更具可操作性。建议国家相关管理部门可考虑今后对国家标准的修订与补充，统一危险化学品的分类依据，并针对危险性较低的危险化学品的储存养护技术条件制定相应要求，与三类危险性较高的商品进行差异化管理，这样不仅可以降低仓储行业的危险化学品仓库建设成本，合理利用储存空间和土地资源，也可适当减轻企业的经济压力，从全局上增加社会收益。同时，可参照国外的储存规范对特殊危险性物质的储存规范进行细化，尽可能降低类似"8·12"天津港事故的发生率。针对少量易燃物品在民用建筑内的使用和存放，完全禁止很难做到，应考虑将来法规修订，引入"豁免量"的概念，可按照易燃物品的危害特性进行细分类，如物质的本身危险性、包装材料的属性、易燃物品的包装尺寸、瓶体内压力的大小，物质的健康、环境毒性等，结合我国消防水平的实际情况，为易燃物品在民用建筑内的使用/存放制定一个相对合理的"豁免量"；而超市、地下商场、民用仓库等场所，由于人流较大、建筑面积较大、可燃物品众多，一旦出现消防问题，后果也会很严重，故除了给出"豁免量"之外，还需要提出具体的消防要求，如：必须设置主动灭火设施，相对独立的分区，与其他物品的"消防距离"，堆垛内满足一定宽度的消防疏散通道等；另外，针对我们社会全民，相对缺少化学品安全知识的现状，能否在易燃物品的瓶体上，按照GHS的要求，给出更加安全的使用/存储建议。实际中，各地不同的工业区的产业结构有所不同，对为产业配套的危险化学品仓储设施的需求也不尽相同，同时随着电子商务的发展，大型物流配送集散地的民用危险化学品(如部分香水、化妆品、杀虫剂等)的仓储需求也日益突出，部分经济发展需要配置的稀缺型或个性化的危险化学品的仓储需求也成为问题所在。

据了解，GB18265《危险化学品经营企业开业条件和技术要求》等标准已开始修订。建议在条件成熟的情况下，重新评审修订其他危险化学品仓储相关法规和标准,提高可操作性,构建权威统一、内容明确、全面覆盖的法律法规、技术标准体系,为危险化学品仓储管理提供有效依据。对于在操作层面实施有一定困难的规范,如基于风险评价的安全距离确定等,则建议配套出台实施细则,统一尺度,以便更好地对危险化学品仓储企业选址进行指导。将来的标准,建议从防范风险角度出发,国际上通常通过确定可接受风险标准的方式来控制危险源与防护目标的外部安全防护距离,确保防护目标增加的风险在可接受风险标准范围之内。另欧盟、英国、丹麦、荷兰,包括周边的日本、新加坡、巴西、马来西亚等国都制定了国家危化品装置标准,建议我国进一步完善修订现有相关标准。

参考文献

[1] 国家安全生产监督管理总局等十部委. 2015 年第 5 号公告. 2015 – 03 – 09. http://www. chinasafety. gov. cn/newpage/Contents/Channel _ 4188/2015/0309/247041/content_247041. htm.

[2] GB15603—1995 常用化学危险品贮存通则. 北京：中国标准出版社,1995.

[3] GB17914—2013 易燃易爆性商品储存养护技术条件. 北京：中国标准出版社,2013.

[4] GB17915—2013 腐蚀性商品储存养护技术条件. 北京：中国标准出版社,2013.

[5] GB17916—2013 毒害性商品储存养护技术条件. 北京：中国标准出版社,2013.

[6] 国家安全生产监督管理总局.《危险化学品安全管理条》(国务院令第 591 号). 2011 – 03 – 11. http://www. gov. cn/flfg/2011 – 03/11/content_1822902. htm.

[7] NFPA 400 Hazardous materials code, 2013 Edition. Quency,MA：NFPA,2013.

[8] NFPA 495 Explosive materials code,2013 Edition. Quency,MA：NFPA,2013.

[9] NFPA 55 Compressed gases and cryogenic fluids code,2013 Edition. Quency,MA：NFPA,2013.

[10] NFPA 30B Code for the manufacture and storage of aerosol products,2014 Edition. Quency,MA：NFPA, 2014.

[11] NFPA 30 Flammable and combustible liquids code,2012 Edition. Quency,MA：NFPA, 2012.

[12] NFPA 58 Liquefiedpetroleumgascode,2014 Edition. Quency,MA：NFPA,2014.

[13] NFPA 59 Utility LP-Gas plant code, 2015 Edition. Quency,MA：NFPA,2015.

[14] NFPA 59 A Standard for the production, storage, and handling of liquefied natural gas (LNG), 2013 Edition. Quency,MA：NFPA, 2013.

[15] 新华社. 天津"8·12"事故调查报告公布. 2016 – 02 – 06. http://h. wokeji. com/jbsj/sb/201602/t20160206_2218093. shtml.

危险性及包装性能检测

第四篇

第十七章

化学品危险性检测

第一节 化学品物理危险性检测

一、爆炸物系列试验

在《试验手册》中,爆炸物的危险性分类试验包括 8 个系列试验,具体如表 17-1 所示。

表 17-1 爆炸物试验系列 1~8 简介

试验系列	试 验 目 的
系列 1	确定测试物是否有爆炸性潜力
系列 2	确定测试物是否太不敏感,不符合爆炸品的定义
系列 3	判定测试物的热稳定性,排除太危险不能以试验形式直接运输的物质
系列 4	确定物品或包件是否太过危险,而不能进行运输
系列 5	确定测试物是否能够划入 1.5 项
系列 6	将测试物划入 1.1 项、1.2 项、1.3 项和 1.4 项
系列 7	确定测试物是否能够划入 1.6 项
系列 8	确定硝酸铵乳胶、悬浮剂或凝胶的敏感度是否足够低至划入第 5.1 项

如表 17-1 所示,试验系列 1~4 主要考察待测爆炸物在不同条件下,对热、撞击、摩擦以及火焰的敏感度,以确定其爆炸的潜力,以及是否可以包装件的形式运输;试验系列 5~7 则主要是对爆炸物的危险性进行分级,以明确其具体危险项别,系列 8 主要是确定特殊样品硝酸铵乳胶是否可划入 5.1 项。

（一）爆炸物试验系列 1

爆炸物试验系列 1 由 3 大类,4 小项具体试验组成,具体见表 17-2。可根据样品性质,选择性进行其中一项或多项试验。在试验结果判定时,只要待测样品在 4 项试验中获得一个"＋"结果,则可认为该样品有爆炸潜力,可能属于潜在的爆炸物。

表 17 - 2　试验系列 1 简介

试验编号	试验项目	试 验 目 的
1(a)	联合国隔板试验	观察待测物在封闭条件下受到起爆药爆炸影响后,传播爆轰的能力
1(b)	克南试验	确定待测物在高度封闭条件下的热敏感性
1(c)(一)	时间/压力试验	测定待测物质在封闭条件下点火的效应,以确定物质在正常商业包装中可能达到的压力下,点火是否会导致爆燃
1(c)(二)	内部点火试验	

(二) 爆炸物试验系列 2

爆炸物试验系列 2 与试验系列 1 一样,由 3 大类,4 小项具体试验组成,但是在具体试验结果判定标准或试验程序方法略有差异,具体见表 17 - 3。

表 17 - 3　试验系列 1 与试验系列 2 之间的差异

试验编号	试验方法	试验系列 1	试验系列 2
2(a)	联合国隔板试验	无此项要求	在起爆药柱与样品之间放置了一块厚度 50 mm 的有机玻璃隔板
2(b)	克南试验	结果判定标准:极限直径≥1.0 mm	结果判定标准:极限直径≥2.0 mm
2(c)(一)	时间/压力试验	结果判断标准:试验压力最大是否≥2 070 kPa	结果判断标准:试验压力由 690 kPa 升到 2 070 kPa 所需的时间
2(c)(二)	内部点火试验	试验中黑火药用量为 20 g	试验中黑火药用量为 10 g

可根据样品性质,选择性进行其中一项或多项试验。在试验结果判定时,只要待测样品在 4 项试验中获得一个"＋"结果,则可认为该样品有一定的敏感度,可以划为第 1 类爆炸物。

(三) 爆炸物试验系列 3

爆炸物试验系列 3 由 4 大类,12 小项具体试验组成,具体见表 17 - 4 所示。可根据样品性质,选择性进行其中一项或多项试验。在试验结果判定时,只要待测样品在任一试验[①]中获得"＋"结果,则可认为该样品对热不稳定,太危险不能以其试验形式进行运输。

---

① 　75℃热稳定性试验除外。《试验手册》推荐优先采用 1(b)、2(a) 和 4 试验。

表 17 - 4　试验系列 3 简介

试 验 编 号	试 验 方 法	试 验 目 的
3(a)(一)	炸药局撞击设备试验	用于确定待测物对撞击的敏感度
3(a)(二)	BAM[1] 落锤试验	
3(a)(三)	罗特试验	
3(a)(四)	30kg 落锤试验	
3(a)(五)	改进的 12 型撞击装置	
3(a)(六)	撞击敏感度试验	
3(a)(七)	改进的采矿局撞击设备试验	
3(b)(一)	BAM[1] 摩擦试验	用于确定待测物对摩擦(包括撞击摩擦)的敏感度
3(b)(二)	旋转式摩擦试验	
3(b)(三)	摩擦敏感度试验	
3(b)(四)	ABL 摩擦装置试验	
3(c)(一)	75℃ 热稳定性试验	用于确定待测物的热稳定性
3(c)(二)	75℃ SBAT 热稳定性试验	
3(d)	小型燃烧试验	用于确定待测物对火烧的反应性

1 联邦材料检验局的简称。

(四) 爆炸物试验系列 4

爆炸物试验系列 4 由两大类,3 小项具体试验组成,具体见表 17 - 5 所示。试验系列 4 的试验对象是拟运输的物品或带包装化学物质,通过模拟在运输过程中可能遇到的高温、高湿度、震动、碰撞或跌落等情况,考察物品或带包装化学物质是否稳定。

表 17 - 5　试验系列 4 简介

试 验 编 号	试 验 方 法	试 验 目 的
4(a)	物品热稳定性试验	考察样品的热稳定性
4(b)(一)	液体钢管跌落试验	考察跌落引发的样品危险性
4(b)(二)	物品和带包装物质 12 m 跌落试验	

如表 17 - 5 所示,试验类别 1 适用于物品,最小试验对象是运输时的最小包装,如果物品采用无包装运输,则以运输时的单个物品作为试验对象;试验类别 2(a)适用于均质的液体样品;试验类别 2(b)适用于物品和均质液体以外的

包装物质。

在试验结果判定时,只要待测样品在任一试验中获得"＋"结果,则可认为该样品太危险不能运输。

（五）爆炸物试验系列5

爆炸物试验系列5由3大类,5小项具体试验组成,具体如表17-6所示,其目的是考察样品对机械冲击、火灾等极端情况的敏感性,最终判定是否属于有整体爆炸危害,但非常不敏感的爆炸物。

表 17-6　试验系列 5 简介

试验编号	试 验 方 法	试 验 目 的
5(a)	雷管敏感度试验	考察样品对强烈机械刺激的敏感性
5(b)(一)	法国爆燃转爆轰试验	考察样品由爆燃转为爆轰的倾向性
5(b)(二)	美国爆燃转爆轰试验	
5(b)(三)	燃烧转爆轰试验	
5(c)	1.5 项的外部火烧试验	考察大量样品在遇火燃烧时的爆炸倾向性

（六）爆炸物试验系列6

爆炸物试验系列6由4项试验组成,具体如表17-7所示,其目的是确定在内部或外部火源引发着火后,或从内部产生爆炸时,处在大火中或爆炸范围内的货物爆炸性,以判定其应划分为第1.1项、1.2项、1.3项还是1.4项,同时根据试验结果判定货物是否可以划入第1.4项的配装组S中,以及是否确定不属于第1类爆炸品。

表 17-7　试验系列 6 简介

试验编号	试 验 方 法	试 验 目 的
6(a)	单个包件试验	考察样品是否有整体爆炸性
6(b)	堆垛试验	考察爆炸是否可从一个包件传播到另外一个包件,或从一个无包装物品传播到另一个
6(c)	外部火烧(篝火)试验	考察样品卷入火灾中,是否发生整体爆炸或发生有危险的进射、热辐射和/或猛烈燃烧或任何其他危险效应
6(d)	无约束包件试验	考察内装物意外着火或内部引发火灾时,是否会在包件外造成危险效应

表 17－7 中的 4 项试验并不一定需要全部进行，根据试验样品在实际运输时的情况以及其他系列试验结果，部分试验可豁免，具体见表 17－8。

表 17－8　试验系列 6 豁免条件

序号	豁 免 条 件	豁 免 试 验
1	样品为爆炸性物品，在运输时没有包装或包装内仅含有一个物品	单个包件试验
2	如果在单个包件试验中：（a）包件外部没有因内部爆轰和/或着火而受损；或（b）包件内装物没有爆炸，或包装非常微弱	堆垛试验
3	如果在堆垛试验中，堆垛内所有内装物瞬间爆炸	外部火烧（篝火）试验①
4	如果无约束包件试验结果表明，样品可划为第 1.4S 项	单个包件试验和堆垛试验

（七）爆炸物试验系列 7

爆炸物试验系列 7 由 11 大类，13 小项试验组成，具体如表 17－9 所示。第 1 项～第 8 项试验适用于爆炸性物质，用以确定样品是否属于极端不敏感的爆炸物（Extremely Insensitive Substance，EIS）；第 9 项～第 13 项试验适用于含有爆炸性物质的物品，以判定其是否可以划分为第 1.6 项。

表 17－9　试验系列 7 简介

试验编号	试 验 方 法	试 验 目 的
7(a)	EIS 雷管试验	考察爆炸性物质对强烈机械刺激的敏感度
7(b)	EIS 隔板试验	考察爆炸性物质对起爆药在封闭条件下冲击的敏感度
7(c)（一）	苏珊试验	考察爆炸性物质在撞击效应下变质的敏感度
7(c)（二）	脆性试验	
7(d)（一）	EIS 子弹撞击试验	考察爆炸性物质对特定能源引起的撞击或穿透的反应程度
7(d)（二）	脆性试验	
7(e)	EIS 外部火烧试验	考察爆炸性物质在封闭条件下对外部火烧的反应程度
7(f)	EIS 缓慢升温试验	考察爆炸性物质在温度逐渐上升至 365℃ 环境中的反应

---

① 此时可直接将该样品划为爆炸物第 1.1 项。

续表

试验编号	试 验 方 法	试 验 目 的
7(g)	1.6 项物品的外部火烧试验	考察爆物品在其提交运输的状况下对外部火烧的反应
7(h)	1.6 项物品的缓慢升温试验	考察物品在温度逐渐上升至 365℃ 环境中的反应
7(j)	1.6 项物品的子弹撞击试验	考察物品对特定能源引起的撞击或穿透的反应程度
7(k)	1.6 项物品的堆垛试验	考察物品的爆炸是否会引发相邻类似物品的爆炸
7(l)	1.6 项物品的碎片冲击试验	考察物品对脆性部位受到冲击的敏感度

爆炸性物质或物品如在任一试验中的试验结果为"＋",则可以判定该爆炸性物质或物品不属于 EIS,不可以划入第 1.6 项。

（八）爆炸物试验系列 8

爆炸物试验系列 8 由 4 项试验组成,具体见表 17 - 10 所示,其目的是判定炸药中间物质（ANE）硝酸铵的乳胶、悬浮剂或凝胶敏感度是否足够低,从而可划入第 5.1 项。

表 17 - 10　试验系列 8 简介

类别	试 验 方 法	试 验 目 的
8(a)	ANE 热稳定性试验	确定待测样品的对热稳定性
8(b)	ANE 隔板试验	确定样品对强烈冲击的敏感度
8(c)	克南试验	确定样品在封闭条件下的加热效应
8(d)	通风管试验	评估样品是否适合罐体运输

待测只有通过表 17 - 10 中的第 1、2 或 3 项试验方可划入第 5.1 项。

二、喷雾气雾剂的点火距离试验

将待测喷雾气雾剂[①]固定后,打开释放器,将内装物喷射出来[②],用移动的

---

① 气雾剂根据喷射物的物理状态分为喷雾气雾剂和泡沫气雾剂,具体定义见第十一章第一节。本试验仅适用于喷雾气雾剂。
② 本试验仅适用于喷射距离大于 15 cm 的喷雾气雾剂。

火源接近喷射物,观察喷射物是否发生点火或持续燃烧[1],如发生燃烧则记录喷射物发生点火燃烧的最大距离。根据燃烧距离,结合喷雾气雾剂的化学燃烧热,对其易燃性进行判定。具体测定原理如图 17-1 所示。

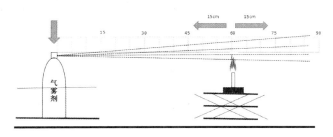

图 17-1 喷雾气雾剂点火距离试验原理

三、喷雾气雾剂的封闭空间试验

将待测喷雾气雾剂的内装物连续喷射到放有一支点燃蜡烛的圆柱形试验容器内,观察喷射物是否发生点火,并记录点火时所需的时间和喷雾剂的喷射量。根据测得的燃烧时间和喷射量,计算喷雾剂发生燃烧所需的时间当量和爆燃密度,从而对其易燃性进行判定。具体测定原理如图 17-2 所示。

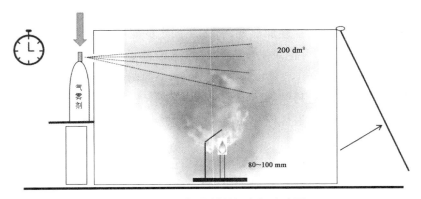

图 17-2 喷雾气雾剂封闭空间试验原理

四、泡沫气雾剂的易燃性试验

将泡沫气雾剂样品喷射到一个玻璃表面,并将一个点火源靠近气雾剂,观察样品是否发生点火燃烧,并记录燃烧持续时间和最大燃烧火焰高度。具体测定原理如图 17-3 所示。

---

[1] 喷射物发生点火或持续燃烧的标准是:出现稳定的火焰,并至少保持 5 s。

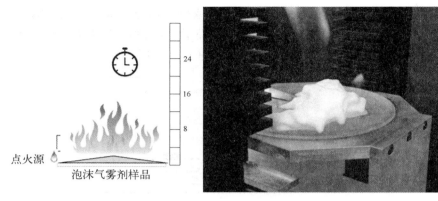

图 17‑3　泡沫气雾剂易燃性试验示意图

五、易燃液体试验

在联合国 GHS 制度中,根据液体闭杯闪点和初沸点的不同,可以将易燃液体分为 4 个类别。因此,准确测定液体的闪点和初沸点是对其易燃性分类的关键。

在测定闭杯闪点时,通常先将一定量待测液体加入闪点仪的样品池中并安放在闪点仪的加热池里,缓慢升高加热池的温度,使得加热池中的液体温度按照一定的速率持续升高。在加热期间,按照固定的时间间隔,用外部火源去点燃加热池上方的空气,并记录发生闪燃时的样品温度,该温度即为待测液体的闭杯闪点。

初沸点测定是通过持续加热待测液体,待液体上方蒸气的压力与大气压相等时,液体会发生沸腾,液体内部会逐步产生大量气泡,在第一个气泡出现时液体的温度即为其初沸点。

目前已发布的闭杯闪点测定标准主要有国际 ISO、美国 ASTM、法国 NF、德国 DIN 以及中国 GB 系列标准,具体见表 17‑11 所示。

表 17‑11　闭杯闪点部分检测标准

编　号	检　测　标　准
1	ISO 1516 闪燃和非闪燃测定 闭杯平衡法
2	ISO 1523 闪点的测定 闭杯平衡法
3	ISO 2719 石油产品闪点的测定 宾斯基-马丁闭杯法
4	ISO 13736 闪点的测定 Abel 闭口杯法
5	ISO 3679 涂料闪点测定法 快速平衡法

续表

编　号	检　测　标　准
6	ISO 3680 闪燃和非闪燃测定 快速平衡闭杯法
7	ASTM D3828 用小型闭杯试验器测定闪点的标准试验方法
8	ASTM D56 用 Tag 闭杯试验器测定闪点的标准试验方法
9	ASTM D3278 用小型闭杯装置测定液体闪点的标准试验方法
10	ASTM D93 用宾斯基-马丁闭杯闪点仪测定闪点的标准试验方法
11	ASTM D6450 闪点的测定 连续闭杯法
12	ASTM D7094 闪点的测定 改良连续闭杯法
13	NF M 07－019 石油产品和润滑剂闪点的测定(宾斯基-马丁闭杯法)
14	NF M 07－011 石油产品和其他液体封闭容器法(对阿贝尔闪点的测定)
15	NF T 30－050 涂料和清漆 闭杯搅动法测定闪点
16	NF T 66－009 稀释沥青和液态沥青闭杯闪点测定的阿贝尔装置法
17	NF M 07－036 闪点的测定(阿贝尔-宾斯基密闭容器法)
18	DIN 51755 液体矿物油及其他可燃液体的检验(阿贝尔-宾斯基法)
19	GB/T 261 闪点的测定 宾斯基-马丁闭口杯法
20	GB/T 21615 危险品 易燃液体闭杯闪点试验方法
21	GB/T 21775 闪点的测定 闭杯平衡法
22	GB/T 21789 危险品 易燃液体闭杯闪点试验方法
23	GB/T 21792 闪燃和非闪燃测定 闭杯平衡法
24	GB/T 5208 闪点的测定 快速平衡闭杯法
25	GB/T 21790 闪燃和非闪燃测定 快速平衡闭杯法
26	GB 5207 涂料 闪火试验确定危险等级 快速平衡法
27	GB 7634 石油及有关产品低闪点的测定 快速平衡法
28	GB/T 21929 泰格闭口杯闪点测定法

　　不同检测标准适用的闪点仪类型可能不同,部分检测标准仅适用于特定类型的闪点仪,例如 ISO 2719 仅适用于宾斯基-马丁闪点仪,ASTM D6450 仅适用于连续闭杯闪点仪;同时不同检测标准的闪点测量范围也不尽相同,例如, ASTM D7094 仅适用于闭杯闪点在 $30\sim225℃$ 的易燃液体。因此,在测定闪点仪时,需要根据样品和闪点仪的类型,选择合适的检测标准。

初沸点检测的标准主要有国际 ISO、美国 ASTM 以及中国 GB 标准，具体如表 17 - 12 所示。

表 17 - 12　初沸点部分检测标准

编　号	检　测　标　准
1	ISO 3924 石油产品 沸程分布的测定 气相色谱法
2	ISO 4626 挥发性有机液体 用作初始有机液体沸点的测定
3	ISO 3405 石油产品 气压下蒸馏特性的测定
4	ASTM D86 大气压力下石油产品的蒸馏物用标准试验方法
5	ASTM D1078 挥发性有机液体蒸馏试验方法
6	GB/T 616 化学试剂 沸点测定通用方法

六、易燃固体试验

固体易燃性试验主要包括甄别试验和燃烧速率试验。甄别试验是一个快速的易燃性初筛试验，试验时用外部火源持续点燃待测固体，如果在规定的时间内，待测固体被点燃，且火焰可沿着固体蔓延一定距离，则该固体通过了甄别试验，需要进行进一步的燃烧速率试验。根据燃烧速率以及燃烧火焰是否能够通过润湿段，将待测固体划入易燃固体类别 1 或类别 2。如果固体没有点燃或者在规定的时间内火焰传播距离未达到要求，则可判定该待测固体不属于易燃固体，无须进行下一步的燃烧速率试验。

燃烧速率试验是针对通过甄别试验的易燃固体。试验时，首先将待测固体通过模具制成一个连续的粉带或条状，用外部火焰将其点燃，测定火焰蔓延（金属及合金粉末除外）一定距离所需的时间，推算其燃烧速率，同时在火焰燃烧蔓延过程中，在待测固体表面加入润湿剂（例如水、肥皂水等）形成一个润湿段，观察火焰是否可以通过润湿段。对于金属及合金粉末，只须观察火焰持续燃烧的时间。

七、自反应物质和有机过氧化物试验

按照联合国《规章范本》的规定[①]，对于拟提交运输的新自反应物质和有机过氧化物除了满足特殊条件（例如，分解热小于 300 J/g 的自反应物质），都需要经过试验确定其具体危险类别或项别。

自反应物质和有机过氧化物由于其对热、摩擦或撞击不稳定，在分类时通

---

① 　具体要求可参见联合国《关于危险货物运输的建议书 试验和标准手册》第 20.2.1 和 20.2.2 节。

常第一步是采用小量样品进行初筛试验,确定样品的稳定性和敏感性,具体项目如表 17-13 所示;第二步是根据初筛结果,选择性进行 A～H 八类系列试验。

表 17-13 自反应物质和有机过氧化物初筛试验

编　号	试　验　项　目	试　验　简　介
1	落锤试验	确定样品对撞击的敏感度
2	摩擦或撞击摩擦试验	确定样品对摩擦的敏感度,试验方法可参见爆炸品分类试验中的系列 3
3	热稳定性和放热分解能试验	可采用差示扫描量热法或绝热量热法
4	点火效应试验	可采用合适的方法,确定样品的点火效应

（一）试验系列 A

自反应物质和有机过氧化物试验系列 A 由 4 项具体试验组成,具体见表 17-14 所示。可根据样品性质,选择性进行任何一项试验[①]。在试验结果判定时,只要待测样品在 4 项试验中获得一个"＋"结果,则可认为该样品有传播爆炸的潜力。

表 17-14 试验系列 A 简介

类　别	试　验　项　目
1	BAM 50/60 钢管试验
2	TNO 50/70 钢管试验
3	联合国隔板试验
4	联合国引爆试验

（二）试验系列 B

自反应物质和有机过氧化物试验系列 B 仅由包件中的引爆试验组成,其目的是考察待测样品是否会在运输包件中起爆。只有通过试验系列 A 证明,具有传播爆炸能力的样品包件才须进行此项试验。

（三）试验系列 C

自反应物质和有机过氧化物试验系列 C 由时间/压力试验和爆燃试验组成,

---

① 4 种试验均是等效的,其中联合国引爆试验是法规建议的试验。

其目的是考察待测样品是否会传播爆燃。在实际检测时，可选择两项试验中任何一项，但在必要时①需要结合两项试验结果，对样品是否传播爆燃做出判定。

（四）试验系列 D

自反应物质和有机过氧化物试验系列 D 仅包括包件中的爆燃试验一项试验，其目的是对经试验系列 C 确认有爆燃性，且速度很快的样品，进行包件试验，以考察样品在包件中是否迅速爆燃。

（五）试验系列 E

自反应物质和有机过氧化物试验系列 E 由 3 项试验组成，具体见表 17 - 15 所示。自反应物质应采用克南试验和荷兰压力容器试验或美国压力容器试验；有机过氧化物应当使用荷兰压力容器和克南试验或美国压力容器试验。克南试验与爆炸品系列试验 2 中的克南试验方法类似，只是结果判定标准不同。3 种试验方法的主要目的是考察待测样品在封闭条件下，对高热的敏感度。

表 17 - 15　试验系列 E 简介

试验类别	试 验 名 称
E. 1	克南试验
E. 2	荷兰压力容器试验
E. 3	美国压力容器试验

（六）试验系列 F

自反应物质和有机过氧化物试验系列 F 由 5 项试验组成，具体见表 17 - 16。试验系列 F 适用于用中型散货箱（IBCs）或罐式集装箱运输，并拟豁免自反应物质或有机过氧化物的样品。通过试验系列 F，可对此类样品的爆炸力做出判定。

表 17 - 16　试验系列 F 简介

试验类别	试 验 名 称
F. 1	弹道臼炮 Mk. IIId 试验
F. 2	弹道臼炮试验

---

① 如果爆燃试验的结果是"是，很慢"，时间/压力试验结果不是"是，很快"，则最终结果为"是，很慢"；如果爆燃试验结果是"否"，时间/压力试验结果不是"是，很快"，则最终结果为"否"。

续表

试 验 类 别	试 验 名 称
F.3	BAM 特劳泽试验
F.4	改进的特劳泽试验
F.5	高压釜试验

(七) 试验系列 G

自反应物质和有机过氧化物试验系列 G 由包件中的热爆炸试验和包件中的加速分解试验两类试验组成,其适用于在试验系列 E 中显示有激烈效应的样品,通过进一步试验对样品是否在运输包件中发生爆炸做出判断。

(八) 试验系列 H

自反应物质和有机过氧化物试验系列 H 由 4 项试验组成,具体如表 17 - 17 所示。试验系列 F 主要用于确定自反应物质或有机过氧化物的自加速分解温度(简称 SADT)。物质的 SDAT 不仅与其自身的化学属性有关,还与包件大小、容器性质等因素有关。因此,SDAT 的测定通常需要制定具体的容器大小和类型。根据 SADT,可以对物质在运输条件下的热稳定性以及是否符合自反应物质做出一个快速判断。

表 17 - 17 试验系列 H 简介

试验类别	试 验 名 称	适 用 范 围
H.1	美国自加速分解温度试验	装在容器①中提交运输的样品
H.2	绝热储存试验	装在容器、IBCs 以及罐体中提交运输的样品
H.3	等温储存试验	
H.4	热积累储存试验	装在容器、IBCs 以及小型罐体中提交运输的样品

表 17 - 17 所列出的 4 种方法均可以测定物质的 SADT,根据物质的包装形式选择合适的试验即可,而且 4 种方法的测量原理也各不相同,一种方法是将样品包件放置在恒定的外部温度中,观察是否有任何反应(例如试验 H.1),另一种是将样品存储在近绝热的条件下,测定样品发热率与温度的关系(例如试验 H.2)。

---

① 此处的容器是指体积小于 450 L,净重小于 400 kg 的包装件。

八、发火液体试验

发火液体试验由两个部分组成,首先是将液体加到惰性载体后暴露于空气中,观察液体是否在 5 min 之内发生燃烧,如果液体发生燃烧,则试验结束,反之须进行下一步试验,将液体滴入一张干滤纸上,观察滤纸与空气接触后是否变成炭黑或燃烧,以进一步判断待测液体是否属于发火液体。

九、发火固体试验

发火固体试验是将待测固体直接暴露于空气中,根据固体发生燃烧所需的时间,判断其是否属于发火固体。

具体试验步骤:将 1～2 mL 的待测固体粉末从约 1 m 高处往不燃烧的表面倾倒,观察固体是否在跌落时或落下后 5 min 内燃烧。试验重复六次,在任意一次试验中固体发生燃烧,试验即可结束。

十、自热物质试验

本试验通过将待测固体装在边长 25 mm 或 100 mm 立方形容器内,分别在 100℃、120℃ 或 140℃ 下暴露于空气中,观察待测固体是否会发生自热现象。表 17 - 18 是典型样品的试验结果。

表 17 - 18　典型样品试验结果示例

样　　品	烘箱温度 /℃	立方体 尺寸/mm	试样达到的 最高温度/℃	试　验　结　论
钴/钼催化剂颗粒	140	100	＞200	自热物质,类别2①
	140	25	181	
代森锰(88%)	140	25	＞200	自热物质,类别1
代森锰锌(75%)	140	25	＞200	自热物质,类别1
镍催化剂颗粒,含 70% 氢化油	140	100	140	非自热物质
镍/钒催化剂颗粒	140	25	＞200	自热物质,类别1

十一、遇水放出易燃气体试验

将待测物质/混合物在不同条件下与水接触,通过是否会发生自燃或放出易燃气体的速率对物质/混合物的遇水放出易燃气体危害进行分类。试验包括

①　试验没有在 100℃ 或 120℃ 下进行试验,因此无法排除其自热的危害。

甄别试验和遇水放出易燃气体速率两个试验。

甄别试验[①]是将少量待测物质/混合物直接与水接触,观察是否产生任何气体以及产生气体是否发生自燃。如果试验过程中发生气体自燃,则可以直接判定该物质/混合物具有遇水放出易燃气体这一危害,包装类别Ⅰ类,反之则需要进行下一步的遇水放出易燃气体速率试验。

遇水放出易燃气体试验是将水缓慢加入盛放待测物质/混合物的容器中,通过仪器测定放出气体的体积以及所需的时间,计算物质/混合物遇水反应放出易燃气体的速率。根据计算所得的放气速率,结合危害分类标准,对试验物质/混合物的危害进行分类判断。

十二、氧化性液体试验

将待测液体与可燃物纤维素丝[②]按照质量比 1∶1 混合后放在压力容器中,通过电热丝加热该混合物,当纤维素丝发生燃烧时,测定压力容器内压力上升的速率。同时用已知的氧化性液体(50％高氯酸、40％氯酸钠和 65％硝酸,质量分数)作为参比物质与待测液体一样,与纤维素丝混合后进行相同试验。最终将待测液体和参比物质与纤维素丝分别混合后所获得的压力容器内压力上升速率进行比较,从而对待测液体的氧化性进行分类和判定。

十三、氧化性固体试验

氧化性固体试验是通过将待测固体与纤维素丝混合物,通过外部加热,测定待测固体是否能加快可燃物纤维素丝的燃烧速率,从而判断待测固体是否具有氧化性。在具体试验时,又分为燃烧时间法和燃烧速率法。

(一) 燃烧时间法

将待测固体与可燃物纤维素丝[③]按照一定的质量比混合做成圆锥体,通过电热丝加热该混合物,当混合物发生燃烧时,测定混合物整体持续燃烧的时间。同时用已知的氧化性固体(溴酸钾)作为参比物质与待测固体一样,与纤维素丝混合后进行相同试验。最终将待测固体和溴酸钾与纤维素丝分别混合后所获得的燃烧时间进行比较,从而对待测固体的氧化性进行分类和判定。

---

① 如果已知该物质遇水不会产生激烈的化学反应,则无须进行甄别试验,直接通过遇水放出易燃气体试验对其危害进行检测。

②③ 把纤维素丝(长度 50～250 mm,平均直径为 25 μm)做成厚度不大于 25 mm 的一层,在 105℃下干燥 4 h 后备用。干纤维素丝的含水量按照干重计应小于 0.5％。

（二）燃烧速率法

将待测固体与可燃物纤维素丝[①]按照一定的质量比混合做成圆锥体,通过电热丝加热该混合物,当混合物发生燃烧时,通过测定混合物整体质量损失的速度,推算混合物的燃烧速率。同时用已知的氧化性固体(过氧化钙)作为参比物质与待测固体一样,与纤维素丝混合后进行相同试验。最终将待测固体和过氧化钙与纤维素丝分别混合后所获得的燃烧速率进行比较,从而对待测固体的氧化性进行分类和判定。

十四、金属腐蚀性试验

金属腐蚀性试验是通过将待测液体或固体[②]与金属铝片或钢片在 55℃ 下接触至少 1 个星期。试验结束后,根据金属铝片或钢片的质量损失比例,推算待测液体或固体对金属的年腐蚀速率,再与分类标准进行比较,确定待测液体或固体是否属于金属腐蚀物。

金属腐蚀试验过程中,待测液体对金属的腐蚀作用可以分为:均匀腐蚀和局部腐蚀。两种腐蚀的试验结果处理方式不同,具体如下。

1. 均匀腐蚀

选取三片金属片中腐蚀最严重的作为最终评估对象。如果金属片在试验前后的质量损失比例满足表 17 - 19 的分类标准,则该试验液体属于金属腐蚀物。

表 17 - 19　均匀腐蚀质量损失标准

暴 露 时 间	质量损失比例
7 d	≥13.5%
14 d	≥26.5%
21 d	≥39.2%
28 d	≥51.5%

2. 局部腐蚀

当金属表面出现不均匀腐蚀或局部腐蚀时,选择三个金属片中表面腐蚀凹槽最深的作为最终试验结果,如果金属片表面最深的侵蚀深度满足表 17 - 20

---

① 把纤维素丝(长度 50~250 mm,平均直径为 25 μm)做成厚度不大于 25 mm 的一层,在 105℃ 下干燥 4 h 后备用。干纤维素丝的含水量按照干重计应小于 0.5%。

② 此处的固体是指在熔点较低,在运输过程中受热已变成液体的固体。目前,还没有专门针对固体金属腐蚀的试验方法。

的分类标准,则该试验液体属于金属腐蚀物。

表 17 - 20　局部侵蚀深度标准

暴　露　时　间	侵　蚀　深　度
7 d	≥120 μm
14 d	≥240 μm
21 d	≥360 μm
28 d	≥480 μm

第二节　化学品健康危害性检测

一、急性毒性试验

对于化学品的急毒性危害评估,一般只考虑和人相似的暴露途径,因此化学品的急性毒性试验一般是将一定数量的受试动物(例如,大鼠、兔子)通过经口、经皮或吸入三种方式[①]持续暴露于待测样品中,观察动物的反应、中毒体征及严重程度、死亡时间以及死亡数量。试验结束后,通过毒理学统计的方式,推算出待测样品的半致死计量(LD_{50})或半致死浓度(LC_{50})。现代的毒理学急性毒性测试还要求对存活动物处死,并对所有动物进行大体解剖,检查主要的器官,并进行病理学检查,以得到测试物可能的靶向器官,并为后续的毒理学测试提供指导。

目前,对于化学品的急性毒性试验方法主要有 OECD 化学品测试指南(以下简称 OECD 指南)以及我国根据 OECD 指南制定的国家标准,具体见表 17 - 21。此外原卫生部与 2005 年 7 月颁布了《化学品毒性鉴定技术规范》。

表 17 - 21　急性毒性试验方法

OECD 指南编号	国 家 标 准	国家标准名称
Test No. 401	GB/T 21603—2008	化学品 急性经口毒性试验方法
Test No. 420	GB/T 21604—2008	化学品 急性皮肤刺激性/腐蚀性试验方法
Test No. 423	GB/T 21757—2008	化学品 急性经口毒性试验 急性毒性分类法

---

① 由于人类对于化学品的日常暴露途径只有经口、经皮和吸入三种方式,所以对于化学品的动物毒理学测试一般只使用这三种暴露途径进行测试。与药物测试不同,化学品测试很少使用皮下注射、肌肉注射、静脉注射及腹腔注射这些直接跨越外部障碍的方式进行给药。这是因为化学品对于人类的暴露和药物有显著区别,基本不会主动摄取或者进行注射。

续表

OECD 指南编号	国 家 标 准	国家标准名称
Test No. 425	GB/T 21826—2008	化学品 急性经口毒性试验方法 上下增减剂量法
Test No. 402	GB/T 21606—2008	化学品 急性经皮毒性试验方法
Test No. 403	GB/T 21605—2008	化学品 急性吸入毒性试验方法

在受试动物选择方面,急性经口试验首选大鼠和小鼠,吸入毒性试验首选大鼠,而经皮毒性试验首选大鼠或家兔。

二、皮肤腐蚀/刺激性试验

皮肤腐蚀/刺激试验根据是否使用活体动物,分为体内试验(in vivo)和体外试验(in vitro)两种。其中,体内试验通常选择家兔,将待测样品一次性涂覆于兔子健康无损的皮肤表面(去毛后),选择自身未经处理的皮肤区作为对照,在规定的间隔期内①观察动物皮肤的腐蚀或刺激反应,并根据严重程度进行打分,以评价待测样品的皮肤腐蚀或刺激反应。皮肤腐蚀/刺激性试验方法见表17－22。

表 17－22　皮肤腐蚀/刺激性试验方法

OECD 指南编号	国 家 标 准	OECD 指南/国家标准名称
Test No. 404	GB/T 21604—2008	化学品 急性皮肤刺激性/腐蚀性试验方法
Test No. 430	无	体外皮肤腐蚀——透皮电阻试验
Test No. 431	无	体外皮肤腐蚀——重构人类表皮模型试验
Test No. 435	无	皮肤腐蚀的体外膜屏障试验方法
Test No. 439	无	体外皮肤刺激测试——重构人类表皮测试方法

体外试验根据选择的皮肤模型不同,可分为以下四种。

(1) Test No. 430 试验以大鼠的皮瓣作为试验对象,利用腐蚀性物质可破坏正常皮肤的角质层完整性,并影响其屏障功能的特性,通过测定皮肤电阻的变化,以判断待测样品是否为皮肤腐蚀物。

(2) Test No. 431 试验将待测样品涂覆于三维人体皮肤模型②上,通过测定试验后皮肤模型细胞活力的下降幅度,对待测样品的腐蚀性做出判定。

---

① 观察期限应足够长,以满足评价待测样品对动物皮肤所造成的破坏作用是否可逆,一般不超过14 d。

② 已有商业化产品,例如 EpiDerm™ 和 EPISKIN™ 模型。

（3）Test No.435 试验观察待测样品对人工合成的膜屏障的损伤能力，并假设这种损伤的机制与待测样品对真实皮肤的损伤机制相同。

（4）Test No.439 该测试所采用的重构人类表皮模型和 Test No.431 一样。该测试方法是进一步体外检测化学品的皮肤刺激性为 GHS 皮肤刺激的分类提供依据。

目前鼓励尽量减少动物测试，提倡使用包括体外测试方法在内的替代方法，因此对于皮肤腐蚀/刺激的测试顺序一般是首选体外测试，当体外测试无法满足要求时才考虑动物体内测试。

体外测试中 430、431、435 都是腐蚀性体外测试，测试结果仅能判断测试物有无皮肤腐蚀性，都无法继续判断是否具有皮肤刺激性。其中 430 的结果仅能判断是否具有皮肤腐蚀性并划入 GHS 皮肤腐蚀/刺激分类的 1 类，无法后续判断 1A、1B 或者 1C 的子分类，也即无法判断 8 类危险货物（皮肤腐蚀）的危害等级。431 可以从皮肤腐蚀的分类中继续判断 1A 的子分类[8 类危险货物（皮肤腐蚀）的包装等级Ⅰ]，但无法区分（1B/1C）[8 类危险货物（皮肤腐蚀）的包装等级Ⅱ/Ⅲ][①]。435 测试是皮肤腐蚀体外测试中唯一可以继续完全区分子分类 1A、1B 和 1C 的方法，即可以划分 8 类危险货物（皮肤腐蚀）的包装等级。

目前体外测试 439 方法是唯一的皮肤刺激性体外测试，其能判断测试物质是否具有皮肤（腐蚀）刺激，但无法区别腐蚀还是皮肤刺激。然而借助上述430、431、435 的帮助，体外测试目前可以基本做到 GHS 和危险货物的分类。需要说明的是，439 目前仅能对 GHS 皮肤刺激 2 类以上的测试物质响应良好，对于 GHS 皮肤刺激 3 类的物质，439 的测试结果大多为无效应。因此使用 439 测试，结果为阴性的，理论上只能在这些没有采纳 GHS 皮肤刺激 3 类的国家（如欧盟、马来西亚、韩国等）进行使用，给予测试物质无分类的结果。对于 439 测试结果为阴性的，但需要鉴别测试物质是否具有 GHS 皮肤刺激第 3 类的，需要采用后续的测试进一步判断。

对于具体体外测试方法的选择和适用性还需要考虑待测物质本身的性质和结构，比如有研究表明脂肪胺类物质不太适用重构人类表皮测试方法（431、439），和动物体内测试比较有很高的假阴性率。

三、严重眼损伤/眼刺激试验

眼损伤/刺激试验是将待测样品一次性滴加到受试动物（首选家兔）一侧健

---

① 虽然事实上 431 已经具备区分 1B 和 1C 的潜力，但目前国际上仍然不建议完全使用 431 去鉴别 1B 和 1C，目前公认的还是 435 才能完全区分 1A、1B 和 1C。

康无损的眼结膜囊内,以自身未经处理的另一只眼睛为对照,在规定的间隔时间内观察动物眼睛出现的刺激或腐蚀性症状,并给予打分,以评价待测样品是否属于眼刺激或腐蚀物。

目前,严重眼损伤/眼刺激试验方法主要有 OECD 指南以及我国根据 OECD 指南制定的国家标准,具体见表 17-23。此外原卫生部于 2005 年 7 月颁布了《化学品毒性鉴定技术规范》。

表 17-23 严重眼损伤/眼刺激试验方法

OECD 指南编号	国家/行业标准	国家标准名称
Test No. 405	GB/T 21609—2008	化学品 急性眼刺激性/腐蚀性试验方法
Test No. 437	SN/T 4153—2015	化学品 牛角膜混浊和通透性试验
Test No. 438	SN/T 4150—2015	化学品 离体鸡眼试验
Test No. 460	无	化学品 鉴别眼腐蚀性和严重刺激性的荧光素漏出试验
Test No. 491	无	引起严重眼部损伤化学物质和不需要眼睛刺激或严重眼睛损害化学物质的短时间暴露于体外试验法
Test No. 492		识别无危害分类和眼刺激或严重眼部损伤化学品的人角膜上皮重建(RHCE)测试方法

四、皮肤致敏反应试验

目前皮肤致敏试验主要以体内试验为主,通常选择豚鼠作为考察对象,将待测样品通过皮内注射和/或皮肤涂抹的方式,与豚鼠接触,经过 10~14 d 的诱导期后,待受试动物体内产生免疫反应;紧接着进入激发期,再次将受试动物接触待测样品,通过比较染毒组和对照组动物的皮肤应激反应程度,判断待测样品是否属于皮肤致敏物。在具体试验时,根据是否添加福氏完全佐剂(FCA),细分为豚鼠最大反应法(GPMT)[①]和局部封闭敷贴法(BT)两种。

除了上述的皮肤致敏试验外,局部淋巴结试验(LLNA)由于试验周期短,所需动物数量少,是一种便捷的替代试验,其原理是致敏性外源化学物质刺激机体时,可引起局部引流淋巴结淋巴细胞增殖,通过局部引流淋巴结淋巴细胞增殖情况对待测样品的致命性做出判断。LLNA 测试一般使用小鼠作为测试动物,皮肤致敏试验方法见表 17-24。

---

① GPMT 需要加 FCA(Freund's Complete adjuvant)。

表 17 - 24 皮肤致敏试验方法

OECD 指南编号	国 家 标 准	国家标准名称
Test No. 406	GB/T 21608—2008	化学品 皮肤致敏试验方法
Test No. 429	GB/T 21827—2008	化学品 皮肤变态反应试验：局部淋巴结方法

五、细胞致突变性试验

细胞致突变试验分为体内试验（in vivo）和体外试验（in vitro）两大类，其中体内试验通常选择哺乳动物活体染毒，测试结束时，处死哺乳动物提取目标细胞检查测试终点。目标细胞可以是可遗传的生殖细胞（如精原细胞、精细胞、卵细胞等）或体细胞（如骨髓嗜多染红细胞）作为试验对象。体外试验的试验是指直接体外培养细胞，并对细胞直接染毒的实验方法，对象较为广泛，例如细菌、哺乳动物生殖细胞，或哺乳动物体细胞等，具体如表 17 - 25 所示。

表 17 - 25 生殖细胞致突变性试验方法

OECD 指南编号	国 家 标 准	国家标准名称
Test No. 471	GB/T 21786—2008	化学品 细菌回复突变试验（Ames）
Test No. 473	GB/T 21794—2008	化学品 体外哺乳动物染色体畸变试验
Test No. 474	GB/T 21773—2008	化学品 体内哺乳动物红细胞微核试验
Test No. 475	GB/T 21772—2008	化学品 哺乳动物骨髓染色体畸变试验
Test No. 476	GB/T 21793—2008	化学品 体外哺乳动物细胞基因突变试验
Test No. 477	GB/T 21822—2011	化学品 黑腹果蝇伴性隐性致死试验方法
Test No. 478	GB/T 21610—2008	化学品 啮齿类动物显性致死试验
Test No. 479	GB/T 21820—2011	化学品 体外哺乳动物细胞姊妹染色单体交换试验方法
Test No. 480	GB/T 21831—2011	化学品 遗传毒性 酿酒酵母菌基因突变试验方法
Test No. 481	GB/T 21832—2011	化学品 遗传毒性 酿酒酵母菌有丝分裂重组试验方法
Test No. 482	GB/T 21768—2008	化学品 体外哺乳动物细胞 DNA 损伤与修复/非程序性 DNA 合成试验方法
Test No. 483	GB/T 21751—2008	化学品 哺乳动物精原细胞染色体畸变试验
Test No. 484	GB/T 21799—2008	化学品 小鼠斑点试验方法
Test No. 485	GB/T 21798—2008	化学品 小鼠可遗传易位试验
Test No. 486	GB/T 21767—2008	化学品 体内哺乳动物肝细胞非程序性 DNA 合成试验

在对化学品进行生殖细胞致突变性分类时,可优先选择体外试验,例如Ames 试验,体外哺乳动物细胞基因突变试验等。由于体外测试是直接对培养的细胞进行测试,为了模拟体内的代谢环境,通常在测试中还要加入代谢活化物(一般为氧化酶,最多使用的是小鼠肝脏的微粒体酶 S9)用以模拟体内氧化代谢过程,防止测试物质的代谢产物致突变在体内阳性而在体外测试中带来的假阳性结果。需要注意的是来自非生殖细胞为试验对象的阳性结果需要结合专家经验,才可类推至生殖细胞。国际上对于化学品基因毒性和致突变性的评估通常是通过智选实验方案(ITS)进行的。方案一般首先选用体外测试,细胞包含原核生物细胞(471)和哺乳动物体细胞,终点要包含基因突变、染色体畸变和 DNA 损伤。在体外测试这些终点均为阴性时,一般不再要求后续进行体内测试。当体外测试中,哺乳动物体细胞任何测试结果为阳性时(基因突变、染色体畸变和 DNA 损伤),则继续做相应测试终点哺乳动物体细胞的体内测试,仍然为阳性时,继续做动物生殖细胞体内测试。这种测试方案可以显著减少测试动物的使用,并可以一步一步地深入鉴别哺乳动物的基因毒性的程度,为 GHS分类提供数据支持。

六、致癌性试验

致癌性试验是将受试动物(首选大鼠或小鼠)分为不同剂量的染毒组,每天通过经口、吸入或经皮反复染毒,直至大部分生命周期。试验期间密切观察受试动物的中毒症状以及肿瘤发展情况,对试验过程中死亡动物和处死动物进行解剖检查。通过与平行的对照组进行比较,根据肿瘤发生数增加、恶性肿瘤比例上升、肿瘤出现时间缩短等变化来识别化学品的致癌性,并确定致癌性的靶器官,肿瘤的剂量-反应关系等信息,致癌性试验方法见表 17-26。

表 17-26　致癌性试验方法

OECD 指南编号	国 家 标 准	OECD 指南/国家标准名称
Test No. 451	无	致癌性试验
Test No. 453	GB/T 21788—2008	化学品 慢性毒性与致癌性联合试验方法

七、生殖/发育毒性试验

生殖毒性试验是通过让受试动物(首选大鼠)雌雄亲代在不同时期染毒,观察化学品对受试动物亲代繁殖能力,以及子代生长发育的影响,以评价化学品的生殖毒性,具体试验方法见表 17-27。SN/T 2248 是对受孕雌性哺乳动物染毒,出生前处死受试动物,检查母体子宫内子体发育情况的测试,即通俗所说的致畸实验。GB/T 21607 除了观察化学品对雌雄受试动物繁殖能力的影响，还进一步考察化学品对受试动物子一代发育毒性的影响；GB/T 21758—2008 则涉及对受试动物两代发育毒性的连续评价，染毒和观察周期较长；GB/T 21766—2008 和 GB/T 21771—2008 仅考察化学品对受试动物亲代繁殖能力的影响，不涉及对子代发育毒性的评价。近些年来为了减少测试动物和测试周期，OECD 开发了新的测试方法，No. 443，延长的一代繁殖试验。与两代繁殖毒性测试相比，延长的一代繁殖测试测试时间到第一代性成熟大大减少了测试周期和动物使用量，并保证测试周期充分涵盖母代的交配、孕期、分娩，子代的发育和性成熟，因而延长的一代繁殖测试（443）已被国际认可取代两代的毒性测试（416）。416 或者新的 443 其实测试周期和检测终点已经涵盖 414 致畸测试的测试重点，但 416 和 443 为了保证子代一定的成活率和继续繁殖测试的可能，往往在母代染毒剂量上有所控制，对于一些较高剂量才能致畸的化学物质，416 和 443 往往无法检测到胎儿的发育毒性，因而大多国家仍然要求对化学物质进行 414 测试，用以确定致畸性。实际上为了充分判断化学物质的生殖和发育毒性，并考虑到啮齿类动物和非啮齿类动物体内代谢酶的差异，防止"反应停（沙利度胺，Thalidomide）"悲剧的再次发生，一般测试时在多代繁殖毒性测试（443 或 416）和致畸测试（414）分别采用啮齿类和非啮齿类的动物来进行。如 443 或 416 中使用大鼠，414 中使用家兔。

表 17‑27　生殖毒性试验方法

OECD 指南编号	国家/行业标准	国家标准名称
Test No. 414	SN/T 2248—2009	化学品 胚胎发育毒性试验方法
Test No. 415	GB/T 21607—2008	化学品 一代繁殖毒性试验方法
Test No. 416	GB/T 21758—2008	化学品 两代繁殖毒性试验方法
Test No. 421	GB/T 21766—2008	化学品 生殖/发育毒性筛选试验方法
Test No. 422	GB/T 21771—2008	化学品 重复剂量毒性合并生殖/发育毒性筛选试验方法
Test No. 443	无	化学品 延长的一代繁殖试验方法

八、特定靶器官毒性（单次接触）试验

目前国际上还没有建立特定靶器官毒性（单次接触）的针对性试验方法，通常可利用 OECD 指南 Test No. 401、402、403、420、423 等方法（具体见表 17‑21），经过解剖和器官病理学检查，获得受试动物短期接触化学品所导致靶器官毒性数据和机理，并通过证据权重方法，由专家对其有害效应进行评估和分类判定。

九、特定靶器官毒性（重复接触）试验

目前国际上还没有建立特定靶器官毒性（重复接触）的针对性试验方法，通常可利用 OECD 指南 Test No. 407、408、409、410、411 等方法（具体见表 17‑28），获得化学品对受试动物所造成的亚急性、亚慢性、慢性毒性和神经毒性数据，经过解剖和器官病理学检查，获得受试动物短期接触化学品所导致靶器官毒性数据和机理，并通过证据权重方法，由专家对其有害效应进行评估和分类判定。

表 17‑28　化学品亚急性、亚慢性和慢性毒性试验方法

OECD 指南编号	国 家 标 准	国家标准名称
Test No. 407	GB/T 21752—2008	化学品 啮齿动物 28 天重复剂量经口毒性试验方法
Test No. 408	GB/T 21763—2008	化学品 啮齿类动物亚慢性经口毒性试验方法
Test No. 409	GB/T 21778—2008	化学品 非啮齿类动物亚慢性（90 天）经口毒性试验方法
Test No. 410	GB/T 21753—2008	化学品 21 天/28 天重复剂量经皮毒性试验方法
Test No. 411	GB/T 21764—2008	化学品 亚慢性经皮毒性试验方法
Test No. 419	GB/T 21797—2008	化学品 有机磷化合物 28 天重复剂量的迟发性神经毒性试验
Test No. 424	GB/T 21787—2008	化学品 啮齿类动物神经毒性试验方法
Test No. 452	GB/T 21759—2008	化学品 慢性毒性试验方法
Test No. 453	GB/T 21788—2008	化学品 慢性毒性与致癌性联合试验方法

十、呛吸毒性试验

目前国际上还没有建立吸入毒性的动物试验方法，一般通过测定烃类或卤代烃类的动力黏度和密度，计算其运动黏度，并结合专家经验，对化学品的吸入毒性进行分类。

第三节　化学品环境危害性检测

一、水生急性/慢性毒性试验

化学品水生急性/慢性毒性试验通常选择鱼类、甲壳纲以及藻类三种水生生物作为代表性物种，将其分别暴露于一定浓度的化学品中，观察受试生物的生长、发育或死亡情况，进而根据毒性终点指标的具体大小，判定化学品对水生

生物的长期/短期毒性,具体试验方法见表 17－29,其中 OECD 指南 Test No. 201 既可以测定化学品对藻类的急性毒性(72 h 或 96 h ErC_{50}),也可测定慢性毒性 NOEC。这是因为藻类比较特殊,72 h 内藻细胞就已经分裂多代了。

表 17－29　化学品急慢性毒性试验方法

OECD 指南编号	毒性终点指标	国家标准	国家标准名称
Test No. 201	72 h 或 96 h ErC_{50}；72 h NOEC	GB/T 21805—2008	化学品 藻类生长抑制试验
Test No. 202	48 h EC_{50}	GB/T 21830—2008	化学品 溞类急性活动抑制试验
Test No. 203	96 h LC_{50}	GB／T 27861—2011	化学品 鱼类急性毒性试验
Test No. 210[①]	28 d NOEC	GB/T 21854—2008	化学品 鱼类早期生活阶段毒性试验
Test No. 211	21 d NOEC	GB/T 21828—2008	化学品 大型溞繁殖试验
Test No. 215	21 d NOEC	GB/T 21806—2008	化学品 鱼类幼体生长试验

二、化学品快速生物降解性试验

在对化学品进行慢性水生毒性分类时,判定化学品是否可在水环境中快速降解是关键步骤之一。化学品在环境中的降解行为可分为生物降解和非生物降解,其中,生物降解最常见的测试方法就是 OECD 指南 Test No. 301A～301F,具体如表 17－30 所示。

表 17－30　化学品快速生物降解性试验方法

OECD 指南编号	国家标准	国家标准名称
Test No. 301A	GB/T 21803—2008	化学品 快速生物降解性 DOC 消减试验
Test No. 301B	GB/T 21856—2008	化学品 快速生物降解性 二氧化碳产生试验
Test No. 301C	GB/T 21802—2008	化学品 快速生物降解性 改进的 MITI 试验(I)
Test No. 301D	GB/T 21831—2008	化学品 快速生物降解性 密闭瓶法试验
Test No. 301E	GB/T 21857—2008	化学品 快速生物降解性 改进的 OECD 筛选试验
Test No. 301F	GB/T 21801—2008	化学品 快速生物降解性 呼吸计量法
Test No. 306[②]	GB/T 21815.1—2008	化学品海水中的生物降解性摇瓶法试验

①　Test No. 212(GB/T 21807—2008)可以作为该方法的初筛试验。

②　适合测定化学品在海水中的生物降解性。

三、化学品生物蓄积性试验

化学品在生物体内的蓄积能力通常可用生物浓度系数(BCF)来表征,如果无法获得,也可用化学品的辛醇/水分配系数($\log K_{ow}$)代替,具体测试方法如表 17-31 所示。

表 17-31　化学品生物蓄积性试验方法

OECD 指南编号	国 家 标 准	国家标准名称
Test No. 107	GB/T 21853—2008	化学品 分配系数(正辛醇-水) 摇瓶法试验
Test No. 117	GB/T 21852—2008	化学品 分配系数(正辛醇-水) 高效液相色谱法试验
Test No. 123	—	化学品 分配系数(正辛醇-水) 慢速搅拌法
Test No. 305	GB/T 21858—2008	化学品 生物富集 半静态式鱼类试验

第十八章

危险货物包装性能的检测

第一节　包装容器的性能检测

一、简介

包装容器的性能检验是通过选择合适的模拟物，对拟用于盛装危险货物包装进行模拟运输环境下的性能检测，以判断包装性能是否符合具体包装等级的运输安全要求。包装容器的性能检验主要由堆码试验、跌落试验、气密试验和液压试验组成。不同包装由于材质的不同以及需要满足的安全等级不同，须通过不同的性能检验测试。

二、样品的前处理

（一）纸和纤维板容器的预处理

纸和纤维板容器在进行性能检测之前，需要一定温湿度[①]下放置至少24 h，具体条件如下：

（1）环境温度23℃±2℃和相对湿度50%±2%（首选条件）；

（2）环境温度20℃±2℃和相对湿度65%±2%；

（3）环境温度27℃±2℃和相对湿度65%±2%。

（二）样品的装填

容器的性能检验主要是模拟实际盛装危险货物后在存储、运输过程中可能遇到的各类意外情况。因此，在进行性能检验之前，需要将待测容器用拟装液体或固体或类似的替代物状态，具体装填要求如下。

（1）内贮器或单贮器，或袋以外的容器，所装入的液体不得低于其最大容量的98%，所装入的固体不得低于其最大容量的95%。

---

① 温度和湿度的平均值必须满足列出的三种条件之一，短期波动和测量局限可能会使个别湿度有±5%的变化，但不会对试验结果的重复性有重大影响。

（2）袋类容器应装至其最大使用质量。

（3）组合容器的内容器拟装物如果包括液体和固体，则须对采用液体和固体拟装物分别作试验。

（三）拟装物的选择

在选择拟装物对容器进行性能试验时，最好是选择实际待运物质。如果无法做到时，可用类似物进行替代，除非这样做会使试验结果无效。就固体而言，当使用另一种物质代替时，该物质必须与待运物质具有相同的物理特性（质量、颗粒大小等）。允许使用添加物，如铅粒包，以达到要求的容器总质量，只要它们放的位置不会影响试验结果。

对装液体的容器进行跌落试验时，如使用其他物质代替，该物质必须有与待运物质相似的相对密度和黏度。

（四）塑料容器的相容性

对于拟用于盛装液体的塑料桶、塑料罐和塑料复合容器，应确保其所用的塑料强度与容器的容量和用途相适应，例如不可使用回收塑料，不可使用来自同一制造工序的剩料。如须防紫外线辐射，必须在材料内加入炭黑或其他合适的色素或抑制剂，以提高容器整体的抗老化性能。

同时，还须关注拟装物对容器强度的影响，为此可先对容器进行一次 6 个月相容性试验，在这段时间，待测容器中必须始终装满拟装物。之后，再对容器进行跌落、堆码、气密和液压等相关性能试验。如果拟装物可对塑料容器产生应力裂纹或弱化，则必须在装满该拟装物[①]的容器上面放置一个荷重，此荷重相当于在运输过程中可能堆放在容器上的相同数量包件的总质量，整个堆垛包括试验容器在内最小高度为 3 m。

三、跌落试验

跌落试验就是将待测容器装上一定数量的拟装运货物或模拟物，从指定高度以一定的角度自由跌落到硬质冲击板表面，考察内容物是否会从容器中泄漏出来。跌落试验主要用来模拟包装的产品在搬运期间可能受到的自由跌落，考察产品包装抗意外冲击的能力。

根据联合国 TDG 法规的要求，每种包装容器跌落试验的样品数量和跌落方式是不同的，需要根据包装的类型，确定样品的数量和跌落方式，具体如表 18－1 所示。

---

① 也可用已知对该种塑料至少具有相同应力裂纹作用的其他物质代替。

表 18 - 1　跌落试验样品数量和跌落方式

容　　器	样 品 数 量	跌 落 方 式[123]
钢桶 铝桶 金属桶,钢桶和铝桶除外 钢罐 铝罐 胶合板桶 纤维板桶 塑料桶和罐 圆桶形复合容器	6 个 (每次跌落用三个)	第一次跌落(用 3 个样品):容器以凸边斜着撞击在冲击板上。如果容器没有凸边,则撞击在周边接缝上或一棱边上。 第二次跌落(用另外 3 个样品):容器应以第一次跌落未试验过的最薄弱部位撞击在冲击板上,例如封闭装置,或者如桶体纵向焊缝上
天然木箱 胶合板箱 再生木板箱 纤维板箱 塑料箱 钢或铝箱 箱状复合容器	5 个 (每次跌落用一个)	第一次跌落:底部平跌 第二次跌落:顶部平跌 第三次跌落:长侧面平跌 第四次跌落:短侧面平跌 第五次跌落:棱角着地
袋 (单层有缝边)	3 个 (每个样品跌落三次)	第一次跌落:宽面平跌 第二次跌落:窄面平跌 第三次跌落:跌在袋的一侧
袋 (单层无缝边或多层)	3 个 (每个样品跌落两次)	第一次跌落:宽面平跌 第二次跌落:跌在袋的一侧

注:1. 表中除了平面跌落外,跌落时样品的重心必须位于撞击点的垂直上方。

2. 如果试样在某一指定方向跌落有不止一个面时,则必须采用最有可能导致容器无法通过试验(容器最薄弱的地方)的那个面跌。

3. 冲击板须同时满足以下条件。

(1) 无弹性的水平表面;

(2) 是一个厚重的整体,不易移动;

(3) 平坦,表面无可能影响试验结果的局部缺陷;

(4) 足够坚硬,在试验条件下不变形,不会因试验造成损坏;

(5) 足够大,保证试验包装完全落在其表面上。

以下容器在进行跌落试验前,必须将容器及其内装物的温度降至$-18℃$[①]或更低。

(1) 塑料桶;

(2) 塑料罐;

(3) 泡沫塑料箱以外的塑料箱;

(4) 复合容器(塑料)

(5) 带有塑料袋以外的,拟用于装固体或物品的塑料内容器的组合容器。

---

① 降温后如果不能保持液态时,则应加入防冻剂。

盛装液体的闭口容器在装填和封闭后至少 24 h 内不应做跌落试验,以防止垫圈有可能放松。

跌落试验的高度是指容器在跌落时距离冲击板的垂直高度,其取决于容器的包装等级,以及试验所用拟装物的种类。如果试验是用待运的固体或液体或用具有基本相同物理性质的其他物质进行试验,则跌落高度见表 18－2。

表 18－2　跌落高度

容　器　等　级	跌　落　高　度
Ⅰ类	1.8 m
Ⅱ类	1.2 m
Ⅲ类	0.8 m

对于液体内装物,如用水来替代进行试验时,则跌落高度与液体拟装物的密度有关。具体如下。

（1）当拟装液体的相对密度小于或等于 1.2 时,其跌落高度见表 18－2;

（2）当拟装液体的相对密度大于 1.2,其跌落高度应根据拟装液体的相对密度（ρ）按表 18－3 计算。

表 18－3　跌落高度（拟装液体相对密度大于 1.2）

容　器　等　级	跌　落　高　度[1]
Ⅰ类	$\rho \times 1.5$
Ⅱ类	$\rho \times 1.0$
Ⅲ类	$\rho \times 0.67$

1 计算结果四舍五入,小数点后保留一位有效数字。

在跌落试验完成后,当测试容器满足以下条件时,可判定该容器通过了跌落试验。

（1）盛装液体的容器(除组合包装的内容器外)在内外部压力达到平衡后,所有容器均应无渗漏。

（2）盛装固体的容器经跌落试验后,即使封闭装置不再具有防渗漏能力,内容器或内容物应仍能保持完整无损、无撒漏。

（3）容器以及复合容器或组合容器的外容器,不得出现可能影响运输安全的任何损坏,内贮器和内容器都必须始终完全保持在外容器中,不得有内装物从内贮器后内容器中漏出。

（4）袋子的最外层或外容器不得出现影响运输安全的任何损坏。

（5）跌落时可允许有少量内装物从封闭器中漏出,但跌落后不得继续泄漏。

（6）盛装第 1 类爆炸物的容器不得有可使松散的爆炸物从外容器中漏出的任何破裂处。

四、堆码试验

堆码试验是通过在容器（袋类容器除外）的正上方加载一定重量的堆码，以考察容器在一定时间内是否发生变形、破裂等现象。在实际贸易存储和运输时，为了节约空间，盛装危险货物的容器经常是堆积成一定高度，这就要求最底层的容器必须有一定的承载能力，能够承受住上层容器的积压。堆码试验就是模拟这一运输或存储的实际情况。堆码试验所需的容器数量为 3 个。

堆码载荷是指在堆码试验中，试验容器上方所加载的堆码重量。堆码载荷取决于单个容器的高度和毛重，以及堆码高度，具体计算方式见式（18-1）。

$$P = \left(\frac{H-h}{h}\right) \times M \qquad (18-1)$$

式中　P——堆码负荷，kg；

　　　　H——堆码高度（不少于 3 m），m；

　　　　h——单个容器高度，m；

　　　　M——单个容器毛重，kg。

在常温下，将试验容器固定，并在其正上方加载一定的堆码载荷，保持 24 h 或直至容器压坏，但拟装液体的塑料桶、塑料罐、塑料复合桶以及塑料复合罐则须在温度不低于 40℃ 的环境中进行堆码试验，并保持 28 d。纸、纤维板桶（箱）、胶合板筒（箱）按试样预处理中规定的环境中堆码 24 h。堆码载荷用式（18-1）计算。

3 个试验容器[①]都满足以下条件，则可判定其通过了堆码试验：

（1）内装物不得从容器中泄漏出来，对于复合或组合容器而言，不得有所装物从内贮器或内容器中漏出；

（2）容器不得出现任何可能会影响运输安全的损坏；

（3）容器不得出现可能降低其强度或造成容器堆码不稳定的变形。

五、气密试验

气密试验主要是通过向浸没在水中的容器腔体内冲入一定压力的气体，以检查容器的各连接部位是否有漏气现象。气密试验所需的容器数量为 3 个。

---

① 在堆码结束后，对容器进行评估时，如果是塑料容器，则须先将其冷却到室温。

具体试验步骤：将压力表两端分别与空气压缩机和试验容器①相连，并确保连接处气密完好。将容器浸入水中，接通压缩空气，向容器内充气，使容器内部压力达到试验压力，具体压力见表18-4。保持压力5 min，观察是否有气泡冒出。3个试验样品均无漏气，则可判断其通过了气密试验。

表 18-4 气密试验压力

容 器 等 级	气密试验压力/kPa
Ⅰ 类	≥30
Ⅱ 类	≥20
Ⅲ 类	≥20

六、液压试验

液压试验与气密试验类似，是向试验容器中灌注一定压力的液体（通常为水），以考察液体是否会从容器中泄漏出来。液压试验适用于拟装液体的金属、塑料和复合容器，组合容器的内容器不需要进行这一试验。每种设计型号需要3个样品。

液压试验中，容器的内压必须满足以下条件之一。

(1) 不小于55℃时容器中的总表压（所装液体的蒸气压加空气或其他惰性气体的分压，减去100 kPa）乘以安全系数1.5的值；

(2) 不小于待运液体50℃时蒸气压的1.75倍减去100 kPa，但最小试验压力为100 kPa；

(3) 不小于待运液体55℃时蒸气压的1.5倍减去100 kPa，但最小试验压力为100 kPa。

在无法查得待运货物蒸气压时，可按表18-5提供的液压进行试验。

表 18-5 液压试验压力

容 器 类 别	气密试验压力/kPa
Ⅰ 类	≥250
Ⅱ 类	≥100
Ⅲ 类	≥100

具体试验步骤：试验前容器的特殊准备工作。将有通风口的封闭装置以

① 对设有排气孔的封闭器，必须换成不透气的封闭器或堵住排气孔。

相似的无通风口的封闭装置代替,或将通风口堵死。将液压试验仪与待测容器相连。启动液压试验仪,同时打开排气阀,排除试验容器内残留气体,然后关闭排气阀。向内包装内连续均匀施以液压,缓慢地升至计算所得的试验压力。塑料、塑料复合包装包括它们的封闭器,必须承受规定试验压力 30 min,其他容器包括它们的封闭器,必须承受规定试验压力 5 min。

3 个试验样品均无漏液,则可判断其通过了液压试验。

第二节　中型散装容器(IBCs)的性能检测

一、简介

IBCs 是一种体积较大的危险货物包装,主要适用于盛装液体和固体货物,相比于常见的容器类包装(3.2),其具有以下特点。

1. 容量有明确规定

(1) 装Ⅱ类包装和Ⅲ类包装的固体和液体时,体积不大于 3.0 m³;

(2) Ⅰ类包装的固体装入软性、硬塑料、复合、纤维板和木质 IBCs 时,体积不大于 1.5 m³;

(3) Ⅰ类包装的固体装入金属 IBCs 时,体积不大于 3.0 m³;

(4) 装第 7 类放射性物质时,体积不大于 3.0 m³。

2. 设计为机械装卸

3. 能经受装卸和运输中产生的应力,该应力由试验确定。

IBCs 的性能检验项目由底部提升试验、顶部提升试验、堆码试验、防漏试验、液压试验、跌落试验、扯裂试验、倾覆试验和复原试验组成。不同 IBCs 由于材质不同、设计的装卸方式不同、拟装运的货物性质不同,须通过不同的性能检测项目,具体见表 18-6。

表 18-6　IBCs 性能检测项目和顺序表

IBCs 型号	振动[6]	底部提升	顶部提升[1]	堆码[2]	防漏	液压	跌落	扯裂	倾覆	复原[3]
金属: 11A,11B,11N 21A,21B,21N 31A,31B,31N	— — — 第 1	— 第 1[1] 第 1[1] 第 2[1]	第 2 第 2 第 3	第 3 第 3 第 4	— — 第 4 第 5	— — 第 5 第 6	第 4[5] 第 6[5] 第 7[5]	— — — —	— — — —	— — — —
软体[4]	—	—	×[3]	×	—	—	×	×	×	×

续表

IBCs 型号	振动[6]	底部提升	顶部提升[1]	堆码[2]	防漏	液压	跌落	扯裂	倾覆	复原[3]
硬塑料:										
11H1,11H2	—	第1[1]	第2	第3	—	—	第4	—	—	—
21H1,21H2	—	第1[1]	第2	第3	第4	第5	第6	—	—	—
31H1,31H2	第1	第2[1]	第3	第4	第5	第6	第7	—	—	—
复合:										
11HZ1	—	—	—	—	—	—	—	—	—	—
11HZ2	—	第1[1]	第2	第3	—	—	第4[5]	—	—	—
21HZ1	—	第1[1]	第2	第3	—	第5	第6[5]	—	—	—
21HZ2	—	第2[1]	第3	第4	第4	第6	第7[5]	—	—	—
31HZ1	第1	—	—	—	第5	—	—	—	—	—
31HZ2	—	—	—	—	—	—	—	—	—	—
纤维板	—	第1	—	第2	—	—	第3	—	—	—
木质	—	第1	—	第2	—	—	第3	—	—	—

1 仅适用于采用这种装卸方式的 IBCs。
2 仅适用于采用堆叠方式的 IBCs。
3 仅适用于顶部提升或侧面提升的 IBCs。
4 所需的性能试验用×表示,已通过一项试验的 IBCs 样品可用于按照任何顺序的其他试验。
5 同样设计的另一个 IBCs 可用于进行跌落试验。
6 振动试验可使用同一设计的另一个 IBCs。
表中的第 1、第 2、第 3、第 4、第 5、第 6、第 7 为试验的试验先后顺序。

二、振动试验

试验前向 IBCs 中灌水至不少于其最大容量的 98%。将灌装好的 IBCs 样品放在振动试验台中央,试验采用垂直正弦曲线,25 mm±5% 的双倍振幅。试验时间 1 h,试验频率能够将 IBCs 从试验平台即刻性提起,提起高度至少能在容器底部和平台之间持续性、周期性地插入一只厚度 1.6 mm,宽 50 mm 的金属薄片,插入深度至少 100 mm。

试验结束后,如样品未出现以下任一现象,则可视为通过该项试验。

（1）未观察到泄漏或开裂;

（2）未观察到样品结构的破损或失效（如裂焊或松动）。

三、底部提升试验

试验前 IBCs 用模拟物装满,同时加上均匀分布的荷载。装满的 IBCs 和荷载的总重必须为其最大允许总重的 1.25 倍。

试验时,将灌装好的 IBCs 样品用叉车提升和放下两次,叉子的位置应居中,使其之间的距离等于进入面长度的四分之三(进叉点固定者除外)。进叉深度应为进叉方向深度的四分之三。每一可能的进叉方向均应重复试验。

试验结束后,如样品未出现以下现象,则可视为通过该项试验。

(1)内装物无损失;

(2)试验的 IBCs 包括其底盘未出现任何会危及运输安全的永久变形。

四、顶部提升试验

试验前金属、硬塑料和复合型 IBCs 用模拟物装满,同时加上均匀分布的荷载。装满的 IBCs 和荷载的总重必须为其最大允许总重的 2 倍。软体 IBCs 须选择代表性物质装满并加上均匀分布的荷载,装满的 IBCs 和荷载的总重必须为其最大允许总重的 6 倍。

试验时,金属和软体 IBCs[①]:按照设计的提升方式,将其提升离开地面,并保持 5 min;硬塑料和复合 IBCs:用 IBCs 每两个对角线方向的提升装置将其吊起,施加垂直方向的提升力,并保持 5 min,再用 IBCs 每两个对角线方向的提升装置将其吊起,施加向容器中心方向与其垂线成 45°角的提升力,并保持 5 min。

试验结束后,如样品未出现以下现象,则可视为通过该项试验。

(1)内装物无损失;

(2)试验的 IBCs 包括其底盘未出现任何会危及运输安全的永久变形。

五、堆码试验

试验前将 IBCs 装填到其最大允许总重[②]。试验时,将 IBCs 的底部放在水平的硬地面上然后施加分布均匀的叠加试验载荷[③],持续时间至少应满足以下条件。

(1)金属 IBCs:保持 5 min;

(2)11HH1、11HH2、21HH1、21HH2、31HH1 和 31HH2:40℃下保持 28 d;

(3)其他型号:保持 24 h。

载荷可以按照以下任一方法施加:

(1)将一个或多个同一型号的 IBCs 装到其最大许可总重,然后叠放在所试验的 IBCs 上;

---

① 软体 IBCs 也可用其他具有等效作用的顶部提升方法。
② 如果用于试验样品的密度使这点无法实现,可在 IBCs 上外加均匀荷载,以使其达到最大允许总重。
③ 载荷必须等于在运输过程中可能堆叠在其上的同类 IBCs 数目加在一起的最大许可总重的 1.8 倍。

（2）将适当的荷重放到一块平板上或一块 IBCs 箱底的仿制板上，把平板叠放在所试验的 IBCs 上。

试验结束后，如样品未出现以下现象，则可视为通过该项试验。

（1）内装物无损失；

（2）试验的 IBCs 包括其底盘未出现任何会危及运输安全的永久变形。

六、防漏试验

试验前，将带有通气孔的封闭装置更换成不通气的类似封闭装置或将通气孔封住。试验时，用空气在表压不低于 20 kPa 下保持至少 10 min①。试验结束后，如样品不漏气，则可视为通过该项试验。

七、液压试验

试验前，包装的安全减压装置和通气关闭装置应处于不工作状态，或将这些装置拆下并将开口堵塞。液压试验的施加压力与包装种类有关，具体如下。

（一）金属 IBCs

（1）装 I 类包装固体的 21A、21B 和 21N 型 IBCs：施加表压为 250 kPa；

（2）装 II 类或 III 类包装物质的 21A、21B、21N、31A、31B 和 31N 型 IBCs：施加表压 200 kPa②。

（二）硬塑料和复合型 IBCs

（1）21H1、21H2、21HZ1 和 21HZ2 型 IBCs：施加表压为 75 kPa；

（2）31H1、31H2、31HZ1 和 31HZ2 型 IBCs：施加的表压选择下列两个数值中较大者，其中第一个数值按照下述方法之一确定。

① 55℃时，IBCs 容器内所测得的总表压③（即装载物质的蒸气压力加上空气或其他惰性气体的局部压力减去 100 kPa)乘以安全系数 1.5；

② 拟装运物质在 50℃时的蒸气压力乘以 1.75，减去 100 kPa，但最低试验压力应为 100 kPa；

③ 拟装运物质在 55℃时的蒸气压力乘以 1.5，减去 100 kPa，但最低试验压力应为 100 kPa。

---

① 须用合适的方法确定 IBCs 的气密性，例如用气压压差测试法或把 IBCs 浸入水中，或对于金属 IBCs 用肥皂溶液涂在接缝上的方法。如采用后者，须乘以液压校正系数。

② 31A、31B 和 31N 型 IBCs 在施加表压 200 kPa 之前，必须先施加表压 65 kPa。

③ 总表压应以运输法规［例如国际海运危规(IMDG code)]规定的最大装载度和 15℃的装载温度加以确定。

第二个值为：拟装运物质静压的 2 倍，但最低试验压力应为水静压的 2 倍。

试验时，将准备好的待测样品灌满模拟物（通常选水），将压力表与加压泵连接并通过连通部件固定在 IBC 的灌装口，往容器内加压 3.3.6(2)所规定的表压，并保持至少 10 min。

试验结束后，样品既未出现渗漏，也未发生任何危及运输安全的永久性变形，则可视为通过该项试验。

八、跌落试验

IBCs 的跌落试验与包装容器的跌落试验方法类似，具体参见第十八章第二节。

九、扯裂试验

试验前须将 IBCs 装填至不少于其容量的 95%，并且须达到其最大许可总重，内装物应分布均匀。试验时，将待测 IBCs 样品置于地面，在其宽面的壁上，与主轴线成 45°角，在内装物底平面和顶平面的中间位置切一个完全穿透长度的 100 mm 的刀口。

向 IBCs 样品均匀地施加负荷，所施加的负荷应为其最大允许负荷的两倍。该施加负荷应保持至少 5 min。设计上使用顶部提升或侧面提升的中型散装容器应在施加负荷撤除之后，被提升至脱离地面并保持该位置至少 5 min。也可以采用其他等效方法。

试验结束后，样品表面切口的扩大不得超过其原来长度的 25%，可视为其通过该项试验。

十、倾覆试验

试验前须将 IBCs 装填至不少于其容量的 95%，并且须达到其最大许可总重，内装物应分布均匀。试验时，将 IBCs 样品放置在一定的高度（具体见表18-7）后推倒，使其顶部的任何一部位撞击到一个坚硬、无弹性、光滑、平坦并且水平的表面。

表 18-7　IBCs 的倾覆高度

IBCs 包装等级	倾 覆 高 度
Ⅰ类	1.8 m
Ⅱ类	1.2 m
Ⅲ类	0.8 m

试验结束后,如样品满足下列条件,则可视为通过该项试验。

(1) 内装物无损失;

(2) 撞击后,有少量内装物自封口或缝合处渗出,但不继续渗漏。

十一、复原试验

试验前须将 IBCs 装填至不少于其容量的 95%,并且须达到其最大许可总重,内装物应分布均匀。试验时,IBCs 侧面向下平放在地上,使用一个或两个提升装置(如有四个提升装置)以 0.1 m/s 的速度提升至直立状态,脱离地面。试验结束后,IBCs 及其提升装置未发生任何危及运输或装卸安全的损坏,则可视为通过该项试验。

参考文献

[1] 王利兵.危险化学品分类及包装技术.北京:化学工业出版社,2009.

[2] 李政禹.化学品 GHS 分类方法指导和范例.北京:化学工业出版社,2010.

[3] 联合国欧洲经济委员会.关于危险货物运输的建议书 试验和标准手册(第6修订版).联合国,2017.

[4] 联合国欧洲经济委员会.关于危险货物运输的建议书 规章范本(第20修订版).联合国,2017.

第十九章

化学品测试实验室资质

检验检测机构为了向社会与客户提供检测、校准服务，需要依靠其完善的组织结构、高效的质量管理和可靠的技术能力为社会与客户提供检测、校准技术服务。检验检测机构向社会与客户出具具有证明作用的数据和结果，必须向主管当局证明本机构具备向社会提供数据和服务的能力，并获得主管当局的核准或者认可，才能为社会提供检测服务。

实验室认可是由经过授权的认可机构对实验室的管理能力和技术能力按照约定的标准进行评价，并将评价结果向社会公告以正式承认其能力的活动。认可组织通常是经国家政府授权从事认可活动的，因此经实验室认可组织认可后公告的实验室，其认可领域范围内的检测、校准能力不但为政府所承认，其检测、校准结果也被社会和贸易双方使用。

在化学品的测试、试验、评价、鉴定、注册申报和认证领域，所涉及的检验、检测和鉴定机构资质体系，在中国为 CMA 中国计量认证体系、CNAS 中国国家实验室认可体系、部分监管部门内部的 GLP 监管体系，在国际上得到主要经济体的广泛认可的资质体系为合格实验室规范体系 GLP。

以下内容从中国国内的实验室认可/认证体系到国际上主要经济体的实验室规范体系展开介绍，再对比讨论各个相关认证体系的异同点。

第一节　中国的 CMA 计量认证和 CNAS 认可

一、CMA 计量认证

中国计量认证（China Inspection Body and Laboratory Mandatory Approval，CMA），由省级以上人民政府计量行政部门依据《中华人民共和国计量法》的规定对产品质量检验机构的计量检定、测试能力和可靠性、公正性进行全面的认证及评价，证明其是否具有为社会提供公正数据的资格。CMA 认证的对象可以分为计量检定机构、产品质量检验机构和计量器具生产企业三种。只有取得计量认证合格证书的检验检测机构,才能够从事检验检测工作,国家将授予"CMA"计量认证标志,此标志可加盖在检测报告的左上角。根据计量认证管理法规规定,经计量认证合格的检测机构出具的数据,用于贸易的出证、产品质量评价、成果鉴定作为公证数据具有法律效力。未经计量认证的技术机构为社会提供公证数据属于违法行为。计量认证是检测机构进入市场的准入证。

CMA 计量认证的目的是监督考核有关技术机构的计量检测工作质量,促进有关技术机构提供准确、可靠的检测数据,保证计量检测数据的一致准确,保护国家、消费者和生产厂的利益,同时也是为了帮助有关技术机构提高工作质量、树立检测机构的信誉,为在国际上相互承认检测数据,促进商品出口创造条件。

CMA 计量认证具有非常严格的科学性和严肃性。国家技术监督局制定的国家计量技术规范《产品质量检验机构计量认证技术考核规范》(JJF1021—1990)提出了通过计量认证要进行的准备及计量认证考核的标准,也说明了计量行政部门组织计量认证考核评审时,判断能否通过计量认证的具体要求和考核办法。制定该规范时参考的法规文件有《中华人民共和国计量法》第二十二条、《中华人民共和国计量法实施细则》第七章、《产品质量检验机构计量认证管理办法》,还参考了 ISO/IEC 导则 25:"对测试实验室技术能力的通用要求",ISO/IEC 导则 38:"验收测试实验室的基本要求"等国内外有关的实验室认证文件。该规范适用于产品质量检验机构的计量认证,也适用于自愿申请计量认证的其他类型的实验室。

CMA 计量认证工作是一项技术性很强的执法监督工作。

为了使检测质量得到社会普遍认可,参与国内外竞争,实验室除了申请CMA 计量认证之外,还有必要申请实验室认可,即 CNAS 认可。

二、CNAS 认可

中国合格评定国家认可委员会(China National Accreditation Service for Conformity Assessment,CNAS),是根据《中华人民共和国认证认可条例》的规定,由国家认证认可监督管理委员会批准设立并授权的国家认可机构,统一负责对认证机构、实验室和检查机构等相关机构的认可工作。CNAS 通过评价、监督合格评定机构(如认证机构、实验室、检查机构)的管理和活动,确认其是否有能力开展相应的合格评定活动(如认证、检测和校准、检查等)、确认其合格评定活动的权威性,发挥认可约束作用。

CNAS 于 2006 年 3 月 31 日正式成立,由原中国认证机构国家认可委员会(CNAB)和原中国实验室国家认可委员会(CNAL)两个委员会合并而成。

  CNAS 认可的类别,按照认可的对象分类,分为管理体系认证机构认可、检测或校准实验室及相关机构的认可和检验机构认可等。以上三类认可皆依据法律法规,基于 GB/T27011 的要求(等同采用国际标准 ISO/IEC17021),对管理体系认证机构、检测或校准实验室和检验机构进行评审,证实其是否具备开展对应特定活动的能力。对于满足要求的管理体系认证机构、检测或校准实验室和检验机构,予以正式承认,并颁发认可证书,以证明该机构具备实施特定活动的技术和管理能力。

  截至 2018 年 7 月底,CNAS 累计认可实验室 9 442 家,其中检测实验室 7 869 家、校准实验室 1 090 家、医学实验室 313 家、生物安全实验室 82 家、标准物质生产者 19 家、能力验证提供者 69 家。检测/校准实验室是获得 CNAS 认可数量最多的合格评定机构,我国已经成为国际互认成员认可实验室数量最多的国家。认可对数据互认并建立信任的巨大作用已经得到全社会的广泛认同。同时,认可对促进中国产品顺利进入国际市场和提升中国实验室在国际同行中的话语权起到了积极的促进作用。

三、CMA 计量认证与 CNAS 实验室认可的比较

  CMA 计量认证与 CNAS 实验室认可的比较见表 19 - 1。

表 19 - 1　CMA 计量认证与 CNAS 实验室认可的比较

类　别	CMA 计量认证	CNAS 实验室认可
目的	完善质量管理体系:加强对实验室的质量管理,保证实验室的检验能力,使其出具的数据准确可靠,具备科学性和公正性	完善质量管理体系:加强对实验室的质量管理,保证实验室的检验能力,使其出具的数据准确可靠,具备科学性和公正性
法律依据	CMA 计量认证以《计量法》和《计量法实施细则》为依据	CNAS 实验室认可是以 GB/T27025—2008:(等同采用 ISO/IEC17025:2005)《检测和校准实验室能力的通用要求》为依据
评审依据	由国务院和省级两级质量技术监督部门按照《产品质量检验机构计量认证/审查认可(验收)评审准则》(各省等同采用的依据有所不同,有等同采用 ISO/IEC 导则 25:1990,也有等同采用 ISO/IEC17025:2017 的要求实施考核)	由中国合格评定国家认可委员会(CNAS)按照 CNAS - CL01:2018《检测和校准实验室能力认可准则》(等同采用 ISO/IEC17025:2017)的要求实施考核
性质	是强制性的政府行为	不论规模大小,都可以自愿申请实验室认可

续表

类　别	CMA 计量认证	CNAS 实验室认可
评审对象	依据国家法律法规,针对向社会出具公正数据的第三方检测/校准实验室	社会各界第一、二、三方检测/校准实验室
类型	国家和省两级认定	国家实验室认可
实施机构	省级以上质量监督部门及国家计量认证行业评审组	中国合格评定国家认可委员会(CNAS)
地位和作用	实验室通过计量认证考核,获得计量认证证实,可以使用 CMA 标志,在国内确保检测和校准数据的法律效力	通过实验室认可的考核,表明实验室具备了按照有关标准开展检测和/或校准服务的能力;列入国家《国家认可实验室名录》,提高实验室市场竞争力、信誉度和知名度;获得 CNAS 签署互认协议的国家与地区的承认;在认可业务范围内使用"中国实验室国家认可"标志
有效期	资质认定证书有效期为 3 年	CNAS实验室认可证书有效期 5 年

四、ISO17025 标准简介

由于在前文中提到了 ISO17025 标准,现在予以简介。

ISO/IEC17025 标准是由国际标准化组织 ISO/CASCO(国际标准化组织/合格评定委员会)制定的实验室管理标准,目前最新版本为 ISO/IEC 17025：2017。中国在具体实施 ISO/IEC17025 时,将其等同转化为国家推荐性标准 GB/T27025《检测和校准实验室能力的通用要求》执行,截至发稿日 GB/T27025—2008 仍现行有效。目前中国正依据最新版本的 ISO/IEC17025：2017 更新国际 GB/T27025。

ISO17025 标准,主要包括：定义、组织和管理、质量体系、审核和评审、人员、设施和环境、设备和标准物质、量值溯源和校准、校准和检测方法、样品管理、记录、证书和报告、校准或检测的分包、外部协助和供给、投诉等内容。该标准中核心内容为设备和标准物质、量值溯源和校准、校准和检测方法、样品管理,这些内容重点是评价实验室校准或检测能力是否达到预期要求。

中国实验室国家认可委员会(CNAS)是我国唯一的实验室认可机构,承担全国所有实验室的 ISO17025 标准即 GB/T27025 的认可。按照国际惯例,凡是通过 ISO17025 标准的实验室提供的数据在国际上均具备法律效应,得到国际认可。目前国内已有千余家实验室通过了 ISO17025 标准认证,通过标准的贯彻,提高了实验数据和结果的精确性,扩大了实验室的知名度,从而大大提高了经济和社会效益。

第二节　国际与区域实验室认可组织

一、国际实验室认可合作组织(ILAC)

国际实验室认可合作组织(International Laboratory Accreditation Cooperation, ILAC)的前身是 1977 年产生的国际实验室认可大会(International Laboratory Accreditation Conference,ILAC),其宗旨是通过提高对获认可实验室出具的检测和校准结果的接受程度,以便在促进国际贸易方面建立国际合作。1996 年 ILAC 成为一个正式的国际组织,其目标是在能够履行这项宗旨的认可机构间建立一个相互承认协议网络。ILAC 目前有 100 多名成员,分为正式成员、协作成员、区域合作组织和相关组织等。ILAC 的目标为:

(1) 研究实验室认可的程序和规范;

(2) 推动实验室认可的发展,促进国际贸易;

(3) 帮助发展中国家建立实验室认可体系;

(4) 促进世界范围的实验室互认,避免不必要的重复评审。

ILAC 多边承认协议(MRA)的作用:

ILAC 通过建立相互同行评审制度,形成国际多边互认机制,并通过多边协议促进对认可的实验室结果的利用,从而减少技术壁垒。截至 2006 年,包括我国在内的 54 个实验室认可机构成为国际实验室认可合作组织的正式成员,并签署了多边互认协议,为逐步结束国际贸易中重复检测的历史,实现产品"一次检测、全球承认"的目标奠定了基础。

1996 年 9 月国际上 44 个实验室认可机构包括中国的原中国实验室国家认可委员会(CNACL)和原中国国家进出口商品检验实验室认可委员会(CCIBLAC)签署了正式成立"国际实验室认可合作组织"的谅解备忘录(MOU),成为 ILAC 的第一批正式全权成员。ILAC 的经费来源于其成员交纳的年金。目前,CNAS 是中国认可机构在 ILAC 中实验室认可多边互认协议方的正式成员。

二、亚太实验室认可合作组织(APLAC)

由于地域的原因,在国际贸易中相邻的国家/地区之间和区域内的双边贸易占了很大的份额。为了减少重复检测促进贸易的共同目的,在经济区域范围内建立的实验室认可机构合作组织更为各国政府和实验室认可所关注,这些组织开展的活动也更活跃更实际。

亚太实验室认可合作组织(Asia Pacific Laboratory Accreditation Cooperation,

APLAC），是亚太区域对实验室、标准物质生产者、和检查机构实施认可的认可机构合作组织，1992 年成立于加拿大。其成员由环太平洋国家和地区的实验室认可机构和主管部门组成。原中国实验室国家认可委员会（CNACL）和原中国国家进出口商品检验实验室认可委员会（CCIBLAC）作为发起人之一参加了第一次会议并签署了 APLAC 的 20 个认可机构参与的认可谅解备忘录（MOU）。目前，CNAS 是中国认可机构在 APLAC 中实验室认可多边互认协议方的正式成员。

APLAC 自从成立以来，一直把主要精力放在发展多边互认协议（MRA）上面，因为 APLAC 的主要目标是在亚太地区内为实验室认可机构提供信息交流、能力验证、人员培训和文件互换等合作。其长远目标是达成成员之间的互认，实现与相应的区域性组织（如西欧校准合作组织 WECC 和西欧实验室认可组织 WELAC）的互认，从而达成 ILAC 多边互认协议。

MRA 的作用：通过 APLAC 全面系统的同行评审，其认可制度符合国际准则全部要求的 APLAC 成员中的实验室认可机构之间签署的 APLAC 多边承认协议（APLAC/MRA），这些认可机构组成 APLAC/MRA 集团，通过区域间实验室认可机构的相互承认协议，可促进一个国家/地区获准认可的实验室所出具的检测或校准的数据与报告可被其他签署机构所在的国家/地区承认和接受。

第三节　国际上的 GLP 管理体系

GLP 全称为 Good Laboratory Practice，中文译为"合格实验室规范"或"良好实验室规范"，是严格实验室管理、规范实验室行为的一套规章制度，是一种与非临床健康和环境安全性研究的计划、实施、监督、记录、报告和建档有关的，涉及组织过程与条件的质量体系。主要用于以获得登记、许可及满足管理法规需要为目的的非临床人类健康和环境安全试验，适用对象包括医药、农药、兽药、工业化学品、化妆品、食品/饲料添加剂等，应用范围包括实验室试验、温室试验和田间试验，自 20 世纪 70 年代末已成为国际上从事安全性研究和实验研究共同遵循的规范。

一、经济合作与发展组织（OECD）的 GLP 体系与 MAD 数据互认

（一）经济合作与发展组织（OECD）的 GLP 体系

1978 年，经济合作与发展组织（OECD）制定了统一的 GLP 规范和有效的实施办法，并成立了 GLP 专家组，着手制定 GLP 原则。OECD 理事会 1981 年

通过了"化学品评价数据互认的决议（MAD）"，要求 OECD 各成员国必须遵循化学品安全评价 GLP 原则，同时，必须按照 OECD 化学品试验准则进行试验。在随后的 20 多年里，OECD 一直在不断地实施化学品安全评价 GLP 工作，并且也不断地颁布有关的决议和决定，并以一致性文件的方式在成员国以及成员国以外的国家和地区中实施。截至 2005 年，已公布的决议文件有 15 个，具体是：OECD GLP 原则、GLP 遵从准则、检查和试验审核准则、QA 与 GLP、试验供应商遵从 GLP、GLP 在田间试验中的应用、GLP 在短期试验中的应用、项目负责人的作用/责任、检查报告准备导则、GLP 在计算机试验中的应用、委托方的作用/责任、在其他国家要求/实施的检查和审核、GLP 在多场所试验组织和管理中的应用、GLP 在体外试验中的应用、组织病理学同行评议在 GLP 中的应用等。

OECD 要求各成员国设立 GLP 检查机构和/或联络部门，实施检查认证制度，即须先获得 OECD GLP 证书以后才能声明其遵从性，由 GLP 机构自由提出检查申请，证书常规 2～4 年有效。再次认证检查仍由 GLP 机构申请。

OECD 各成员国虽均有自己的 GLP 原则，但整体原则是一致的。现场检查主要有三类，分别是试验机构检查、专题研究核查以及管理机构对提交数据有所怀疑时的特殊检查。OECD 一般事先通知拟检查的实验室。

（二）MAD 数据互认

MAD 全称为 Mutual Acceptance of Data，中文译为"数据互认"。多年来 OECD 都采用关于化学品评估的三个具有法律约束力 MAD 决议。这三个决议是化学品测试数据互认管理工作的依据。

化学品测试在任何一个国家都是耗费巨大的成本、时间、资源和实验动物的工作，为了减轻这些负担，OECD 理事会在 1981 年通过了《经合组织理事会关于良好实验室规范符合性建议的决议》[C(81)30(Final)]。该决议指出，"会员国以评估为目的和其他用途的有关保护人类健康和环境按照 OECD 试验准则和良好实验室规范（GLP）原则产生的数据，在其他会员国应被接受"。1981 年规定的决议规定范围为 OECD 所有成员国，用于化学品评估产生的安全数据在另一成员国不必再以安全评估为目的进行重复测试。目前 OECD 的 30 个成员国的化学品评价资料都已经实行互认。

OECD 理事会在 1989 年通过的理事会决议《经合组织理事会关于相互接受化学品评估数据（MAD）的决议》[C(89)87(Final)]，建议通过政府的审查和研究审核来监督 GLP 的符合情况，以及建立一个国际间的监控和数据接受部门。该决议还要求各国协调 GLP 符合性验证系统，这样各国间交流测试研究数据信息时能使用相同的术语，也使得各国能了解并信赖符合性监督工作。

1997年，基于越来越多的非 OECD 成员国显示出对化学品评估数据互认的兴趣，OECD 通过了第三个 MAD《经合组织理事会关于非成员国遵守经合组织理事会相互接受化学品评估数据的决议》[C(97)114(Final)]。该决议决定将 MAD 向非成员国开放，对加入 MAD 的非成员国提出分步执行的相关要求。

自从 OECD 通过第三个 MAD 决议后，南非、印度、新加坡、中国等陆续成为 MAD 成员。目前中国的实验室通过 OECD GLP 观察团的审核通过，取得 OECD GLP 认证后，即意味着在指定研究领域可以出具被 OECD 34 个成员国和 7 个数据互认国(MAD)接收的报告，实现"全球通用"。截至目前，位于中国的实验室，已有 19 家试验机构相继取得 OECD 成员国 GLP 认证并公布。

二、美国的 GLP 监管体系

美国是通过行政立法、有关指导性文件和现场检查来达到指导、监督和管理 GLP 的实施。美国食品药品管理局(FDA)制定的药品 GLP 规范于 1979 年 6 月生效。随后，美国环境保护署(EPA)依据《联邦杀虫剂、杀菌剂和杀鼠剂管理法》(FIFRA)及《有毒物质控制法》(TSCA)，分别发布了两个与 FDA 相似的 GLP 法规，于 1983 年 12 月 29 日实施，用于与健康毒理、环境影响和化学品试验相关的研究，包括工业化学品和农药，其目的是确保根据试验协议和有毒物质控制法(TSCA)第 4 部分试验准则所提交的数据的质量和完整性。1990 年 EPA 又提出《良好自动化实验室规范》(Good Automated Laboratory Practice，GALP)专门对计算机和数据处理系统认证进行了规范。目前美国 FDA 负责执行和监督医药、医疗器械、化妆品的 GLP，由 EPA 负责执行和监管农药、工业化学品的 GLP。

在美国，GLP 的检查是执法行为，并不是由实验室申请的自愿检查。GLP 检查是采取基于风险管理的检查，分为常规检查和有因检查，因此 GLP 检查是随机的，事前可以不通知实验室，实际上 EPA 多在检查前 2 周通知实验室。检查者是专职人员，通常由政府官员和专家组成，一般 2~3 人，检查费用均由政府承担，实验室无须承担任何检查费用。检查后如有问题，可对实验室行政处罚，甚至追溯使用该实验室数据为产品注册登记的申报人的责任。

美国的实验室只要自己声明是符合 GLP 的，即可为产品注册提供数据，而基于"信任原则"政府部门将接受该数据。因此，GLP 检查一般为事后针对报告的检查，即政府部门已经掌握了该实验室为产品注册或登记提供的测试报告，对已有实际报告的实验室进行检查。

检查结果分为 3 类：

(1) 没有发现问题；

（2）发现问题，但不影响数据质量，不影响其资质，不进行行政处置；

（3）发现问题，进行行政处置。

此外，美国 EPA 还设立了多个由政府投资的实验室，这些实验室不对外服务，主要从事对问题测试结果的仲裁或验证，以及新试验方法的开发和验证等。

三、日本的 GLP 监管体系

日本是亚洲实施 GLP 准则较早的国家，早在 1983 年厚生劳动省就正式实施了 GLP 准则《医药品安全性试验实施基准》。之后，农林水产省、经济产业省和环境省又先后共制定 7 个不同领域的 GLP 准则，分别涉及药品、农药、化学物质、新化学物质、兽用药品、饲料添加物及医疗器械。其中，厚生劳动省药品医疗器械综合机构负责药品和医疗器械 2 个体系；经济产业省、厚生劳动省和环境省共同负责工业化学品；厚生劳动省的日本国际职业安全卫生中心负责工作环境化学品；农林水产省农林水产消费安全技术中心负责农药和饲料添加剂；农林水产省动物医药品检查所负责兽药。

日本实施 GLP 准则以来，自 1984 年开始实施 GLP 检查工作。检查程序是：安全性评价机构提出申请、交纳检查费用后实施现场检查。现场检查报告交由 GLP 评价委员会评价，得出检查结果。

检查结果分为 A、B、C 三类。

A：检查时未发现违反 GLP 规范；

B：检查时发现有违反 GLP 规范的地方，经整改后可以符合；

C：不符合 GLP 规范。

根据三类检查结果，监管机构采取不同的方式进行处理。对评价为 A 的安全性评价研究机构，每 3 年检查一次；申报新药时，只须递交试验总结报告书。对评价为 B 的安全性评价研究机构，每 2 年检查一次；申报新药时，同时递交试验总结报告书和实验的原始数据。对评价为 C 的安全性评价研究机构，则不受理其新药报批申请资料。

日本化学品 GLP 主要是基于化学物质控制法（CSCL）的要求开展的，厚生劳动省负责健康毒理，环境省负责生物系统效应，经济产业省负责降解和蓄积。实验室根据开展测试项目所属的专业领域，分别向各部门提出申请。各部门在接到申请半年内，组织现场检查。日本环境省的 GLP 专家也都是专职，每次检查实验室时，环境省派出 1～2 名官员，邀请 1～2 名专家，每个实验室现场检查时间为 1～2 天。日本环境省对工业化学品生物系统效应测试 GLP 机构的符合性监督检查，具体技术支持单位为日本国立环境研究所（NIES）。

除上述美国、世界经合组织（OECD）、日本等国家之外，荷兰、韩国、瑞士、英国等也都建立了本国的 GLP 监管体系。而且，大多数国家的 GLP 监管模式基本类似,主要是依据职责分工由各主管部门负责执行和监控 GLP 实施。

第四节　中国的 GLP 监管体系

由于监管的产品类型不同,中国的 GLP 监管部门原国家食品药品监督管理局(药品)、原农业部(农药和兽药)和原环境保护部(新化学物质)分别建立了各自的合格实验室或 GLP 监管体系,也在各自领域内公布了相应的认可实验室。

此外,还有 2 个监管部门也涉及合格实验室,一个是负责化妆品和医疗器械的登记管理工作的原国家食品药品监督管理局,另一个是负责食品相关产品新品种申报的原国家卫生与计划生育委员会,但都还未在各自的注册领域开展 GLP 工作。

中国目前建立的相对成熟的 GLP 体系主要有 3 个,基本是按照三类不同的产品,有 3 个主管部门负责本领域的 GLP 执行和监管,即农药由农业部负责;医药由原国家食品药品监督管理局负责;新化学物质由原环保部负责。

(一) 国家食品药品监督管理局(CFDA)(药品)GLP 管理现状

CFDA 管辖下的药品 GLP 只涉及健康毒理领域。1994 年原国家科委发布的《药品非临床研究质量管理规定(试行)》,1999 年原国家药品监督管理局(SFDA)颁布的《药物非临床研究质量管理规范(试行)》和 2001 年新修订的《中华人民共和国药品管理法》将药物的非临床安全评价研究机构实施 GLP 列为法定要求。2003 年,SFDA 颁布《药物非临床研究质量管理规范(试行)》和《药物 GLP 认证检查方法(试行)》后,药品 GLP 认证检查开始在全国开展,2004 年行政许可法实施,GLP 检查认证被列为 SFDA 的行政许可目录,随时申请,随时检查,检查通过发布总局公告。

2006 年,SFDA 颁布了《关于推进实施〈药物非临床研究质量管理规范〉的通知》(国食监安[2006]587 号),规定自 2007 年起,为药品注册的测试必须在经过 GLP 认证的实验室里开展,否则,其药品注册申请将不予受理。2007 年,SFDA 颁布了《药物非临床研究质量管理规范认证检查方法》代替《药物 GLP 认证检查方法(试行)》,进一步规范了 GLP 的认证管理工作。

原国家食品药品监督管理局对药品的 GLP 检查也分为定期检查(每 3 年一次)、随机检查和有因检查。截至目前,食药总局共公布了 58 家 GLP 实验室。

(二) 农业部 GLP 管理现状

农业部负责农药、兽药和饲料的登记管理,农药 GLP 涉及物理和化学性质、残留、健康毒理、环境毒理和环境行为等领域。2003 年,农业部颁布的《农药毒理学安全性评价良好实验室规范》(NY/T718—2003),这是农药的第一个GLP 规范文件,仅涉及毒理领域。2006 年,农业部发布《农药良好实验室考核管理办法(试行)》,明确了这是一个 GLP 检查文件。随后颁布了《农药理化分析良好实验室规范准则》(NY/T 1386—2007)、《农药残留试验良好实验室规范》(NY/T 1493—2007)及《农药环境评价良好实验室规范》(NY/T1906—2010)。

农药的 GLP 证书有效期是 5 年,GLP 的审核等具体工作由其直属单位农业部农药检定所承担,通过考核的 GLP 机构由农业部发布公告。目前,农业部公布了约 20 家 GLP 实验室,大多为理化与健康毒理测试实验室。

(三) 环保部 GLP 管理现状

环境保护部早在 20 世纪 80 年代初,原国家环境保护总局时期就开始了关于化学品测试合格实验室体系的建立、化学品测试标准及规范化等基础研究工作。2003 年,《新化学物质环境管理登记办法》实施以后,为满足在中国境内用中国的供试生物完成测试,加强对新化学物质测试数据质量的要求,建立健全化学品测试合格实验室体系,2004 年颁布了《化学品测试合格实验室导则》(HJ/T 155—2004),该标准参照 OECD 的 GLP 原则,适用于理化性质、健康毒理和生态毒理测试实验室,规定了为化学品环境管理提供资料数据的实验室在质量保证方面的基本要求。2010 年,环境保护部启动《化学品测试合格实验室导则》(HJ/T 155—2004)的修订工作,一是参考 OECD 的 GLP 原则,对《化学品测试合格实验室导则》进行了系统的补充更新,并更名为《化学品测试合格实验室规范导则》,二是增加了“化学品测试合格实验室符合性监督导则”“化学品测试合格实验室检查和审核导则”“化学品测试合格实验室检查报告编制导则”三个导则,并于 2012 年 5 月公开向社会征求意见。这些导则的更新与制定标志着环境保护部的化学品测试合格实验室在质量保证要求、管理规范上与OECD 的 GLP 导则进行了正式接轨。2012 年 1 月,环保部发布了《关于印发〈化学品测试合格实验室管理办法〉的通知(环办[2012]7 号)》。这是环境保护部发布实施的首个化学品 GLP 管理法规,标志着环境保护部正式按照 OECD的有关 GLP 要求开展对国内化学品测试机构的监督管理。该办法规定,合格实验室可以承担相应的化学品申报登记和化学品环境危害性鉴定有关的测试工作。

为配合新化学物质的申报测试,原环境保护部自 2003—2015 年先后公布了十几家通过环保部 GLP 检查考核的新化学物质测试机构,要求在中国境内为新化学物质申报测试提供生态毒理学测试的机构必须为环保部公布的测试机构。2016 年 12 月 29 日,原环境保护部办公厅印发《关于规范化学品测试机构管理的公告(2016 年第 85 号)》指出,原环境保护部将取消化学品测试机构评审及公告制度,而《化学品测试合格实验室管理办法》以及所有公布化学品测试合格实验室名单的相关公告将于 2017 年 4 月 1 日废止。此后为新化学物质申报目的的提供测试数据的境内测试机构应符合如下要求:

(1) 依法通过资质认定(计量认证);

(2) 从事新物质生态毒理学测试的,需要依据国家有关良好实验室规范(GLP)系列标准以及环保部《化学品测试合格实验室导则》等标准规范进行自我检查,并就是否符合 GLP 进行自我声明;

(3) 从事理化性质、健康毒理学测试的,需要符合《危险化学品安全管理条例》等相关法律法规及国家有关主管部门的要求。

另外,《公告》要求测试机构加强信息公开,应当在其官方网站及环保部固体废物与化学品管理技术中心(MEPSCC)网站上公布符合 GLP 的自我声明,并公布测试机构的详细情况并及时更新,接受社会监督。测试机构对声明内容的真实性、准确性负全部责任。《公告》要求建立终身责任制,即各测试机构对所出具的测试报告终身负责,并承担法律责任。

同时,《公告》指出环保部将加强对新物质登记所提交数据的审核,制订新物质登记数据质量管理规范,重点对提供生态毒理学测试数据的机构进行监督检查,并将检查结果进行公布。对经查实存在数据失真、方法错误、结果错误等严重问题的测试报告,将不予用于新物质登记。更严重的是,对提供虚假声明的、伪造原始记录的、伪造测试结果的、出具虚假报告的测试机构,环保部门按照规定将其失信信息记入其环境信用记录,暂停直至停止接受其测试数据,并将测试机构的环境信用信息向社会公开。

(四) 中国不同监管部门 GLP 体系比较

中国不同监管部门 GLP 体系比较见表 19 - 2。

表 19 - 2　中国不同监管部门 GLP 体系比较

登记产品	药　品	农　药	新化学物质
主管部门	原国家食品药品监督管理总局	原农业部	原环境保护部
GLP 具体承担单位	原国家食品药品监督管理总局食品药品审核查验中心	原农业部农药检定所	环境保护部固体废物与化学品管理技术中心
上位法	《药品管理法》	《农药条例》	《新化学物质环境管理登记办法》7 号令

续表

登记产品	药 品	农 药	新 化 学 物 质
GLP 专项法规	《药物非临床研究质量管理规范认证检查方法》	《农药良好实验室考核管理办法(试行)》	国家有关良好实验室规范(GLP)系列标准以及环保部《化学品测试合格实验室导则》
检查方式	行政审批(定期检查,3 年一次,有因检查、随机检查)	定期检查、随机检查和有因检查	自我检查,并就是否符合 GLP 进行自我声明
领域	健康毒理	物理和化学性质、残留、健康毒理、环境毒理、环境行为	生态毒理、健康毒理、理化性质

(五) 中国"GLP 规范"同 OECD"GLP 原则"的比较

中国"GLP 规范"同 OECD"GLP 原则"的主要不同点见表 19‐3。

表 19‐3　中国"GLP 规范"与 OECD"GLP 原则"的主要不同点

	OECD"GLP 原则"	中国"GLP 规范"
适用范围	药品、农药、化妆品、兽药、食品添加剂、饲料添加剂和化学制品等的安全性评价	为申请药品注册而进行的非临床研究
人员职责	1. 试验方案及总结报告由专题负责人(SD)批准 2. QAU 不定期检查动物饲养设施、实验仪器和档案管理	1. 试验方案及总结报告由机构负责人(FM)批准 2. 要求 QAU 定期检查动物饲养设施、实验仪器和档案管理
供试品及对照品	1. 供试品接受后,在盛装容器贴标签,注明:品名、批号、有效期、贮存条件、容器重、总重量、容器号 2. 接受后的供试品应记录如下信息:化学名、批号、物化性质、稳定性、浓度、纯度、贮存条件、容器存放位置、容器重、总重量、容器号、接受日期、运输条件 3. 用于试验的受试品应记录如下信息:使用日期、试验代号、使用前重量、使用后重量、使用量、根据剂量计算出的应使用量、供试品室该受试品的库存量 4. 每个批次的受试品都应保留足够用于分析的药品量。留样期限同试验原始数据和标本(药品上市 5 年后)	1. 供试品接受后,在盛装容器贴标签,注明:品名、批号、缩写名、有效期和贮存条件 2. 接受后的供试品应记录如下信息:化学名、批号、物化性质、稳定性、浓度、纯度、贮存条件 3. 要求有相关记录 4. 没有此项要求
试验方案	1. 要求有 SD 的签名及联系地址 2. 如有修改或补充,必须由 SD 签字确认	1. 要求有 SD 的签名 2. 如有修改或补充,由 SD 签字确认,QAU 审核,FM 批准

续表

	OECD"GLP 原则"	中国"GLP 规范"
总结报告	1. 总结报告完成后由 SD 签名确认并注明日期。SD 对报告的真实性负责 2. 要求在报告中列出试验方案、留样分析用的供试品及对照品、标本、原始数据和总结报告的保存地点 3. 如有修改或补充,必须由 SD 签字确认	1. 总结报告由 SD 撰写,QAU 审查,FM 批准 2. 要求列出标本、原始数据和总结报告的保存地点 3. 如有修改或补充,由 SD 签字确认,QAU 审核,FM 批准
档案管理	如果研究机构倒闭,各项试验的资料档案应转移到各个试验委托方的档案室	没有明确规定

(六) 讨论

中国自 20 世纪开始进行 GLP 研究,分别在环保、卫生、农业、质检等系统开展了 GLP 实验室的建立。如上文所述,目前中国已有 19 家试验机构相继取得 OECD 成员国 GLP 认证并公布。然而总体上,由于我国的实验室建设发展慢,硬件和软件管理的平均水平距离国际上发达国家的 GLP 体系要求还有一定的差距。我国是化学品贸易与生产大国,需要更多的本国实验室来支持化学品评估事业,因此,我们国家需要向国际上的 GLP 成熟体系学习,使更多的中国实验室获得国际认可。

第五节　中国化学品监管部门对实验室资质的要求

化学物质及其在应用领域进行注册时,主管当局会根据法规的规定要求注册人提供物理化学,毒理学和/或生态毒理学的数据。

(一) 新化学物质的物理化学测试(包括光谱数据和色谱数据等鉴别数据,但不包括聚合物的凝胶渗透色谱图)方面,生态环境部公布名单之前,应为拥有下列资质之一的测试机构:中国合格评定国家认可委员会实验室认可(CNAS)、国家级计量认证(CMA)、农业部农药良好实验室(GLP)考核,但只能提供其资质允许测试项目或指标的数据。毒理学方面,生态环境部公布名单之前,应为拥有下列资质之一的测试机构:国家市场监督管理总局药物非临床研究质量管理规范(GLP)认证管理、卫生健康委员会化学品毒性鉴定机构化学品毒性鉴定实验室条件及工作准则、中国国家认证认可监督管理委员会批准的良好实验室规范(GLP)评价。只能提供其资质允许测试项目或指标的数据。境外测试机构需要通过其所在国家主管机构的检查或者符合合格实验室规范

（GLP 规范）。

（二）危险化学品的登记方面，对于有权威的理化、毒理和生态环境数据的化学品可以直接采用来进行危害性评估和危险化学品登记。对于新的化学品，如果企业不能提供理化、毒理和生态数据以至于不能进行危害性分类和评估，企业则需要对化学品先进行物理化学危险性的鉴定，再确认是否需要进行危险化学品登记。物理化学性质鉴定机构的名单由国家安全监督管理总局负责公告。鉴定机构至少要求通过国家 CMA 认证，在此基础上，要求通过国家安全监督管理总局对实验室的审查。

（三）危险货物包装容器的性能鉴定，应由危险货物包装容器的生产企业向出入境检验检疫机构申请，包装容器经出入境检验检疫机构鉴定合格并取得性能鉴定证书的，方可用于包装危险货物。使用未经鉴定或者经鉴定不合格的包装容器的危险货物，依据《中华人民共和国进出口商品检验法实施条例》（国务院 447 号令，2005 年 12 月 1 日施行），不准出口。出口危险货物的生产企业，应当向出入境检验检疫机构申请危险货物包装容器的使用鉴定。危险货物包装容器的性能鉴定和使用鉴定均由出入境检验检疫机构所隶属实验室经试验后出具。实验室为出入境检验检疫机构系统内实验室，并至少通过国家 CMA 认证和 CNAS 认证。

（四）化妆品、食品添加剂、医疗器械的注册，所需要的测试报告需要在主管当局指定的实验室或检验机构完成，这些实验室或检验机构至少须通过国家 CMA 认证和 CNAS 认证，并通过主管当局审查后公布。

综上，为化学品的各种注册、申报提供测试数据或者评估报告的任何国内第三方实验室都至少必须具备 CMA 认证。此外，在实际注册申报法规监管的操作中，同时具备 CNAS 认可的检测机构提供的数据因其数据质量和管理能力的保障更能获得注册监管机构的认可，测试实验委托人会更青睐于选择同时具备 CMA 认证和 CNAS 认可的检测机构。除此以外，主管当局会对部分 CMA 认证和 CNAS 认可的检测机构进行进一步的审核，确认这些检测机构具备提供满足要求的测试数据的能力后，将审核通过的检测机构公布在网站上，如危险化学品理化性质鉴定机构、为医疗器械注册提供测试报告的检测机构等。

参考文献

［1］陆渭林. 实验室认可与管理工作指南. 北京：机械工业出版社，2015.
［2］中国实验室国家认可委员会. 实验室认可与管理基础知识. 北京：中国计量出版社，2003.
［3］全国认证认可标准化技术委员会. GB/T27043—2012 合格评定能力验证的通用要求.

北京：中国标准出版社,2013.

［4］中国合格评定国家认可委员会.CNAS‐RL01：2018 实验室认可规则.北京,2018.

［5］中国合格评定国家认可委员会.CNAS‐CL01：2018 检测和校准实验室能力认可准则.北京,2018.

［6］杨小林.分析检验的质量保证与计量认证.北京：化学工业出版社,2007.

［7］环境保护部.环境保护部 2016 年 第 85 号公告,2016.

［8］国家食品药品监督管理总局.GLP 认证公告.http：//www. sda. gov. cn/WS01/CL0001/.

［9］OECD. OECD series on principles of good laboratory practice and compliance monitoring. 2016‐03‐10. http://www. oecd. org/official documents/publicdisplaydocumentpdf/? cote＝env/mc/chem(98)17&doclanguage＝en.

［10］OECD. Good lab practice：OECD Principles and Guidance for Compliance Monitoring. OECD publishing，2005.

［11］黄金凤,莫蔓,李政军等.化学品国际数据互认的发展趋势.广东化工,2010,37(8).

［12］万红平,焦岫卿.OECD"GLP 原则"与中国"GLP 规范"的比较.中国药事,2006,20(5).

化学品合规管理工具概述

第五篇

第二十章

SDS 和安全标签管理软件

一、SDS 和安全标签管理软件产生的背景

生产和供应化学品的企业,具有识别自己生产或供应的化学品的危害的责任和义务,也必须将本企业识别的化学品的危害性通过书面的方式沿着产品的供应链向下传递给下游经销商代理商、使用产品的客户和承运商,凡是有机会接触到化学品的个人和组织都必须被沟通到该化学品的所有已知的危害性,从而他们才能有意识地去采取相应的防范措施。而传递化学品危害性的书面媒介则是安全技术说明书(SDS)和安全标签。因此化学品的生产商和供应商必须具备编制安全技术说明书(SDS)和安全标签的能力。

本册第三篇化学品危害分类与信息传递篇介绍了如何在 GHS 法规下制作符合法规要求的化学品安全技术说明书(SDS)和安全标签,以及如何在化学品的包装上粘贴/印刷符合要求的安全标签。化学品的制造商和供应商对于化学品安全技术说明书 SDS 和安全标签的制作,传统原始的方法是根据联合国 GHS 版安全技术说明书(SDS)和标签先设计模板备用,待收集到具体化学品的成分信息以及每个成分的物理化学、健康毒理学和生态毒理学的必须资料后,采用填制模板表格的方式人工编制 SDS 和安全标签的电子文档。SDS 可以打印后寄递给客户,或者使用电子邮件发送电子版本的 SDS。当有危害的化学品进行货物打包时,同时进行标签的印制和粘贴,标签的印制和粘贴都需要在化学品发货前完成。

对于化学品数量较少并化学成分单一的化学品制造商,这种传统的人工方法尚且能够满足业务的需要。但对于拥有大量配方型化学品的国际制造商和供应商,如果采用这种传统的人工方法维护和管理化学原料和产品的化学品安全技术说明书和安全标签,呈现出诸多弊端。(1)编制人员专业要求高。不仅要熟悉危害分类逻辑知识和应对措施与化学物质对应关系,还需要熟知并掌握产品所到达国家或地区的相应法规或标准,包括各主管国家或地区危害分类差异、浓度阈值、监管尺度差异等要求。(2)耗时多。人工编制化学品安全技术说明书 SDS 和安全标签,不论是数据查询(理化、毒理、生态等)还是危害分类(GHS 分类、TDG 分类)抑或是编制过程(防范措施、灭火措施、毒理信息、法规

信息等)均非常耗时耗力。(3)成本高。企业人工编制须有专人负责,委托第三方则须支付高额委托费用,如企业产品量较多,则在 SDS 和安全标签制作成本上更是代价不菲。(4)维护困难。法规的频繁修订更新和配方的调整更新要求 SDS 和标签都要做相应的更新,人工更新还会导致下游客户较随意地篡改 SDS 内容,这会给企业的合规管理带来极大的风险。

新时代计算机技术和互联网的发展极大地便利了化学品安全信息的维护和管理。目前市场上已经有很多商业软件已经将全球各国的化学品法规通过化学物质的 CAS 号相关联做成了数据库。可以通过搜索 CAS 号方式得到该物质在全球各国的合规状况。更进一步,在这些数据库软件的基础上继而开发出的软件可以维护每种产品的配方,配方中的每个物质已经关联到世界各国的各种法规清单,另外这些商业软件提供用户自行维护每个成分(物质,CAS 号为特征)的理化、毒理、环境归趋及生态毒理的信息,并根据客户提供的这些信息,自动计算产品在全世界各国的 GHS 以及各种运输模式下的危险货物分类信息,并自动匹配 UN 代码、运输名称、包装等级和运输标签要求,从而能够帮助用户制作符合各国各种要求的化学品安全技术说明书、安全标签和运输标签。信息化软件编制及管理 SDS 和安全标签,其优点较为突出:(1)大幅度提高编制的效率;(2)有效降低编制技术人员的门槛要求;(3)智能调取化学物质相关数据;(4)实时更新化学物质的对应法规及数据库;(5)最大限度避免人为造成的失误与错误;(6)对历史编制版本的有效溯源,等等。传统人工编制 SDS 和标签这一模式将不可避免地被 SDS 和安全标签编制软件替代。

进入 21 世纪之后,消费品电子商务为世界带来了巨大变革,要求不同企业之间在秒级的时间内实现大量货物基础信息的数据交换,贸易中不同角色之间的产品信息交流已经不再需要传统的纸质文件;互相的电子数据交换可以实现海量数据的实时传递,另外货物原始信息,如产地、生产时间、生产商信息等都可以实现通过二维码随着货物实时传递给下游的各参与方;新兴物联网技术的发展也促进了化学品贸易和监管的发展,也会影响化学品的危害信息传递。设想未来的 SDS 再也不需要打印,甚至也不需要电子邮件发送电子版,生产商直接通过标准格式的数据交换就可以秒级传递给下游使用方、主管机构、甚至无线网络直接实施传递给相关人员,如工人、运输相关人员、押运员等。物流方面,通过二维码技术可以实现安全交流信息(如 SDS、应急响应信息、运单等)随着货物实时流动,相关人员通过终端设备或手机扫描货物二维码就可实时取得,这将彻底改变目前化学品危害信息传递方式。发达国家的主管机构和行业协会已经着手在制定化学品危害数据电子交换的相关规则,如欧洲开发的 EDAS XML、SDScomXML、EScomXML 等。

二、SDS 和安全标签管理软件的定义

　　SDS 和安全标签管理软件,本册中指的就是化学品安全技术说明书(SDS)和安全标签编制管理软件,其基本功能是能够根据 GHS 的分类计算逻辑,并在软件中提前存储化学物质的物理化学、健康毒理和生态毒理数据,和单一化学品已知的危害性分类结果,当用户对软件提出单一成分或者混合组分的化学品安全技术说明书的请求时,软件系统便能智能地计算并导出化学品的化学品安全技术说明书。同样地,也能根据用户的需求导出安全标签。有的软件还能跟客户订单管理系统对接,当确认客户订单后即可自动发送 SDS 到客户指定的邮箱,SDS 和安全标签编制软件也能对接到生产计划管理系统,并与打印机直接连接,根据生产出货计划打印相应的标签,以备粘贴。

三、SDS 和安全标签管理软件的功能、框架和用户使用步骤

(一) 软件的核心功能与框架

　　SDS 和安全标签管理软件的核心功能主要有:

　　1. 化学品产品管理,包括化学品的配方和化学品的生产商/供应商信息。

　　2. 危害性数据查询及管理,包括化学物质的物理化学数据、健康毒理学数据、生态毒理学数据和评估报告,也包括现有已知的危害性分类结果。

　　3. 基于物理化学性质、毒理和生态毒理学数据的危害性识别和评估,由此产生 GHS 和 TDG 分类结果。

　　4. 安全技术说明书(SDS)和安全标签编制、存档和输出管理。

　　5. 账户管理,包括用户的账户管理、词库管理、功能设置和权限管理。

　　SDS 和安全标签编制软件为实现上述核心功能,软件研究开发工程师需要在后台搭建软件框架,包括大量的数据库(物理化学、毒理学和生态毒理学数据、危害性描述,防范措施等标准描述)、编写复杂的逻辑(危害分类逻辑、数据调取逻辑、GHS 和 TDG 公式计算逻辑等)、维护后台系统以及前台页面设计等,如图 20-1 所示。用户操作实际软件的智能化程度取决于后台的数据库完善程度和逻辑缜密程度。

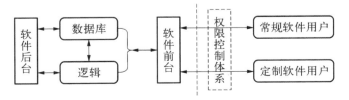

图 20-1　SDS 和安全标签编制软件的基本框架

（二）软件的用户使用流程

软件研究开发者将前后台逻辑与前台设置关联后，软件用户通过计算机界面便可操作使用软件编制化学品安全技术说明书（SDS）和安全标签。

第一步 新建产品

输入产品编号、产品中英文名称、产品状态、组分信息等产品基本信息。如是混合物，则在"产品组分"部分勾选"混合物"选项，并输入相应组分的含量或含量范围（可勾选保密，则对应组分含量不在 SDS 及安全标签中显示）。最后保存。

第二步 数据导入

根据成分导入对应化学品的理化数据、毒理数据、生态数据。用户也可在对应栏对数据进行自行新增或修改，对于混合物，理化数据优先自填，也可参考主要贡献组分相关理化数据。

在数据填充时，SDS 和安全标签编制管理软件可提供三种方式进行。一是直接调取后台相应数据；二是由用户自行填写；三是由用户进行筛查勾选。每一种方式填入的数据都将与后台对应逻辑相关联并实时计算，因此数据的准确与否将直接影响软件对化学品的分类结论。

第三步 危害评估

在软件中对化学品进行智能 GHS 分类及 TDG 分类。用户在对化学品进行危害分类评估前，应根据实际需求先行选择 SDS 和标签的国家版本，通常 SDS 和安全标签编制软件会将主要国别或地区的相应法规或标准提前智能嵌入软件后台中，当用户选择某个版本后，则软件将根据对应法规或标准对化学品进行智能分类。在此板块，可根据不同法规或标准对化学品进行多次 GHS 分类。

第四步 SDS/标签编制

在"SDS/标签编制"板块中，选择 SDS 和标签版本、语言并输入企业信息，点击化学品后面的"开始编辑"按钮，进行 SDS/标签的编制工作。其中企业信息可通过检索直接调用产品库中的现有企业信息，也可直接使用账户默认的企业信息，还可自行填写并选择是否加入企业信息库以便后期可直接调用。SDS 和安全标签编制管理软件会根据产品信息及企业信息智能生成 SDS 和标签的初稿，用户可根据需求对部分模块进行自助编辑。在对 SDS/标签确认后，即可直接将对应文件下载至本地或者同步到企业的 SDS/标签专业下载平台进行管理。

通过上述步骤流程，一份完整的 SDS 及标签便制作完成。同时，SDS 和安全标签编制管理软件还具备报告溯源、人员权限设置、词库设置等功能，由于各款软件设计有所差异,在细节功能方面侧重点也各不相同。

四、化学品危害沟通信息电子交换目前发展

正如前文所述,欧洲的非官方机构已经开始开发 SDS 信息的电子数据交换以及欧盟扩展的化学品安全技术说明书(e-SDS)中暴露场景(Exposure Scenario,ES)的电子数据交换格式。

目前技术上对于电子数据交换 SDS 和 e-SDS 没有任何障碍,但开发电子 SDS 和 e-SDS 的标准格式需要得到工业界、主管机构等广泛认可。毕竟只有标准化了数据格式和数据接口,电子的危害信息交换才可以实现。目前欧洲逐渐开发了:(1)标准化的 SDS 短语库;(2)标准化的暴露场景(ES)短语库;(3)标准化的 SDS 电子数据交换格式;(4)标准化的暴露场景(ES)电子数据交换格式。这些已经通过欧洲 esdscom① 进行推荐并介绍。

1. 标准化的 SDS 短语库 EuPhraC

该短语库涵盖了 1993 年以来欧洲标准化的短语,并翻译成 32 个国家的语言。该短语库是开放的,化学品厂商也可以推荐新的标准化短语,使该短语库根据法规变化不断改进。

2. 标准化的"ESCom"短语库

欧洲完成 REACH 注册的危害化学物质,生产商和进口商需要将该化学物质生命周期的各个暴露场景(ES)形成 e-SDS 附在 SDS 之后向下游传递。法规同样要求 ES 所用的短语进行标准化,这也是未来实现电子数据交换的关键步骤。

3. 标准化的 SDS 电子数据交换格式 SDScomXML

XML 格式是新时代广泛使用的电子数据格式,兼容性强,其能够在不同终端,不同操作系统中被计算机进行识别。因此欧洲开发了 SDScomXML 文件格式并推荐工业界广泛使用,以期标准化 SDS 的电子数据格式,未来实现广泛的电子数据交换。

4. 标准化的暴露场景(ES)电子数据交换格式

欧洲化学工业协会(CEFIC)开发了 ESCom XML 用以标准化暴露场景(ES)电子数据交换格式。

五、常用 SDS 和安全标签编制管理软件的特点介绍

SAP 系统因其具有完善的企业管理模块,包括财务、销售、采购、库存、生产、订单等,涉及企业内部各个职能系统,是大型公司智能化管理的常用软件之

---

① 详见 http://www.esdscom.eu/.

一。SAP EHS 模块中的 SDS 和安全标签编制管理软件,可以与其他模块无缝对接。SAP 中原材料数据以及配方可以准确地导入到 SDS 和安全标签编制管理软件,使得 SDS 和安全标签的基础数据更加准确、操作方便。使用 SAP 的企业自然也青睐于使用 SAP EHS 模块来编制 SDS 和标签。然而,SAP EHS 模块更多的是提供了一个编制 SDS 和标签的平台,其后台化学品基础数据包括理化性质、毒理学和生态毒理性质以及世界各国化学品正负名单收录情况则仍然需要企业去补充输入和后台维护,这使得企业购买了 SAP EHS 服务后仍然还要再购买其他的合规信息检索数据库,才能在合规管理中确保不会因法规或信息遗漏而产生合规风险。

市场上除了 SAP EHS 以外,其他 SDS 和安全标签编制管理软件还有 UL 公司的 Wercs,Chemwatch 公司的(M)SDS 软件,Lisam 公司的 ExESS,DR 公司的 ChemGes,IHS 公司的 Dolphin Software,合规化学公司的 CRChemical,这些软件的后台数据库更新快,SDS 及安全标签法规更新要求会及时体现在 SDS 和 LABEL 的模板更新上,模板的设计也更灵活,便于非 IT 背景的法规事务人员根据内外部客户的要求设计更新,服务响应速度快,软件操作简单,用户界面友好,使用成本相比之下较低;然而在与 SAP 或其他企业资源计划管理软件(ERP)的对接上存在不同挑战,需要合适的界面设计和运营维护。

第二十一章

化学品合规信息管理系统

　　化学品贸易风起云涌，一方面化学品法规日新月异，化学品监管日趋严格，另一方面化学品厂商原材料及成品种类多、成分复杂，订单和目的国数量大，合规成本高攀。如果仅能人工查询各种化学物质在全球贸易国家法规要求，人工制作和管理 SDS、安全标签和危险货物标签，则日常运营效率低下，误操作可能增加。向下游用户或操作者传递化学品安全信息，须先进行危害识别，而危害识别基于化学品的各项物理化学、毒理学和生态毒理学数据，化学品数据库应运而生。除了化学品基础信息，合规操作管理系统也给生产商和进口商带来很大帮助，企业可以借此高效获知某些化学品是否符合现行有效的化学品法规的要求，是否已经被某些主管机构列入"黑名单"而限制或禁止，是否需要注册或通报，是否有行业应用限制，是否属于出口管制等。目前多数跨国公司和大型公司采用自动化贸易合规管理系统进行化学品合规管理。系统基于网络平台，实现将公司的合规管理和日常物料管理充分结合。这些企业大都已经在使用 ERP 管理日常的生产、财务、物料、产品、物流、客户及其他资源，对每一个原料、中间产品及最终产品，包括不同包装规格的最终法规要求在 ERP 系统中进行编号，通常称为物料号（SKU），此后配方、价格、库存管理和物流管理都与每个物料号相关联，从而实现公司物料管理流程的自动化。计算机技术和互联网的发展也极大便利了化学品安全合规信息的使用、维护和管理。合规软件开发者将安全合规数据嵌入各公司已经成熟使用的 ERP 系统，合规信息和危害沟通信息可以和 SKU 相结合从而实现化学品合规管理和危害信息沟通的电子化、自动化。

　　本章针对化学品合规信息管理系统分为三部分展开介绍。第一部分介绍国际常用且可信度高的物理化学、健康毒理学和生态毒理学检索数据库；第二部分介绍基于国家和地区法规名单的合规检索系统；第三部分介绍企业日常运营中常用的自动化化学品贸易合规管理系统，这些系统通过前期设置对有疑问或者不合规的产品进行客户订单拦截，企业的相关职能部门获得产品被拦截的通知后，能立即采取合规应对措施或者考虑停止被拦截产品的进出口贸易活动，避免违规风险。

一、化学品物理化学、健康和生态毒理学数据检索数据库

（一）eChemPortal 化学物质信息全球查询数据库

eChemPortal 化学物质信息全球查询数据库链接：http://www. echemportal. org.

eChemPortal 是世界经济合作与发展组织（OECD）同几个成员国（美国、日本和加拿大）、欧盟、欧洲化学品管理局、化学协会国际理事会、商务和工业资讯委员会、世界卫生组织的国际化学品安全规划部门、联合国环境署的化学品和环境非政府组织工作合作开发的化学物质信息全球查询数据库。eChemPortal 旨在向公众免费提供现有化学物质的相关数据，包括物理化学性质、环境归趋和行为、生态环境、健康毒性、危害和风险评估等信息，另外用户还可以通过该数据库同时链接检索多个数据库的数据状态，这些数据库都经过了权威机构的审查。eChemPortal 的远景目标是成为世界各地区主管当局和国际机构首选的化学品信息来源。

eChemPortal 提供了三种查询模式：1. 物质查询（chemical search）——可以通过物质的 CAS 号、EC 号、IUBMB 号、MITI 号或英文名等关键词检索，检索结果包括了 34 个权威数据库关于化学品理化、健康和环境毒理数据、GHS 分类、监管名录的收录情况。查询结果直接链接到化学品危害和风险的源信息。如有数据也提供化学品的暴露和使用信息。2. 物性查询（property search）——可以针对化学品的理化、健康和环境毒理数据中的某一个特定指标（例如密度、急性经口以及生物累积等性质）进行专项检索，而且可以对数据的类型、测定方法以及质量进行设置。3. GHS 查询（GHS search）——收录了欧盟、日本和新西兰三个国家现已发布的 GHS 指导性分类结果。

截至 2018 年 4 月，eChemPortal 数据库囊括的数据库有 34 个，具体列于表 21-1。公众可以通过 eChemPortal 搜索的化学物质记录 824 153 个，涵盖了世界上的大多数化学物质。

（二）TOXNET 美国国立医学图书馆毒理学数据网站综合查询数据库

TOXNET 数据库（https://toxnet. nlm. nih. gov/）是美国国立医学图书馆毒理学数据网站提供的毒理学数据库。其主要内容包括对人类和动物有害的危险物质的毒性、安全管理及对环境的影响；人类健康危险评估；化学药品诱变性检测数据；化学药品致癌性、肿瘤增生及抑制；药物及化学药品的生物化学、药理学、生理学、毒理学作用；毒理学发展及畸胎学；1995 年以后的每年排放到环境中的有毒化学物质估计；化学物质及类似物质结构信息及与化学药品

表 21－1 eChemPortal 化学物质检索数据库中支持的数据库及信息筛选类型

序号	数据库中文名称	数据库英文名称	数据库英文简称	性质信息	暴露和使用信息	GHS分类
1	美国环保局集成计算毒理学资源	U. S. EPA Aggregated Computational Toxicology Resource	ACToR	√	√	×
2	法国植物活性物质数据库	AGRITOX — Base de données sur les substances actives phytopharmaceutiques	AGRITOX	√	×	√
3	澳大利亚农药和兽类管理局数据库已完成审查的化学品数据库	The Australian Pesticides and Veterinary Medicines Authority (APVMA) database of completed chemical reviews	APVMA-CR	√	√	×
4	加拿大分类结果数据库	Canadian Categorization Results	CCR	√	×	×
5	加拿大现有物质评估资源库	Canada's Existing Substances Assessment Repository	CESAR	√	√	×
6	多种化学物质复合暴露风险评估案例分析集	Collection of Case Studies on Risk Assessments of Combined Exposures to Multiple Chemicals	Combined Exposures	√	×	×
7	按照《欧盟物质与混合物的分类、标签和包装法规》No1272/2008 的公开分类和标签目录	Public Classification and Labelling (C&L) Inventory according to the European Union (EU) CLP Regulation (EC) No 1272/2008	ECHA C&L inventory	×	×	√
8	欧洲化学品管理局信息传播门户中 REACH 法规下注册的化学品信息	European Chemicals Agency's Dissemination portal with information on chemical substances registered under REACH.	ECHA CHEM	√	√	√
9	欧洲食品安全管理局化学危害数据库	Chemical Hazards Database of the European Food Safety Authority	EFSA Open Food Tox	√	√	×
10	化学品环境性质数据库	Data Bank of Environmental Properties of Chemicals	EnviChem	√	×	×
11	美国环境保护局农药人类健康基准	EPA Human Health Benchmarks for Pesticides	EPA HHBP	√	×	×
12	美国环境保护局农药计划办公室水生生物基准	EPA Office of Pesticide Programs' Aquatic Life Benchmarks	EPA OPPALB	√	×	×

续表

序号	数据库中文名称	数据库英文名称	数据库英文简称	性质信息	暴露和使用信息	GHS分类
13	国家危险物质数据库(德国)	Gefahrstoffdatenbank der Länder (Germany)	GDL	√	√	√
14	日本政府GHS分类结果	GHS Classification Results by the Japanese Government	GHS-J	×	×	√
15	德国联邦政府和联邦州的联合物质数据库	Joint Substance Data Pool of the German Federal Government and the German Federal States	GSBL	√	√	√
16	美国高产量化学品信息系统	High Production Volume Information System (HPVIS)	HPVIS	√	×	×
17	美国有害物质数据库	Hazardous Substance Data Bank	HSDB	√	√	×
18	新西兰有害物质和新有机化学物分类信息数据库	New Zealand Hazardous Substances and New Organisms Chemical Classification Information Database	HSNO CCID	×	×	√
19	公共危险物质信息系统(德国)	IGS-Public Informationssystem für gefährliche Stoffe (Germany)	IGS	√	√	√
20	来自政府间组织的化学品安全信息	Chemical Safety Information from Intergovernmental Organizations — INCHEM	INCHEM	√	×	√
21	法国工业环境与风险研究院-化学物质门户	INERIS – Portail Substances Chimiques	INERIS – PSC	√	×	×
22	化学品监控信息平台	Information Platform for Chemical Monitoring	IPCHEM	×	√	×
23	日本化学品协作知识数据库	Japan CHEmicals Collaborative Knowledge database	J-CHECK	√	×	×
24	日本现有化学品数据库	Japan Existing Chemical Data Base	JECDB	√	×	×
25	澳大利亚国家工业化学品注册和评估计划(NICNAS)-名录多级评估与优先次序框架	Australia's National Industrial Chemicals Notification and Assessment Scheme's (NICNAS) Inventory Multi-tiered Assessment and Prioritisation (IMAP) framework	NICNAS IMAP	×	√	√

续表

序号	数据库中文名称	数据库英文名称	数据库英文简称	性质信息	暴露和使用信息	GHS分类
26	澳大利亚国家工业化学品注册和评估计划(NICNAS)-优先现有化学品评估之外的化学品评估	Australia's National Industrial Chemicals Notification and Assessment Scheme's (NICNAS) assessments of existing chemicals other than Priority Existing Chemical assessments	NICNAS Other	√	√	√
27	澳大利亚国家工业化学品注册和评估计划(NICNAS)-优先现有化学品评估报告	Australia's National Industrial Chemicals Notification and Assessment Scheme's (NICNAS) Priority Existing Chemical (PEC) Assessment Reports	NICNAS PEC	√	√	√
28	OECD现有化学品数据库	Organisation for Economic Cooperation and Development (OECD) Existing Chemicals Database	OECD HPV	√	√	×
29	OECD现有化学品筛选信息数据集数据库	OECD Existing Chemicals Screening Information Data Sets (SIDS) Database	OECD SIDS IUCLID	√	×	×
30	OECD高产量化学品初始评估报告和由联合国环境规划署化学品处维护的筛选信息数据集	OECD Initial Assessment Reports for HPV Chemicals including Screening Information Data Sets (SIDS) as maintained by United Nations Environment Programme (UNEP) Chemicals	SIDS UNEP	√	√	×
31	北欧国家配置品数据库	Substances in Preparations In the Nordic countries	SPIN	×	√	×
32	英国协作化学品风险管理计划成果集	UK Coordinated Chemicals Risk Management Programme Publications	UK CCRMP Outputs	√	√	×
33	美国环境保护局综合风险信息系统	United States Environmental Protection Agency Integrated Risk Information System	US EPA IRIS	√	×	×
34	美国环境保护局物质注册信息库	United States Environmental Protection Agency Substance Registry Services	US EPA SRS	√	×	×

信息相关的网络数据库。

TOXNET 为用户查询可靠毒理学数据信息提供了免费的入口通道。用户可以根据需要在此数据库上选择适用的数据来源。表 21-2 列出了根据不同需求的数据资源指引。根据近几年的用户访问量,其中,数据库 HSDB、TOXLINE 和 ChemIDplus 是用户访问最高的数据库。

表 21-2　基于不同需求的环境健康和毒理学数据资源指引

如查询:	去到:
毒理学文献,包括出生缺陷等信息	TOXLINE® or DART®
经同行评审的有关人体健康影响和紧急医疗治疗的化学药品的总结	HSDB®
动物毒理学研究	HSDB
环境的流布,潜在暴露,标准和法规	HSDB
化学药品的化学/物理性质及其安全/装卸/处置	HSDB
化学药品的制造、配置和使用	HSDB
化学名称及其别名	ChemIDplus® Lite or HSDB
化学结构,结构搜索/绘制能力	ChemIDplus Advanced
国际化合物标识和/或简化分子线性输入规范结构符号	ChemIDplus Advanced
单一化学药品的 NLM/NIH 及其他政府信息链接表	ChemIDplus Lite
药物性肝损伤:基于处方药,非处方药,草药和膳食补充信息	LiverTox
国家癌症研究所(NCI)公布的致癌性、致突变性、肿瘤促进和肿瘤抑制数据。CCRIS 覆盖 1985—2011 年数据,后续无更新	CCRIS
美国 EPA 提供的经同行评审的诱癌测试数据,其中包括种类,化验类型,测试结果和其他。GENE-TOX 包含 1991—1998 年数据,后续无更新	GENE-TOX
风险信息:美国 EPA 提供的危害识别和剂量反应风险评估信息	IRIS
癌症测试:政府机构及出版刊物中记录的慢性或者长期动物癌症的测试结果和分析。CPDB 覆盖 1980—2011 年数据,后续无更新	CPDB
基因信息:化学药品,基因和人类疾病关联信息数据库,该数据库每年更新多次	CTD™

续表

如查询：	去到：
风险信息：来自全球政府和独立风险信息组的癌症和非癌症口腔/吸入风险值和类型	ITER
哺乳期：母乳喂养母亲及其哺乳婴儿的药物信息，包括母婴药物摄取量和可能的影响	LactMed®
有关于化学物质排放，超级基金污染场址，健康，人口普查，收入数据和其他的电子地图	TOXMAP®
工厂对美国EPA汇报的自然环境中对化学物质和废料的排放管理	TRI
职业健康：化学药品、职位、工作任务和相关疾病/状况	Haz-Map®
药物信息其中包括名称、描述、标签、药物类别和关于其他信息的网络链接	Drug Information Portal
膳食补充：关于膳食补充研究的原材料，健康益处申明和产商信息的链接	Dietary Supplement Label Database
家庭用品：在家庭内或周围被使用产品的安全及健康信息	Household Products Database
化学品安全说明书和消费品召回	Household Products Database
灾难信息：健康信息及有关于自然，事故或者人为灾难的研究	Disaster Information Management Research Center
关于灾难的手机应用程序和网站陈列	Disaster Apps and Mobile Optimized Web Pages
应急人员用来处理化学药品，生化药品及放射性物质的工具，主要侧重于危险品和运输事故	WISER®
辐射信息：放射事件与放射突发事件的诊断和处理	Radiation Emergency Medical Management（REMM）
侧重于可能会引发大规模伤亡的化学品的应急信息：化学药品的识别，急性病人护理指南及初始活动	Chemical Hazards Emergency Medical Management（CHEMM）
社区环境卫生：社区有毒化学药品和环境安全问题网络活动平台	Tox Town®
在生化研究及测试中活体脊椎动物的替代物资源	ALTBIB®
主题指南：关于当前利益下环境问题的网络资源链接	Enviro-Health Links
毒理学教程：基础毒理学原理和概念在线教程	ToxTutor
家庭化学药品危险儿童互动网络平台	ToxMystery®

HSDB(Hazardous Substances Data Bank)有害物质数据库,内含 5 000 多种潜在有害化学物质的毒理学数据,包括化学物质的人类暴露信息、职业卫生、紧急处置措施、环境归趋、条件控制等。全部数据选自相关核心图书、政府文献、科技报告及经选择的一次期刊文献,并由专业毒理学家审定,可直接为用户提供原始信息。

TOXLINE(Toxicology Literature Online)毒理学文献在线,提供了 1990 年以来的 400 万余条有关药物及其他化学制剂的生物化学、药理学、生理学及毒理学效应的参考文献,每月更新。绝大部分都有摘要、索引词和 CAS 号。数据收自各种类型文献,包括专业期刊与其他科学文献、科技报告与科研课题、档案资料等。

ChemIDplus,用于检索化学物质的结构式及权威性术语文档,以便进行化学物质的鉴定。目前已收录了 40 多万个化学物质,而且可以直接链接到美国国立医学图书馆及其他数据库检索某种化学物质毒理学资源。

(三)其他国际数据检索数据库

除了以上检索数据库,还有未被覆盖到的其他常用数据库,可以对物理化学、健康毒理学和生态毒理学数据进行补充。其他常用数据库如下。

德国 GESTIS Substance Database(http://gestis-en. itrust. de);

日本 NITE - CHRIP(http://www. nite. go. jp/en/chem/chrip/chrip_search/systemTop);

美国 NIOSH 化学危害袖珍指南(http://www. cdc. gov/niosh/npg/);

CAMEO 化学品数据库(http://cameochemicals. noaa. gov/);

德国 GESTIS — International limit values for chemical agents(http://limitvalue. ifa. dguv. de/);

NIST Chemistry WebBook(http://webbook. nist. gov/chemistry/);

美国 EPA 的 ECOTOX 数据库(https://cfpub. epa. gov/ecotox/);

美国 EPA 的 IRIS 数据库(https://www. epa. gov/iris);

美国加州 65 号令物质清单(https://oehha. ca. gov/proposition-65/proposition-65-list);

国际癌症研究机构(IARC)致癌物质清单(http://monographs. iarc. fr/);

美国 NTP 致癌物质报告(https://ntp. niehs. nih. gov/pubhealth/roc/index. html)。

(四)中国化学品数据库

中国生态环境部、应急管理部、国家市场监督管理总局和农业农村部等都建立了自己内部的化学品信息管理数据库。其中,隶属于应急管理部的国家化学品登记中心,根据《危险化学品安全综合治理方案》的要求,开发了国家危险化学品安全公共服务互联网平台,公开已登记的危险化学品相关信息,为社会公众、相关单位以及政府提供危险化学品安全咨询和应急处置技术支持服务。现该平台已上线试运行,网址为:http://hxp.nrcc.com.cn/。该平台下的化学品登记信息检索平台可用于检索办理危险化学品登记的生产企业、进口企业的具体信息以及该企业所登记化学品的相关信息。该平台下的化学品安全信息平台可通过输入化学品的中文名称、英文名称或 CAS 号,查找相关化学品的GHS 分类情况,帮助相关人员清晰地了解每种化学品的危险性类别。该平台下的危险化学品应急咨询热线可以提供包括 24 小时应急电话、QQ 在线、离线解答等多种途径的化学品信息咨询,为各企事业单位、社会公众提供应急咨询服务,同时也为公安部消防局、国家应急指挥中心等国家机关处置化学事故提供技术支持。同时,在该平台上可以在线进行危险化学品相关问题的提问,有相关专家进行问题的解答。

业界寄希望于我国相关政府机构能共建化学品安全监管信息化平台,不同权威政府部门间能够数据共享,并积极转化国外优质数据库至国内,供社会公众、企事业单位以及政府互相之间查阅,促进生态环境保护与人民健康安全。

二、化学品合规目录检索系统

在化学品的研发、生产、进口和使用活动开展之前,需要对活动所在的国家或者地区是否被法规允许开展该化学品的活动进行调查确认,以确保化学品研发、生产、进口或使用活动合规。譬如对所涉及化学品进行相关国家或地区的各种正负名单和名录的检索,确定是否有注册通报要求,是否有主管特殊监管要求等。各国各领域化学品正负名单繁多,若逐一人工检索,不仅耗费时间,还易导致遗漏。化学品工作者乐于见到有专业平台能将所有相关的正负清单集中整理到一起,通过简单的检索就能查询到与特定化学品相关的信息,以及有关化学品法规。本小节介绍几个常用检索系统,并期待更多更好的检索系统出现。

(一) LOLI 数据库

LOLI 数据库是商业机构 ChemADVISOR 公司开发的非免费的全球化学品法规数据库,覆盖了全球一百多个国家和地区共 4 500 个以上权威正负名单和名录列表,包含了英文、中文、日语、西班牙语等多种语言,覆盖全球各地区主管机构和国际咨询机构。

企业可以通过购买 ChemADVISOR 公司的服务,通过单机版或者在线网站(www. chemadvisor. com)查找化学物质的 CAS 号或者通过 CAS 号进行反搜索查询该化学物质的名称和全球正负名单的列入情况。

(二) 3E Insight for Chemicals 数据库

3E Insight for Chemicals 是 Verisk 3E 公司的化学合规非免费在线工具,其将全球 EHS 相关的合规信息整合到一个平台上,用户订阅了该平台的服务后,即可通过键入化学物质的名称或者 CAS 号码,再选择相关的法规领域,而检索获得化学物质是否列入关注地区或者行业的正负名单名录,从而得知该化学物质是否符合某些法规的信息。

(三) 其他化学品监管名录合规检索系统

国内也有数家定期更新,免费使用的合规检索系统,譬如合规化学网(http://www. hgmsds. com/)的"化学品数据库",提供"全球现有化学物质名录""危险化学品目录""中国食品接触材料树脂和添加剂正清单"等查询;瑞旭公司(CIRS)(http://apciss. cirs-group. com/? l＝zh-cn)的"亚太化学名录查询"(APCISS)数据库可以通过输入 CAS 或者名称查找最新的亚太地区现有化学物质名录、危险化学品名录(2015)、易制毒化学品名录、中国严格限制进出口的有毒化学品目录等。

三、自动化贸易合规监控系统

如何在销售、物流等环节监控化学品合规,化学品业界常用如下四种方式。(1)纯人工控制,专业人员收集原材料资料,下载法规数据库或者网上查询法规要求如国家现有化学品目录,限制控制目录,REACH,ROHS 要求等,建立合规原料文档,根据配方,建立产品合规文档,这类管理需要大量人工,且易造成误差,合规性控制方面也比较薄弱,现在比较少见,适合中小型且产品种类较少的企业。(2)公司没有法规管理系统,但有 ERP,在合规性检查方面需要人工查询,然后由专业人员输入 ERP 系统,这类管理也需要大量人工,但合规性控制比第 1 种有很大改进。(3)公司有合规管理系统和 ERP 系统,但两者独立运作,没有整合在一起,尤其是一些购并较多的公司,或者由于历史原因不同地区使用的合规管理系统和 ERP 系统也不同,造成很难将合规管理系统和 ERP 系统完全整合在一起,需要法规事务人员在合规管理系统中查验化学品合规情况,再将得到的数据输入 ERP系统中。(4)独立的合规管理系统通过界面与 ERP 系统整合,如 HEARS、IHS/Atrion、3C 等系统,从管理汽车行业材料数据系统

（IMDS、CAMDS）起步的 iPoint，或者以 SAP 为代表的融合在 ERP 系统的化学合规管理系统，自动控制化学品的合规性。这种模式需要在后台及时更新法规，维护系统和不同系统间界面，自动化程度高，系统可以基于化学品 CAS 号等识别信息自动识别、提醒或者阻拦可能有化学法规合规风险的订单、运单。

跨境贸易具有特殊性，需要符合出口管制和国际贸易合规的要求，具体法规解读参见《化学品风险管理法律制度》。目前全球工业界常用的国际贸易合规系统有 SAP 的 Global trade system（GTS），Oracle 的 GTM（Global Trade Management），以及 IntegrationPoint，Amber Road 的 Thomson Reuters ONESOURCE Global Trade 等，每家公司提供的贸易合规解决方案有共性也有差异，主要模块如下。

（一）全球贸易法规数据库模块。全球贸易法规功能提供实时更新的全球贸易法规数据库，用户可以在一个统一的平台上检索到全球各个国家的贸易法律法规数据库，特别是贸易监管数据的变化，帮助企业第一时间了解法规变化以及带给企业的影响并采取相应的措施。

（二）企业物料归类数据库模块。全球归类数据库功能可以帮助企业集中管理物料的全球归类数据，及时发现归类失效的物料，分析同一物料全球归类信息差异，并且提供企业物料归类信息变更历史以帮助企业对归类信息进行合规性审查。

（三）自由贸易协定管理模块。此功能模块可以帮助企业收集和储存供应商提供的原产地证书或者申明，帮助企业进行原产地判断，极大程度上帮助企业减少之前手工计算和判定原产地的时间。

（四）被拒贸易方审核模块。此模块维护全球政府颁布的贸易被拒方清单和禁运国信息，设置相关风险参数并自动拦截的订单，拦截下来的订单再由贸易合规专业人员人工审核判断决定是否需要做进一步调查、或者需要提供进一步的补充信息之后才能放行订单，完成企业的贸易合规尽责调查义务。

（五）供应链安全项目模块。目前全球的供应链安全项目包括（美国）海关反恐怖货物安全计划（C-TPAT）、合作伙伴保护计划（PIP）或授权经营者计划（AEO），通过此模块，企业可以轻松管理本企业的供应链安全，遵守政府机构的法律法规的要求。

参考文献

［1］刘建梅，刘济宁，王蕾，等. eChemPortal 中的数据库介绍及对我国化学品环境风险防控的启发. 2013 中国环境科学学会学术年会论文集（第三卷），2013：1779-1792.

［2］佟岩,陈丰,毕玉侠. TOXNET 毒理学网络数据库特色及应用. 南京：药学教育,2003,
　　　19(2).

［3］万晓霞. TOXNET 毒理学数据库的检索与应用. 医学信息学杂志,2009,30(6).

SDS 样例

（第二部分 GHS 标签要素中的 GHS 象形图边框应为红色）

化学品安全技术说明书（SDS）

甲醇

版本号：V1.0.0.1
编制日期：2017/06/13
修订日期：2017/06/13

*依照 GB/T 17519、GB/T 16483 编制

---

1 化学品及企业标识

| 产品标识

产品中文名称	甲醇
产品英文名称	Methanol
产品编号	20160613-3
别名	木醇、木精和甲基醇
CAS No.	67-56-1
EC No.	200-659-6
分子式	CH_4O

| 产品推荐和限制用途

产品的推荐用途	实验室用化学试剂，工业和医药领域用溶剂和原料
产品的限制用途	请咨询生产商

| 安全技术说明书提供者信息

企业名称	###########
企业地址	###########
邮编	###########
联系电话	###########
传真	###########
电子邮箱	###########

| 企业应急电话

企业应急电话	###########

2 危险性描述

| 紧急情况概述

液体。高度易燃，其蒸气与空气混合，能形成爆炸性混合物。吞食后有毒。跟皮肤接触有毒。吸入有毒。短期暴露有严重损伤健康的危险

| GHS 危险性类别

易燃液体	类别 2
急性经口毒性	类别 3

甲醇　　　　　　　　　　　　　　　　　　　　版本号：V1.0.0.1　　修订日期：2017/06/13

急性经皮肤毒性	类别 3
急性吸入毒性	类别 3
特异性靶器官毒性-一次接触	类别 1

| GHS 标签要素

象形图	
信号词	危险

| 危险性说明

H225	高度易燃液体和蒸气
H301	吞咽会中毒
H311	皮肤接触会中毒
H331	吸入会中毒
H370	会损害器官

| 防范说明

◆ 预防措施

P210	远离热源/火花/明火/热表面。禁止吸烟
P233	保持容器密闭
P240	容器和接收设备接地/等势连接
P241	使用防爆的电气/通风/照明等设备
P242	只能使用不产生火花的工具
P243	采取防止静电放电的措施
P260	不要吸入粉尘/烟/气体/烟雾/蒸气/喷雾
P264	作业后彻底清洗
P270	使用本产品时不要进食、饮水或吸烟
P271	只能在室外或通风良好之处使用
P280	戴防护手套/穿防护服/戴防护眼罩/戴防护面具

◆ 事故响应

P312	如感觉不适，呼叫解毒中心/医生
P330	漱口
P361	立即去除/脱掉所有沾染的衣服
P363	沾染的衣服清洗后方可重新使用
P301+P310	如误吞咽：立即呼叫中毒急救中心或医生
P304+P340	如误吸入：将受害人转移到空气新鲜处，保持呼吸舒适的休息姿势
P308+P311	如接触到：呼叫中毒急救中心/医生
P303+P361+P353	如皮肤(或头发)沾染：立即去除/脱掉所有沾染的衣服。用水清洗皮肤/淋浴

◆ 安全储存

P405	存放处须加锁
P403+P233	存放在通风良好的地方。保持容器密闭
P403+P235	存放在通风良好的地方。保持低温

◆ 废弃处置

P501	按照地方/区域/国家/国际规章处置内装物/容器

甲醇   版本号：V1.0.0.1   修订日期：2017/06/13

| 危害描述

◆ 物理和化学危害

高度易燃液体，其蒸气与空气混合，能形成爆炸性混合物

◆ 健康危害

吸入	吸入本品在正常生产过程中生成的蒸气或气溶胶(雾、烟)，可对身体产生毒害作用。 吸入蒸气可能引起瞌睡和头昏眼花。可能伴随嗜睡、警惕性下降、反射作用消失、失去协调性并感到眩晕
食入	甲醇能引起口腔、咽喉、胸部和胃的烧痛感或疼痛感。伴有恶心、呕吐、头痛、头晕、气短、疲倦、无力、小腿痛性痉挛、不安、精神错乱、类似酒醉行为、视觉障碍、昏睡、昏迷和死亡。这些症状往往在接触后数小时才出现。视觉障碍包括视觉模糊、复视、色觉障碍、视野缩小和失明。更大的剂量能损伤肝脏、肾脏、心脏和肌肉。对成人，10 毫升的剂量即能引起失明，60 - 200 毫升即能引起死亡
皮肤接触	皮肤接触会中毒，吸收后可导致全身发生反应。通过割伤、擦伤或病变处进入血液，可能产生全身损伤的有害作用
眼睛	眼睛直接接触本品可导致暂时不适

◆ 环境危害

请参阅 SDS 第十二部分

3 组分信息

组分	Cas No.	EC No.	含量范围（质量分数，%）
甲醇	67-56-1	200-659-6	99.0

4 急救措施

|急救措施描述

一般性建议	急救措施通常是需要的，请将本 SDS 出示给到达现场的医生
眼睛接触	用大量水彻底冲洗至少 15 分钟。如有不适，就医
皮肤接触	立即脱去污染的衣物。用大量肥皂水和清水冲洗皮肤。如有不适，就医
食入	禁止催吐，切勿给失去知觉者从嘴里喂食任何东西。立即呼叫医生或中毒控制中心
吸入	立即将患者移到新鲜空气处，保持呼吸畅通。如果呼吸困难，给予吸氧。如果患者食入或吸入本物质，不得进行口对口人工呼吸。如果呼吸停止。立即进行心肺复苏术。立即就医
急救人员的防护	确保医护人员了解产品的危害特性，并采取自身防护措施，以保护自己和防止污染传播

| 对保护施救者的忠告

1	清除所有火源，增强通风
2	避免接触皮肤和眼睛
3	避免吸入蒸气
4	使用防护装备，包括呼吸面具

| 对医生的特别提示

1	根据出现的症状进行针对性处理
2	注意症状可能会出现延迟

5 消防措施

| 灭火介质

合适的灭火介质	干粉、二氧化碳或耐醇泡沫
不合适的灭火介质	避免用太强烈的水汽灭火，因为它可能会使火苗蔓延分散

甲醇　　　　　　　　　　　　　　　　　　　　　版本号：V1.0.0.1　修订日期：2017/06/13

| 源于此物质或混合物的特别危害

1	可与空气形成爆炸性混合物
2	暴露于火中的容器可能会通过压力安全阀泄漏出内容物，从而增加火势和/或蒸气的浓度
3	蒸气可能会移动到着火源并回闪
4	液体和蒸气易燃
5	燃烧时可能会释放毒性烟雾
6	加热时，容器可能爆炸
7	暴露于火中的容器可能会通过压力安全阀泄漏出内容物
8	受热或接触火焰可能会产生膨胀或爆炸性分解

| 灭火注意事项及防护措施

1	灭火时，应佩戴呼吸面具（符合 MSHA/NIOSH 要求的或相当的）并穿上全身防护服
2	在安全距离处、有充足防护的情况下灭火
3	防止消防水污染地表和地下水系统

6 泄漏应急处理

| 作业人员防护措施，防护设备和紧急处理程序

1	避免吸入蒸气、接触皮肤和眼睛
2	谨防蒸气积累达到可爆炸的浓度
3	蒸气能在低洼处积聚
4	建议应急人员戴正压自给式呼吸器，穿防毒、防静电服，戴化学防渗透手套
5	保证充分的通风。清除所有点火源
6	迅速将人员撤离到安全区域，远离泄漏区域并处于上风方向
7	使用个人防护装备。避免吸入蒸气、烟雾、气体或风尘

| 环境保护措施

1	在确保安全的情况下，采取措施防止进一步的泄漏或溢出
2	避免排放到周围环境中

| 泄漏化学品的收容、清除方法及所使用的处置材料

1	少量泄漏时，可采用干砂或惰性吸附材料吸收泄漏物，大量泄漏时需筑堤控制
2	附着物或收集物应存放在合适的密闭容器中，并根据当地相关法律法规废弃处置
3	清除所有点火源，并采用防火花工具和防暴设备
4	用干净的，不产生火花的工具收集被吸收的物质

7 操作处置和储存

| 操作注意事项

1	避免吸入蒸气
2	只能使用不产生火花的工具
3	为防止静电释放引起的蒸气着火，设备上所有金属部件都要接地
4	使用防爆设备
5	在通风良好处进行操作
6	穿戴合适的个人防护用具
7	避免接触皮肤和进入眼睛
8	远离热源、火花、明火和热表面
9	采取措施防止静电积累

| 储存注意事项

1	保持容器密闭

甲醇   版本号：V1.0.0.1 修订日期：2017/06/13

2	储存在干燥、阴凉和通风处
3	远离热源、火花、明火和热表面
4	存储于远离不相容材料和食品容器的地方

8 接触控制和个体防护

| 控制参数

◆ 职业接触限值

组分	标准来源	类型	标准值	备注
甲醇	GBZ 2.1-2007	PC-TWA	25 mg/m3	皮
		PC-STEL	50 mg/m3	

◆ 生物限值

生物限值	无资料

◆ 监测方法

| 1 | EN 14042 工作场所空气 用于评估暴露于化学或生物试剂的程序指南 |
| 2 | GBZ/T 160.1~GBZ/T 160.81-2004 工作场所空气有毒物质测定（系列标准） |

| 工程控制

1	保持充分的通风，特别在封闭区内
2	确保在工作场所附近有洗眼和淋浴设施
3	使用防爆电器、通风、照明等设备
4	设置应急撤离通道和必要的泄险区

| 个人防护装备

眼睛防护	佩戴化学护目镜（符合欧盟 EN 166 或美国 NIOSH 标准）
手部防护	戴化学防护手套（例如丁基橡胶手套），建议选择经过欧盟 EN 374、美国 US F739 或 AS/NZS 2161.1 标准测试的防护手套
呼吸系统防护	如果蒸气浓度超过职业接触限值或发生刺激等症状时，请使用全面罩式多功能防毒面具（US）或 AXBEK 型（EN 14387）防毒面具面筒
皮肤和身体防护	穿阻燃防静电防护服和抗静电的防护靴

9 理化特性

| 理化特性

外观与性状	无色透明液体
气味	醇类特殊气味
气味临界值	无资料
pH 值	7
熔点/凝固点(℃)	-98
初沸点和沸程(℃)	65
闪点(闭杯，℃)	12
蒸发速率	1.9~2.1（乙酸正丁酯=1.0）
易燃性（固体或气体）	不适用
爆炸上限 /下限[%(v/v)]	上限：36-44；下限：5.5-6
蒸气压(kPa)	12.3（20℃ ）
蒸气密度(空气=1)	1.11
相对密度(水=1)	0.791（20℃）
溶解性(mg/L)	与水混溶
辛醇 /水分配系数	-0.82~-0.66
自燃温度(℃)	455-464

甲醇   版本号：V1.0.0.1   修订日期：2017/06/13

分解温度(℃)	无资料
黏度	0.597 mPa.s（20℃）

10 稳定性和反应性

稳定性和反应性

反应性	与不相容物质接触可发生分解或其它化学反应
化学稳定性	在正确的使用和存储条件下是稳定的
危险反应的可能性	与氧化剂反应剧烈，有引起燃烧爆炸的危险
避免接触的条件	不相容物质，热、火焰和火花
禁配物	氧化剂、碱金属、碱土金属和铝
危险的分解产物	在正常的储存和使用条件下，不会产生危险的分解产物

11 毒理学信息

急性毒性

组分	Cas No.	LD$_{50}$(经口)	LD$_{50}$(经皮)	LC$_{50}$(吸入，4h)
甲醇	67-56-1	5 628mg/kg(大鼠)	15 800mg/kg(兔子)	83.867mg/L(大鼠)

致癌性

ID	Cas No.	组分名称	IARC	NTP
1	67-56-1	甲醇	未列入	未列入

其他信息

甲醇(组分)	
皮肤腐蚀/刺激	可导致皮肤粗糙或龟裂
严重眼损伤/刺激	可引起眼黏膜刺激
皮肤致敏	根据现有资料，不符合分类标准
呼吸致敏	根据现有资料，不符合分类标准
生殖毒性	根据现有资料，不符合分类标准
特异性靶器官系统毒性-单次接触	会损害器官(类别 1)
特异性靶器官系统毒性-反复接触	根据现有资料，不符合分类标准
吸入危害	根据现有资料，不符合分类标准
生殖细胞致突变性	细胞突变性-体外 Ames 试验阴性
生殖毒性附加危害	根据现有资料，不符合分类标准

12 生态学信息

急性水生毒性

组分	Cas No.	鱼类	甲壳纲动物	藻类/水生植物
甲醇	67-56-1	LC$_{50}$：24 000mg/L (96h)(鱼)	EC$_{50}$：24 500mg/L (48h)	无资料

慢性水生毒性

慢性水生毒性	无资料

其他信息

持久性和降解性	可快速生物降解（OECD 测试指南 301D ,30 天 ,99％）;生物需氧量(BOD)600~1 120 mg/g（5 天）
生物富集或生物积累性	辛醇/水分配系数-0.77；预计不具备生物累积性
土壤中的迁移性	无资料
PBT 和 vPvB 的结果评价	甲醇不符合欧盟 No 1997/2006 法规附件 XIII 中 PBT 和 vPvB 的分类标准

甲醇　　　　　　　　　　　　　　　　　　　　　　　版本号：V1.0.0.1　修订日期：2017/06/13

13 废弃处置

废弃处理

废弃化学品	如需求医：请随手携带产品容器或标签
污染包装物	包装物清空后仍可能存在残留物危害，应远离热和火源，如有可能还给供应商循环使用
废弃注意事项	请参阅"废弃物处理"部分

14 运输信息

包装标记

包装标记	

海运危规（IMDG-CODE）

联合国危险货物编号（UN No.）	1230
联合国正确运输名称	甲醇
运输主要危险类别	3
运输次要危险类别	6.1
包装类别	II
运输特殊规定	279
有限数量	1L
例外数量	E2
海洋污染物（是/否）	否
EmS No.	F-E,S-D

15 法规信息

国际化学品名录

组分	EINECS	TSCA	DSL	IECSC	NZIoC	PICCS	KECI	AICS
甲醇	列入	列入	列入	列入	列入	列入	列入	列入

16 其他信息

修订信息

编制日期	2016/06/13
修订日期	2016/06/13
修订原因	-

免责声明

本安全技术说明书格式符合我国 GB/T16483 和 GB/T17519 要求，数据来源于国际权威数据库和企业提交的数据，其它的信息是基于公司目前所掌握的知识。我们尽量保证其中所有信息的正确性。

附录二
化学品安全标签样例
（标签中的 GHS 象形图边框应为红色）

甲醇 Methanol

　　高度易燃液体和蒸气,吞咽会中毒,皮肤接触会中毒,造成严重眼刺激,吸入会中毒,对器官造成损害

【预防措施】

远离热源、热表面、火花、明火以及其他点火源。禁止吸烟。

容器和接收设备接地和等势连接。

使用防爆[电气/通风/照明]设备。

使用不产生火花的工具。

采取措施,防止静电放电。

不要吸入粉尘/烟/气体/气雾/蒸气/喷雾。

作业后彻底清洗。

使用本产品时不要进食、饮水或吸烟。

只能在室外或通风良好之处使用。

戴防护手套/穿防护服/戴防护眼罩/戴防护面具。

【事故响应】

如感觉不适,呼叫中毒急救中心/医生。

如误吞咽:立即呼叫中毒急救中心或医生。

如误吸入:将受人转移到空气新鲜处,保持呼吸舒适的体位。

如接触到:呼叫中毒急救中心或医生。

立即脱掉所有沾染的衣服,清洗后方可重新使用。

如皮肤(或头发)沾染:立即去除/脱掉所有沾染的衣服。用水清洗皮肤或淋浴。

如进入眼睛:用水小心冲洗几分钟。如戴隐形眼镜并可方便地取出,取出隐形眼镜。继续冲洗。

【安全储存】

存放在通风良好的地方。保持容器密闭。

【废弃处置】

按照地方/区域/国家/国际规章处置内装物/容器。

请参阅化学品安全技术说明书

供应商:＃＃＃＃＃＃＃＃　　　　　　　　　　电话:＃＃＃＃＃＃＃＃

地址:＃＃＃＃＃＃＃＃　　　　　　　　　　　邮编:＃＃＃＃＃＃＃＃

化学事故应急咨询电话:＃＃＃＃＃＃＃＃

危险货物运输标签／标记

一、运输标签的格式要求

类/项标签

* 应在底角显示类别，或对 5.1 和 5.2 项而言，项的编号
** 在下半部此处显示其他必须的（如有规定）或任意的（如可选择）文字/数字/符号/字母
*** 应在上半部此处显示类或项的符号，或对第 1.4、1.5 和 1.6 项而言，项的编号，对 7E 号式样而言，"易裂变"字样。

说明：标签的形状为正菱形。标签外实线的宽度至少为 2 mm，实线和标签边缘距离至少 5 mm。标签上部分边缘的实线须与标签上部分图案的颜色一致，标签下部分的实线颜色需要和下部的类别或项别号的颜色一致。

二、除 1～9 类运输标签外的其他危险货物运输标记

序号	标 记 说 明	标 记 样 式
1	环境危害物质标记	
2	"有限数量"标签/标记（除空运外）：当包装太小时允许最小不超过 5 cm×5 cm	内装有限数量危险货物包件的标记

续表

序号	标 记 说 明	标 记 样 式
3	空运有限数量包件标记	内装有限数量危险货物、符合国际民航组织《危险品航空安全运输技术细则》
4	例外数量危险货物标记 ＊ 表示内装物的类别/相别 ＊＊ 表示如果在包件其他位置没有收货人/发货人信息，则在此写明边缘影线（粗虚线）和中间实线为红色	例外数量标记
5	方向标记	
6	锂电池标记： ＊ 表示 UN 编号(20 版《规章范本》起，"UN 编号"字体不得小于 12 mm) ＊＊ 表示应急电话及其他信息 边缘影线（粗虚线）为红色，宽度至少为 5 mm 小包装标签可以相应缩小，但不得小于 105 mm×74 mm。从 20 版《规章范本》起，标签中的"UN"及"编号"要求字体大小不得小于 12 mm	

续表

序号	标 记 说 明	标 记 样 式
7	可能造成窒息性的危险物质标记："警告"(WARNING)为红色或白色＊表示插入制冷剂的正确的运输名称,须放在一行。英文时,全部大写。字体高度不得小于 25 mm,如确实名称较长,空间不够可适当缩小字体,保持正确的运输名称在一行如"二氧化碳,固体"或者英文"CARBON DIOXIDE, SOLID"。＊＊ 表示根据情况插入"制冷剂",英文"AS COOLANT"或"空气调节剂"英文"AS CONDITIONER"。英文时字母全部大写,全部在一行,高度不得小于 25 mm	警告 最小尺寸250毫米 最小尺寸150毫米 货物运输装制的制冷剂/空调剂警告标记
8	集装箱熏蒸警示标志:标签上的字体不得低于 25 mm	危 险 本装置正在熏蒸处理 (熏蒸剂名称*)施用时间: (日期*) (时间*) 于(日期*)通风 切勿入内 ＊ 酌情填入具体细节 不小于300毫米 不小于400毫米 熏蒸警告标记

三、运输揭示牌的样式要求

序号	揭 示 牌 说 明	标 记 样 式
1	1. 除了第 7 类和环境危害物质揭示牌外的危险性揭示牌 2. 揭示牌是将包装危害性标签面积等比例放大 6.25 倍,边长放大比例为 2.5。揭示牌中表示类别的数字,最低不能小于 25 mm	12.5毫米 最小尺寸250毫米 最小尺寸250毫米 揭示牌(第7类除外)

续表

序号	揭 示 牌 说 明	标 记 样 式
2	第 7 类物质的揭示牌	第7类放射性物质的揭示牌 (7D 号) 符号(三叶形)：黑色；底色：上半部黄色带白边，下半部白色，下半部标明"放射性"或者必要时适当的联合国编号（见5.3.2.1）；数字"7"写在底角。
3	一体化 UN 编号危险性揭示牌： UN 编号是高度不小于 65 mm 的黑色数字；菱形图底色为红色，白色火焰标志	*　类号或项号位置 　**　联合国编号位置
4	分离式 UN 编号危险性揭示牌： UN 编号是高度不小于 65 mm 的黑色数字；菱形图底色为红色，白色火焰标志。 另用一块长×宽为 300 mm×120 mm 的橙色揭示牌并且紧靠着危险性揭示牌放置	
5	高温运输揭示牌： 对于容量不超过 3 000 L 的可移动罐柜，该揭示牌可等比例缩小至 100 mm 的边长。 实线边框和温度计颜色为红色	高温运输的标记

四、第 1～9 类危险货物运输标签

类别	第 1 类　爆炸品					
运输标签						
项别	1.1 项	1.2 项	1.3 项	1.4 项	1.5 项	1.6 项

类别	第 2 类　气体		
运输标签	或	或	
项别	2.1 项	2.2 项	2.3 项

类别	第 3 类　易燃液体
运输标签	或

类别	第 4 类		
运输标签			或
项别	4.1 项	4.2 项	4.3 项

类别	第 5 类　氧化剂和有机过氧化物	
运输标签		或
项别	5.1 项	5.2 项

类别	第 6 类　毒性物质和感染性物质	
运输标签		
项别	6.1 项	6.2 项

类别	第 7 类　放射性物质
运输标签	

类别	第 8 类　腐蚀性物质
运输标签	

类别	第 9 类　杂项危险货物
运输标签	

附录四

化学品 GHS 象形图样例

一、物理危害

GHS 象形图	适用分类类别
	爆炸品——不稳定爆炸物、1.1、1.2、1.3、1.4 项 自反应物质和混合物——A 型、B 型 有机过氧化物——A 型、B 型
	易燃气体 1A、1B 气雾剂 1 类、2 类 易燃固体 1 类、2 类 自反应物质和混合物 B 型、C 型、D 型、E 型和 F 型 发火液体和发火固体 1 类 自热物质和混合物 1 类、2 类 遇水放出易燃气体的物质和混合物 1 类、2 类、3 类 有机过氧化物 B 型、C 型、D 型、E 型和 F 型 退敏爆炸物 1 类、2 类、3 类
	氧化性气体 1 类 氧化性液体和氧化性固体 1 类、2 类、3 类
	高压气体
	易燃液体 1 类、2 类、3 类
	金属腐蚀物 1 类

注：其余未列出的分类类别无象形图

二、健康危害

GHS 象形图	适用分类类别
	急性毒性——1 类、2 类、3 类
	皮肤腐蚀/刺激——1 类 严重眼损伤/眼刺激——1 类
	呼吸致敏物——1 类、2/2A 类、2B 类 生殖细胞致突变物和致癌物——1A 类、1B 类、2 类 生殖毒性——1 类(包括 1A 和 1B)、2 类 特定靶器官毒性(单次接触)——1 类、2 类 特定靶器官毒性(重复接触)和吸入危害——1 类、2 类
	急性毒性——4 类 皮肤腐蚀/刺激——2 类 严重眼损伤/眼刺激——2/2A 类 皮肤致敏物——1 类、2/2A 类、2B 类 特定靶器官毒性(单次接触)——3 类

注：其余未列出的分类类别无象形图

三、环境危害

GHS 象形图	适用分类类别
	危害水生环境(急性,短期)——1 类 危害水生环境(慢性,长期)——1 类、2 类
	危害臭氧层——1 类

注：其余未列出的分类类别无象形图

索引词表